物联网安全与网络保障

［美］泰森·T. 布鲁克斯（Tyson T. Brooks） 编著
李永忠 俞小霞 杜 淼 沈 成 吕 博 吴 勇 沈祥修 等译

机械工业出版社

本书提出了物联网网络保障的概念和方法，分析了物联网环境的网络保障需求，强调了物联网的关键信息保障问题，并确定了信息保障相关的安全问题。本书由工作在网络保障、信息保障、信息安全和物联网一线行业的从业人员和专家根据其研究成果撰写而成，内容涵盖了当前信息保障的问题、挑战和解决物联网保障所需的基本概念和先进技术，也包含了射频识别（RFID）网络、无线传感器网络、智能电网以及工业控制系统的监控与数据采集（SCADA）系统。

本书适合从事无线通信技术、信息安全体系结构和安全系统设计领域工作的研究人员和专业人员阅读，也适合参与信息保障和物联网网络技术的专家教授和学生作为参考。

译者序

随着计算机网络技术，尤其是物联网技术的飞速发展，为智慧智能行业提供了有效的物联网应用技术，现代化的社会已经离不开计算机和网络。物联网技术的推广使用和发展，在极大地方便了人们的工作和学习的同时，也带来了很多安全方面的难题。随着语音电话和数据网络的融合，特别是工业控制网络与公共数据网络的融合，连接网络系统服务的多样性的增加也推动了网络攻击活动的相应增长。针对物联网的攻击和个人隐私泄露等问题日益增多，入侵攻击而造成巨大损失的案例也不断出现。物联网的安全问题日益重要和迫切。本书提出了物联网网络保障的概念和方法，是目前比较新的一种网络安全理念。网络保障的概念和方法不同于目前网络安全的概念和方法，网络安全和信息安全强调的是对现有网络和信息系统的安全进行保护，其方法和技术是属于被动措施；而网络保障方法强调的是在网络分析和设计阶段采取的主动防护措施。所以，网络保障技术不是简单的网络与信息安全技术。本书首先分析了物联网环境的网络保障需求，强调物联网的关键信息保障问题，并确定了信息保障相关的安全问题。本书由工作在网络保障、信息保障、信息安全和物联网一线行业的从业人员和专家根据其研究成果撰写而成，内容涵盖了当前信息保障的问题、挑战和解决物联网保障所需的基本概念和先进技术，并审查了物联网基础设施、体系结构和物联网应用的未来发展趋势。书中涉及的其他主题包括物联网系统的信息保障防护、信息存储、信息处理或未经授权的访问以及修改机器对机器（M2M）的传输，也包含了射频识别（RFID）网络、无线传感器网络、智能电网和工业控制系统的监控与数据采集（SCADA）系统。本书还探讨了对物联网网络和信息进行检测、保护和防护采取信息保障措施的必要性，以确保其信息的可用性、完整性、可鉴别性、保密性和不可抵赖性。

作者从理论和实际应用的角度，对物联网的网络保障理论、应用、体系结构和信息安全等方面的研究现状和发展趋势进行了分析和探讨。帮助读者了解如何在物联网中设计和建立网络保障系统，能够使工程师和设计师接触到新的策略和新标准，促进网络保障的积极发展。本书内容涵盖了具有挑战性的新问题以及潜在的解决办法，鼓励广大从业者在这些领域进行探讨和辩论。

作者泰森·T. 布鲁克斯（Tyson T. Brooks）是美国雪城大学（Syracuse University）信息研究学院副教授，同时他也在美国雪城大学的信息与系统保障信任中心（CISAT）任职，是一位信息安全技术专家和实践者。布鲁克斯博士是《国际物联网与网络保障杂志（International Journal of Internet of Things and Cyber - Assurance）》的创始人和主编，是《企业架构杂志（Joural of Enterprise Architecture）》、《云计算与服务科学国际期刊（International Journal of Cloud Computing and Services Science）》和《国际信息与网络安全杂志（International Journal of Information and Network Security）》的副主编。物联网网络保障的概念和方法是由他提出并不断发展和实践完善的，本书是他对物联网安全与网络保障概念和方法的一个全面阐释和介绍，值得工作在无线通信技术、信息安全体系结构和安全系统设计领域的广大从业者学习和推广。

本书由江苏科技大学计算机学院李永忠主译，俞小霞、杜淼、沈成、吴勇、吕博、沈祥修、罗旋、贾慧、孙岚、张强强、顾磊等人参与了本书的翻译工作。其中甘肃建筑职业学院的俞小霞老师负责完成了本书校对工作。由于时间紧，翻译工作有不对之处，欢迎广大读者批评指正。

李永忠

2018 年 10 月

于江苏科技大学

原书序：有效的网络保障对物联网至关重要

Zeal Ziring
美国国家安全局，信息保障技术总监

我们的社会已经在很大程度上依赖于互联网，以各种各样的方式来访问和使用网络空间。互联网给人们带来了惊人的信息交换能力，可以进行信息交换、商业活动、教育和娱乐活动。但是，对于互联网的发展和成长，通常是通过人们的活动将虚拟世界和物质世界轻微地联系起来，网络数据包和协议的领域与田野、道路和建筑物的物理世界总是分开的。而物联网则使虚拟世界与物质世界越来越紧密地交织在一起成为了可能，它也可称之为网络物理系统（Cyber - Physical Systems，CPS）或其他名称。这种将虚拟世界和现实物理世界紧密联系起来的进程既能带来巨大的好处，同时也能带来巨大的风险，这是一个复杂的发展趋势，建立在技术进步的基础之上，以经济和社会发展为驱动力。它已经在顺利推进了，尽管到目前为止我们只感觉到轻微的影响。

随着物联网技术和功能的日益普及，并最终实现无处不在，物理世界的许多方面将在网络空间中变得更加明显。在某些情况下，网络空间的进程将影响或控制物理对象和环境。物理世界和虚拟世界的接触点将会激增。有很多人估计，在物联网发展的过程中，有多少连接的“物”会从物理环境中分散出来，这个数量会是 10 亿到 50 亿甚至 2000 亿。由于物理世界和虚拟世界之间的巨大融合，我们对互联网和相关技术的依赖也将增加。

已经有许多关于物联网技术的书籍和文章描述了推动物联网的技术以及我们将从中获得的巨大好处。但是这些好处是不确定的。随着物理世界越来越依赖于虚拟世界，目前局限于网络空间的安全威胁将会扩大和转化到物理世界。这本书的主题是关于理解这些风险：它们为什么会出现，它们如何不同于我们今天面临的网络风险，特别是如何解决这些风险。

1. 网络发展的历史

有许多讲述关于互联网历史的资料，主要集中在技术、人或其他因素上。看待互联网的一种方式是它如何从以前独立的系统和领域的融合中发展起来。这与理解物联网及其网络保障的重要性有关，因为它代表了最大的融合。

从电话和无线电广播开始，军事和民用通信就截然不同了。从第二次世界大战开始，军事和民用通信使用不同的技术和不同的保护手段。军事通信通常是加密的，使用不同频段的协议和基础设施。自1952年创建以来，美国国家安全局（NSA）设计并编纂了包括军方在内的国家安全通信所必需的安全措施。从20世纪90年代中期到今天，20多年来，军事和民用（包括商业）通信之间已经变得更加紧密：共同的技术、协议、基础设施和标准支撑了这两者。最初设想的用于维护国家安全的密码强度级别现在被用来保护战略情报和社交媒体。战术军事行动仍然使用专门的无线电设备，但也使用商业智能手机和蜂窝移动通信标准。从军事方面来说，融合主要是由商业产品提供的强大功能和工作能力驱动的；从商业方面来说，以往仅限于国家安全应用的安全机制是由于在网上进行业务的保证和隐私的需要而推动的。

另一个融合——语音电话和数据网络的融合——已经几乎完成。当然，语音电话网络是首先出现的，到了20世纪60年代计算开始发展时，国内和国际电话网络已经建立起来了。事实上，电话网络是如此庞大和可靠，早期的数字通信就是把它用作基础设施，将数字数据从串行线路转换成调制的音频信号，通过电话网络传输，然后在另一端再把它们转换成比特数据的。但是在20世纪70～80年代，电话网络本身变成了数字化的，同样的交换网络被用来承载语音呼叫和专用的数字链路（所谓的“租用线路”）。一些最早的广域数据交流，如电子公告板和新闻组，就采用这些技术。与此同时，大学和公司以及美国国防部（DoD）正在创建分组网络的基础设施。

到20世纪80年代初，互联网的许多关键技术已到位，互联网开始呈指数增长。但电话网络仍然围绕着静态中继线和电路交换而建立。从20世纪90年代到21世纪初期，分组交换和互联网协议的核心技术被整合到全球电话网络中，语音成为分组网络上的另一种数字通信业务。今天，全球网络结构完全是基于分组的，语音业务和数据业务之间的区别主要是针对蜂窝通信系统。但是以前独立的语音和数据网络的融合产生了安全方面的隐患，语音电话服务可能会受到数据网络的攻击，但现代网络中的网络保障技术可以帮助保护语音和数据服务。

另外还有一个趋势要特别指出，是与工业网络和公共数据网络的融合。工业系统的计算机控制始于20世纪60年代，采用直接数字控制（DDC）系统。第一个可编程序逻辑控制器（PLC）系统建于1968年。到20世纪70年代末，PLC使用调制解调器、串行链路和专有协议进行连接。20世纪90年代初，在互联网协议（TCP/IP）上出现了工业控制协议的互操作性和传输标准，但控制系统仍然通过专用链路或租用线路连接和管理。自2000年以来，通过互联网控制工业系统的领域发展迅速。这种融合的驱动因素是降低成本和提高操作灵活性，特别

是将工业控制和监控系统与业务系统集成在一起，这样做的好处是巨大的，但是让工业系统直接或间接地暴露给互联网来访问也会带来巨大的风险。控制系统的部件通常是为了可靠性、简单性和经济性而设计的，政府、学术界和商业实验室的反复测试已经发现了在整个行业中 10 多年来存在的诸多漏洞。将工业控制系统连接到互联网并将其与其他互联网系统集成的趋势有时被称为“工业互联网”，就好像它是一个单独的网络，其实事实并非如此。

随着上面所描述的融合历史的发展，针对计算机和数据网络的恶意活动也同时存在。这个历史记录在多本书和多篇论文中，但只有少数几个专题，讨论了威胁的增长。在互联网之前的年代，计算机和网络当然也会受到恶意行为的影响，但范围相对狭窄，一些早期的个人计算机（PC）病毒传播相当广泛，但仅限于一个非常狭窄的操作系统和应用程序范围。军事网络一般在国家行为层面上由参与者被动收集，但这是可以预料的，风险也是可以管理的——被动收集的风险可以通过有效的加密来管理。

在全球互联网的早期，从 1988 年的莫里斯蠕虫病毒（Morris Worm）开始，一直持续到 20 世纪 90 年代和 21 世纪初，出现了许多大规模的网络恶意攻击事件。虽然这些感染成为了头条新闻，但更复杂的恶意软件和间谍功能软件正在悄悄发展。另外，随着万维网（WWW）的发展，对网站的篡改攻击也相应增长。在这段时期的大部分时间里，互联网上存储和业务信息的价值都不高，许多恶意行为者的动机即“释放一种在世界范围内传播的计算机病毒，获得同行的好评”。在此期间，计算机和网络技术的主要供应商也开始更加重视安全。举个例子，在 1992 年，微软公司的旗舰产品是 Windows 3. 1，它没有有效的安全性；到 2000 年，他们的旗舰产品 Windows 2000 包含了广泛的安全功能。

在最近的十年中，互联网领域的融合带动了经济、政府和社会发展的很大一部分。连接系统和服务的价值和多样性的增加也推动了恶意活动的相应增长和多样化。例如，互联网服务更多地用于银行业，紧随其后的是针对银行账户和交易的网络犯罪。同样，随着各国政府和各经济体对互联网的依赖程度越来越高，世界各国政府已加大了利用互联网作为收集情报和向对手施压的领域。包括美国在内的许多国家已将网络空间业务纳入其军事理论。

我们也看到了第一起通过互联网攻击工业控制网的事件，其影响已经超出了网络空间进入物理世界。早期的大多数攻击被认为是偶然的，但到 2008 年底，很明显一些网络攻击者故意针对电力公司进行攻击并勒索。2010 年，Stuxnet 震网病毒被发现，似乎是针对特定的工业设施，通过互联网和其他网络传播，并造成该设施的物理损坏（以及其他地方的服务中断）。

网络发展历史的明确信息是，攻击跟随价值。即我们放在互联网上的信息价值和依赖性越大，恶意攻击者、罪犯和敌对政权就越有动力在那里攻击。我们正

处于网络最大融合的早期阶段，而且我们对保障的需求相当巨大且迫切。

2. 物联网的广度和多样性

物联网的融合是一个非常广泛的现象，涵盖了几乎所有行业、技术标准和地理范围。它既包括连接的“物”，也包括了与它们交互的各种数据分析、管理和基础设施服务。数据和交互是我们期望获得好处的基础，如一辆有互联网连接的汽车可能有助于驾驶员前往他们的目的地，并且当大多数汽车都通过一条路时，分析和主动管理软件将有助于一座城市有效地保持交通畅通。一些创新公司正在设计新的数据分析模型，并在住房、交通、制造业、医疗保健、公共安全、能源、零售等领域进行数据分析。

物联网的标准格局是比较复杂的，在许多领域，标准还在不断涌现或演变。标准对于物联网是必不可少的，因为它们促进了互操作性、稳定性和创新性。有许多领域的标准将是必不可少的，但其中四个与物联网安全特别相关。

1）蜂窝通信——无线电频谱是一种有限的、宝贵的资源。随着越来越多的设备连接入互联网，管理所有这些资源的可用性将是至关重要的。

2）个人局域网（PAN）——可穿戴设备和附近设备之间距离非常短的数据交换标准仍在发展，以支持我们所需的所有功能和保障。

3）安全性和密码学——大多数现有的安全协议、认证方案和其他标准都是为台式计算机和企业服务器设计的。未来将需要新标准来为大量小型受限设备提供基本的安全服务，这些服务包括身份和认证管理、授权以及数据保护等。物联网将在配置、效率和规模方面提出新的要求。

4）感知和数据管理——物联网的最大好处在于对物理世界的感知方面，将这些感知数据公开给网络空间进行分析和融合。所以，也需要标准来表示和管理大量的传感器数据。

物联网设备将使用各种连接互联网的方式。有些设备只有在被别的设备激活时才能被访问，比如射频识别（RFID）标签阅读器。还有其他设备会进行定期的交互，提供数据或接受命令，否则是静默的（例如植入式医疗器械、气象传感器）。许多设备将允许连续的连接来传送数据或允许远程实体对象施加实时控制（例如智能电视、变电站监控），还有一些设备将作为本地网关，支持本地交互并为其他设备提供互联网连接在其范围内（例如智能汽车、公共汽车或火车）。

综上所述，物联网将给我们带来巨大的好处，但这些好处大多取决于某种形式的信任，我们只有在物联网设备和支持服务的运作中对其有足够的信任，才能赋予它们对物理系统和环境的控制权。我们需要有信心，相信从传感器提供的数据是准确的，以便依靠它们做个人、商业甚至是军事决策。建立和维护必要的信任在很多方面都是具有挑战性的。即使对于狭窄的传统计算机，通常也不可能有

完整而全面的信任。相反，我们需要建立可以提供特定类型信任的系统。我们需要在个人设备、设备群体、用户、服务和基础设施多个层面对物联网系统进行信任管理和相关保证。

3. 关于物联网的网络保障是什么？为什么它很重要？

在最高层次上，物联网的保障就像对网络空间其他元素的保障一样。但是，受物联网规模的限制，以及保障失败的潜在影响，意味着目前实现保障的战略是不够的。

基本保障属性是：

1）真实性——保证声称拥有身份的实体拥有使用它的权利。分配和认证身份对物联网将是具有挑战性的。

2）完整性——保证信息仅由有权这样做的实体才能创建、修改和删除。

3）保密性——确保只有具备必要权利的实体才可访问或可读信息。

4）可用性——保证信息或服务在所有条件下都可用或可访问。

5）不可抵赖性——保证一项活动可以无可辩驳地绑定到一个负责任的实体上。

这些保证是基本的。通过使用和组合它们，系统可以提供更高的定制属性，例如隐私、合法性或可恢复性。所有这些对于物联网设备的安全运行及其将要支持的服务来说都是非常重要的。

除了设备直接面临安全风险外，物联网将对其所依附的传统系统和网络的风险状况产生深远的影响。将各种各样的物联网设备连接到传统网络上将扩大这些网络的受攻击面。为了支持这些设备，传统网络将不得不支持更广泛的协议和数据格式，这也为可利用的漏洞增加了新的潜在威胁。最后，许多物联网采用案例桥接弥补传统的信任边界，或者要求系统所有者建立新的信任关系，因此建立对物联网设备和系统的保障，对于管理这些风险也是至关重要的。

实现传统网络的基本保障属性已被证明是极其困难的——最近的安全事件向我们表明，我们现有的技术措施和做法不足以防止网络攻击的不利影响。在物联网系统中实现基本属性保障将更加困难。为什么？首先，物联网的规模和多样性将需要跨越范围很广的方法和标准。设备功能是多种而异构的，如计算速度、数据存储和通信带宽。对于连接的设备，这些功能中的一些功能将从小型标签和传感器到智能车辆和建筑物，在六个数量级或更多的范围内变化。

支持连接设备和服务的另一个挑战是安全需求的多样性。有些设备将需要非常严格的安全权限。例如，植入的医疗设备将具有非常高的完整性要求，并且应该仅向患者和授权医生发送数据；相反，气象传感器则可以向任何请求者提供数据。设备的寿命也将是一个挑战，所以要确保一些物联网设备具有长效性。有些设备将具有频繁接受安全更新的能力和相应的传输带宽，但有些设备却不需要。

例如，某些类型的传感器不得不运行多年，并且不能期望在工作期间接收任何软件更新或信任节点的更新，这意味着这些设备内置的安全机制需要非常简单和健壮。

最后，基于保证物联网设备数据和访问的法律、政策和实践相对不成熟，物联网将面临很多保障挑战。考虑一个智能建筑——应该授权哪些参与方读取建筑系统的传感器数据？是建筑物的所有者、租户、还是当地的消防部门，亦或是维修工（如水管工或电工）？每个利益相关者对于访问建筑物数据的一部分或调整建筑物的运行方面都有很好的理由。但是技术控制、法律判例和接受的做法都并没有为支持他们做好准备。

物联网将让我们体会到信息技术的灵活性和强大的力量感，从单人可穿戴设备到零售店，再到公路系统，感知、理解、管理和优化物理世界的许多方面，我们依靠物联网来为我们做这些事情，如果我们有一定的必要保障，就可以享受相应的利益。以下是基于网络安全的基本属性，但是已被调整为可以为物联网系统的设计者和制造者可以采纳的属性：

1）保证收集的数据是有效的（即报告的值是被检测的值）。

2）确保访问收集到的数据受到适当的限制。

3）保证设备的控制权仅由授权方执行，并可追究这些执行方的责任。

4）确保适用的法律、法规和政策得到执行。

5）确保物联网系统和其他网络系统之间的互动可以被监控和控制。

6）确保当单个设备或组件更新或替换时，整体安全属性继续保持不变。

物联网最重要的安全属性将是系统属性，由硬件和软件、服务提供商、数据聚合中间件以及演示系统提供，限定并依赖于多层的保证。

4. 示例

下面的示例验证了四种不同的物联网场景的保障挑战。

示例 1——连接到互联网的医疗可植入设备可以提供更快捷的健康问题检测，更精细的反映和监测整体健康。由于设备本身在尺寸，功耗和连接性方面受到严重限制，使用这样的设备有直接的风险，即对其进行网络攻击可能直接威胁用户的健康和生命安全。例如改变设备报告数据的攻击可能会造成这样的威胁，因为医疗可能是以此数据为基础的。收集到的数据也有很强的隐私问题。数据访问的保障将是复杂的，因为有多个利益相关者：病人、医生、医院、急救员、保险公司、设备制造商等。此外，医疗设备和健康数据也受到复杂的监管制度的制约，这些制度仍适应于网络威胁。

示例 2——连接到互联网的汽车将支持从简单地避免碰撞，到驾驶和保养，以及到完全自主操作的各种使用情况。运输安全和效率有很大的潜在收益，这样一个复杂的系统也会有一个复杂的授权模型，对于驾驶员、机械师、制造商、公

路系统和网络基础设施都有不同的权限。有些操作将受到严格的实时限制，而另一些涉及与全球互联网的通信。车辆与智能高速公路系统之间的相互作用仍在定义，但意味着非常密切的信任关系。最近来自研究人员的漏洞演示表明，目前的汽车远程信息处理系统不能有效地执行信任边界，这将不得不改变信任关系。最后，连接网络的汽车将连接到各种各样的其他网络，如在业主的家中，在维护设施店，以及在高速公路上。每辆车和这些网络之间需要有非常具体和有限的信任关系。

示例 3——智能建筑将包含各种传感器、执行器和控制系统，用于多种用途：照明、安全、加热和冷却、入口控制等。这些系统中的很多都是为了提高建筑物的成本效益而设置的，或者是为了更好地吸引用户。收集到的数据会有一些隐私或保密问题。但主要风险将是基于控制的：建筑物内的控制系统的滥用可能使其不适宜居住甚至损坏。控制完整性和授权将成为智能建筑的关键保障，但如上所述，这类建筑的授权用户将是庞大而多样的。除了连接到互联网之外，许多楼宇自动化技术还使用无线网络，使用 Wi-Fi，ZigBee 和蓝牙等标准。这些可以使建筑物的网络暴露于任何接近的人。

示例 4——传感器网络提供了监测不同环境和场所的物理条件的潜力。例如，海洋传感器网络可能由传感器浮标、通信继电器以及其他浮动和锚定元件组成。网络组件将是广泛分布的，工作条件恶劣，连通性不确定。这些组件可能会受到功率的限制，预计将在存储式电源上长期运行。从这些传感器收集的数据可能是公开的，其完整性可能对于海洋导航和天气预报至关重要。来自传感器网络的数据将与分析系统中的其他数据来源进行融合，在分析系统中可能会有更多的价值来吸引威胁行为者。这意味着需要管理传感器网络和分析系统之间的信任，以防止传感器向上传播的危害。

这四个例子显示了几个共同的元素。第一，完整性是大多数物联网用例的关键问题，它包括报告数据的完整性和控制的完整性；第二，许多为各种物联网领域生产部件的供应商历史上都不必担心其产品的网络保障，直到现在他们的产品才面临这样的威胁；第三，在这些示例中，没有简单的模型或信任关系的通用模型。每一个示例都包括各种不同的角色和权利的利益相关者。最后，这些示例中所有连接的设备都不能独立运行，它们都与其他基础设施和系统相互作用，从这些系统中承受风险并同时给这些系统带来风险。

5. 物联网的网络保障要素

研究人员、学术界人士、专业人士和科学工作者还有很多工作要做，以创造一个可靠的和可信赖的物联网环境。研究已经在进行中，需要继续下去。标准机构和财团已经承担了将安全建设纳入所需标准的挑战。下一步是为更广泛的社区、制造商、服务提供商、数据整合商的产品提供保障，并为用户提供需求。我们还不知道物联网需要的所有保证和安全功能，但我们知道的这些都将是至关重要的。这部分知识，以及在构建过程中的学习，一直是通向当今互联网环境的各种主要发展的特征。我们可以在构建的过程中学习，但我们必须在每一步中构建要点。下面列出了一些要点，并在本书的各章中进行了更充分的探讨。基本的安全属性、基本原理，必须设计到物联网的设备、基础设施和后端分析系统中。安全性设计必须反映物联网的要求和约束，必须使高层保障成为端到端的保障。

本书第 1 章和第 2 章探讨设计物联网的一般保障，提供物联网设备和服务的身份认证以及管理与这些身份认证相关的凭证、属性和授权。对于支持诸如隐私和访问控制之类的高级别保障属性至关重要。物联网设备必须能够安全地集成到现有的网络服务和企业 IT 环境中——这就要求物联网设备本身具有一定的安全特性，并且企业网络系统处理信任域的方式也将发生重大变化，第 3 章探讨了这个非常具有挑战性的领域。建立和维护物联网系统的保障将取决于信任管理服务，信任管理服务将不得不从单个设备扩展到第 4 章和第 5 章所述的高级数据分析服务。第 6 章回顾了可穿戴计算的隐私和安全问题。第 7 章重点介绍了工业控制系统的漏洞问题。第 8 章讲述利用大数据技术来增强物联网的安全的方法，这本身只是提高网络保障所需的多种措施之一。保障不是一次可以建立，然后就可以被遗忘的事情，它必须积极管理、测量和维护。第 9 章探讨了安全评估机制的更普遍的挑战。第 10 章研究网络保障在未来人工智能方面的应用。第 11 章探讨了物联网对网络物理系统的威胁。

为了确保构成物联网的设备和系统中必须包含必要的保障要素，有必要提高对挑战和可能解决方案的认识。本书是朝这个方向迈出的一步。通过提出棘手的问题，并提出可能的解决方案，将鼓励讨论和辩论，让工程师和设计人员接触到新的策略和新的标准，促进网络保障的积极发展。有了这些保障，我们将能够充分利用物联网的潜在好处。

原书前言

物联网已经导致了相对不成熟技术的广泛部署。然而，物联网技术的程序设计者、网络设计者和技术实施者在确保所提供适当的安全级别时也面临着许多重大的挑战。由于采用物联网的创新技术将更多地集中在无线技术上，因此在部署无线基础设施时必须考虑许多复杂的事项。如果没有充分的预见性，使用它们可能是不明智的。研究人员和商业机构预测，到2020年将有500亿台设备连接到互联网，2025年对物联网应用的潜在经济影响（包括消费者剩余价值）将高达每年11.1万亿美元。物联网网络将变得非常流行，因为它们可以在很少的设备基础设施上快速部署。这些网络也适合短期用户群体的环境。物联网的可能应用几乎是无限的，世界各地的组织都很快地意识到了它的潜力。

无线设备和技术的大量使用，使物联网的运营变得十分复杂。同时，数据传输和数据存储处理速度的明显加快，也加快了物联网系统的数据集中的步伐，而快速移动的接入点必然带来信息安全策略迅速而不断的变化。在这样一个高度复杂和不断变化的环境下，企业必须重视信息安全工具和技术的使用，以期在这种新的环境下战胜网络攻击。未来的物联网平台将不得不在非常恶劣的环境中运行，存在着严重的高级持续攻击威胁（APT），将会影响正在处理的信息的安全性。这些APT攻击对于正在处理的数据的安全性造成威胁，包括物联网的安全性、信息安全性和物理安全性。对这些APT攻击采取适当的对策来确保主动应对网络的攻击是必要的。采取的主要措施包括采用不同的技术防御措施，加强物联网网络和设备的安全性设计，并对这些网络和设备进行研究和生产。

本书提出了物联网网络保障方法的概念，网络保障技术是多样性的，这些技术承担着找出有可能被网络攻击者成功地用于可利用漏洞缺陷的任务。此外，本书还将帮助信息安全、信息保障以及物联网行业从业者建立对如何设计和构建物联网网络保障的认识。本书的目标读者是那些在无线技术、信息系统理论、系统工程、信息安全体系结构和安全系统设计领域工作的研究人员、专业人员和学生以及参与物联网相关网络保障工作的大学教授和研究人员。

第1章：提供了一种通过设计系统来设计物联网的安全方法以及通过建立硬件和软件组件来最小化人为错误和漏洞引入的程序和过程。

第 2 章：提供了一种通过嵌入式传感器自动保护物联网网络和设备的概念，该传感器识别网络攻击，并在继续处理数据之前减轻对设备和网络的任何威胁。

第 3 章：讨论了一套安全更新物联网设备的统一方法的潜在集合，通过基于其加密处理能力、可用存储以及如何实现网络连接的功能，对物联网设备进行分类，可以应用于任何形式或功能的设备更新。

第 4 章：解释了无线自组织网 Ad Hoc 网络和传感器网络中的漏洞，并结合各自的设计指标和分析，阐明了信任管理方案的设计属性。

第 5 章：讨论信任边界的两个方面：一个被授权认可的物联网设备在接受到网络的信任边界时如何影响安全态势，以及一个未经授权认可的物联网设备在与网络信任边界内的设备交互时如何影响安全态势。

第 6 章：回顾了 Fitbit 可穿戴设备实验及其与可穿戴物联网设备的隐私/安全问题的关系。

第 7 章：涉及物联网传感器设备应用的特定领域，消费环境中的反馈环路，突出自动控制理论、控制系统工程、信息技术、数据科学、技术标准等领域的漏洞。

第 8 章：回顾了复杂事件处理和大数据这两大计算的发展趋势，提出了增强物联网安全的来源和相关机遇。

第 9 章：确定了一个框架，该框架可以简化和聚合云计算 - 物联网中的安全关键设备（例如嵌入式设备、标签、执行器、智能对象）的功能。

第 10 章：论述了确保物联网网络保障的人工智能方法。

第 11 章：评估给定的网络物理系统，以帮助推导出一组输入要求，并为物联网的威胁检测和评估提供自动化的方法。

Tyson T. Brooks

目　录

第 2 部分 信任的影响

第 4 部分 物联网系统的云计算与人工智能

缩略语

3D	Three – Dimensional	三维立体
6LoWPAN	IPv6 Over Low Power Wireless Personal Area Network	基于 IPv6 的低功率无线个域网
AE	Action Engine	活动引擎
AES	Advanced Encryption Standard	高级加密标准
AFRL	Air Force Research Laboratory	空军研究实验室
AI	Artificial Intelligence	人工智能
AIoT	Advanced Internet of Things	高级物联网
ANSI	American National Standards Institute	美国国家标准协会
AONS	Advanced Object Naming Service	高级对象命名服务
AP	Access Point	无线接入点
API	Application Programmatic Interface	应用程序接口
APT	Advanced Persistent Threats	APT 高级持久攻击
ARM	Advanced RISC Machines	高级精简指令集计算机
ASI	AIoT Standard Interface	高级物联网标准接口
AV	Autonomous Vehicles	自主车辆
BS	Bachelor of Science	理学学士
BVCC	Boosted Power Supply Voltage	升压电源电压
BYOD	Bring Your Own Device	带上自己的设备
C2	Command – and – Control	命令与控制
CA	Certificate Authority	证书授权
CAD	Computer – Aided Design	计算机辅助设计
CAN	Controller Area Network	控制器局域网
CAR	Computer – Assisted Reasoning	计算机辅助推理
CC	Cloud Computing	云计算
CCP	Custom Cryptographic Processor	自定义密码处理器
CCS	Calculus of Communicating Systems	通信系统的演算
ERP	Enterprise Resource Planning	企业资源规划
ES	Embedded Systems	嵌入式系统
ETL	Extracted, Transformed, and Loaded	提取、转换和加载
FAA	Federal Aviation Administration	美国联邦航空管理局
FGTM	Front – End – Loaded Grounded Theory Method	前端加载接地理论方法
FPGA	Field – Programmable Gate Array	现场可编程门阵列
FRiMA	Faster Risk Malicious Assessment	风险快速评估
FTPS	Fire, Theft Prevention System	防火防盗系统
GPS	Global Positioning System	全球定位系统

HAFIX	Hardware – Assisted Flow Integrity Extension	硬件辅助流完整性扩展
HCI	Human Computer Interaction	人机交互
HF	High Frequency	高频
HIPPA	Health Insurance Portability and Accountability Act	健康保险携带和责任法案
HOL	High Order Logic	高阶逻辑
HTML	HyperText Markup Language	超文本标记语言
HTTP	HyperText Transmission Protocol	超文本传输协议
HVAC	Heating, Ventilating and Air Conditioning	供暖、通风和空调
IA	Information Assurance	信息保障
IaaS	Infrastructure – as – a – Service	基础设施即服务
ICD	Internet – Connected Device	网络连接设备
IC	Integrated Circuit	集成电路
ICT	Information and Communication Technology	信息和通信技术
ID3	Iterative Dischotomiser 3 Dischotomiser3	迭代算法
INFOSEC	Information Security	信息安全
I/O	Input/Output	输入/输出
IIoT	Industrial Internet of Things	工业物联网
IoT	Internet of Things	物联网
IoTTMP	Internet of Things Trust Management Protocols	物联网信任管理协议
IP	Internet Protocol	互联网协议
IPv4	Internet Protocol Version 4	互联网协议版本 4
IPv6	Internet Protocol Version 6	互联网协议版本 6
IT	Information Technology	信息技术
ITIL	Information Technology Infrastructure Library	信息技术基础架构库
KDC	Key Distribution Center	密钥分配中心
KDD	Knowledge Discovery in Databases	数据库中知识发现
LAN	Local Area Network	局域网
LCG	Linear Congruential Generator	线性同余生成器
LLN	Low – Power and Lossy Networks	低功耗和有损网络
MAC	Media Access Control	介质访问控制
MANETS	Mobile ad hoc Networks	移动自组织网络
MCU	Microcontrollers	微控制器
ME	Mobile Element	移动元素
M2M	Machine – to – Machine	机器对机器
MoA	Memoranda of Agreement	协议备忘录
MoU	Memoranda of Understanding	谅解备忘录
NBD – PWG	NIST Big Data public working group	NIST 大数据公共工作组
NERC	North American Electric Reliability Corporation	北美电力可靠性公司
NFC	Near – Field Communication	近场通信
NGN	Next – Generation Network	下一代网络
NIST	National Institute of Standards and Technologies	美国国家标准与技术研究院
NSA	National Security Agency	美国国家安全局
OAuth	Open Authorization	开放授权
OS	Operating System	操作系统
OSI	Open Systems Interconnection	开放系统互连
PaaS	Platform – as – a – Service	平台即服务
PAN	Personal Area Network	个人区域网（个域网）
PC	Personal Computer	个人计算机

PDA	Personal Digital Assistant	个人数字助理
PhD	Doctor of Philosophy	哲学博士
PII	Personally Identifiable Information	个人身份识别信息
PLC	Programmable Logic Controller	可编程序逻辑控制器
PMS	Property Management System	物业管理系统
PSS	Physical Security System	物理安全系统
PT	Plain Text	明文
QoS	Quality of Service	服务质量
QR	Quick Response	快速响应
RAM	Random Access Memory	随机访问存储器
RDSA	RSA Digital Signature Algorithm	RSA 数字签名算法
REST	Representational State Transfer	具象状态传输
RF	Radio Frequency	射频
RFID	Radio Frequency Identification	射频识别
RISC	Reduced Instruction Set Computing	精简指令集计算
ROM	Read – Only Memory	只读存储器
ROP	Return – Oriented Programming	面向返回式的程序设计
RTU	Remote Terminal Units	远程终端单元
SaaS	Software – as – a – Service	软件即服务
SAM	Secure Access Modules	安全访问模块
SCADA	Supervisory Control and Data Acquisition	监控与数据采集
SCP	Secure Control Processor	安全控制处理器
SDN	Software Defined Network	软件定义网络
SHS	Secure Hash Standard	安全哈希标准
S – HTTP	Secure Hypertext Transfer Protocol	安全超文本传输协议
SID	Standard Identity	标准身份
SIEM	Security Information and Event Management	安全信息和事件管理
SOA	Service – Oriented Architecture	面向服务的体系结构
SOM	Self – Organizing Map	自组织映射
SPD	Security Privacy Dependability	安全隐私可靠性
SPM	Secure Packet Mechanism	安全分组机制
SSD	Service Supplier Domain	服务供应商域
SSM	Secure State Machine	安全状态机
SSS	Surrounding Security Subsystem	周边安全子系统
SW – ARQ	Stop and Wait Automatic Repeat Request	停止等待自动重传请求
SYN	Synchronization	同步请求
TBSS	Trust – Based Security Solution	基于信任的安全解决方案
TCP/IP	Transmission Control Protocol/Internet Protocol	传输控制协议/网络层协议
TLS	Transport Layer Security	传输层安全
UHF	Ultra – High Frequency	超高频
UII	Unique Item Identifier	特殊项目标识符
UODL	Unified Object Description Language	统一对象描述语言
UPC	Universal Product Code	通用产品代码
URL	Uniform Resource Locator	统一资源定位符
URPF	Unicast Reverse Path Forwarding	单播反向路径转发
VLAN	Virtual Local Area Network	虚拟局域网
VLSI	Very Large Scale Integrated	超大规模集成电路
VM	Virtual Machine	虚拟机

VMM	Virtual Machine Monitors	虚拟机监视器
VMS	Vehicle Management Subsystem	车辆管理子系统
VoIP	Voice – over – Internet Protocol	互联网语音协议
VPN	Virtual Private Network	虚拟专用网络
VTC	Video Teleconferencing	视频电话会议
WAN	Wide Area Network	广域网
WID	Wireless Intrusion Detection	无线入侵检测
Wi – Fi	Wireless Frequency	无线频率
WiMAX	Worldwide Interoperability for Microwave Access	全球微波接入互通网
WIPS	Wireless Intrusion Prevention Systems	无线入侵防御系统
WLAN	Wireless Local Area Network	无线局域网
WMAN	Wireless Metropolitan Area Network	无线城域网
WoT	Web of Things	物联网站
WPAN	Wireless Personal Area Network	无线个人区域网络（个域网）
WS	Web Service	Web 服务
WSN	Wireless Sensor Network	无线传感器网络
WWW	World Wide Web	万维网
XML	eXtensible Markup Language	可扩展标记语言

引　言

Tyson T. Brooks
美国雪城大学，信息研究学院

无线射频识别（RFID）、无线通信、移动通信和传感器设备的日益普及，为构建强大的物联网系统和应用提供了一个有希望的机会（Xu 等，2014）。虽然无线设备可能遭受与固定局域网和广域网相同的滥用，但无线网络的移动特性增加了漏洞利用的敏感性。如果将物联网的应用从当前独立的内联网或外联网环境扩展到广域网以及全球互联网环境，那么在融合的下一代网络（Next Generation Network，NGN）环境中必须考虑网络系统中的一些根本变化（Zhou，2012）。由于这个原因，物联网网络可能得不到很好的保护，从而使其面临恶意活动。物联网业务将需要更多的虚拟网络交换以及漫游在其他网络中，这使得对客户的跟踪和计费以及互连协议的执行变得复杂化。移动个人卫星服务可能会让全世界的用户依靠诚实的分销商来接触他们的客户。没有固定的客户住宅将使订阅漏洞更容易实施。最后，物联网无线智能设备将不断受到丢失或被盗的风险。虽然许多这类问题仍在讨论和解决之中，但对信息保障（IA）和定期安全增强模式的关注仍在继续。

物联网的基础设施将允许智能对象的组合，人类使用传感器网络技术和不同但可互操作的通信协议，可实现战略和动态的多模式/异构网络，可以部署在人迹罕至或远程空间（如石油平台、矿山、森林、隧道、管道等）或发生紧急情况或危险情况下（如地震、火灾、洪水、辐射区域等）的应用（Clack 等，2002）。在当今的电信网络中，网络管理平台是必不可少的，主要用于电路和设备的故障和配置管理以及检测和入侵分辨，但它们也可以通过安全措施保护网络免受恶意活动的侵害（Cordesman，2002）。在网络管理平台中安全措施的实现通常是通过软件解决方案或附加的硬件设备方法或两者可能都有的网络覆盖解决方法来实现的。在物联网的情况下，许多应用程序、设备、软件等必须提供在物联网平台上实现安全数据通信的安全性。

虽然互联网使计算机用户能够共享信息，但它也带来了一些负面现象，如计算机病毒、色情信息、非法访问尝试、窃取机密信息和内部信息舞弊等（Clack 等，2002）。当今的计算机黑客（即闯入计算机和计算机网络造成危害的个人）不仅拥有全方位的攻击工具，而且掌握了非常复杂的隐形和躲避技术，因此他们在互联网上几乎享有完全的自由（Sanders，2003）。随着复杂系统与先进的计算机和通信技术相结合趋势的发展，这带来了严重的网络安全问题，尤其是物联网体系结构环境下，在这种环境中，物联网体系结构可能不再像以前那样被认为是可靠的。由于移动智能设备、无线网络和智能电网作为关键能源基础设施的重要作用，物联网将需要支持提供异构设备动态自组织网络 Ad hoc 共享中间件。在这些物联网环境中，保护数据是一项极为重要的任务，在网络攻击的威胁下，对信息安全问题做出重大贡献。

网络攻击将直接导致物联网体系结构的失败和崩溃。网络攻击或关键智能设备的故障（例如控制服务器或主路由器故障），将降低这些体系结构的性能。由于物联网系统将依靠这些设备进行信息传感、通信和信息处理，这种体系结构的性能下降将会干扰系统的控制过程，并可能导致环境的不稳定。这种不稳定性可能导致其组件（例如智能电网发电机或传输线）的级联故障，或有可能导致整个环境的连续崩溃。由于高度依赖网络基础设施进行传感和控制，物联网将面临来自计算机网络漏洞的新风险，并继承现有系统内存在的物理漏洞的风险（Bizeul，2007）。因此，这些物联网系统和基础设施以及人们使用这些系统的方式本身就容易受到黑客的恶意攻击（Tomas，2002）。这种恶意攻击行为可以采取两种形式之一，一种是具有破坏性的（即攻击），另一种是非破坏性的（漏洞利用）（Luiijf，2012）。虽然网络攻击是指故意伤害或使其无法使用受害者的计算机系统或网络，但是漏洞利用通常是通过秘密技术来获取未经授权的访问，通常是窃取驻留在网络上的信息（Luiijf，2012）。自从计算机发明以来，这种二分法一直是安全专家的一个问题，并为黑客入侵物联网创造了机会。

将信息保障转化为物联网的网络保障。

服务能够实现与这些智能设备交互使用标准接口，这些接口将通过因特网提供必要的链接，以查询和改变它们的状态并检索与它们相关的任何信息，同时要考虑到安全和隐私问题（Clark 等，2002）。互联网连接设备（ICD）只有适当地配备了对象连接技术，才能成为环境感知、传感、通信、交互、交换数据、信息和知识的设备，除非它们是人为的“事物”或具有这些内在功能的其他实体（Clark 等，2002）。在这一愿景中，通过在软件应用中使用智能决策算法，可以针对基于收集到的关于物理实体的最新信息和考虑历史数据中的模式，对物理现象给出适当的快速响应，无论是相同的实体或类似实体（Clark 等，2002）。这些算法组件的故障可能会对系统造成干扰，从而威胁其安全性。在物联网网络中，由于物联网只能在网络基础设施的支持下完成其功能，信息保障将越来越重视保密性、完整性和可用性。

这些新的物联网被认为是覆盖现有 IT 基础设施的新型通信系统。通过以最小的传输错误实现灵活的高速数据传输，物联网网络将通过互联网提供与其他网

络的连接。假设在互联网连接设备（ICD）可以发送数据之前，它必须在物联网网络上注册。它将数据通信请求发送给物联网网络，物联网根据从ICD收到的信息执行用户认证。一个重要的方面是，如果认证通过，物联网就建立了一条与ICD的线路连接并开始通信。物联网网络通过向ICD发送数据分组通过注册请求响应来摄取数据的发送和接收。如果数据分组要发送到另一个ICD，则数据将从物联网网络发送到目标ICD。目标ICD然后进行数据通信注册以便接受输入数据分组。要停止分组通信的过程，首先，ICD向物联网发送分组通信链接释放请求，物联网接收释放请求后在物联网网络上释放分组通信状态。当ICD和物联网的网络分组通信注册释放被确认断开时，分组通信的释放即完成。这种断开通常会以网络攻击的形式出现。

为了抵御未来的黑客威胁和网络攻击，有必要采用网络保障的概念。网络保障是网络系统足够安全以满足运营需求的合理信心，即使在存在网络攻击、故障、事故和意外事件的情况下满足其运营需求（Alberts等，2009）。现有的信息保障（IA）主要是集中在单一系统和单一组织中。随着目前使用高度互连的、复杂的网络环境的发展，有效的网络保障必须解决跨多项目的收购合并，通过供应链，在工作环境中跨多个组织操作（Alberts等，2009）。此外，网络保障包含了识别、防御、重建和生存能力的概念，以防御物联网系统和网络免受网络攻击。识别包括识别正在进行的网络攻击，以加强智能物联网设备、网络和系统的防御能力。防御手段是将嵌入式网络安全技术应用于物联网设备中，在网络攻击中保护物联网和系统。重建意味着在发生网络攻击之前将物联网的ICD、网络和系统恢复到运行状态。生存能力意味着物联网设备在网络攻击、内部故障或事故发生的情况下具有能够继续处理事务的能力。

网络保障提供了一种方法来确定个体的物联网组件（软件、硬件）以及整个物联网系统的正常运行，以规避有意破坏其正确操作的企图。为了做出这一决定，网络保障将应用各种技能和技术来寻找可能成为攻击者可利用的漏洞的潜在缺陷的任务上。然而，在物联网中实现这些动态能力将是困难的，因为这项未来的技术可能会非常的脆弱。物联网网络协议必须允许智能设备运行多个网络副本，控制其处理速度，并保留对其数据执行的控制权。这种新的网络逻辑与物联网的物理网络设备紧密地结合在一起。因此，网络保障可以说是为了避免或抵御网络攻击所提供的嵌入式解决方案。

需要创新的网络保障技术来保护物联网及其运行环境。这是由于几个因素，其中包括互联网的广泛传播和无线智能设备的增加。创新技术的性质和用途的变化（云计算、虚拟化）必须确保使用物联网技术的系统实际满足其性能和可靠性目标以及需要增加的安全需求。从历史上看，组织可以通过禁止访问和加密高安全性的可信包（例如内部网络段）之间的通信来获得重要的信息和功能。然而，在物联网网络时代，有争议的网络区域要复杂得多且不固定。物联网系统是分布式的，用户是分散的，安全连接是必要的，而且技术必须是无处不在的。随着这些系统的运行和发展，漏洞多且变得非常微妙。绕过或选择传统保护措施的机会比比皆是。因此，应该实施网络保障，自动防范和减轻对物联网和系统的威胁。

本书的目标是在理论方面和实际应用研究的基础上，提高对当前物联网的网络保障理论、应用、体系结构和信息安全方面研究的可见性和发展新趋势。本书将涵盖掌握物联网当前网络保障问题、挑战和解决方案以及物联网基础架构、体系结构和应用程序未来发展趋势所需的先进概念和基础知识。此外，本书的教育价值是作为理论学术研究和科学实践者与物联网技术合作的有效桥梁。预计这项工作将成为希望参与物联网研究网络保障的学生的主要阅读来源。此外，本书是收集了从事无线网络、云计算、信息安全架构和物联网领域工作的专家和网络保障与物联网研究人员的知识和经验，并在协作中激发他们的知识和经验。本书的后续内容将介绍与实际网络保障物联网研究相关的主题，这些研究共同开展协调的功能。后续内容还将介绍新的信息安全理论和应用，致力于网络保障物联网研究的改进和发展。

参考文献

Alberts, C., Ellison, R.J., & Woody, C. 2009. Cyber assurance. 2009 CERT Research Report. Software Engineering Institute, Carnegie Mellon University. Available at http://resources.sei.cmu.edu/library/asset-view.cfm?assetid=77638.

Bizeul, D. 2007. Russian business network study. Unpublished paper, November 20, 2007.

Clark, D.D., Wroclawski, J., Sollins, K.R., & Braden, R. 2002. Tussle in cyberspace: defining tomorrow's internet. *ACM SIGCOMM Computer Communication Review*, 32(4), pp. 347–356.

Cordesman, A.H., & Cordesman, J.G. 2002. *Cyber-Threats, Information Warfare, and Critical Infrastructure Protection: Defending the US Homeland*. Greenwood Publishing Group.

Da Xu, L., He, W., & Li, S. 2014. Internet of things in industries: a survey. *IEEE Transactions on Industrial Informatics*, 10(4), pp. 2233–2243.

Luiijf, E. 2012. *Understanding Cyber Threats and Vulnerabilities*. Springer, Berlin/Heidelberg, pp. 52–67.

Sanders, A.D. 2003. Teaching tip: utilizing simple hacking techniques to teach system security and hacker identification. *Journal of Information Systems Education*, 14(1), p. 5.

Thomas, D. 2002. *Hacker Culture*. University of Minnesota Press.

Zhou, H., 2012. *The Internet of Things in the Cloud: A Middleware Perspective*. CRC Press.

第 1 部分　嵌入式安全设计

第 1 章　设计用于物联网的认证安全

Shiu - Kai Chin
美国雪城大学，电子工程与计算机科学学院

1.1　简介

将安全性纳入物联网中使用的组件的设计对于确保物联网的运作和社会所依赖的网络物理基础结构至关重要。物联网的普及以及它在关键基础设施中的作用需要从一开始就将安全性纳入组件的设计中。从一开始就把安全性纳入物联网组件的设计中有几个挑战。这些挑战包括：

1）准确地描述保密性和完整性的策略，以使其能够接受正式的推理。

2）保持在所有抽象级别的机密性和完整性策略和实现之间的逻辑一致性，从用户级别的高级行为描述到状态机和转换系统的实现。

3）提供令人信服的安全性证据，这种安全性是由认证机构快速而容易地再现的。

这已经不是电气和计算机工程专业第一次面对这些挑战了。事实上，物联网是在多个抽象层次上成功地应对设计、问责、一致性和可验证性的挑战的有力证据。要从过去学习和借鉴灵感，我们只需要回顾 20 世纪 70 年代和 80 年代，在设计和实现大规模集成电路时遇到和克服的挑战。

1.2　微电子学发展的经验

在 20 世纪 70 年代，算法和指令集架构开发者就已经可以对某些专用集成电路的研究和设计深入到物理层，即版图层，在设计的每个阶段都有与其对应的设计细节，比如在电路设计阶段的晶体管建模，在版图设计阶段的金属和多晶硅彼此之间的最小间距问题——这看似难以置信——毕竟所有的设计概念跨越算法设计到布局，对于一个设计师来说都是太大了，一个设计细节跨越算法到布局设计的单一设计者的前景更加令人生畏。但是 Conway 的关键见解，使得大规模集成设计成为可能：

“……*在系统架构、逻辑设计、电路设计和电路布局中回避大量积累的残留实践，并以一致但最简单的方法替代它们。*”（Conway，2012）

具体来说，最简单的方法是使用：

1）参数化，即指定 λ 为所有所需的最小特征尺寸中最大的。

2）理想化的晶体管行为作为开关行为。

3）电压、晶体管状态、真值的一致解释。

4）解释将多个层次的模型联系起来，跨越布局到转换系统。

5）计算机辅助设计工具。

计算机硬件设计通常被称为逻辑设计。原型逻辑在大规模集成设计中渗透到所有抽象层次。晶体管电路和布局与逻辑运算符（如非、与非、或非）有关。逻辑门网络实现算术逻辑单元、多路复用器、触发器和寄存器的组成。基数 2 算法被精确地使用，因为二进制数字的操作能够方便地映射到逻辑操作。使用有限状态机实现时序和控制，有限状态机通过命题逻辑公式描述的下一状态和输出函数进行参数化，并由组合逻辑组件实现。指令集架构通过数据和控制电路的组合实现，其操作由有限状态机控制和排序。为了确保物联网的完整性，一个大规模集成的综合愿景是，通过使用相同的逻辑在各个层次上描述行为来协调多层次的抽象。这使得每个抽象级别的设计与其他级别的行为相关。这为持续的逻辑一致性、安全性和完整性的正式验证保证提供了方法。我们所关注的物联网的安全性和完整性的各个方面都围绕着回答这个问题，当给定一个请求在策略、授权和信任假设的安全上下文中执行命令时，我们是否应该执行命令呢？这个问题，以及其他类似的问题，正好落在访问控制的范围之内。访问控制是防火墙、引用监视器、安全内核和管理程序的中心概念。我们需要的是一个访问控制逻辑，它描述了我们的安全性和完整性，就像命题逻辑描述函数行为一样。由于实用的原因，访问控制逻辑以及基于它的方法必须与计算机硬件设计人员的命题逻辑、模型和设计方法相结合。通常情况下，简单性带来了广泛适用性、广泛实用性和耐用性的好处，正如硬件设计中的命题逻辑所示。我们在本章中使用的访问控制逻辑是命题模态逻辑的一种形式，即将模式（例如状态、世界、配置或可能性）结合到确定逻辑命题的真值的逻辑。这是一个渐进的步骤，超越传统硬件设计的命题逻辑，使我们能够将访问控制融合到机器设计和验证中。在深入研究特定的访问控制逻辑的细节之前，我们描述了通过设计来调用认证安全性的目标，提供了一个简单的激励应用程序作为上下文，并描述了必须满足的关键需求，即通过设计一个现实来获得认证的安全性。

1.3　经设计认证的安全性

通过设计认证的安全性是一种从一开始就将安全性设计到系统中的方法，并提供可靠的证据证明安全声明是真实的。通过设计认证的安全性的目标是：

1）完整的调解——认证和授权——所有级别的命令，从高级的操作概念到过渡系统，都是在硬件中实现的状态机。

2）与大规模集成电路类似，使用一系列电子设计自动化工具来描述和验证的完整性和安全性的正式证明。

1.3.1　操作的概念

系统的用户，其中系统是机器、软件应用程序、协议或协调人力组织中的工作的过程，通常具有他们使用的系统的行为模型。这些模型是操作概念。正如 IEEE 1362 - 1998 所定义的那样，操作的概念是从用户的角度来描述系统的特征。操作的概念也可描述为从集成系统的角度来描述用户组织、任务和目标。美国军方对联合发布 5 - 0 联合作战计划（2011 年）的行动概念有类似的定义。对于计划执行任务的军事领导人来说，操作的概念描述了“组件和组织的行动如何集成、同步和分阶段完成任务”。简单地说，操作的概念描述了谁、什么、什么时候、为什么。当我们明确地处理安全性和完整性问题时，我们声明我们如何知道我们正在处理的对象以及他们拥有的权威，即我们如何认证和授权人员、流程、语句和命令。图 1.1 显示了操作的简单概念及其解释。

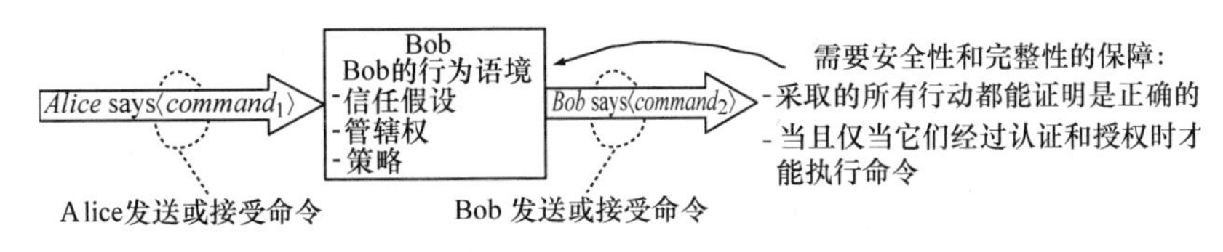

图 1.1　命令和控制流（C2）的一个简单的操作概念（经 IEEE 许可转载）

1）图中指挥与控制的流程从左到右。Alice 通过某种手段发送命令（说话、写作等）。这就是象征着

$$Alice\ says < command1 > \tag{1.1}$$

2）方框里面是 Bob“知道”的东西，也就是说，他试图用 Alice 的命令来证明他的行为。上下文可能包括一个策略，如果 Bob 收到一个特定的命令，例如“*go*”，那么他将发出另一个命令，例如“*Launch*”。通常，在 Bob 对 Alice 的命令执行之前，他的操作环境包括 Alice 具有的权限、管辖权或相关与她所做出的命令有关事项的声明或假设。

3）从方框右边射出的箭头显示 Bob 的语句或命令，它的符号是

$$Bob\ says < command2 > \tag{1.2}$$

4）图 1.1 显示的是一个从左到右的 C2 序列。Bob 收到了 Alice 的要求。Bob 根据 Alice 的要求和他所知道的（方框内的语句）决定，发出 command2，这是一个好主意。这就象征着

$$Bob\ says < command2 > \tag{1.3}$$

关于图 1.1 中的注释，为了保证我们所希望的是 Bob 所接受的操作的逻辑合理性，考虑到他所接受的顺序以及他操作的上下文。对我们来说，逻辑上的理由是数学逻辑的证明。

安全漏洞常常导致在不同抽象级别的操作概念之间不一致。军事指挥官可能认为只有授权的操作人员才能够启动应用程序，而应用程序本身可能会错误地信任它所接收的所有订单来自被授权的操作人员，并且从未对它收到的输入进行身份验证。任何保证方法的设计都必须处理身份验证和授权，以避免由于未授权的访问或控制而造成的漏洞。严格的保证需要数学模型和证明。我们的目的是通过设计来演示一种实现安全性的结构化方法。为了说明上述概念，在本章中，我们将它们应用于确保网络温控器的完整性的上下文中。我们选择这个例子是因为：

1）它的功能和目的易于理解。

2）在分布式控制环境中，它的安全性和完整性问题是许多其他 C2 应用程序的代表。

1.3.2 网络温控器作为激励示例

网络温控器及其操作环境如图 1.2 所示。温控器有一个键盘和一个网络接口，温控器从其键盘接收到的指令被假定来自于温控器的所有者，所有者有权执行任何命令。

温控器还通过网络接口接收远程服务器的命令。服务器接收的命令是通过服务器所有者的账户发出传递命令，服务器从实用程序中传递命令向所有者提供能量，如果所有者授予应用实体权限，该应用实体有权管理温控器的操作。

授予该应用实体权限的原因包括在高峰使用期间减少电网上的电力负荷。如果主人在工作或离开时，白天的冷却时间可以推迟，那么给业主带来的好处就会降低电费，对应用实体的好处包括延迟使用昂贵的发电机以及减少分配系统的压力。

根据要求，自动温控器通过服务器将其状态反馈给所有者和应用实体，或者使用温控器上的物理显示器。温控器的状态是由它给出的。温控器的状态指的是它的操作方式和温度设置。

我们考虑三种关于图 1.2 的用例：

1）所有者通过温控器的键盘发出指令。

2）所有者在服务器上通过所有者的账户向温控器发出命令。

3）应用实体通过服务器向温控器发出命令。

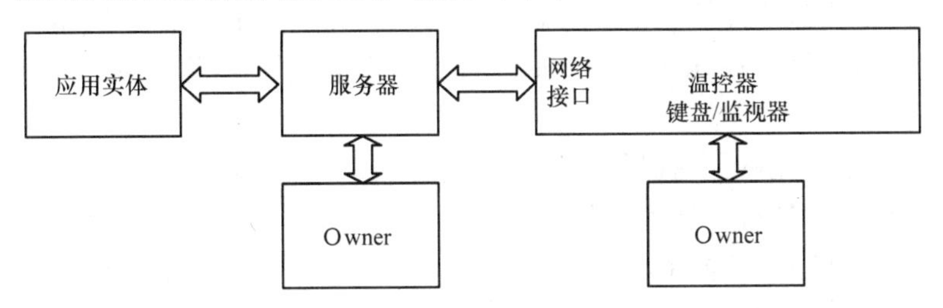

图 1.2　网络温控器及其操作环境（经 IEEE 许可转载）

在高层次上，温控器命令如下：

1）设定温度值。这个命令有安全考虑，因为失去对温度的控制可能会威胁到生命和财产的安全。

2）使应用实体能够进行温度调节。这个命令有安全方面的考虑，因为所有者希望确保在他们的温控器上有最高的权限。

3）禁止应用实体来进行温度调节。这个命令具有类似的安全考虑，作为用于使应用实体更改温控器的温度设置的命令。

4）报告温控器的状态，它显示在温控器上并发送到服务器。这个命令不会改变温控器的温度设置或操作模式。因此，报告状态不存在安全敏感性。对于我们的例子，我们假设没有隐私问题。如果需要的话，隐私是按照通常的方式处理的，包括多级安全、基于角色的访问控制、访问控制列表（Bell 和 La Padula，1973、1976；Biba，1977；Ferraiolo 和 Kuhn 1992；Sandhu 等，1996）等。

在概念化联网的温控器这一点上，我们需要考虑我们用来确保温控器操作的完整性的概念。我们在设计中包含以下概念：

1）通过使用诸如与服务器上的所有者账户相关联的密码，和从服务器到自动调温器以及从实用程序到服务器的加密签名消息，对主体发出命令进行身份验证。

2）授权主体通过明确授权所做的上下文，即公开密匙证书、基于密钥和权限的原则，以及声明在特定情况下所采取的行为的策略，授权主体发出命令。

3）基于主体的权限执行或捕获命令，以及它们试图执行的命令的安全敏感性。

网络温控器实例的描述和通过设计认证的安全性的目标，使我们达到以下要求：

1）用于访问控制决策的一个 C2。我们使用的微积分在 Chin 和 Older 的文献

(2010) 中有完整的描述，是对分布式系统的访问控制逻辑的扩展和修改(Abadi 等，1993)。

2) 通过计算机辅助推理 (CAR) 工具去正式验证所有的证明和保证声明，并且允许第三方和认证机构快速复制所有结果。我们使用剑桥大学 HOL-4 (高阶逻辑) 定理证明 (Gordon & Melham，1993)。它是免费提供的，自 1987 年开始使用。

3) 一个理想化的加密操作的模型及其在 HOL 中实现的属性。

4) 将认证、授权、下一个状态功能和输出功能作为支持安全性和避免状态爆炸的参数的状态机转换系统的模型。我们的网络温控器说明建立在虚拟机的基础上 (Popek 和 Goldberg，1974)。

1.4 本章内容安排

本章的其余部分组织如下：

1.5 节定义了访问控制逻辑的语法、语义和推理规则，用于控制命令和控制逻辑 (C2)。

1.6 节给出了高阶逻辑 (HOL) 定理的概述，我们将它用作计算机辅助推理(CAR) 工具。访问控制逻辑是作为 HOL 的保守扩展实现的。完整的访问控制逻辑报告位于本书附录 D 中。

1.7 节描述了访问控制逻辑和 C2 计算的高阶逻辑实现。

1.8 节描述了理想加密操作的代数模型，如哈希、对称和非对称加密，以及加密签名和验证。这些代数模型是在高阶逻辑中实现的。

1.12 节展示了如何通过在访问控制逻辑中描述的安全策略的标签转换描述将安全性构建到状态机中。

1.13 节是一个详细的示例，展示了如何将安全性设计到网络温控器中。

1.19 节为结论。

1.5 访问控制逻辑

本节描述一个访问控制逻辑，这是我们的 C2 演算。我们描述的是空间方面的考虑，并有一个完整的账户出现在更早之前 (2010 年)。我们在下面几节中介绍语法、语义和推理规则。

为了遵循温控器的例子，读者需要理解 C2 演算的语法和推理规则。验证 C2 逻辑的逻辑合理性需要理解逻辑的语义。但是，如果主要目的是遵循温控器示例，则可以跳过语义。当然，语法、语义和推理规则都是在高阶逻辑中完全实现和验证的。

1.5.1　语法

逻辑的语法有两个主要组成部分：

1）主表达式的语法。在这里，主体被非正式地认为是参与者的陈述，例如人、加密密钥、与账户相关联的用户标识和密码等。

2）逻辑公式的语法。

主表达式语法原则的定义如下：

$$\textbf{Princ ::= PName / Princ \& Princ / Princ | Princ} \tag{1.4}$$

“&”的语义是“与”；“|”是“引用”。主表达式的类型由主名称组成，例如 Alice、加密密钥、用户名和密码。复合表达式是用“&”和“|”创建的。主要表达式的例子包括

$$Alice \quad K_{Alice} \quad Alice \,\&\, Bob \quad Alice|Bob \tag{1.5}$$

即 $Alice$ 是爱丽丝，K_{Alice} 是爱丽丝的密钥，$Alice$ & Bob 是爱丽丝和鲍伯，$Alice|Bob$ 是爱丽丝引用鲍伯（即中继他的陈述）。

逻辑公式形式的语法由命题变量组成，表达式使用通常的命题运算符对应于模态版本的否定、连接、分离、暗示和等价，加上运算符⇒（即“说”）、控件和代表。

在 C2 演算中，我们使用相同的命题逻辑符号进行否定、连接、分离、含义和等价。在访问控制逻辑的高阶逻辑实现中，在访问控制逻辑中，用不同的符号来表示，用不同的符号来清晰地区分访问控制逻辑公式和提议逻辑公式：

$$\begin{aligned}\textbf{Form ::= } & \textbf{PropVar/}\neg\textbf{Form/}\\ & \textbf{(Form} \vee \textbf{Form)/(Form} \wedge \textbf{Form)/}\\ & \textbf{(Form} \supset \textbf{Form)/(Form} \equiv \textbf{Form)/}\\ & \textbf{(Princ} \Rightarrow \textbf{Princ)/(Princ says Form)/}\\ & \textbf{(Princ controls Form)/Princ reps Princ on Form}\end{aligned} \tag{1.6}$$

表 1.1 是一个典型的 C2 语句表及其在 C2 计算中的表达式。

表 1.1　典型的 C2 语句表及其在 C2 计算中的表达式

C2 语句	公式
如果 $\varphi1$ 为真，那么 $\varphi2$ 为真（典型的策略声明）	$\varphi1 \supset \varphi2$ Key associated with
与 Alice 相关的密钥	Ka ⇒ Alice
Bob 经由语句 φ 拥有管辖权（控制或相信）	Bob controlsφ
Alice 和 Bob 一起说 φ	(Alice & Bob) saysφ
Alice 引用 Bob 的话说 φ	(Alice | Bob) saysφ
Bob 是 Alice 在语句 φ 中的代表	Bob reps Alice on φ
Carol 在语句 φ 中的 Role 角色被授权	Carol reps Role on φ
Carol 在 Role 角色中的活动扮演语句 φ	(Carol | Role) says φ

1.5.2 语义

访问控制逻辑的语义使用克里普克（*Kripke*）结构。一个 *Kripke* 结构 M 是一个三元组（W，I，J），其中：

1）W 是一个非空集，其元素称为“世界”。

2）I：**PropVar**$\to P(W)$是将每个命题变量 p 映射到一组集合的解释函数。

3）J：**PName**$\to P(W\times W)$是将一个主体名称 A 映射到集合上的关系（即 $W\times W$ 的子集）的函数。

主表达式的语义：**Princ** 包含 J 及其扩展 $\hat{J}$。我们定义扩展函数 $\hat{J}$：**Princ**→P（$W\times W$）是作用在结构上的主要表达式，其中 $A\in PName$。

$$\begin{aligned}\hat{J}(A) &= J(A)\\ \hat{J}(P\,\&\,Q) &= \hat{J}(P)\cup\hat{J}(Q)\\ \hat{J}(P\mid Q) &= \hat{J}(P)\circ\hat{J}(Q)\end{aligned} \tag{1.7}$$

注释：$R_1\circ R_2=\{(x,z)\mid \exists y.\,(x,y)\in R_1$ 且$(y,z)\in R_2\}$。

每个 Kripke 结构 $M=(W,I,J)$产生一个语义函数：

$$E_M[[-]]:\mathbf{Form}\to P(W) \tag{1.8}$$

其中，$E_M[[\varphi]]$是被认为 φ 是真的一个子集合。

感应$[[\varphi]]$被定义为 φ 的结构，其功能如式（1.9）所示。

注意，在 $E_M[[P$ 表示 $\varphi]]$的定义中，$\hat{J}(P)(w)$只是在关系 $\hat{J}(P)$下的集合 W 的一个映像。

$$\begin{aligned}
\mathcal{E}_{\mathcal{M}}[\![p]\!] &= I(p)\\
\mathcal{E}_{\mathcal{M}}[\![\neg\varphi]\!] &= W-\mathcal{E}_{\mathcal{M}}[\![\varphi]\!]\\
\mathcal{E}_{\mathcal{M}}[\![\varphi_1\wedge\varphi_2]\!] &= \mathcal{E}_{\mathcal{M}}[\![\varphi_1]\!]\cap\mathcal{E}_{\mathcal{M}}[\![\varphi_2]\!]\\
\mathcal{E}_{\mathcal{M}}[\![\varphi_1\vee\varphi_2]\!] &= \mathcal{E}_{\mathcal{M}}[\![\varphi_1]\!]\cup\mathcal{E}_{\mathcal{M}}[\![\varphi_2]\!]\\
\mathcal{E}_{\mathcal{M}}[\![\varphi_1\supset\varphi_2]\!] &= (W-\mathcal{E}_{\mathcal{M}}[\![\varphi_1]\!])\cup\mathcal{E}_{\mathcal{M}}[\![\varphi_2]\!]\\
\mathcal{E}_{\mathcal{M}}[\![\varphi_1\equiv\varphi_2]\!] &= \mathcal{E}_{\mathcal{M}}[\![\varphi_1\supset\varphi_2]\!]\cap\mathcal{E}_{\mathcal{M}}[\![\varphi_2\supset\varphi_1]\!]\\
\mathcal{E}_{\mathcal{M}}[\![P\Rightarrow Q]\!] &= \begin{cases}W, & \text{if } \hat{J}(Q)\subseteq\hat{J}(P)\\ \emptyset, & \text{其他}\end{cases}\\
\mathcal{E}_{\mathcal{M}}[\![P\ \text{says}\ \varphi]\!] &= \{w\mid\hat{J}(P)(w)\subseteq\mathcal{E}_{\mathcal{M}}[\![\varphi]\!]\}\\
\mathcal{E}_{\mathcal{M}}[\![P\ \text{controls}\ \varphi]\!] &= \mathcal{E}_{\mathcal{M}}[\![(P\ \text{says}\ \varphi)\supset\varphi]\!]\\
\mathcal{E}_{\mathcal{M}}[\![P\ \text{reps}\ Q\ \text{on}\ \varphi]\!] &= \mathcal{E}_{\mathcal{M}}[\![(P\mid Q\ \text{says}\ \varphi)\supset Q\ \text{says}\ \varphi]\!]
\end{aligned} \tag{1.9}$$

1.5.3　推理规则

我们很少使用访问控制逻辑作为 C2 演算，直接使用 Kripke 结构。相反，我们依靠推理规则来得到表达。C2 演算中的推理规则具有以下形式：

$$\frac{H_1 \cdots H_k}{C} \tag{1.10}$$

其中 $H_1 \cdots H_k$ 是作为访问控制逻辑公式的假设的集合（可能是空的），C 是结论，也表示为访问控制逻辑公式。无论何时推论规则中的所有假设都存在于证明中，则规则规定允许在证据中包含结论。

符合逻辑的（Sound）含义是取决于访问控制逻辑中满足的定义。Kripke 结构中，当 $E_M[[\varphi]] = W$ 时，M 满足公式 φ。即在 M 的所有集合 W 中 φ 是真。通过 $M \Vdash \varphi$，（双十字转门运算符 $\Vdash$ 表示蕴涵），可以表示 M 满足 φ。

一个 C2 演算推论规则是符合逻辑的，如果对于所有的 Kripke 结构 M，每当 M 满足所有假设 $H_1 \cdots H_k$，则 M 也满足 C。即对于所有 M：$M \Vdash H_i$，$1 \leqslant i \leqslant k$，那么必须是 $M \Vdash C$ 的情况。所有在这里给出的 Chin 和 Older（2010）中提出的推理规则被证明是都是逻辑上合理的。式（1.11）显示了访问控制逻辑访问的核心推理规则。

$$P \text{ controls } \varphi \overset{\text{def}}{=} (P \text{ says } \varphi) \supset \varphi \qquad P \text{ reps } Q \text{ on } \varphi \overset{\text{def}}{=} P \mid Q \text{ says } \varphi \supset Q \text{ says } \varphi$$

$$\textit{Modus Ponens} \ \frac{\varphi \quad \varphi \supset \varphi'}{\varphi'} \qquad \textit{Says} \ \frac{\varphi}{P \text{ says } \varphi} \qquad \textit{Controls} \ \frac{P \text{ controls } \varphi \quad P \text{ says } \varphi}{\varphi}$$

$$\textit{Derived Speaks For} \ \frac{P \Rightarrow Q \quad P \text{ says } \varphi}{Q \text{ says } \varphi} \qquad \textit{Reps} \ \frac{Q \text{ controls } \varphi \quad P \text{ reps } Q \text{ on } \varphi \quad P \mid Q \text{ says } \varphi}{\varphi}$$

$$\textit{\& Says (1)} \ \frac{P \,\&\, Q \text{ says } \varphi}{P \text{ says } \varphi \wedge Q \text{ says } \varphi} \qquad \textit{\& Says (2)} \ \frac{P \text{ says } \varphi \wedge Q \text{ says } \varphi}{P \,\&\, Q \text{ says } \varphi}$$

$$\textit{Quoting (1)} \ \frac{P \mid Q \text{ says } \varphi}{P \text{ says } Q \text{ says } \varphi} \qquad \textit{Quoting (2)} \ \frac{P \text{ says } Q \text{ says } \varphi}{P \mid Q \text{ says } \varphi}$$

$$\textit{Idempotency of} \Rightarrow \ \frac{}{P \Rightarrow P} \qquad \textit{Monotonicity of} \Rightarrow \ \frac{P' \Rightarrow P \quad Q' \Rightarrow Q}{P' \mid Q' \Rightarrow P \mid Q} \tag{1.11}$$

1.5.4　在 C2 演算中描述访问控制概念

为了说明 C2 演算如何用于认证和授权，我们考虑以下示例。

示例 1.1　Bob 保护对敏感文件的访问。他以电子方式接收请求，并对每个请求说“是”或“不”。具体来说，他收到的请求是由一个密钥进行数字签名的。密钥是与人联系在一起的，例如 Alice。如果这个人，比如说 Alice，拥有密钥的人有权访问这个文件，那么 Bob 就同意，说“是”。

假设 Bob 收到由 Alice 的密钥 K_A 签名的访问请求，以及 Alice 被允许访问文件。我们表示请求出示 Alice 和她的密钥 K_A 之间的链接，以及她通过访问控制逻辑中的下列语句访问文件的权限：

1）Bob 收到的数字签名请求：K_A *says* < *access files* >。

2）K_A 是 Alice 的密钥：$K_A \Rightarrow Alice$。

3）Alice 有权访问这些文件：*Alice controls* < *access files* >。

现在使用 C2 演算逻辑的推理规则，Bob 证明他的决定是通过以下证明而同意接受 Alice 的请求。第 1 ~ 3 行是假设，接下来的所有内容都是使用 C2 演算的推理规则导出的。

1. K_A says < *access files* >	数字签名请求
2. $K_A \Rightarrow Alice$	密钥与 Alice 关联
3. *Alice* controls < *access files* >	Alice 可以访问文件
4. *Alice* says < *access files* >	由 2，1 导出
5. < *access files* >	3，4 控制

第 4 行相当于在由第 1 ~ 3 行建立的上下文中认证 Alice 是访问请求的发起者。第 3 行建立了 Alice 获取文件的权限。第 5 行是 Bob 的演绎，允许 Alice 访问是合理的。

作为证明的结果，Bob 有一个派生推理规则，他知道是完整的，因为他使用式（1.11）中的推理规则派生它。派生推理规则是

$$\frac{\begin{array}{c} K_A \text{ says } \langle access\ files \rangle \\ K_A \Rightarrow Alice \quad Alice \text{ controls } \langle access\ files \rangle \end{array}}{\langle access\ files \rangle} \tag{1.12}$$

推理规则相当于一个清单。如果他①得到一个与 K_A 有密码签名的消息；② K_A 是 Alice 的密钥；③Alice 有权限访问这些文件，然后允许 Alice 访问是合理的。

回顾图 1.1，推理规则逻辑可靠地描述 Bob 在操作的顶级概念中所做的事情。推理规则明确了策略和信任假设，以及它们如何组合来为 Bob 的行为进行合理的解释。

授权被广泛使用。我们的定义的授权是由定义的代表和代表推理规则组成：

$$P \text{ reps } Q \text{ on } \varphi \stackrel{\text{def}}{=} P \mid Q \text{ says } \varphi \supset Q \text{ says } \varphi$$

$$reps \quad \frac{Q \text{ controls } \varphi \quad P \text{ reps } Q \text{ on } \varphi \quad P \mid Q \text{ says } \varphi}{\varphi} \tag{1.13}$$

式（1.13）第一个公式中的 *reps*（演绎推理）的定义表明：如果你相信

Alice，代表Bob在φ是真的，那么如果Alice说是Bob说φ，那么你会得出结论，是Bob说φ。换句话说，当Alice说是Bob说φ时，Alice是值得信赖的。

在命令和控制应用程序中，如果你相信①Bob按照命令φ授权；②在一个命令φ中Alice是Bob的委派或代表；并且③Alice说Bob给出命令φ，那么，你就有理由得出命令φ是合法的。这就是*reps*推理规则。

*reps*对授权代表的权力特别有用。不同于“⇒”的是，一个委托人的所有陈述都归咎于另一个，而*reps*是指定代表所作的陈述归咎于另一个。

当人们在定义角色（例如指挥官和操作员的角色）时，可以使用*reps*。以下示例显示在角色上下文中使用reps。

示例1.2 假设我们有两个角色，两个人和两个命令。角色是指挥官和操作员，人是Alice和Bob，两个命令是*go*和*launch*。指挥官有权发出*go*命令，当接到指挥官的*go*命令时，操作员就有权发出*launch*命令。指挥官们没有被授权*launch*。除非收到指挥官的*go*指令，否则操作员无权发出*launch*命令。

在这个场景中，Alice是指挥官，Bob是操作员。注意，这个场景是由图1.1捕获的。

我们认为Alice和Bob在各自的角色中使用引用和授权来扮演指挥官和操作员角色。考虑到图1.1，我们从Bob的角度进行如下分析：

1）Bob收到由Alice的密钥签名的消息：

$$K_A|Commander \text{ says } < go > \tag{1.14}$$

2）Bob相信K_A是Alice的密钥：

$$K_A \Rightarrow Alice \tag{1.15}$$

3）Bob识别Alice在发布go命令时扮演了指挥官的角色：

$$Alice \text{ reps } Commander \text{ on } < go > \tag{1.16}$$

4）Bob相信指挥官有权发出go命令：

$$Commander \text{ controls } < go > \tag{1.17}$$

5）Bob的行动方针是进行认证和授权go命令，然后他发出launch命令：

$$< go > \supset < launch > \tag{1.18}$$

第1行的输入和其他4个假设作为Bob决策的安全上下文，足以让Bob发出命令：K_B | $Commander$ says $< launch >$。

证据如下式（1.19）［使用了推理规则（1.11）］：

1）$K_A|Commander$ says $< go >$　　由K_A签名的输入

2）$K_A \Rightarrow Alice$　　信任假设：K_A是Alice的密钥

3）$Alice$ reps $Commander$ on $< go >$　　信任假设：Alice发出*go*命令时充当指挥官

4）$Commander$ controls $<go>$　　信任假设：指挥官有权发出 go 命令

5）$<go> \supset <launch>$　　策略假设：如果 go 为真，那么 $lauch$ 也为真

6）$Commander \Rightarrow Commander$　　幂等性

7）$K_A \mid Commander \Rightarrow Alice \mid Commander$　　2，6 单调性

8）$Alice \mid Commander$ says $<go>$　　7，1 派生演讲

9）$<go>$　　4，3，8 重复

10）$<launch>$　　9，5 演绎推理

11）$K_B \mid Operator$ says $<launch>$　　10 说　　（1.19）

上述证明了一个派生的推理规则，它显示了 Bob 的可靠性行动：

$$\frac{\begin{array}{c} K_A \mid Commander \text{ says } \langle go\rangle \\ K_A \Rightarrow Alice \quad Alice \text{ reps } Commander \text{ on } \langle go\rangle \\ Commander \text{ controls } \langle go\rangle \quad \langle go\rangle \supset \langle launch\rangle \end{array}}{K_B \mid Operator \text{ says } \langle launch\rangle} \tag{1.20}$$

派生推理规则是一个逻辑检查表。如果①Bob 收到一个由 K_A 密钥加密签名的消息，引用指挥官角色发出 go 命令，② K_A 是 Alice 的密钥，③Alice 被授权作为指挥官发出 go 命令，④指挥官有权发出 go 命令，⑤Bob 的行动方针（或策略）是：当 go 是 true 时，启动 launch 是正确的。然后，以操作者的身份发出 launch 命令是合理的，即 $K_B \mid Operator\ says <launch>$，其中 K_B 是 Bob 的密钥。

现在我们将注意力转向使用 HOL 定理证明 1.6 节 C2 演算推理的自动化支持，以及后续内容中的加密操作和状态转换系统。

1.6 高阶逻辑（HOL）简介

自动化工具对于任何实际的设计和验证方法都是必不可少的。在本节中，我们将介绍使用 HOL 定理证明。由于空间限制，详细描述是不可行的，而且也超出了本章的范围。实际上，我们介绍了如何在高阶逻辑 HOL 中进行证明，并提供了足够的细节来提高阅读理解水平。HOL 系统配备了一些教程、用户指南和百科全书手册，它的文档可以从网上免费获取。

一般来说，使用计算机辅助推理工具（CAR）尤其是 HOL 的优点包括：

1）保证要求的形式证明。

2）以自动化的方式支持管理大型复杂的公式和证明：访问大量的已验证的理论库，包括定义和定理的验证理论，包括数学逻辑、编程语言、指令集和微处理器，使设计人员能够轻松地建立起以前工作的逻辑基础。

3）由高阶逻辑 HOL 自动生成定义、定理和公式的 LaTeX 宏，因此减少或消除了手动排版的负担，并引入了排版错误处理，在理论修改时，还能方便地更新文档。

4）所有验证结果的第三方快速简便地再现或复制。

所有这些因素结合起来，以确保精确、准确和对保证结果的信任。在 HOL 中的结果验证使得系统设计者和验证者对自己的工作有信心，以及具有更多技术复杂性和经验的人，能够使得对那些经验较少、不够成熟的人对重现并产生具有更多技术复杂性和有经验的人所产生的结果有信心。

在接下来的三个示例中，我们定义了两个参数化的状态机理论，并证明它们是等价的。在第 1.7 节和接下来的示例 1.3 中，我们将展示语法、语义和 HOL 定理，这些定理定义了 HOL 中的访问控制逻辑。

示例 1.3 假设我们希望根据它们的状态、输入和临近状态转换函数来定义状态机，如图 1.3 所示。输入被设想为任何类型，并且每个输入都有无限多个元素。图 1.3 中的符号用于 HOL。术语及其类型是在 HOL 中由 *hol_term* 和 *hol_type* 来表示，即 HOL 的术语，是由后面跟的冒号分隔的类型。例如，1:num，在 HOL 中 1 表示的类型为 num。

HOL 通过使用类型变量 *type variables* 来支持多态性。HOL 中类型变量都有一个前导符号“′”。在图 1.3 中显示状态 S_i 及其变量状态变量“′*state*”符号化表示为 S_i：′*state*。表达式 x：′*input* 表示 x 输入是多态型变量′*input*，可以是任何类型。作为′*state* 和′*input* 不同类型的变量，S_i 和 x 的类型不需要（通常也不需要）是相同的。

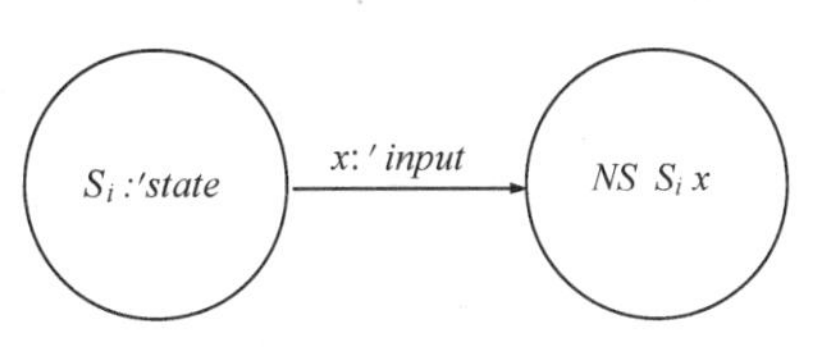

图 1.3 参数化状态转换关系

确定性的状态机的状态转换行为是由它的下一个状态函数定义的。在图 1.3 中，就是 *NS* 函数。图 1.3 中显示的是，如果这台机器是在 S_i 状态，然后下一个机器状态是 *NS* S_i x，那么 *NS* 的类型签名是:′*state*→′*input*→′*state*。

箭头标示 x：′*input* 是由状态 S_i 到 *NS* S_i x 是建模为一个在 HOL 中的归纳定义的关系。归纳关系用于定义熟悉的对象集，例如偶数的集合。偶数的集合由下列规则指定：

1）0 是偶数；

2）如果 n 是偶数，那么 $n+2$ 是偶数；

3）偶数的集合是满足规则 1）和 2）的最小集合。

HOL 有大量的理论和函数库，包括归纳定义的函数库。下面的代码段说明了使用高阶逻辑的 *Hol_reln* 来定义自然数上偶数的归纳谓词逻辑。当函数 *Hol_reln* 应用到与规则 1）和 2）相对应的参数时，*Hol_reln* 将返回三个定理，这些定理被命名为：*even rules*，*even induction* 和 *even cases*，（见图 1.4）。在 HOL 中，*val* 用于赋值给名称。高阶逻辑支持模式匹配，因此我们可以为 *Hol_reln* 返回的定理的 3 元组分配名称。（注意：HOL 使用 ASCII 符号。! 是代表全称量词“ ∀ ”；⇒ 是代表逻辑包含“⇒”；∧是代表逻辑与“ ∧”。

```
val (even_rules, even induction, even_cases) =
Hol_reln
 'even 0/ \
 (!n. even n ⇒ even (n + 2))' ;
```

图 1.4　*Hol_reln* 函数

图 1.4 中的 HOL 代码产生三个定理，它们使用 HOL 生成的 LaTeX 宏在式（1.21）中产生的美化的排版格式代码。高阶逻辑 HOL 使用逻辑推理来表示定理。逻辑推理具有形式 $\Gamma \vdash t$，其中 t 是谓词逻辑中的个体项，Γ 是一组谓词逻辑项，运算符$\vdash$表示证明。$\Gamma \vdash t$ 所表示的逻辑关系是当 Γ 中的所有项都为真时，则 t 也一定为真。如果 Γ 为空，那么我们写成$\vdash t$。在式（1.21）中的三个定理中，Γ 为都空。

$$
\begin{aligned}
&[\texttt{even\_rules}]\\
&\vdash \texttt{even } 0 \wedge \forall n.\ \texttt{even } n \Rightarrow \texttt{even } (n+2)\\
&[\texttt{even\_induction}]\\
&\vdash \forall even'.\\
&\qquad even'\ 0 \wedge (\forall n.\ even'\ n \Rightarrow even'\ (n+2)) \Rightarrow\\
&\qquad \forall a_0.\ \texttt{even } a_0 \Rightarrow even'\ a_0\\
&[\texttt{even\_cases}]\\
&\vdash \forall a_0.\ \texttt{even } a_0 \iff (a_0 = 0) \vee \exists n.\ (a_0 = n+2) \wedge \texttt{even } n
\end{aligned}
\tag{1.21}
$$

第一个定理 *even_rules* 是常用偶数的推理描述：0 是偶数，如果 n 是偶数，那么 $n+2$ 也是偶数。第二个定理 *even_induction* 是偶数归纳原理的使用实例，即一组满足偶数规则的数字即使是最小的偶数集合也是偶数集合。换句话说，如果一个关系 *even'*满足与偶数 *even* 相同的规则，偶数 *even* 是真，那么 *even'*也是真。最后一个定理 *even_cases* 描述的是如果 a_0 是偶数，那么 a_0 或者是 0 或者是 n，也就是 $a_0 = n+2$ 。

回到形式化描述图 1.3 中用 x 表示的内容，即由$\underset{\rightarrow}{x}$标示的箭头。我们定义一个标记的过渡关系 *Trans x*，定义如下：

1）对所有的下一个状态函数 *NS*，输入 x 和状态 s，若适用于状态 s 和 *NS s x* 的谓词 *Trans x* 是真。

2）定义 *Trans x* 是满足规则（1）的最小集合。

图 1.5 中的代码段定义了转换关系 *Trans* 用于标记 *x*：

```
val (Trans_rules, Trans_ind, Trans_cases) =
Hol_reln
 '!NS (s:' state) (x:' input).
 Trans x s ((NS:' state -> 'input -> 'state ) s x) '
```

图 1.5 转换关系

Hol_reln 返回三个定理，*Trans_rules*，*Trans_ind* 和 *Trans_cases* 如下所示：

```
[Trans_rules]
⊢ ∀NS s x. Trans x s (NS s x)

[Trans_ind]
⊢ ∀Trans'.
      (∀NS s x. Trans' x s (NS s x)) ⇒
      ∀a0 a1 a2. Trans a0 a1 a2 ⇒ Trans' a0 a1 a2

[Trans_cases]
⊢ ∀a0 a1 a2. Trans a0 a1 a2 ⟺ ∃NS. a2 = NS a1 a0
```

$$\vdash \forall a_0\ a_1\ a_2.\ \mathrm{Trans}\ a_0\ a_1\ a_2 \Longleftrightarrow \exists NS.\ a_2 = NS\ a_1\ a_0 \tag{1.22}$$

第一个定理 *Trans_rules* 是前文规则 1）的形式化描述。第二个定理 *Trans_ind* 是 *Trans x* 是满足规则 1）的最小集合的结果。第三个定理 *Trans_cases* 表示对于所有输入 a_0 和状态 a_1 和 a_2，总是存在一些下一个状态函数 *NS*，如 a_2 是给定输入 a_0 的状态 a_1 的下一个状态。

虽然上面的例子很简单，但它展示了 HOL 的某些优势，不仅在一般逻辑应用还是在 CAR 工具中的应用，尤其是在 HOL 中的应用更具优势。HOL 的高阶性质允许我们对函数进行参数化，例如，下一个状态函数 *NS*。HOL 丰富的理论和函数库可以支持由工程师创建的逻辑合理性的延伸。

示例 1.4 在这个示例中，我们定义了另一种查看状态机行为的方法。图 1.6 所示为一个具有输入流和输出流的状态机。这两个流都是由输入和输出列表建模的。状态机由下一个状态函数 *NS* 进行参数描述。

我们可以定义一个转换关系 *TR x* 类似于示例 1.3 中的关系转换 *Trans x*，但是这个关系除了转换关系外，还包括了包含输入流、状态和输出流的状态机配置关系。我们使用图 1.7 中的代码段定义一个在 HOL 中用的配置代数类型。

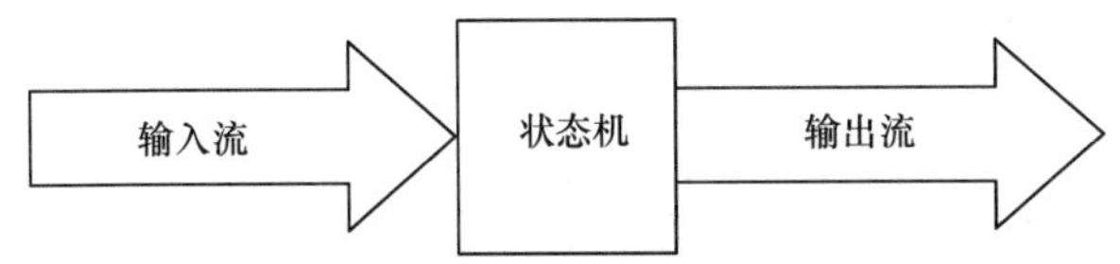

图 1.6 状态机行为与输入和输出流

```
val _ =
Hol_datatype
 'configuration =
 CFG of 'input list ⇒ 'state ⇒ 'output list '
```

图 1.7 HOL 中的配置代数类型

高阶逻辑函数 *hol_datatype* 向 HOL 中引入了新的类型定义。在这种情况下，*datatype configuration* 数据类型配置被定义为拥有构造函数 CFG 并作为输入的三个参数，其类型是输入列表'*input list*，状态'*state*，和输出列表'*output list*。这些参数是多态的，如它们各自类型的变量所表示的，对应于输入流、状态和输出流。执行上述代码段的预打印结果是将配置引入为一个代数类型：

$$\mathit{configuration} = \mathtt{CFG}\ (\mathtt{'input\ list})\ \mathtt{'state}\ (\mathtt{'output\ list}) \tag{1.23}$$

更方便的是，HOL 提供了对代数类型推理的广泛支持。尤其是我们使用 HOL 的函数 *one_one_of* 来证明一个定理，说明两个配置是相等的，当且仅当它们的分量相等时。图 1.8 所示的代码段的形式是打印定理 *configuration_one_one*：

```
val
 configuration_one_one =
 one_one_of ' ':(' input, 'state, 'output) configuration ' '
```

图 1.8 HOL 的 *configuration_one_one* 代码片段

按照 IEEE 认可的格式描述为

$$\begin{aligned}&[\mathtt{configuration\_one\_one}]\\&\vdash \forall a_0\ a_1\ a_2\ a_0'\ a_1'\ a_2'.\\&\qquad (\mathtt{CFG}\ a_0\ a_1\ a_2 = \mathtt{CFG}\ a_0'\ a_1'\ a_2') \iff\\&\qquad (a_0 = a_0') \wedge (a_1 = a_1') \wedge (a_2 = a_2')\end{aligned} \tag{1.24}$$

在 HOL 中定义的代数类型配置中，我们讲配置开始时就定义了一个转换关系 *TR x*，它的输入流是 $x::ins$、状态 *s* 和输出流 *outs*，以及下一个状态的转换函数 *NS* 和输出函数 *Out*。

1）对于所有的下一个状态函数 *NS*，输出函数 *Out*、输入 *x*、输入流 *ins*、状态 *s* 和输出流 *outs*，谓词 *TR x* 对于配置（*CFG*(*x* :: *ins*)*s outs*）和（*CFG ins*(*NS sx*)输出(*Outs x*:: *outs*)）。

2）定义 TR x 的集合是满足规则 1）的最小集合。

图 1.9 所示的代码片段定义了带有输入 *x* 的配置的转换关系 *TR x*。

Hol_reln 返回三个定理，*TR_rules*、*TR_ind* 和 *TR_cases* 如下：

```
val (TR_rules, TR_ind, TR_cases) =
Hol_reln
'!NS Out (s : ' state) (x : ' input) (ins : ' input list)
  (outs : ' output list).
  TR x
   (CFG (x : : ins) s outs)
   (CFG ins (NS s x)  ((Out s x) : : outs))'
```

图 1.9　转换关系 *TR x* 与输入 *x* 的配置

$$
\begin{aligned}
&[\mathrm{TR\_rules}] \\
&\vdash \forall NS\ Out\ s\ x\ ins\ outs. \\
&\qquad \mathrm{TR}\ x\ (\mathrm{CFG}\ (x::ins)\ s\ outs) \\
&\qquad\quad (\mathrm{CFG}\ ins\ (NS\ s\ x)\ (Out\ s\ x::outs)) \\
&[\mathrm{TR\_ind}] \\
&\vdash \forall TR'. \\
&\qquad (\forall NS\ Out\ s\ x\ ins\ outs. \\
&\qquad\quad TR'\ x\ (\mathrm{CFG}\ (x::ins)\ s\ outs) \\
&\qquad\qquad (\mathrm{CFG}\ ins\ (NS\ s\ x)\ (Out\ s\ x::outs))) \Rightarrow \\
&\qquad \forall a_0\ a_1\ a_2.\ \mathrm{TR}\ a_0\ a_1\ a_2 \Rightarrow TR'\ a_0\ a_1\ a_2 \\
&[\mathrm{TR\_cases}] \\
&\vdash \forall a_0\ a_1\ a_2. \\
&\qquad \mathrm{TR}\ a_0\ a_1\ a_2 \iff \\
&\qquad \exists NS\ Out\ s\ ins\ outs. \\
&\qquad\quad (a_1 = \mathrm{CFG}\ (a_0::ins)\ s\ outs)\ \wedge \\
&\qquad\quad (a_2 = \mathrm{CFG}\ ins\ (NS\ s\ a_0)\ (Out\ s\ a_0::outs))
\end{aligned}
\tag{1.25}
$$

与类似的定义，*TR_rules* 是规则 1）的形式化，*TR_ind* 是 *TR x* 是满足规则 1）的最小集合的结果，并且 *TR* 情况将第二配置的组件与第一配置的组件相关联 分别与下一个状态和输出函数 *NS* 和 *Out* 一起使用。

示例 1.5　在状态机上有两种转换关系的定义，我们可以证明它们在逻辑上是等价的。在这个例子中，我们给出了一个以目标为导向的高阶逻辑的证明。我们证明作为一个例证的定理表明，如果 *Trans xs*（*NS sx*）为真，那么 *TR x*（*CFG*（*x* :: *ins*）*s outs*）（*CFG ins*（*NS sx*）（*Out sx* :: *outs*））为真。下面的定理 *Trans_TR_lemma* 陈述了这个事实。

$$
\begin{aligned}
&[\mathrm{Trans\_TR\_lemma}] \\
&\vdash \mathrm{Trans}\ x\ s\ (NS\ s\ x) \Rightarrow \\
&\qquad \mathrm{TR}\ x\ (\mathrm{CFG}\ (x::ins)\ s\ outs)\ (\mathrm{CFG}\ ins\ (NS\ s\ x)\ (Out\ s\ x::outs))
\end{aligned}
\tag{1.26}
$$

在 HOL 中，以目标为导向的证明，用与最终定理相对应的序列来描述所期望的目标，我们提供了一组包含假设和结论的组合。这是由 HOL 函数 *set_goal* 完成的。如图 1.10 所示，*set_goal* 应用于（ [ ]," （*Trans*（*x*:'*input*）（*s*:'*state*）

(*NS sx*))"，也就是说，证明 *Trans x* 意味着 *TR* 的目标，没有任何假设。

```
– set_goal ( [] , ' ' (Trans (x:' input) (s:' state) (NS s x)) ⇒
(TR x (CFG (x : : ins) s (outs:' output list)) (CFG ins (NS s x) ((Out s x) : : outs))) ' ');
> val it =
  Proof manager status: 1 proof.
  1. Incomplete goalstack:
          Initial goal:

          Trans x s (NS s x) ⇒
          TR x (CFG (x : : ins) s outs) (CFG ins (NS s x) (Out s x : : outs))
```

图 1.10　*Trans x* 的目标是没有假设的 *TR x*

我们的下一个证明步骤是尽可能地简化假设，把所有的问题都移到假设列表中。这是通过执行 *STRIP_TAC* 来完成的，如图 1.11 所示。

```
– e (STRIP_TAC);
OK..
1 subgoal:
> val it =

    TR x (CFG (x::ins) s outs) (CFG ins (NS s x) (Out s x: :outs))
    ------------------------------
          Trans x s (NS s x)
          : proof
```

图 1.11　*STRIP_TAC* 步骤

我们认识到这个目标与定理 *TR_rules* 相对应。我们将 *TR_rules* 提供高阶逻辑名称 *PROVE_TAC* 的高级决策过程。结果和已完成的证明如图 1.12 所示。

```
– e (PROVE_TAC [TR_rules]);
OK..
Meson search level: . .

Goal proved.
  [.] I– TR x (CFG (x: :ins) s outs) (CFG ins (NS s x) (Out s x: :outs))
> val it =
    Initial goal proved.
    I– Trans x s (NS s x) ⇒
        TR x (CFG (x: :ins) s outs) (CFG ins (NS s x) (Out s x: :outs))
    : proof
```

图 1.12　*PROVE_TAC* 步骤

以类似的方式，我们证明了 *Trans_TR_lemma* 的逆向。这个定理如下所示：

$$\lfloor \texttt{TR\_Trans\_lemma} \rfloor$$

$$\begin{aligned}\vdash\ & \mathtt{TR}\ x\ (\mathtt{CFG}\ (x::ins)\ s\ outs) \\ & \quad (\mathtt{CFG}\ ins\ (NS\ s\ x)\ (Out\ s\ x::outs)) \Rightarrow \\ & \mathtt{Trans}\ x\ s\ (NS\ s\ x)\end{aligned} \tag{1.27}$$

用两个引理 *Trans_TR_lemma* 和 *TR_Trans_lemma*，可以直接证明 *Trans* 和 *TR* 在逻辑上是等价的。以下代码片段说明如何使用 HOL 函数 *TAC_PROOF* 来证明 *Trans* 和 *TR* 的逻辑等价性，如图 1.13 所示。

```
val (Trans_Equiv_TR =
TAC_PROOF
(([],
` `(TR (X:' input)
    (CFG (x: :ins) (s:' state)(outs:' output list))
    (CFG ins (NS s x)((Out s x): :outs))) =
  (Trans (x:' input) (s:' state) (NS s x)) ` ` ),
PROVE_TAC[TR_Trans_lemma, Trans_TR_lemma])
```

图 1.13　*TAC_PROOF* 证明 *Trans* 和 *TR*

证明结果如图 1.14 所示。

```
– val Trans_Equiv_TR =
TAC_PROOF (
([],
` ` (TR (x:' input)
     (CFG (x: :ins) (s:' state) (outs:' output list))
     (CFG ins (NS s x) ((Out s x) : : outs))) =
  (Trans (x:' input) (s:' state) (NS s x)) ' ' ),
PROVE_TAC [TR_Trans_lemma, Trans_TR_lemma]);
Meson search level: . . . . . .
> val Trans_Equiv_TR =
     I- TR x (CFG (x: :ins) s outs) (CFG ins (NS s x) (Out s x: :outs)) <=>
        Trans x s (NS s x)
      : thm
```

图 1.14　*TAC_PROOF* 结果

本节中的三个示例简要说明了在 HOL 中如何完成定义扩展和证明。在其余部分中，我们将重点放在定义和定理上，同时省略在 HOL 中证明如何完成的细节（注意：在下面的所有内容中，所有以 ⊢开头的公式都是 HOL 中的定理，由 HOL 在 LaTeX 中排版并在 HOL 中正式验证）。

1.7　HOL 中的访问控制逻辑

1.5 节描述的访问控制逻辑在 HOL 中通过将其语法定义为代数类型形式来实现，在类型形式的访问控制逻辑公式中归纳定义 HOL 中的语义函数 $E_M[[\ -\ ]]$，并在 HOL 中对应 C2 演算的推理规则。在 HOL 中实现访问控制逻辑的好处包括：

1）完整披露所有访问控制逻辑和 C2 演算语法和语义；

2）访问控制逻辑的所有属性的正式机器检查证明；

3）对访问控制逻辑公式进行量化；

4）将访问控制逻辑与其他逻辑描述相结合的能力；

5）快速简便地复制所有第三方的结果。

1.7.1 节、1.7.2 节和 1.7.3 节分别描述了与访问控制逻辑和 C2 演算的推理规则相对应的语法、语义和定理。

1.7.1 HOL 中访问控制逻辑的语法

访问控制逻辑实现是对 HOL 系统的保守扩展。这意味着通过定义与访问控制逻辑公式对应的 *Form* 代数类型，对应于主表达式的代数类型 *Princ* 以及对应于 *Kripke* 结构的代数类型 *Kripke* 来扩展高阶逻辑 HOL。*Form* 和 *Princ* 的语义是使用 *Kripke* 和现有的 HOL 操作符来定义的。访问控制逻辑的属性在 HOL 中被证明为定理。

定理（1.28）显示了在高阶逻辑 HOL 中与访问控制逻辑公式相对应的 HOL 类型。请注意，HOL 实现使用 *notf*，*andf*，*orf*，*impf* 和 *eqf* 来表示访问控制逻辑中的否定、连接、分离、含义和等价。它们的语义是根据作为 *Kripke* 结构 *M* 的一部分的来自统一的全集合来定义的。这与命题逻辑中相应运算符的语义不同。命题逻辑运算符是根据真值而不是全集合来定义的。

Form =

```
    TT
  | FF
  | prop 'aavar
  | notf (('aavar, 'apn, 'il, 'sl) Form)
  | (andf) (('aavar, 'apn, 'il, 'sl) Form)
           (('aavar, 'apn, 'il, 'sl) Form)
  | (orf) (('aavar, 'apn, 'il, 'sl) Form)
          (('aavar, 'apn, 'il, 'sl) Form)
  | (impf) (('aavar, 'apn, 'il, 'sl) Form)
           (('aavar, 'apn, 'il, 'sl) Form)
  | (eqf) (('aavar, 'apn, 'il, 'sl) Form)
          (('aavar, 'apn, 'il, 'sl) Form)
  | (says) ('apn Princ) (('aavar, 'apn, 'il, 'sl) Form)
  | (speaks_for) ('apn Princ) ('apn Princ)
  | (controls) ('apn Princ) (('aavar, 'apn, 'il, 'sl) Form)
  | reps ('apn Princ) ('apn Princ)
         (('aavar, 'apn, 'il, 'sl) Form)
  | (domi) (('apn, 'il) IntLevel) (('apn, 'il) IntLevel)
  | (eqi) (('apn, 'il) IntLevel) (('apn, 'il) IntLevel)
  | (doms) (('apn, 'sl) SecLevel) (('apn, 'sl) SecLevel)
  | (eqs) (('apn, 'sl) SecLevel) (('apn, 'sl) SecLevel)
  | (eqn) num num
  | (lte) num num
  | (lt) num num
```

（1.28）

定理（1.28）中的类型定义是多态的，即允许将类型替换为类型变量。回

想一下，HOL 中的类型变量以反引号符号'开头。例如，HOL 中访问控制逻辑中的原命题从类型构造函数 *prop* 开始，并应用于任何类型，如'*aavar* 所表示的。例如，*prop* 命令使用 *type* 命令的元素，并将它们映射到 HOL 中的访问控制逻辑中的命题。

定理（1.29）显示了高阶逻辑 HOL 中的主表达式、完整性和安全标签以及 Kripke 结构的语法。HOL 实现将安全标签、完整性标签及其部分订单参数化。由于我们的温控器示例不依赖安全或完整性标签，因此我们不会进一步讨论其用途。使用安全和完整性标签的例子可参见 Chin 和 Older（2010）的文献。

```
Princ =
    Name 'apn
  | (meet) ('apn Princ) ('apn Princ)
  | (quoting) ('apn Princ) ('apn Princ) ;

IntLevel = iLab 'il | il 'apn ;

SecLevel = sLab 'sl | sl 'apn


Kripke =
    KS ('aavar -> 'aaworld -> bool)
       ('apn -> 'aaworld -> 'aaworld -> bool) ('apn -> 'il)
       ('apn -> 'sl)
```

（1.29）

类型构造函数 *Name* 是 *Princ* 的类型定义中呈现的多态性，它应用于类变量'*apn*。infix 类型构造函数满足对应 &。infix 类型构造函数的引用对应于|。

表 1.2 显示了在 C2 演算公式中如何用高阶逻辑 HOL 实现访问控制逻辑。命题 <*jump*> 被写为 *prop jump*。

表 1.2　C2 演算及其在高阶逻辑中的表示

C2 命题公式	HOL 语法
<*jump*>	prop jump
¬ <*jump*>	notf (prop jump)
<*run*> ∧ <*jump*>	prop run andf prop jump
<*run*> ∨ <*stop*>	prop run orf prop stop
<*run*> ⊃ <*jump*>	prop run impf prop jump
<*walk*> ≡ <*stop*>	prop walk eqf prop stop
Alice says <*jump*>	Name Alice says prop jump
Alice & *Bob* says <*stop*>	Name Alice meet Name Bob says prop stop

（续）

C2 命题公式	HOL 语法
$\mathit{Bob} \mid \mathit{Carol}$ says <*run*>	Name Bob quoting Name Carol says prop run
Bob controls <*walk*>	Name Bob controls prop walk
Bob reps *Alice* on <*jump*>	reps (Name Bob) (Name Alice) (prop jump)
$\mathit{Carol} \Rightarrow \mathit{Bob}$	Name Carol speaks_for Name Bob

在 HOL 中，C2 公式的否定，例如¬ <*jump*>，在 HOL 中被写为 *notf*（*prop jump*）。*Alice* says <*jump*>写成 *Name Alice* 说 *prop jump* 等。

1.7.2　HOL 中访问控制逻辑的语义

通过将逻辑表达式、主表达式和 *Kripke* 结构作为数据类型引入到高阶逻辑 HOL 中，我们可以定义与式（1.9）中的函数 EM[[-]]相对应的 HOL 函数 Efn，该函数定义了访问控制逻辑的 Kripke 语义。*Efn* 的定义见本章附录 1.20.2。EM[[-]]和 Efn 的定义在语法上相互关联。

当然，问题在于我们如何知道 HOL 中的实现与式（1.9）中描述的逻辑相对应，并且如 Chin&Older 2010 中所描述的那样？答案是，如果我们可以证明高阶逻辑 HOL 中有关 HOL 实现的定理，它与 Chin&Older 2010 中的推理规则相对应，那么我们就很满意。

1.7.3　HOL 中的 C2 推理规则

在 1.5.3 节中，$M \Vdash \phi$ 表示 $E_M[[\varphi]] = W$，即 φ 对于 M 中的所有集合均为真，C2 演算中的推理规则是正确的，因为当 M 满足所有假设 $H_1 \cdots H_k$ 时，则 M 也满足结论 C。

在我们的 HOL 实现中，当完整性和安全标签上分别具有 O_i 和 O_s 的部分分别表示 *Kripke* 结构 M，满足访问控制逻辑公式 f 时，每当 HOL 语义函数 *Efn*（其定义见本章附录 1.20.2）应用于 M，O_i，O_s 和 f 等于 M 中的统一全集。*sat* 在高阶逻辑 HOL 中的定义如下：

```
[sat_def]
⊢ ∀M Oi Os f. (M,Oi,Os) sat f ⟺ (Efn Oi Os M f = 𝒰(:'world))
```

（1.30）

C2 演算中的推理规则：

$$\frac{H_1 \cdots H_k}{C} \tag{1.31}$$

在高阶逻辑中有一个相应的定理：

$$\vdash \forall M\ O_i\ O_s.(M,O_i,O_s)\ sat\ H_1 \Rightarrow \cdots \Rightarrow (M,O_i,O_s)\ sat\ H_k \Rightarrow (M,O_i,O_s)\ sat\ C \quad (1.32)$$

其中⇒对应于高阶逻辑中的逻辑含义。式（1.33）和式（1.34）表示对应于式（1.11）中的 C2 推理规则的高阶逻辑定理。

```
[Controls_Eq]
 ⊢ ∀M Oi Os P f.
      (M,Oi,Os) sat P controls f ⟺ (M,Oi,Os) sat P says f impf f
[Reps_Eq]
 ⊢ ∀M Oi Os P Q f.
      (M,Oi,Os) sat reps P Q f ⟺
      (M,Oi,Os) sat P quoting Q says f impf Q says f
[Modus Ponens]
 ⊢ ∀M Oi Os f1 f2.
      (M,Oi,Os) sat f1 ⇒
      (M,Oi,Os) sat f1 impf f2 ⇒
      (M,Oi,Os) sat f2
[Says]
 ⊢ ∀M Oi Os P f. (M,Oi,Os) sat f ⇒ (M,Oi,Os) sat P says f
[Controls]
 ⊢ ∀M Oi Os P f.
      (M,Oi,Os) sat P says f ⇒
      (M,Oi,Os) sat P controls f ⇒
      (M,Oi,Os) sat f
[Derived_Speaks_For]
 ⊢ ∀M Oi Os P Q f.
      (M,Oi,Os) sat P speaks_for Q ⇒
      (M,Oi,Os) sat P says f ⇒
      (M,Oi,Os) sat Q says f
```

(1.33)

```
[Reps]
 ⊢ ∀M Oi Os P Q f.
      (M,Oi,Os) sat reps P Q f ⇒
      (M,Oi,Os) sat P quoting Q says f ⇒
      (M,Oi,Os) sat Q controls f ⇒
      (M,Oi,Os) sat f
[And_Says_Eq]
 ⊢ (M,Oi,Os) sat P meet Q says f ⟺
    (M,Oi,Os) sat P says f andf Q says f
[Quoting_Eq]
 ⊢ ∀M Oi Os P Q f.
      (M,Oi,Os) sat P quoting Q says f ⟺
      (M,Oi,Os) sat P says Q says f
[Idemp_Speaks_For]
 ⊢ ∀M Oi Os P. (M,Oi,Os) sat P speaks_for P
[Mono_Speaks_For]
 ⊢ ∀M Oi Os P P' Q Q'.
      (M,Oi,Os) sat P speaks_for P' ⇒
      (M,Oi,Os) sat Q speaks_for Q' ⇒
      (M,Oi,Os) sat P quoting Q speaks_for P' quoting Q'
```

(1.34)

1.8 HOL 中的密码组件及其模型

加密操作是保护完整性和保密性的重要组成部分。在本节中，我们提出了理想加密操作高阶逻辑的代数模型，但不涉及加密强度和抵御密码分析能力特定算法的任何概念。

我们对理想加密行为的描述与 Conway（2012）把理想晶体管作为开关的描述很相似。他的设计方法侧重于描述晶体管的使用以及作为附属设备的期望，而不是详细介绍它作为模拟器件的放大性能。

在哪些情况下，密码操作模式结合访问控制逻辑，使我们能够对基于加密的身份验证系统进行推理和授权？以下关于对称密钥和非对称密钥的加密和解密、加密散列函数和数字签名各节中，我们描述操作、如何使用以及在 HOL 建模中的理想行为。

1.8.1 对称密钥密码体制

图 1.15 所示为对称密钥加密和解密的示意图。假设 Bob 希望向 Alice 发送一个只有他和 Alice 才能阅读消息，并且假设 Bob 和 Alice 共享相同的密钥，也称为对称密钥。以下是 Bob 和 Alice 保密通信的步骤：

1）Bob 用他分享给 Alice 的密钥以纯文本方式加密了他的消息。他转发给 Alice 加密消息，即密文。

2）Alice 使用对称密钥 k 来解密密文以检索明文消息。

1. 理想行为

对称密钥加密用于以下预期：

1）解密被加密文本的唯一方法是使用相同的密钥。

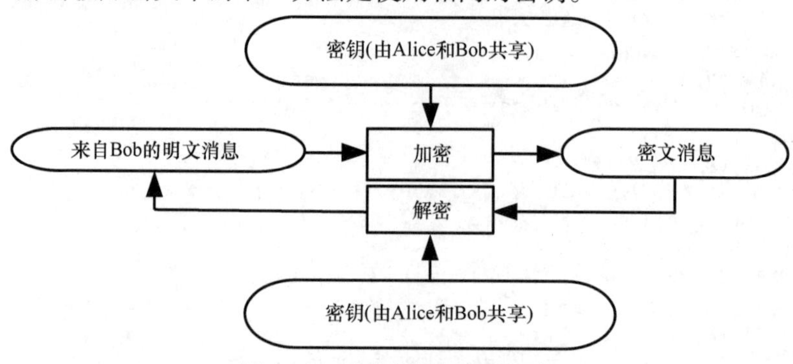

图 1.15 对称密钥加密和解密

2）如果有用的和可识别的东西被解密，这就意味着解密文本和解密密钥与

原始文本和加密密钥相同。

3）使用除原始加密密钥以外的任何密钥进行解密将导致无法使用的结果。我们捕捉这些期望半形式化的陈述：

① 用密钥 k 加密的任何东西都是通过相同的解密密钥检索不变的；

② 如果用密钥 k_1 加密任何明文，并且用密钥 k_2 解密产生的密文并检索得到原始文本，则 $k_1 = k_2$；

③ 如果文本被密钥 k_1 加密，用 k_2 解密，并且没有得到任何有用的结果，则 $k_1 \neq k_2$；

④ 如果无用的东西使用任何密钥进行加密，那么使用任何密钥解密都能得到。

2. 在高阶逻辑中建模理想行为

添加“无用值”是我们必须建模的一个方面。我们通过在高阶逻辑中使用选择理论，将无用值作为一个值或结果。式（1.35）说明了在 option_CLAUSES 理论中选项的类型定义以及选项类型的特性。

选项类型是多态的，是从其他使用类型构造函数 SOME 的类型中创建的。例如，当 *SOME* 应用于自然数时 1，也即 *SOME* 1，结果值是 *num* 选项类型。*num* 选项类型具有 *SOME n* 的所有值，其中 n 是 HOL 中的自然数，以及一个被添加值：*NONE*。当我们要返回一个非自然数的值时，我们使用 *NONE*。例如，我们返回除以零的结果的情况。

```
option = NONE | SOME 'a
[option_CLAUSES]
⊢ (∀x y. (SOME x = SOME y) ⟺ (x = y)) ∧
   (∀x. THE (SOME x) = x) ∧ (∀x. NONE ≠ SOME x) ∧
   (∀x. SOME x ≠ NONE) ∧ (∀x. IS_SOME (SOME x) ⟺ T) ∧
   (IS_SOME NONE ⟺ F) ∧ (∀x. IS_NONE x ⟺ (x = NONE)) ∧
   (∀x. ¬IS_SOME x ⟺ (x = NONE)) ∧
   (∀x. IS_SOME x ⇒ (SOME (THE x) = x)) ∧
   (∀x. option_CASE x NONE SOME = x) ∧
   (∀x. option_CASE x x SOME = x) ∧
   (∀x. IS_NONE x ⇒ (option_CASE x e f = e)) ∧
   (∀x. IS_SOME x ⇒ (option_CASE x e f = f (THE x))) ∧
   (∀x. IS_SOME x ⇒ (option_CASE x e SOME = x)) ∧
   (∀v f. option_CASE NONE v f = v) ∧
   (∀x v f. option_CASE (SOME x) v f = f x) ∧
   (∀f x. OPTION_MAP f (SOME x) = SOME (f x)) ∧
   (∀f. OPTION_MAP f NONE = NONE) ∧ (OPTION_JOIN NONE = NONE) ∧
   ∀x. OPTION_JOIN (SOME x) = x                                    (1.35)
```

在加密和解密建模的情况下，我们使用选项类型将 *NONE* 值添加到任何加密或解密中。这样做允许我们处理诸如使用错误的密钥来解密加密消息时返回值的情况。最后，访问器函数 *THE* 用于检索 *SOME* 运算的值。例如，*THE*（*SOME* x）$=x$，如选项 *CLAUSES* 所示。

3. 对称密钥、加密、解密及其属性

式（1.36）显示了对称密钥加密和解密的定义和属性。下面是一些重要定义和属性的列表。

- 对称密钥是由代数类型 *symKey* 建模，其类型构造函数是 *sym*。例如，*sym* 1234 是一个对称密钥。抽象地，*sym* 1234 是由数字 1234 标识的对称密钥。
- 两个对称密钥，如果对于 *sym* 运算有相同的数字标识，则它们是等同的。这在定理 *symKey_one_one* 中有说明。
- 对称加密的消息由代数类型 *symMsg* 建模，其构造函数是 *Es*。对称加密的消息有如下两个参数：

1）*symKey*；

2）消息选项。

例如，*Es*（*sym* 1234）（*SOME*“*This is a string*”）是一个对称加密的消息，使用：

1）对称密钥 *sym* 1234；

2）字符串选项值 *SOME*“*This is a string*”。

抽象类类型构造函数 *Es* 代表任何对称密钥加密算法。例如数据加密标准（Data Encryption Standard，DES）或高级加密标准（Advanced Encryption Standard，AES）。

```
symKey = sym num
[symKey_one_one]
⊢ ∀a a'. (sym a = sym a') ⇔ (a = a')
symMsg = Es symKey ('message option)
[symMsg_one_one]
⊢ ∀a0 a1 a0' a1'.
    (Es a0 a1 = Es a0' a1') ⇔ (a0 = a0') ∧ (a1 = a1')
[deciphS_def]
⊢ (deciphS k1 (Es k2 (SOME x)) =
    if k1 = k2 then SOME x else NONE) ∧
   (deciphS k1 (Es k2 NONE) = NONE)
[deciphS_clauses]
⊢ (∀k text. deciphS k (Es k (SOME text)) = SOME text) ∧
   (∀k1 k2 text.
      (deciphS k1 (Es k2 (SOME text)) = SOME text) ⇔
      (k1 = k2)) ∧
   (∀k1 k2 text.
      (deciphS k1 (Es k2 (SOME text)) = NONE) ⇔ k1 ≠ k2) ∧
  ∀k1 k2. deciphS k1 (Es k2 NONE) = NONE
[deciphS_one_one]
⊢ (∀k1 k2 text1 text2.
      (deciphS k1 (Es k2 (SOME text2)) = SOME text1) ⇔
      (k1 = k2) ∧ (text1 = text2)) ∧
  ∀enMsg text key.
     (deciphS key enMsg = SOME text) ⇔
     (enMsg = Es key (SOME text))                          (1.36)
```

- 如果相应的组件是相同的，则两个 *symMsg* 的值是相同的。这在定理 *symMsg_one_one* 中说明。
- 对称密钥解密的类型 *symMsg* 是由 *deciphS_def* 定义的。如果相同的 *symKey* 用于解密被加密的 *SOME x*，然后返回 *SOME x*。否则返回 *NONE*。如果无用值被加密，那么无用值也被解密。*deciphS* 表示一切对称密钥解密算法。
- 最后，*deciphS_clauses* 表示 *deciphS* 的属性：

1）当加密和解密返回原始消息时，使用相同的密钥；

2）如果原始消息被检索，使用相同的密钥；

3）如果不同的密钥来解密密文，则返回无用的信息；

4）垃圾内容输入和垃圾内容输出皆为真。

1.9　加密哈希函数

加密哈希函数用于将任何大小的输入映射到固定长度的比特。加密哈希函数是一个单向函数，①输出很容易从输入计算得到，②在仅给出哈希值时来确定输入，在计算上是不可行的。哈希值也称为摘要。

式（1.37）显示了摘要的类型定义及其属性。下列描述类型定义及其属性。

$$
\begin{aligned}
&\mathit{digest} = \mathtt{hash}\ (\mathtt{'message\ option})\\
&[\mathtt{digest\_one\_one}]\\
&\vdash \forall a\ a'.\ (\mathtt{hash}\ a = \mathtt{hash}\ a') \iff (a = a')
\end{aligned}
\quad (1.37)
$$

- 摘要或哈希值由代数类型 *digest* 建模，其类型构造函数是 *hash*，意在表示任何哈希算法，例如 SHA1 和 SHA2。请注意，*hash* 应用于类型为'*message* 的多态参数，例如，*hash*（*SOME* “*A string message*”）。
- 理想摘要的一个基本性质是一对一的。这在定理 *digest_one_one* 中阐明。实际上，由于固定长度，散列不能一一对应输出。以这种方式建模摘要类似于电气建模晶体管作为完美开关的行为。

1.10　非对称密钥加密

图 1.16 所示为非对称密钥加密和解密的示意图。非对称密钥或公钥密码加密的不对称性质是使用两个不同的密钥而不是相同的密钥。一个是可以自由公开的钥匙，被称为公钥。被称为私钥的另一个密钥只能由一个主体知道。

假设 Alice 希望向 Bob 发送只有 Bob 可以阅读的消息。Alice 使用 Bob 的公钥 K_{Bob}将消息加密发送给 Bob。只有 Bob 一人独自拥有私钥 K_{Bob}^{-1}，能够解密用他的公钥 K_{Bob}加密的消息。

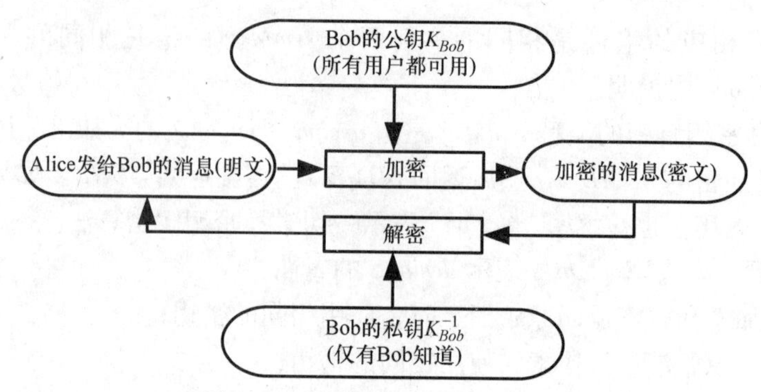

图 1.16　非对称密钥加密和解密

非对称密钥加密的使用具有以下预期：

1）用私钥加密的文本只能使用相应的公钥进行检索；

2）使用公钥加密的明文只能使用相应的私钥解密检索；

3）如果检索到用私钥加密的明文，则使用相应的公钥对密文进行解密；

4）如果检索到使用公钥加密的明文，则对应的私钥用于解密密文；

5）如果解密使用除了与加密相应公钥或私钥之外的任何密钥，都会得到无用的结果。

式（1.38）显示了非对称密钥的类型定义 pKey，即公钥和私钥，以及非对称加密消息的 *asymMsg*。式（1.38）也说明了 *pKey* 和 *asymMsg* 的属性。

$$
\begin{aligned}
&pKey = \mathtt{pubK}\ \mathtt{'princ} \mid \mathtt{privK}\ \mathtt{'princ}\\
&\mathtt{[pKey\_distinct\_clauses]}\\
&\vdash (\forall a'\ a.\ \mathtt{pubK}\ a \neq \mathtt{privK}\ a') \land \forall a'\ a.\ \mathtt{privK}\ a' \neq \mathtt{pubK}\ a\\
&\mathtt{[pKey\_one\_one]}\\
&\vdash (\forall a\ a'.\ (\mathtt{pubK}\ a = \mathtt{pubK}\ a') \iff (a = a')) \land\\
&\quad \forall a\ a'.\ (\mathtt{privK}\ a = \mathtt{privK}\ a') \iff (a = a')\\
&asymMsg = \mathtt{Ea}\ (\mathtt{'princ\ pKey})\ (\mathtt{'message\ option})\\
&\mathtt{[asymMsg\_one\_one]}\\
&\vdash \forall a_0\ a_1\ a_0'\ a_1'.\\
&\qquad (\mathtt{Ea}\ a_0\ a_1 = \mathtt{Ea}\ a_0'\ a_1') \iff (a_0 = a_0') \land (a_1 = a_1')
\end{aligned}
\tag{1.38}
$$

- *pKey* 类型有两种形式：*pubK P* 和 *privK P*，分别为公钥和私钥，非对称密钥是多态的，并且与可变类型'*princ* 的主体 *P* 相关联。
- 私钥和公钥本质是不一样的。
- 如果公钥和私钥具有相同的参数，则相同。
- *asymMsgs* 类型表示非对称加密消息。*Ea* 类型构造函数的参数为 *pKey* 和消息选项值。
- 两个 *asymMsgs* 如果具有相同的 *pKey* 和消息选项值，则它们是相同的。

式（1.39）阐明了 *deciphP* 的定义和属性，它定义了非对称加密的信息解密模型。和对称密钥加密相似，为了检索明文 *SOME x* 需要使用正确的密钥，在这

种情况下，如果消息是使用 *pubK P* 加密的，则使用 *privK P* 解密，如果消息是用 *privK P* 加密的，则使用 *pubK P* 解密。如前所述，垃圾内容输入输出也成立。

```
[deciphP_def]
⊢ (deciphP key (Ea (privK P) (SOME x)) =
    if key = pubK P then SOME x else NONE) ∧
   (deciphP key (Ea (pubK P) (SOME x)) =
    if key = privK P then SOME x else NONE) ∧
   (deciphP k1 (Ea k2 NONE) = NONE)
[deciphP_clauses]
⊢ (∀P text.
      (deciphP (pubK P) (Ea (privK P) (SOME text)) =
       SOME text) ∧
      (deciphP (privK P) (Ea (pubK P) (SOME text)) =
       SOME text)) ∧
   (∀k P text.
      (deciphP k (Ea (privK P) (SOME text)) = SOME text) ⟺
      (k = pubK P)) ∧
   (∀k P text.
      (deciphP k (Ea (pubK P) (SOME text)) = SOME text) ⟺
      (k = privK P)) ∧
   (∀x k2 k1 P2 P1.
      (deciphP (pubK P1) (Ea (pubK P2) (SOME x)) = NONE) ∧
      (deciphP k1 (Ea k2 NONE) = NONE)) ∧
   ∀x P2 P1. deciphP (privK P1) (Ea (privK P2) (SOME x)) = NONE    (1.39)
```

deciphP 的属性通过定理显示在式（1.39）和式（1.40）的 *deciphP_clauses* 和 *deciphP_one_one* 中。它们显示了原始明文被解密的情况，当没有任何有用的解密时，条件是确保预期的密钥和明文消息。

```
[deciphP_one_one]
⊢ (∀P1 P2 text1 text2.
      (deciphP (pubK P1) (Ea (privK P2) (SOME text2)) =
       SOME text1) ⟺ (P1 = P2) ∧ (text1 = text2)) ∧
   (∀P1 P2 text1 text2.
      (deciphP (privK P1) (Ea (pubK P2) (SOME text2)) =
       SOME text1) ⟺ (P1 = P2) ∧ (text1 = text2)) ∧
   (∀p c P msg.
      (deciphP (pubK P) (Ea p c) = SOME msg) ⟺
      (p = privK P) ∧ (c = SOME msg)) ∧
   (∀enMsg P msg.
      (deciphP (pubK P) enMsg = SOME msg) ⟺
      (enMsg = Ea (privK P) (SOME msg))) ∧
   (∀p c P msg.
      (deciphP (privK P) (Ea p c) = SOME msg) ⟺
      (p = pubK P) ∧ (c = SOME msg)) ∧
   ∀enMsg P msg.
     (deciphP (privK P) enMsg = SOME msg) ⟺
     (enMsg = Ea (pubK P) (SOME msg))                              (1.40)
```

1.11 数字签名

数字签名的消息通常是使用发件人的私钥加密的消息和加密哈希值的组合。如图 1.17 所示，它将签名生成描述为以下操作序列：

1）消息哈希值；

2）消息哈希值使用发送方的私钥进行加密。

签名后的状态是这样的：

1）加密哈希值是唯一的指向消息（并且可能远远小于消息）。

2）使用发件人的私钥进行加密（这是由于发件人的公钥可逆的），是一个指向发送者的唯一指针。

图 1.18 所示为使用数字签名检查解密消息的完整性。从左到右的最顶层的序列显示了如何从接收到的数字签名中检索解密的哈希值。使用发送者的公钥对数字签名进行解密，以检索原始消息的哈希值或摘要。

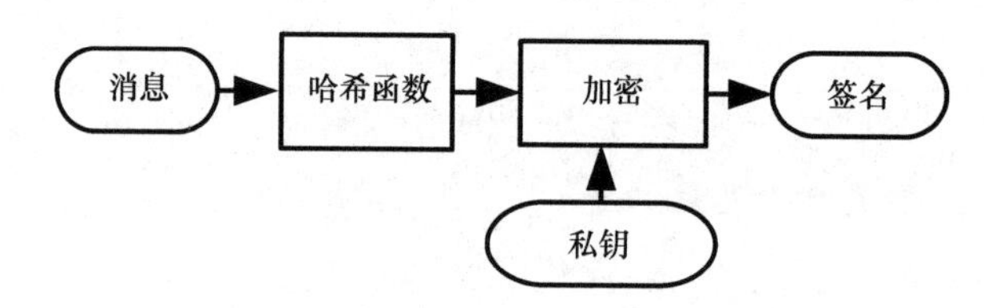

图 1.17 数字签名生成

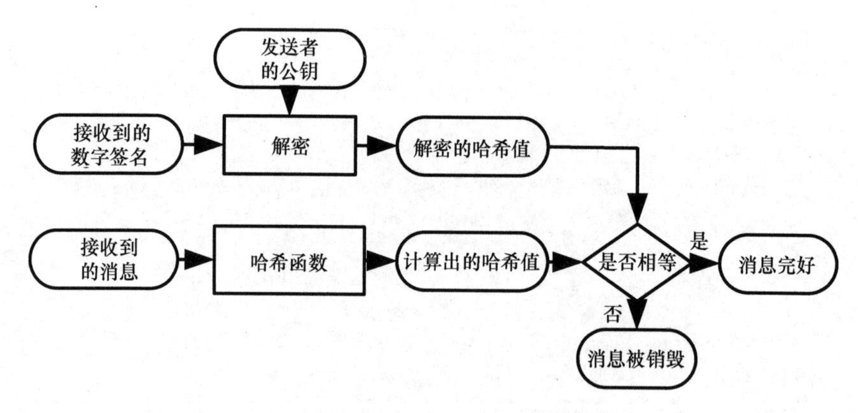

图 1.18 数字签名验证

将检索的哈希值与解密的消息哈希值进行比较。如果两个哈希值相同，接收到的消息被判断为与原来保持不变。

式（1.41）显示了高阶逻辑中 *sign* 和 *signVerify* 的功能定义。*sign* 将 *pKey* 和

摘要作为输入，并使用非对称 *pKey* 返回非对称加密的摘要。*signVerify* 将 *Key*、数字签名和接收到的消息作为输入，并将签名中的解密哈希值与接收到的消息的散列进行比较。*signVerify* 和 *sign* 的属性在定理 *signVerifyOK* 和 *signVerify_one_one* 中：

- 对于生成的签名，*signVerify* 始终为真，如图 1.17 所示。
- *signVerify* 和 *sign* 结合具有明文所必须匹配的属性和相应的钥匙必须匹配的属性。

```
[sign_def]
⊢ ∀pubKey dgst. sign pubKey dgst = Ea pubKey (SOME dgst)
[signVerify_def]
⊢ ∀pubKey signature msgContents.
     signVerify pubKey signature msgContents ⇔
     (SOME (hash msgContents) = deciphP pubKey signature)
[signVerifyOK]
⊢ ∀P msg.
     signVerify (pubK P) (sign (privK P) (hash (SOME msg)))
       (SOME msg)
[signVerify_one_one]
⊢ (∀P m1 m2.
      signVerify (pubK P) (Ea (privK P) (SOME (hash (SOME m1))))
        (SOME m2) ⇔ (m1 = m2)) ∧
   (∀signature P text.
      signVerify (pubK P) signature (SOME text) ⇔
      (signature = sign (privK P) (hash (SOME text)))) ∧
   ∀text2 text1 P2 P1.
     signVerify (pubK P1) (sign (privK P2) (hash (SOME text2)))
       (SOME text1) ⇔ (P1 = P2) ∧ (text1 = text2)
```

(1.41)

1.12 为状态机添加安全性

在本节中，我们使用前面部分中描述的基础架构添加身份验证和授权给状态机的描述。传统上，这种认证和授权是虚拟机监视器（Virtual Machine Monitor, VMM）或管理程序的一个功能。我们的方法是将 VMM 功能合并到状态机的描述中。我们将这些机器称为安全状态机（Secure - State Machine, SSM）。

在这一点上，我们现在有以下逻辑基础架构：

1）一种访问控制逻辑和 C2 演算法，以推理法则的形式设计验证了在 HOL 定理证明过程。

2）访问控制逻辑表示 CONOPS 的一种手段，其每个动作中采用的是派生推理规则，即逻辑上是合理的。

3）加密操作中的代数模型包括对称和非对称加密和解密，哈希函数和数字化签名生成和验证。

4）在高阶逻辑中使用标签转换关系归纳的定义并描述了具有任意大小的参

数化状态机。

使用上述基础架构，我们结合上述要素来扩展1.6节中的状态机描述，以说明认证并授权，我们在两个层面上这样做：

1）在纯逻辑层面上的状态机转换行为，其中也描述了输入和访问控制逻辑安全上下文。

2）状态机转换行为在具体层面中：

① 消息和具体级别的证书数据结构；

② 消息和证书的访问控制逻辑中的解释。

有许多策略可以定义安全行为，例如经典Bell和Padula的军事保密政策（1973，1976），Biba的诚信政策（1977）和基于角色的访问控制（Ferraiolo&Kuhn，1992；Chin&Older，2010）。为了说明目的，我们使用的安全策略是基于Popek和Goldberg（1974）的虚拟化政策，我们选择虚拟化，因为它适用于状态机描述，并且它支持授权和认证是参数的规范。SSM遵循的高层次政策如下：

1）如果状态机的输入不能通过状态机所应用的完整性检查，输入被丢弃。

2）经过验证并认为完整的输入在状态解释职能和证书清单的上下文中被检查授权。一个状态安全性解释的例子是当一个模式位用来指示机器是在特权模式还是用户模式下运行的。另一个用于授权的证书的示例是授予访问或使用对象或服务的许可证。

① 授权的命令被执行；

② 未授权的命令被拒绝。

3）在具体应用的上下文中，命令分为两部分：

① 安全敏感的命令，即命令如果被滥用，危及完整性或操作的保密性，例如妥协过程隔离；

② 无害的命令，即不危及完整性的命令或保密。

4）符合Popek和Goldberg（1974）所定义的虚拟化要求，所有安全敏感的命令都是特权命令，也就是说，只能由授权的负责人执行。未经授权的负责人执行特权命令的尝试将被捕获。为了使SSM理论尽可能重用，对它们进行完全参数化：

1）认证功能。

2）由证书和凭据列表给出的授权上下文意义在访问控制逻辑中。

3）用于定义输入，证书和状态的含义的功能访问控制逻辑。

4）下一个状态函数。

5）输出功能。

6）输入。

7）输出和支持多态的状态的类型变量。

我们开发两级安全状态机描述：

1）依赖于输入和证书的访问控制逻辑公式的高级逻辑描述。

2）使用类型变量和解释函数来描述输入、状态和证书的低级描述。

这个较低级别的描述是对高级描述的改进行为。

1.12.1　说明和转换类型

式（1.42）显示安全状态机指令说明 *inst* 和状态转换类型 *trType* 的定义和属性。*Inst* 类型是多态的，并且用类型变量构造的命令和类型构造函数 *CMD*。在“命令”中的所有命令中添加了一条额外的指令 *TRAP*，定理 *inst_distinct_clauses* 和 *trType_distinct_clauses* 是通常表示每种形式的 *inst* 或 *trType* 与另一种不同的定理。

```
inst = CMD 'command | TRAP
[inst_distinct_clauses]
⊢ (∀a. CMD a ≠ TRAP) ∧ ∀a. TRAP ≠ CMD a
trType = discard | trap 'inst | exec 'inst
[trType_distinct_clauses]
⊢ (∀a. discard ≠ trap a) ∧ (∀a. discard ≠ exec a) ∧
  (∀a' a. trap a ≠ exec a') ∧ (∀a. trap a ≠ discard) ∧
  (∀a. exec a ≠ discard) ∧ ∀a' a. exec a' ≠ trap a          (1.42)
```

关于 *inst* 有两点需要注意：

1）*inst* 的目的是将 *TRAP* 添加到命令集中。这样做方便在访问控制逻辑中写入策略，指定 *TRAP* 应该是什么时候发生。

2）我们可以通过使用选项类型来实现相同的效果，即使用 *SOME* 和 *NONE*。为了提高可读性，我们使用 *CMD* 和 *TRAP*。

1.12.2　高级安全状态机描述

式（1.43）显示了高层次的配置和属性。配置有六个组件：

```
configuration =
    CFG (('command inst, 'principal, 'd, 'e) Form -> bool)
        ('state -> ('command inst, 'principal, 'd, 'e) Form)
        (('command inst, 'principal, 'd, 'e) Form list)
        (('command inst, 'principal, 'd, 'e) Form list) 'state
        ('output list)
[configuration_11]
⊢ ∀a0 a1 a2 a3 a4 a5 a0' a1' a2' a3' a4' a5'.
    (CFG a0 a1 a2 a3 a4 a5 = CFG a0' a1' a2' a3' a4' a5') ⟺
    (a0 = a0') ∧ (a1 = a1') ∧ (a2 = a2') ∧ (a3 = a3') ∧
    (a4 = a4') ∧ (a5 = a5')
                                                            (1.43)
```

1）具有类型（'*command inst*,'*principal*,'*d*,'*e*）表单的身份验证功能，当应用于表示为访问控制逻辑公式的输入时返回 *true* 或 *false*。此功能确定命令是否源自已知和被批准的源。

2）状态解释函数，类型为'*state* – >（'*command inst*,'*principal*,'*d*,'*e*），将状态映射到访问控制逻辑公式。解释函数和状态是安全上下文的一部分，通知关于认证请求是否被授权的决定。

3）访问控制逻辑公式列表（'*command inst*,'*principal*,'*d*,'*e*）表示安全上下文的列表，具有当前状态的安全解释，包括认证的请求是否被授权。列表元素对应于访问控制逻辑中的认证、策略、信任假设和授权的含义。

4）控制流程控制语法（'*command inst*,'*principal*,'*d*,'*e*）表单。

5）当前状态列表。

6）输出流输出列表。

定理 *configuration_11* 是典型的属性，阐明了当且仅当所有组件相同时，它们是等效的。

1.12.3 定义的访问控制逻辑公式列表的语义

为了帮助解释配置，我们定义了函数 *satList*，其目的是给出一个访问控制逻辑公式的列表，例如 $[f_1; f_2; \cdots; f_n]$。式（1.44）定义了 *satList* 及其属性。*satList* 定义和定理的效果是应用于 *Kripke* 结构 *M* 的 *satList*，部分命令 O_i 和 O_s，以及访问控制逻辑公式的列表 $[f_1; f_2; \cdots; f_n]$，即 *satList* 是减少每个公式 f_i 在坐标（M，O_i，O_s）上的映射。例如，（M，O_i，O_s）*satList* $[f_1; f_2; \cdots; f_n]$ = （M，O_i，O_s）*sat* $f_1 \wedge \ldots \wedge$（M，O_i，O_s）*sat* f_n。

```
[satList_def]
⊢ ∀M Oi Os formList.
    (M,Oi,Os) satList formList ⟺
    FOLDR (λx y. x ∧ y) T (MAP (λf. (M,Oi,Os) sat f) formList)
[satList_nil]
⊢ (M,Oi,Os) satList []
[satList_CONS]
⊢ ∀h t M Oi Os.
    (M,Oi,Os) satList (h::t) ⟺
    (M,Oi,Os) sat h ∧ (M,Oi,Os) satList t
[satList_conj]
⊢ ∀l1 l2 M Oi Os.
    (M,Oi,Os) satList l1 ∧ (M,Oi,Os) satList l2 ⟺
    (M,Oi,Os) satList (l1 ++ l2)                                (1.44)
```

式（1.45）显示了定义 *CFGInterpret_def* 的定义访问控制逻辑中的配置。简单地说，配置的安全解释是公式（M，O_i，O_s）*sat* f_i 的结合，其中 f_i 对应于列表上下文中的公式，输入 *x* 的含义和状态的解释。

```
[CFGInterpret_def]
 ⊢ CFGInterpret (M,Oi,Os)
      (CFG inputTest stateInterp context (x::ins) state
         outStream) ⟺
    (M,Oi,Os) satList context ∧ (M,Oi,Os) sat x ∧
    (M,Oi,Os) sat stateInterp state                          (1.45)
```

我们使用与1.6节中的示例1.4所示相同的技术，在配置上定义电感转换关系 *TR*。这一次，我们解决了安全问题解释配置。本章附录1.20.3给出了HOL源代码定义 *TR*，其中标题2给出了HOL中 *TR* 的三个定义属性由归纳定义产生。

这些属性是 *TR_rules*、*TR_ind* 和 *TR_cases*，它们给出了转换规则，归纳属性和案例定理。浏览 *TR_rules*、我们看到有三个条款，每一个都有三个 *trTypes* 标记的转换关系 $TR(M,O_i,O_s)$：

1）*TR*（*M*，O_i，O_s）（*exec*（*CMD cmd*））：指定 *cmd* 命令的规则被执行。条件是；

① 输入P表示prop（CMD cmd）必须由inputTest进行身份验证；

② 当前配置的安全解释由 *CFGIn ter pret* 给出。

2）TR（*M*，O_i，O_s）（trap（CMD cmd））：指定cmd命令的规则被捕捉条件是：

① 输入 *P* 表示 *prop*（*CMD cmd*）必须由 *inputTest* 进行身份验证；

② 当前配置的安全解释由 *CFGIn ter pret* 给出。

3）TR（*M*，O_i，O_s）丢弃：指定输入 *x* 何时被丢弃的规则。说明当 *x* 没有被 *inputTest* 认证时，*x* 从输入流被丢弃。

基于 *TR*、*satList* 和 *CFGInterpret* 及其属性的定义，我们可以证明与 *trType* 的每个转换类型相关的三个相等的属性。以下三个平等规则是可参数化、方便和必要的验证诸如网络温控器等设备的安全属性。等效的定理是：

1）*TR_discard_cmd* 规则，如式（1.46）所示。对于输入 *x*，当且仅当 *x* 未通过身份验证时放弃转换，即¬*inputTest x* 为真。

```
[TR_discard_cmd_rule]
 ⊢ TR (M,Oi,Os) discard
      (CFG inputTest stateInterp certs (x::ins) s outs)
      (CFG inputTest stateInterp certs ins (NS s discard)
         (Out s discard::outs)) ⟺ ¬inputTest x        (1.46)
```

2）*TR_exec_cmd_rule* 如式（1.47）所示。它指出，如果（*M*，O_i，O_s）*sat prop*（*CMD cmd*）是对齐的，也就是说，由 *CFGInterpret* 也就是隐含的安全解释当前配置，由 *CFGInterpret* 指定，则执行 *cmd* 即可。并且只有：

① 输入被认证；

② CFGInterpret是安全性解释；

③（*M*，O_i，O_s）*sat prop*（*CMD cmd*）为真：

```
[TR_exec_cmd_rule]
⊢ ∀inputTest certs stateInterp P cmd ins s outs.
     (∀M Oi Os.
        CFGInterpret (M,Oi,Os)
          (CFG inputTest stateInterp certs
             (P says prop (CMD cmd)::ins) s outs) ⇒
        (M,Oi,Os) sat prop (CMD cmd)) ⇒
     ∀NS Out M Oi Os.
       TR (M,Oi,Os) (exec (CMD cmd))
         (CFG inputTest stateInterp certs
            (P says prop (CMD cmd)::ins) s outs)
         (CFG inputTest stateInterp certs ins
            (NS s (exec (CMD cmd)))
            (Out s (exec (CMD cmd))::outs)) ⟺
       inputTest (P says prop (CMD cmd)) ∧
       CFGInterpret (M,Oi,Os)
         (CFG inputTest stateInterp certs
            (P says prop (CMD cmd)::ins) s outs) ∧
       (M,Oi,Os) sat prop (CMD cmd)                        (1.47)
```

3）*TR_trap_cmd*，如式（1.48）所示。它指出如果（M，O_i，O_s）*sat prop TRAP* 是正当的，也就是说，由当前的安全解释配置，由 *CFGInterpret* 指定，然后 *cmd* 被捕获，当且仅当

① 输入被认证；

② *CFGInterpret* 是安全性解释；

③（M，O_i，O_s）*sat prop TRAP* 为真：

```
[TR_trap_cmd_rule]
⊢ ∀inputTest stateInterp certs P cmd ins s outs.
     (∀M Oi Os.
        CFGInterpret (M,Oi,Os)
          (CFG inputTest stateInterp certs
             (P says prop (CMD cmd)::ins) s outs) ⇒
        (M,Oi,Os) sat prop TRAP) ⇒
     ∀NS Out M Oi Os.
       TR (M,Oi,Os) (trap (CMD cmd))
         (CFG inputTest stateInterp certs
            (P says prop (CMD cmd)::ins) s outs)
         (CFG inputTest stateInterp certs ins
            (NS s (trap (CMD cmd)))
            (Out s (trap (CMD cmd))::outs)) ⟺
       inputTest (P says prop (CMD cmd)) ∧
       CFGInterpret (M,Oi,Os)
         (CFG inputTest stateInterp certs
            (P says prop (CMD cmd)::ins) s outs) ∧
       (M,Oi,Os) sat prop TRAP                             (1.48)
```

注意，在上述三个定理中，以下函数和类型被参数化，使定理适用于状态

机，一般使用丢弃、捕获和执行命令的概念。具体参数为

1） *inputTest*：认证功能；

2） *stateInterp*：状态解释函数；

3） 证书：认证、信任、授权和授权、授权决定；

4） 命令：命令是多态的；

5） 状态：状态是多态的；

6） 输出：输出为多态；

7） NS：下一个状态函数；

8） 输出：输出功能。

式（1.46）～式（1.48）这三个理论在状态机的逻辑设计层面提供参数化的框架。我们在特定应用程序中使用这个框架，例如网络温控器，通过指定上面列出的八个参数中的每一个。

这些定理中的安全性保证在哪里？

1） 在 *TR_discard_cmd_rule* 中，认证功能 *inputTest* 消除了所有未经身份验证的命令。

2） 在 *TR_exec_cmd_rule* 中的条件：

```
∀M Oi Os.
  CFGInterpret (M,Oi,Os)
   (CFG inputTest stateInterp certs (P says prop (CMD cmd)::ins) s outs) ⇒
  (M,Oi,Os) sat prop (CMD cmd)
```
(1.49)

对应于C2演算中的派生推理规则。实际上，理论说明了上述证明如果是C2演算中的一个定理，那么只有当且仅当定理的条件成立时，其余部分才有效。

3） 在 *TR_trap_cmd_rule* 中，类似于 *TR_exec_cmd_rule*，条件是

```
∀M Oi Os.
  CFGInterpret (M,Oi,Os)
  (CFG inputTest stateInterp certs (P says prop (CMD cmd)::ins) s outs) ⇒
 (M,Oi,Os) sat prop TRAP
```
(1.50)

对应于C2演算中的派生推理规则。实际上，理论说明了上述证明如果是C2演算中的一个定理，那么只有当且仅当定理的条件成立时，其余部分才有效。

1.12.4 使用消息和证书的安全状态机结构

以前的高级状态机的描述都是依赖于访问控制逻辑公式。为了说明如何介绍消息和证书结构等细节，我们使用多态消息和证书以及相应的解释函数来展开安全状态机的描述。证明了当被应用于其相应的配置时，*TR* 和 *TR2* 的转换关系在逻辑上是等效的。

式（1.51）显示了 *configuration2* 的类型定义及其解释函数 *CFG2Interpret*。配置 *configuration2* 有8个组件：

configuration$_2$ =

```
    CFG2 ('input -> ('command inst, 'principal, 'd, 'e) Form)
         ('cert -> ('command inst, 'principal, 'd, 'e) Form)
         (('command inst, 'principal, 'd, 'e) Form -> bool)
         ('cert list)
         ('state -> ('command inst, 'principal, 'd, 'e) Form)
         ('input list) 'state ('output list)
[CFG2Interpret_def]
⊢ CFG2Interpret (M,Oi,Os)
     (CFG2 inputInterpret certInterpret inputTest certs
        stateInterpret (x::ins) state outStream) ⟺
   (M,Oi,Os) satList MAP certInterpret certs ∧
   (M,Oi,Os) sat inputInterpret x ∧
   (M,Oi,Os) sat stateInterpret state                        (1.51)
```

1）一个输入解释函数，具有'*input* - > （'*command inst*,'*principal*,'*d*,'*e*）表单。该功能为访问控制逻辑中的输入提供了意义。

2）证书解释功能，具有'*cert* - > （'*command inst*,'*principal*,'*d*,'*e*）形式。此功能为访问控制逻辑中的证书提供了意义。

3）一个认证函数，具有（'*command inst*,'*principal*,'*d*,'*e*）*Form* - > *bool* 类型，当应用于表示为访问控制逻辑公式的输入时返回 *true* 或 *false*。此功能决定是否命令源自已知和批准的来源。

4）一个证书列表，具有类型'*cert list*，代表安全上下文，并对当前状态做出安全解释。其中已认证的请求是授权与否。

5）状态解释函数，类型为'*state* - > （'*command inst*,'*principal*,'*d*,'*e*）将状态映射到访问控制逻辑公式。解释功能和状态是安全上下文的一部分，告知关于认证请求是否被授权的决定。

6）访问控制逻辑公式的输入列表'*input list*。

7）当前状态'*state*。

8）输出流列表'*output list*。

同与定义 *TR* 类似的方式，我们定义了转换关系 *TR2*。本章附录 1.20.4 的标题 1 给出了定义 *TR2* 的 HOL 源代码。本章附录 1.20.4 的标题 2 显示了 HOL 结果中由归纳定义产生 *TR2* 的三个定义属性。这些属性是 *TR2_rules*、*TR2_ind* 和 *TR2_cases*，它们分别是转换规则、归纳属性和案例定理。

基于 *TR2* 和 *CFG2Interpret* 的定义属性，类似于 TR，我们证明三种转换类型的三个相等属性，丢弃、执行（*CMDcmd*）和 *trap*（*CMD cmd*）。

请注意，在参考式（1.52）~式（1.54）中，以下函数和类型被参数化，使定理普遍适用于使用丢弃、捕获和执行命令概念的状态机。具体参数有

1）*inputInterpret*：输入解释函数；

2）*certInterpret*：证书的解释函数；

3）*inputTest*：认证函数；

4）*stateInterp*：状态解释函数；

5）*certs*：认证、信任、授权和授权；

6）commands：命令是多态的；

7）states：状态是多态的；

8）outputs：输出为多态；

9）NS：下一个状态函数；

10）Out：输出功能。

式（1.52）~式（1.54）中的三个定理为具有特定格式的输入和证书的状态机提供了一个参数化框架。

```
[TR2_discard_cmd_rule]
⊢ TR2 (M,Oi,Os) discard
    (CFG2 inputInterpret certInterpret inputTest certs
       stateInterpret (x::ins) state outStream)
    (CFG2 inputInterpret certInterpret inputTest certs
       stateInterpret ins (NS state discard)
       (Out state discard::outStream)) ⟺
  ¬inputTest (inputInterpret x)                                  (1.52)
```

```
[TR2_exec_cmd_rule]
⊢ ∀inputInterpret certInterpret inputTest certs stateInterpret
     x cmd ins state outStream.
   (∀M Oi Os.
      CFG2Interpret (M,Oi,Os)
        (CFG2 inputInterpret certInterpret inputTest certs
           stateInterpret (x::ins) state outStream) ⇒
      (M,Oi,Os) sat prop (CMD cmd)) ⇒
   ∀NS Out M Oi Os.
     TR2 (M,Oi,Os) (exec (CMD cmd))
       (CFG2 inputInterpret certInterpret inputTest certs
          stateInterpret (x::ins) state outStream)
       (CFG2 inputInterpret certInterpret inputTest certs
          stateInterpret ins (NS state (exec (CMD cmd)))
          (Out state (exec (CMD cmd))::outStream)) ⟺
     inputTest (inputInterpret x) ∧
     CFG2Interpret (M,Oi,Os)
       (CFG2 inputInterpret certInterpret inputTest certs
          stateInterpret (x::ins) state outStream) ∧
     (M,Oi,Os) sat prop (CMD cmd)                                (1.53)
```

```
[TR2_trap_cmd_rule]
⊢ ∀inputInterpret certInterpret inputTest certs stateInterpret
      x cmd ins state outStream.
    (∀M Oi Os.
       CFG2Interpret (M,Oi,Os)
         (CFG2 inputInterpret certInterpret inputTest certs
            stateInterpret (x::ins) state outStream) ⇒
       (M,Oi,Os) sat prop TRAP) ⇒
    ∀NS Out M Oi Os.
      TR2 (M,Oi,Os) (trap (CMD cmd))
        (CFG2 inputInterpret certInterpret inputTest certs
           stateInterpret (x::ins) state outStream)
        (CFG2 inputInterpret certInterpret inputTest certs
           stateInterpret ins (NS state (trap (CMD cmd)))
           (Out state (trap (CMD cmd))::outStream)) ⟺
      inputTest (inputInterpret x) ∧
      CFG2Interpret (M,Oi,Os)
        (CFG2 inputInterpret certInterpret inputTest certs
           stateInterpret (x::ins) state outStream) ∧
      (M,Oi,Os) sat prop TRAP                                  (1.54)
```

我们在具体应用中使用此框架，例如网络温控器，通过指定上述 8 个参数中的每一个。

与 *TR* 完全相同的方式，在 *TR2* 中考虑安全性的保证如下：

1）在 *TR2_discard_cmd_rule* 中，认证功能 *inputTest* 消除所有未经身份验证的命令。

2）在 *TR2_exec_cmd_rule* 中，条件：

```
∀M Oi Os.
  CFG2Interpret (M,Oi,Os)
    (CFG2 inputInterpret certInterpret inputTest certs
          stateInterpret (x::ins) state outStream) ⇒
  (M,Oi,Os) sat prop (CMD cmd)                                 (1.55)
```

对应于 C2 演算中的派生推理规则。实际上，理论认为如果上述证明是 C2 演算中的一个定理，那么只有当且仅当定理的条件成立时为真。

3）在 *TR2_trap_cmd_rule* 中，类似于 *TR_exec_cmd_rule*，条件是：

```
∀M Oi Os.
  CFG2Interpret (M,Oi,Os)
    (CFG2 inputInterpret certInterpret inputTest certs
          stateInterpret (x::ins) state outStream) ⇒
  (M,Oi,Os) sat prop TRAP                                      (1.56)
```

对应于 C2 演算中的派生推理规则。实际上，理论认为如果上述证明是 C2 演算中的一个定理，那么只有当且仅当定理的条件成立时为真。

1.13　经设计认证的网络温控器

基于以前的所有部分，我们开发了一种通过设计认证安全的网络温控器。我们回到在 1.3.2 节我们暂停之处，那里给出了网络温控器的顶级 CONOPS。在下面的描述中，我们从顶级的 CONOPS 开始，并以温控器的两个安全状态机（SSM）结束。第一个 SSM 是一个高级逻辑描述。第二个 SSM 是高级逻辑描述的细化。

我们需要做的任务是：

1）枚举所有命令并将它们分为两个类：特权和非特权。

2）枚举所设想的温控器操作模式中的所有主体及其相关特权。

3）列举所有温控器用例。

4）指定支持认证和授权所需的证书的所有用例。

5）通过专门的配置来设计顶级 SSM 描述，定义如下：

① 认证函数；

② 在访问控制逻辑中描述为公式的一组证书；

③ 温控器状态的一种；

④ 状态解释函数；

⑤ 下一个状态函数；

⑥ 输出函数。

6）通过定义安全性，正式定义“安全”一词的含义。这是所有温控具有的安全状态机描述。证明所有 SSM 的描述满足定义安全属性。

7）将顶级 SSM 细化描述为第二个更详细的 SSM，通过以下定义来扩展顶级 SSM 描述：

① 输入消息数据类型；

② 输入消息解释函数；

③ 证书数据类型；

④ 证书解释函数。

8）证明顶级和精简的 SSM 描述是相当的。

1.13.1　温控器命令：特权和非特权

在 1.3.2 节中，我们对命令进行了高级描述，我们这些命令总结如下：

1）设定温度值。

2）启用应用程序来控制设置温度。

3）禁用应用程序来控制设置温度。

4）报告温控器的状态，显示在温控器上并发送到服务器。

除了介绍1.3.2节中的命令的功能外，我们也提到包括对安全敏感性的评估、温度设置、启用和禁用应用程序对温控器进行控制的能力被视为安全敏感的命令。因为它们可以更改温度设置和操作模式。相比之下，状态命令被视为无害的，也就是说不安全敏感，因为报告温控器的温度设置并且操作模式什么也没有改变。上述命令分为两类（敏感和非敏感）以及为什么从一开始就将安全性纳入设计至关重要。在温控器的案列中，声明命令对安全敏感的根本依据是否有命令可以改变温度设置或操作模式。

式（1.57）将恒温器命令的定义显示为高阶逻辑中的类型及其属性。这些定义包含了区别安全敏感和无害的命令。*Privcmd* 类型有三个温控器命令，每个都是安全敏感的，需要所有者级别的权限执行。

$$
\begin{aligned}
&\mathit{privcmd} = \texttt{Set num | EU | DU}\\
&\mathit{npriv} = \texttt{Status}\\
&\mathit{command} = \texttt{PR privcmd | NP npriv}\\
&[\texttt{privcmd\_distinct\_thm}]\\
&\vdash (\forall a.\ \texttt{Set}\ a \neq \texttt{EU}) \wedge (\forall a.\ \texttt{Set}\ a \neq \texttt{DU}) \wedge \texttt{EU} \neq \texttt{DU}\\
&[\texttt{privcmd\_nchotomy\_thm}]\\
&\vdash \forall pp.\ (\exists n.\ pp = \texttt{Set}\ n) \vee (pp = \texttt{EU}) \vee (pp = \texttt{DU})\\
&[\texttt{set\_privcmd\_11}]\\
&\vdash \forall a\ a'.\ (\texttt{Set}\ a = \texttt{Set}\ a') \iff (a = a')\\
&[\texttt{npriv\_nchotomy\_thm}]\\
&\vdash \forall a.\ a = \texttt{Status}\\
&[\texttt{command\_distinct\_thm}]\\
&\vdash \forall a'\ a.\ \texttt{PR}\ a \neq \texttt{NP}\ a'\\
&[\texttt{command\_nchotomy\_thm}]\\
&\vdash \forall cc.\ (\exists p.\ cc = \texttt{PR}\ p) \vee \exists n.\ cc = \texttt{NP}\ n\\
&[\texttt{set\_command\_11}]\\
&\vdash (\forall a\ a'.\ (\texttt{PR}\ a = \texttt{PR}\ a') \iff (a = a')) \wedge\\
&\quad \forall a\ a'.\ (\texttt{NP}\ a = \texttt{NP}\ a') \iff (a = a')
\end{aligned}
\tag{1.57}
$$

1）*Set num*：它将温度设置为所提供的数字；

2）*EU*：使用功能控制温控器；

3）*DU*：禁用应用程序控制温控器。

类型 *npriv* 具有单个温控器命令 *status*，这是无害的不要求具有所有者级别的权限执行的。类型 *command* 将所有温控器命令定义为单个类型，使用特权命令 *privcmd* 的类型构造函数 *PR* 和 *npriv* 命令的类型构造函数 *NP*。式（1.57）用七个定理来描述命令的属性。不同的定理说明每个命令与其类型中的所有命令不同。*nchotomy* 定理列举了全部特定类型的成员具有的值或形式。例如 *set_privcmd_11* 中的“_11”，相同的值具有相同组件的状态。

1.13.2 温控器原理及其特权

请参见1.3.2节中的图1.2，其中显示了一个网络温控器接收来自两个来源

的命令：

1）直接连接到它的键盘。

2）服务器使用网络接口。

操作假设是

1）所有命令从键盘接收来自所有者；

2）服务器中继来自所有者或应用程序的命令。所有者或应用程序具有独一无二的 ID 编号，其中 ID 号被建模为自然数。

1. 原理

式（1.58）显示了主体的类型定义与温控器相互作用：

```
keyPrinc = CA | Server | Utility num
principal =
    Role keyPrinc
  | Key (keyPrinc pKey)
  | Keyboard
  | Owner num
  | Account num num                                  (1.58)
```

keyPrinc 类型定义的主体将具有非对称密码。这些原理是：

1）*CA*：证书颁发机构颁发公钥证书。

2）服务器（*Server*）：服务器将消息从所有者或应用程序中继到温控器。

3）应用实体（*Utility*）：具有数字标识符的应用实体以区分各种应用实体。

主要类型有五种原则：

1）*keyPrincs* 原则，例如 *CA*，*Server* 或 *Utility* 实体 ID。

2）*keyPrincs* 的公钥，例如 Key（pubK CA）–公钥证书机构 *CA*。

3）通过键盘连接到温控器。

4）拥有独特的数字标识符来区分其他温控器和其所有者。

5）服务器上有两个数字标识符的 ID，一个对应于所有者，另一个对应于 PIN 或密码。

2. 特权

命令及其相关权限见表 1.3。任何涉及所有者的命令都被授权。应用实体得

表 1.3　命令及其相关特权

命令	无害命令	特权命令
Owner	是	是
Keyboard | *Owner*	是	是
Server | *Owner*	是	是
Server | *Utility*	是	是，当 *Utility* 是可控的 否，其他情况
Public keys	否	否
CA	否	否
Owner accounts	否	否

到授权无害（非安全敏感）的命令。实施特权命令只有恒温器的工作模式处于提供电力授权的状态。所有其他列出的规则都没有授权执行任何命令，不管是无害的还是其他的。

1.14 温控器使用案例

1.14.1 手动操作

每当使用温控器上的物理控制时，手动操作温控器。假设如果温控器是手动操作的，那么就是所有者在执行。这个用例是用温控器的安全上下文来说明的，如图 1.19 所示。

当命令来自键盘时，所收到的内容就是 *Keyboard* | *Owner says* < *command* >。温控器的安全内容是：

1）所有者拥有对所有命令的全部权限，即所有者控制 < *command* >。

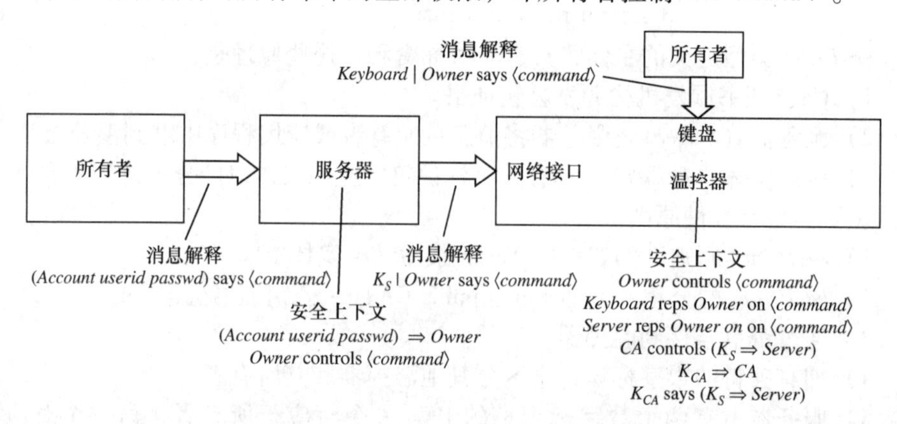

图 1.19　所有者控制：手动并通过服务器

2）键盘是 < *command* > 上的所有者代表，这表示为键盘代表所有者在 < *command* > 上。

1.14.2 通过服务器进行用户控制

温控器也由服务器上的所有者通过所有者账户控制。图 1.19 说明了服务器的消息和安全上下文以及温控器。服务器和温控器假设所有者对由温控器执行的所有命令具有完全权限。

服务器根据账户所有者的用户密码验证所有者。在服务器验证了所有者的命令之后，将命令中继到使用其私钥 K_s^{-1} 加密签名的消息中的温控器。如果使用

服务器的公钥 K_S 加密签名的消息通过完整性检查，则消息被解释为来自温控器的 K_S | *Owner says* <*command*>。

温控器的安全上下文假定：

1）所有者拥有对所有命令的全部权限，所有者控制 <*command*>。

2）服务器是 <*command*> 上的所有者代表，这是 *Server reps Owneron* <*command*>。

3）认证机构 CA 的公钥是 K_{CA}，即 $K_{CA} \Rightarrow CA$。

4）CA 对公钥信任，即 *CA* 控制（$K_S \Rightarrow Server$）。

1.14.3　通过服务器进行应用实体控制

当应用实体希望控制所有者的温控器时，例如在工作日的峰值电力期间减少空调负荷，则该应用将向服务器发送由其私钥 K_U^{-1} 加密签名的命令。如果签名消息通过使用应用实体的公钥 K_U 密码加密的完整性检查，则消息被解释为 K_U | *Owner says* <*priv cmd*>。

服务器具有通过验证加密签名来验证实用程序消息的内容。处理应用实体验证的服务器的安全上下文的一部分是：

1）*CA* controls（$K_U \Rightarrow Utility$），即 *Server* 对公钥进行信任 *CA*。

2）K_{CA} says（$K_U \Rightarrow Utility$），这是 K_U 密码学公钥证书，由 K_{CA} 签署。

3）$K_{CA} \Rightarrow CA$. 这是一个服务器的根信任的假设：K_{CA} 的确是 *CA* 的公钥。

服务器的安全上下文中的其余公式都涉及到建立服务器通过应用实体的特权命令的条件（*priv cmd*）。具体来说，以下三个公式为所有者设置上下文授权服务器将命令转发给所有者的温控器。第一个公式表明，所有者有权授权服务器转发请求。第二个公式是用户 ID 密码、所有者账户实际授权。第三个公式将账户用户 ID 密码与所有者结合。

1）*Owner* controls（*Utility* | *Owner* says <*priv cmd*> ⊃ *Utility* says <*priv cmd*>）

2）（*Account userid passwd*）says（*Utility* | *Owner* says <*priv cmd*> ⊃ *Utility* says <*priv cmd*>）

3）（*Account userid passwd*）⇒*Owner*

图 1.20 和图 1.21 说明了温控器的安全上下文。图 1.20 显示了授权应用实体执行特权程序的安全上下文，例如更改温控器上的温度设置。图 1.21 显示了温控器没有授权应用实体执行特权命令。如果应用实体尝试执行特权命令，那么它被捕捉。

两个用例共享相同的安全上下文，指出所有者对特权命令具有权限，服务器是所有者的代表、与公钥证书有关的陈述、CA 的权威和基于 CA 公钥的根信任假设。最后一条语句表示服务器是特权命令下的应用实体委托。

1）*Owner* controls <*priv cmd*>

2）*Server* reps *Owner* on <*priv cmd*>

3）*CA* controls（$K_S \Rightarrow Server$）

4）$K_{CA} \Rightarrow CA$

5）K_{CA} says（$K_S \Rightarrow Server$）

6）*Server* reps *Utility* on <*priv cmd*>

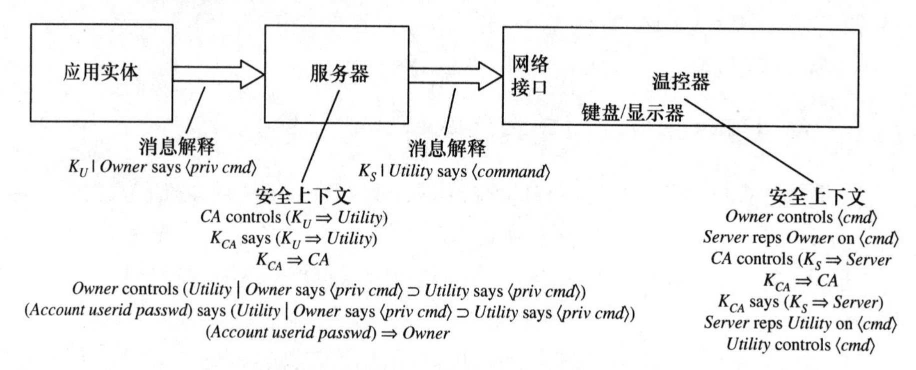

图 1.20　通过服务器的应用实体控制被授权（经 IEEE 许可转载）

图 1.20 说明了该应用实体由所有者授权行使特权命令的情况，如更改温度设置温控器。附加声明：

Utility controls　<*NP npriv*>

Utility controls　<*PR privcm*>

授权应用实体执行所有（特权和非特权）命令。

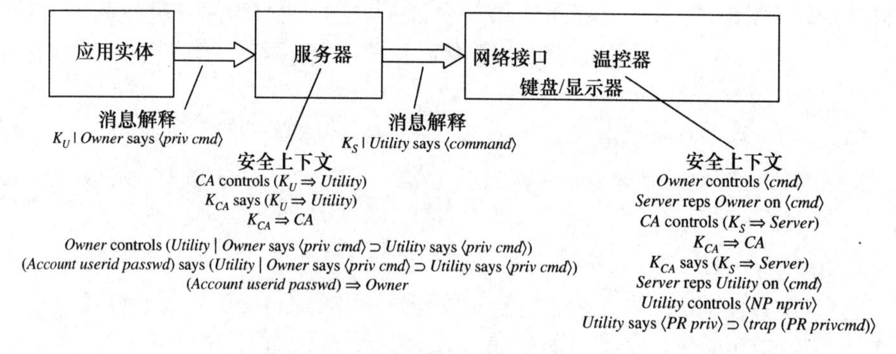

图 1.21　特权命令没有授权效用控制

图 1.21 说明了应用实体未被所有者授权执行特权命令的情况，如更改温度设置，但被授权执行非特权（无害）命令，附加语句强制应用实体发出的特权命令被阻止：

Utility controls < *NP npriv* >
Utility says < *PR privcm* >⊃ (*trap* < *PR privcmd* >)

1.15　服务器和温控器的安全上下文

1.15.1　服务器安全上下文

包含所有用例的组合安全上下文如下所示：

1) *Owner* controls <*cmd*>
2) (*Account userid passwd*) ⇒ *Owner*
3) *CA* controls (K_U ⇒ *Utility*)
4) K_{CA} says (K_U ⇒ *Utility*)
5) K_{CA} ⇒ *CA*
6) *Owner* controls (*Utility* | *Owner* says <*cmd*>⊃ *Utility* says <*cmd*>)
7) (*Account userid passwd*) says (*Utility* | *Owner* says <*cmd*> ⊃ *Utility* says <*cmd*>)

表达式 1）表明所有者有权在他的恒温器上执行任何命令。表达式 2）表明服务器上的所有者及其账户用户名和密码的关系。表达式 3）~5）解决证书颁发机构、根 CA 公钥和公钥证书。表达式 3）表明 CA 在分发服务器的公钥时是可信任的。表达式 4）对应于由 CA 的私钥数字签名的公用密钥证书。表达式 5）是根信任假设，表示 KCA 是 CA 的公钥。表达式 6）和 7）声明所有者的权限和声明，以授权服务器传递命令从应用程序到所有者的温控器。

1.15.2　温控器安全上下文

温控器具有两种相互排斥的工作模式：用于执行特权安全敏感的命令，当由服务器中继的应用实体接收时，温控器将执行；或该应用实体是未授权的特权命令，并将捕获应用实体执行从服务器中继的应用实体接收的特权命令的任何尝试。作为下一节内容的预览，我们处理互斥操作模式来改变温控器配置。这些模式或配置会更改交换机安全上下文，并且从一个上下文切换到另一个上下文的命令是有特权的，并被视为安全敏感的。描述这样的配置改变通常通过标记的转换，例如高级状态机描述，并通过高阶逻辑中的感应定义关系。

两个操作环境中共享的常见安全上下文如下所示：

1) *Owner* controls <*cmd*>
2) *Keyboard* reps *Owner* on <*cmd*>
3）*Server* reps *Owner* on < *cmd* >
4）*CA* controls （K_S⇒*Server*）

5）$K_{CA} \Rightarrow CA$

6) K_{CA} says ($K_S \Rightarrow Server$)

7) *Server* reps *Utility* on <*NP npriv*>

8) *Server* reps *Utility* on <*PR privcmd*>

9) *Utility* controls <*NP npriv*>

表达式1）表示所有者执行任何命令 < *cmd* > 的权限。表达式2）表示键盘是所有者的代表。在后来的改进的温控器，我们会将键盘上键入的任何内容解释为键盘或所有者。表达式3）表示当服务器引用所有者时，服务器被信任为所有者的委托（注意，这意味着网络设备之间必须信任其服务器的完整性的风险。）。表达式4）~6）处理证书颁发机构，根 *CA* 公钥和公钥证书。表达式4）将 *CA* 认可分发公钥的服务器。表达式5）对应于服务器的公钥证书由 *CA* 的私钥数字签名。表达式6）是根信任假设，表示 K_{CA} 是 *CA* 的公钥。

表达式7）和表达式8）表示服务器在非特权和特权情况下引用了应用实体的委托命令时，服务器都会被信任为是该应用实体的代表。最后一个公式表示该应用实体被授权执行对温控器的非特权命令，比如查询温控器状态，注意：温控器再次依赖于服务器的完整性引用命令背后的原始主体的正确与否，如果服务器引用错误的主体，比如引用了所有者，而不是应用实体，那么温控器可能被欺骗成执行未授权的特权指令。

式（1.59）显示了高阶逻辑中的证券的定义。证书的定义是高阶逻辑中访问控制逻辑公式的列表，与上面的表达式1）到9）相对应：

```
[certs_def]
⊢ ∀ownerID utilityID cmd npriv privcmd.
     certs ownerID utilityID cmd npriv privcmd =
     [Name (Owner ownerID) controls prop (CMD cmd);
      reps (Name Keyboard) (Name (Owner ownerID))
        (prop (CMD cmd));
      reps (Name (Role Server)) (Name (Owner ownerID))
        (prop (CMD cmd));
      Name (Role CA) controls
      Name (Key (pubK Server)) speaks_for Name (Role Server);
      Name (Key (pubK CA)) speaks_for Name (Role CA);
      Name (Key (pubK CA)) says
      Name (Key (pubK Server)) speaks_for Name (Role Server);
      reps (Name (Role Server))
        (Name (Role (Utility utilityID)))
        (prop (CMD (NP npriv)));
      reps (Name (Role Server))
        (Name (Role (Utility utilityID)))
```

```
    (prop (CMD (PR privcmd)));
  Name (Role (Utility utilityID)) controls
  prop (CMD (NP npriv))]                                        (1.59)
```

1.16　顶层的温控安全状态机

顶层的温控安全状态机（SSM）是1.12.2节中描述的高级安全状态机的实例。顶层的温控SSM专用于具有以下实例的一般的高级SSM。

1）'*command* 类型变量通过式（1.57）定义的类型 *command* 进行实例化。

2）'*state* 类型变量通过下文定义的类型 *state* 进行实例化。

3）*configuration* 中的状态解析函数通过后文定义的函数 *thermoStateInterp* 进行实例化。

4）'*output* 类型变量通过下文定义的类型 *output* 进行实例化。

5）次态函数 *NS* 通过下文定义的函数 *thermoINS* 进行实例化。

6）输出函数 *Out* 通过下文定义的函数 *thermIOut* 进行实例化。

7）*configuration* 的认证列表通过式（1.59）中定义的高级认证列表 *certs* 进行实例化。

8）*configuration* 中的认证功能通过下文定义的函数 *isAuthenticated* 进行实例化。

在下面的内容中，我们描述了每个尚未定义的实例。然后，给出专用于温控器的 *discard*、*exec*、*trap* 三种转换类型的定理。

1.16.1　状态和操作模式

温控器有两种工作模式：其一是授权应用实体（*Utility*）执行特权指令；其二是禁止应用实体执行特权指令。这是在HOL中通过数据类型 *mode* 进行定义的。

我们将温控器的状态定义为其操作模式和温度设置，并在HOL中将其作为自然数 *num* 编号。变量 *mode* 和 *state* 的类型定义为

$$mode = \text{enabled}|\text{disabled}$$
$$state = \text{State mode num}$$

1.16.2　状态解析函数

温控器的状态解析函数由式（1.60）中 *thermoStateInterp_def* 给出，其定义涵盖了两种操作模式：

```
[thermoStateInterp_def]
⊢ (thermoStateInterp utilityID privcmd (State enabled temp) =
    Name (Role (Utility utilityID)) controls
    prop (CMD (PR privcmd))) ∧
   (thermoStateInterp utilityID privcmd (State disabled temp) =
    Name (Role (Utility utilityID)) says
    prop (CMD (PR privcmd)) impf prop TRAP)
```
(1.60)

1）当启用操作模式时，应用实体有权执行特权命令。

thermoStateInterputilityIDprivcmd(*State enabled temp*) = *Name*（*Role*（*Utility utilityID*)）*controls prop*（*CMD*（*PR privcmd*)）

2）当操作模式被禁用时，应用实体执行任何特权指令将被禁止。

thermoStateInterputilityIDprivcmd(*State disabled temp*) = *Name*(*Role*(*Utility utilityID*)) *says prop*(*CMD*(*PR privcmd*)) *impf prop TRAP*

在式（1.60）中定义的 *thermoStateInterp* 与 *cert* 中的九个访问控制逻辑公式相结合，形成了恒温器安全状态机授权认证命令的总体安全上下文。

1.16.3 次态函数

温控器的次态转换函数可以从所有者（Owner）和应用实体（Utility）的角度进行观察。图1.22和图1.23所示便是状态转换的过程。

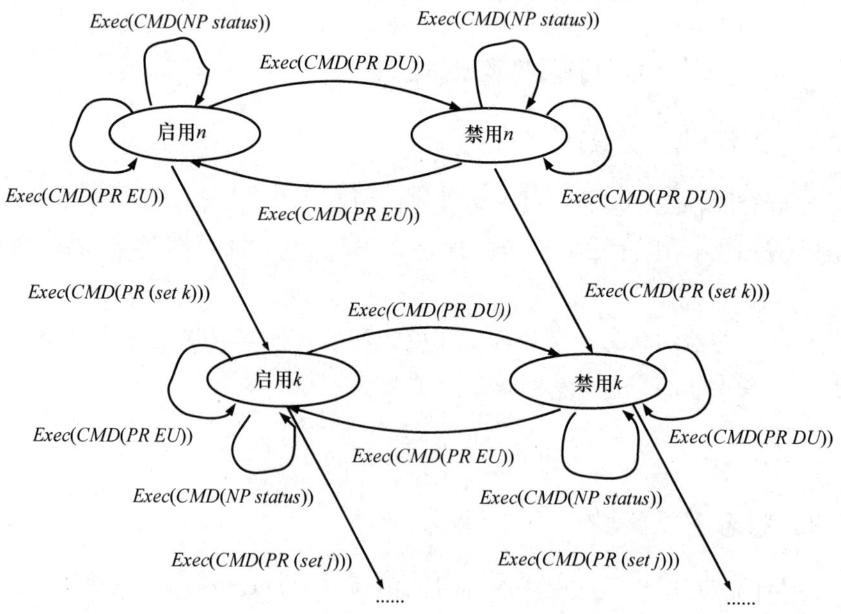

图1.22　所有者角度下的状态转换

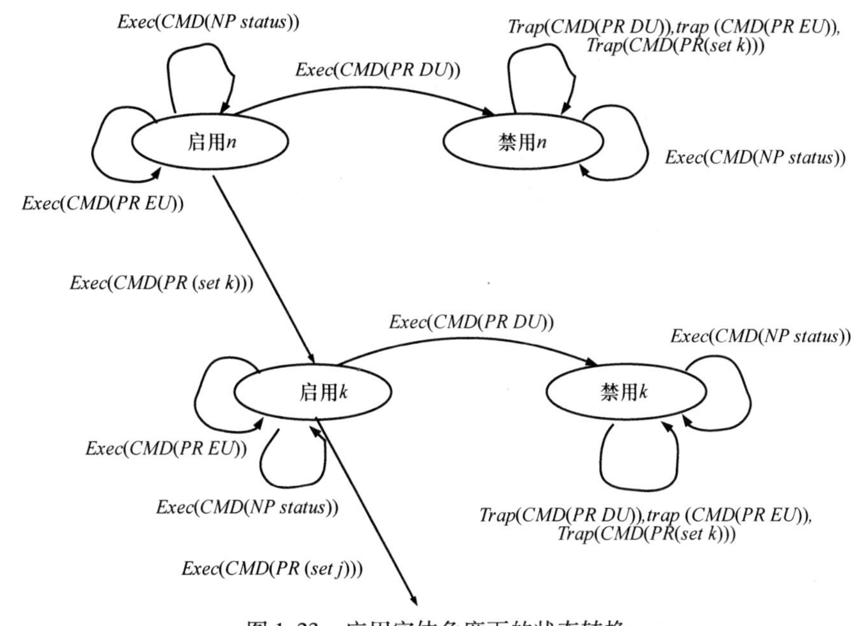

图 1.23　应用实体角度下的状态转换

图 1.22 和图 1.23 中，起源命令分别由所有者和应用实体发出。在图 1.22 中，所有者获得授权，可以在任何状态发布任何命令。特别地，他们可以改变温度的设定值以及启用或禁用应用实体执行特权命令的权限。在图 1.23 中，应用实体仅在获得权限的情况下才可以执行特权指令。如果应用实体尝试在禁用模式下执行特权命令，这将被禁止。特权命令是可以改变温控器的状态的，也就是说，无论改变温度值或改变模式值，受限的命令都不会导致任何状态的变化。

式（1.61）是对温控器次态函数 *thermolNS* 的定义。若输入为 *Exec*（*CMD cmd*），该命令将引起相应状态的改变并生成状态报告。若输入为 *Trap*（*CMD cmd*），则不会引起任何状态的变化。式（1.62）显示 *npriv_Safe* 和 *prixcmd_Security_Sensitive* 两条定理。前者指出次态函数 *thermolNS* 可以使所有的非特权命令 *NP npriv* 不会导致任何状态的改变。后者指出对所有的特权命令 *PR privcmd* 来说，当执行特权命令时状态有可能发生变化。这两条定理表明，当安全性被定义为温度值及运行模式没有变化时，非特权命令是安全的，而特权命令可以改变运行模式或温度值。

```
[thermo1NS_def]
⊢ (thermo1NS (State opMode temp) discard = State opMode temp) ∧
   (thermo1NS (State opMode temp)
      (exec (CMD (PR (Set newTemp)))) =
    State opMode newTemp) ∧
   (thermo1NS (State opMode temp) (exec (CMD (PR EU))) =
    State enabled temp) ∧
   (thermo1NS (State opMode temp) (exec (CMD (PR DU))) =
```

```
  State disabled temp) ∧
 (thermo1NS (State opMode temp) (exec (CMD (NP Status))) =
  State opMode temp) ∧
 (thermo1NS (State opMode temp)
    (trap (CMD (PR (Set newTemp)))) =
  State opMode temp) ∧
 (thermo1NS (State opMode temp) (trap (CMD (PR EU))) =
  State opMode temp) ∧
 (thermo1NS (State opMode temp) (trap (CMD (PR DU))) =
  State opMode temp)
```

(1.61)

```
[npriv_Safe]
 ⊢ ∀npriv state. thermo1NS state (exec (CMD (NP npriv))) = state
[privcmd_Security_Sensitive]
 ⊢ ∀privcmd.
      ∃state. thermo1NS state (exec (CMD (PR privcmd))) ≠ state
```

(1.62)

1.16.4 输入验证函数

顶层温控 SSM 的输入验证函数（*isAuthenticated*）是由 HOL 中的源代码所定义的，如图 1.24 所示。由前面内容可知，顶层 SSM 仅使用输入和证书的访问控制逻辑公式。考虑到使用情况，只有以下三种形式的访问控制逻辑公式是通过认证的：

1）*Keyboard* | *Owner says* < *inst* >，即所有者（*Owner*）在外接键盘上输入指令；

2）*Server* | *Owner says* < *inst* >，即服务器（Server）从用户（Owner）那里转发指令；

3）*Server* | *Utility says* < *inst* >，即服务器（Server）从应用实体（Utility）那里转发指令。

```
val isAuthenticated_def =
Define
'(isAuthenticated
  ((((Name Keyboard) quoting (Name (Owner ownerID))) says
  (prop (CMD (cmd:command)))):(command inst, principal, 'd, 'e)Form) = T) /\
(isAuthenticated
  ((((Name (Key (pubK Server))) quoting (Name (Owner ownerID))) says
  (prop (CMD (cmd:command)))):(command inst, principal, 'd, 'e)Form) = T) /\
(isAuthenticated
  ((((Name (Key (pubK Server))) quoting (Name ((role (Utility utilityID ))))) says
  (prop (CMD (cmd:command)))):(command inst, principal, 'd, 'e)Form) = T) /\
(isAuthenticated_ = F) '
```

图 1.24　HOL 源代码定义 *isAuthenticated*

所有其他形式的访问控制逻辑公式都是未经认证的。上述三个公式分别对应于图 1.24 定义中的前三个子句。定义中的最后一个子句 *isAuthenticated* = *F* 可以通过 HOL 进行解释，即所有其他形式作为输入并产生一个 *F* 作为输出。由此产生的定义定理相当长，见本章附录 1.20.4 中的标题 3。

1.16.5　输出类型和输出函数

式（1.63）是对温控器的输出类型 *output* 及输出函数 *thermo1Out* 的定义。温控器的输出有三种：

1）报告一个状态；

2）标记一个命令；

3）输出为空。

当执行一个命令时，温控器会输出新状态的报告。当一个命令被捕获时，温控器的输出便是对该命令的标记。当输入被弃除时，则输出为空。

```
output = report state | flag command | null
[thermo1Out_def]
 ⊢ (thermo1Out (State enabled temp)
       (exec (CMD (PR (Set newTemp)))) =
     report (State enabled newTemp)) ∧
    (thermo1Out (State disabled temp)
       (exec (CMD (PR (Set newTemp)))) =
     report (State disabled newTemp)) ∧
    (thermo1Out (State enabled temp) (exec (CMD (PR EU))) =
     report (State enabled temp)) ∧
    (thermo1Out (State disabled temp) (exec (CMD (PR EU))) =
     report (State enabled temp)) ∧
    (thermo1Out (State enabled temp) (exec (CMD (PR DU))) =
     report (State disabled temp)) ∧
    (thermo1Out (State disabled temp) (exec (CMD (PR DU))) =
     report (State disabled temp)) ∧
     (thermo1Out (State enabled temp) (exec (CMD (NP Status))) =
      report (State enabled temp)) ∧
     (thermo1Out (State disabled temp) (exec (CMD (NP Status))) =
      report (State disabled temp)) ∧
     (thermo1Out (State enabled temp)
        (trap (CMD (PR (Set newTemp)))) =
      flag (PR (Set newTemp))) ∧
     (thermo1Out (State disabled temp)
        (trap (CMD (PR (Set newTemp)))) =
      flag (PR (Set newTemp))) ∧
     (thermo1Out (State enabled temp) (trap (CMD (PR EU))) =
      flag (PR EU)) ∧
     (thermo1Out (State disabled temp) (trap (CMD (PR EU))) =
      flag (PR EU)) ∧
     (thermo1Out (State enabled temp) (trap (CMD (PR DU))) =
```

```
 flag (PR DU)) ∧
(thermo1Out (State disabled temp) (trap (CMD (PR DU))) =
 flag (PR DU)) ∧
(thermo1Out (State enabled temp) discard = null) ∧
(thermo1Out (State disabled temp) discard = null)
```

(1.63)

1.16.6 转换定理

针对温控器工作的特点，我们提出五个配置定理和五个转换定理。这些定理都是用来证明 SSM 的状态转换与温控器对指令的执行或捕获相对应的特性。接着再用启动配置的安全性解析对其进行解释。

式（1.64）~式（1.68）表明，温控器对指令的执行或捕获是由应用于启动配置的 *CFGInterpret* 来判定的。这些定理表明，证书、状态解析以及输入事实上证明了温控器执行或捕获指令的正确性，换句话说，SSM 的响应符合健全的推理规则。

```
[CFGInterpret_Owner_Keyboard_thm]
⊢ ∀M Oi Os.
    CFGInterpret (M,Oi,Os)
     (CFG isAuthenticated
       (thermoStateInterp utilityID privcmd)
       (certs ownerID utilityID cmd npriv privcmd)
       (Name Keyboard quoting Name (Owner ownerID) says
        prop (CMD cmd)::ins) s outs) ⇒
   (M,Oi,Os) sat prop (CMD cmd)
```

(1.64)

```
[CFGInterpret_Owner_KServer_thm]
⊢ ∀M Oi Os.
    CFGInterpret (M,Oi,Os)
     (CFG isAuthenticated
       (thermoStateInterp utilityID privcmd)
       (certs ownerID utilityID cmd npriv privcmd)
       (Name (Key (pubK Server)) quoting
        Name (Owner ownerID) says prop (CMD cmd)::ins) s
       outs) ⇒
   (M,Oi,Os) sat prop (CMD cmd)
```

(1.65)

```
[CFGInterpret_Utility_KServer_npriv_thm]
 ⊢ ∀M Oi Os.
      CFGInterpret (M,Oi,Os)
        (CFG isAuthenticated
           (thermoStateInterp utilityID privcmd)
           (certs ownerID utilityID cmd npriv privcmd)
           (Name (Key (pubK Server)) quoting
            Name (Role (Utility utilityID)) says
            prop (CMD (NP npriv))::ins) s outs) ⇒
      (M,Oi,Os) sat prop (CMD (NP npriv))
```

(1.66)

```
[CFGInterpret_Utility_KServer_privcmd_thm]
 ⊢ ∀M Oi Os.
      CFGInterpret (M,Oi,Os)
        (CFG isAuthenticated
           (thermoStateInterp utilityID privcmd)
           (certs ownerID utilityID cmd npriv privcmd)
           (Name (Key (pubK Server)) quoting
            Name (Role (Utility utilityID)) says
            prop (CMD (PR privcmd))::ins)
           (State enabled temperature) outs) ⇒
      (M,Oi,Os) sat prop (CMD (PR privcmd))
```

(1.67)

```
[CFGInterpret_Utility_KServer_trap_thm]
 ⊢ ∀M Oi Os.
      CFGInterpret (M,Oi,Os)
        (CFG isAuthenticated
           (thermoStateInterp utilityID privcmd)
           (certs ownerID utilityID cmd npriv privcmd)
           (Name (Key (pubK Server)) quoting
            Name (Role (Utility utilityID)) says
            prop (CMD (PR privcmd))::ins)
           (State disabled temperature) outs) ⇒
      (M,Oi,Os) sat prop TRAP
```

(1.68)

例如，式（1.67）中的 *CFGInterpret_Utility_KServer_privcmd_thm* 指出，启动配置的安全性解释可以通过服务器来执行由 *Utility* 所请求的特权命令。具体来说，（M，O_i，O_s）*sat prop*（*CMD*（*PR privcmd*））可以从 *CFGInterpret* 的解释推导出来，应用于式（1.69）所示的配置。

```
[CFGInterpret_Utility_KServer_privcmd_thm]
 ⊢ ∀M Oi Os.
      CFGInterpret (M,Oi,Os)
        (CFG isAuthenticated
           (thermoStateInterp utilityID privcmd)
           (certs ownerID utilityID cmd npriv privcmd)
           (Name (Key (pubK Server)) quoting
            Name (Role (Utility utilityID)) says
            prop (CMD (PR privcmd))::ins)
           (State enabled temperature) outs) ⇒
      (M,Oi,Os) sat prop (CMD (PR privcmd))                    (1.69)
```

式（1.64）~式（1.68）表示的定理，结合 *TR_exec_cmd_rule* 定理（先前在式（1.47）中已证明），产生了执行和捕获定理，具体如式（1.70）~式（1.74）所示。

```
[exec_Keyboard_Owner_cmd_Justified]
 ⊢ ∀NS Out outs s ins npriv privcmd cmd ownerID utilityID M Oi
      Os.
     TR (M,Oi,Os) (exec (CMD cmd))
       (CFG isAuthenticated
          (thermoStateInterp utilityID privcmd)
          (certs ownerID utilityID cmd npriv privcmd)
          (Name Keyboard quoting Name (Owner ownerID) says
           prop (CMD cmd)::ins) s outs)
       (CFG isAuthenticated
          (thermoStateInterp utilityID privcmd)
          (certs ownerID utilityID cmd npriv privcmd) ins
          (NS s (exec (CMD cmd)))
          (Out s (exec (CMD cmd))::outs)) ⇒
     (M,Oi,Os) sat prop (CMD cmd)                              (1.70)
[exec_KServer_Owner_cmd_Justified]
 ⊢ ∀NS Out outs s ins npriv privcmd cmd ownerID utilityID M Oi
      Os.
     TR (M,Oi,Os) (exec (CMD cmd))
       (CFG isAuthenticated
          (thermoStateInterp utilityID privcmd)
          (certs ownerID utilityID cmd npriv privcmd)
          (Name (Key (pubK Server)) quoting
           Name (Owner ownerID) says prop (CMD cmd)::ins) s
          outs)
       (CFG isAuthenticated
          (thermoStateInterp utilityID privcmd)
          (certs ownerID utilityID cmd npriv privcmd) ins
          (NS s (exec (CMD cmd)))
          (Out s (exec (CMD cmd))::outs)) ⇒
     (M,Oi,Os) sat prop (CMD cmd)                              (1.71)
```

```
[exec_KServer_Utility_npriv_Justified]
 ⊢ ∀NS Out outs s ins npriv privcmd cmd ownerID utilityID M Oi
     Os.
    TR (M,Oi,Os) (exec (CMD (NP npriv)))
      (CFG isAuthenticated
         (thermoStateInterp utilityID privcmd)
         (certs ownerID utilityID cmd npriv privcmd)
         (Name (Key (pubK Server)) quoting
          Name (Role (Utility utilityID)) says
          prop (CMD (NP npriv))::ins) s outs)
      (CFG isAuthenticated
         (thermoStateInterp utilityID privcmd)
         (certs ownerID utilityID cmd npriv privcmd) ins
         (NS s (exec (CMD (NP npriv))))
         (Out s (exec (CMD (NP npriv)))::outs)) ⇒
     (M,Oi,Os) sat prop (CMD (NP npriv))                      (1.72)
```

```
[exec_KServer_Utility_privcmd_Justified]
 ⊢ ∀NS Out outs temperature ins npriv privcmd cmd ownerID
     utilityID M Oi Os.
    TR (M,Oi,Os) (exec (CMD (PR privcmd)))
      (CFG isAuthenticated
         (thermoStateInterp utilityID privcmd)
         (certs ownerID utilityID cmd npriv privcmd)
         (Name (Key (pubK Server)) quoting
          Name (Role (Utility utilityID)) says
          prop (CMD (PR privcmd))::ins)
         (State enabled temperature) outs)
      (CFG isAuthenticated
         (thermoStateInterp utilityID privcmd)
         (certs ownerID utilityID cmd npriv privcmd) ins
         (NS (State enabled temperature)
            (exec (CMD (PR privcmd))))
         (Out (State enabled temperature)
            (exec (CMD (PR privcmd)))::outs)) ⇒
     (M,Oi,Os) sat prop (CMD (PR privcmd))                    (1.73)
```

```
[trap_KServer_Utility_privcmd_Justified]
 ⊢ ∀NS Out outs temperature ins npriv privcmd cmd ownerID
     utilityID M Oi Os.
    TR (M,Oi,Os) (trap (CMD (PR privcmd)))
      (CFG isAuthenticated
         (thermoStateInterp utilityID privcmd)
         (certs ownerID utilityID cmd npriv privcmd)
         (Name (Key (pubK Server)) quoting
          Name (Role (Utility utilityID)) says
          prop (CMD (PR privcmd))::ins)
         (State disabled temperature) outs)
      (CFG isAuthenticated
         (thermoStateInterp utilityID privcmd)
         (certs ownerID utilityID cmd npriv privcmd) ins
         (NS (State disabled temperature)
            (trap (CMD (PR privcmd))))
```

```
(Out (State disabled temperature)
    (trap (CMD (PR privcmd)))::outs)) ⇒
(M,Oi,Os) sat prop TRAP                              (1.74)
```

例如，考虑式（1.69）和式（1.73）中的 *CFGInterpret_Utility_KServer_privcmd_thm* 定理和 *exec_KServer_Utility_privcmd_Justified* 定理。定理表明，如果使用特权指令（即（*exec*（*CMD*（*PR privcmd*）））执行 *TR* 转换，则执行命令必须被授权。

1.17 精制温控安全状态机

精制温控 SSM 是 1.12.4 节中的精制 SSM 的应用实例。除了 1.16 节中顶层温控 SSM 的应用实例外，我们还完善了一些顶层应用，如下所示：

1）代数类型的命令（带主体的命令）和消息（通过网络或键盘发送的带有数字签名的命令）；

2）完整性检测函数 *checkmsg*；

3）消息解析函数 *msgTnterpret*；

4）用于指定安全上下文的代数类型的证书；

5）消息完整性检测函数 *checkmsg*，用来检测数字信号的特性；

6）解析函数 *cert2Interpret*。

1.17.1 命令和消息

继安全网络温控器的发展之后，我们添加了一个命令的定义，该命令与指令和主体的定义及性质有关。*order* 型命令的目的是，当收到来自网络的命令时，*order* 型命令会对该命令添加认证和权限。该命令的实现是通过搜集发送方的消息（发送命令给温控器的主体的消息以及代表发送方的正在进行发送的主体的消息）来实现的。式（1.75）表明，一个主体命令有三个组成部分：

1）*keyPrinc* 表示发送消息；

2）在正在发送消息的主体 *keyPrinc* 上所加的标记 *principal*；

3）*command* 是发送给温控器的，例如，*ORD Server*（*Role*（*Utility utilityID*））——服务器（Server）从 *Utility utilityID* 传递一条 *Set temperature* 命令。

```
order = ORD keyPrinc principal command
[order_one_one]
⊢ ∀a0 a1 a2 a0' a1' a2'.
      (ORD a0 a1 a2 = ORD a0' a1' a2') ⇔
      (a0 = a0') ∧ (a1 = a1') ∧ (a2 = a2')
msg =
```

```
    KB num command
  | MSG keyPrinc principal order
        ((order digest, keyPrinc) asymMsg)
[msg_distinct_thm]
⊢ ∀a3 a2 a1' a1 a0' a0. KB a0 a1 ≠ MSG a0' a1' a2 a3
[msg_one_one]
⊢ (∀a0 a1 a0' a1'.
      (KB a0 a1 = KB a0' a1') ⇔ (a0 = a0') ∧ (a1 = a1')) ∧
   ∀a0 a1 a2 a3 a0' a1' a2' a3'.
     (MSG a0 a1 a2 a3 = MSG a0' a1' a2' a3') ⇔
     (a0 = a0') ∧ (a1 = a1') ∧ (a2 = a2') ∧ (a3 = a3')
```
(1.75)

定理 *order_one_one* 指出，当且仅当两个主体命令的组成相同时，它们才是相同的。

最后，我们定义类型 *msg* 如式（1.75）所示。

温控器接收的消息有两个来源：

1）与 *ownerID* 编号密切相关的恒温器外接键盘，例如：*KB userID*（*NP Status*）；

2）服务器（*Server*）通过网络从所有者（*Owner*）或应用实体（*Utility*）发送命令，例如

MSG Server(*Role*(*Utility utilityID*))
　　(*ORD Server*(*Role*(*Utility utilityID*))(*NP Status*)) *signature*

其中，*signature* 是命令（使用服务器私钥的）序列上的签名。也就是

sign
　(*privK Server*)(*hash*
　 (*SOME*
　 (*ORD Server*(*Role*(*Utility utilityID*))(*NP Status*))))

定理 *order_one_one*，*msg_distinct_thm*，*msg_one_one* 在不同类中，它们对应的组成是相似的。定理 *distinct* 表明，网络消息与键盘消息是不同的。*one_one* 定理表明，两个命令或消息，只有当它们相应的组成相同时，它们才是相同的。

1.17.2 认证和检查消息的完整性

既然正式定义了温控器接收到的消息的格式和内容，我们也就可以定义消息、命令和主体命令认证及完整性检测的方式。式（1.76）中是对 *checkmsg* 和定理 *checkmsg_OK* 的定义，其中 *checkmsg_OK* 表明 *checkmsg* 具有我们所期望的功能。

```
[checkmsg_def]
⊢ (checkmsg
      (MSG sender recipient (ORD originator role cmd)
         signature) ⟺
    signVerify (pubK sender) signature
      (SOME (ORD originator role cmd)) ∧
    (sender = originator)) ∧ (checkmsg (KB ownerID cmd) ⟺ T)
[checkmsg_OK]
⊢ ((∀ownerID sender recipient originator role cmd.
       (sender = originator) ⇒
       checkmsg
         (MSG sender recipient (ORD originator role cmd)
            (sign (privK sender)
               (hash (SOME (ORD originator role cmd)))))) ∧
    ∀ownerID sender recipient originator role cmd.
      sender ≠ originator ⇒
      ¬checkmsg
         (MSG sender recipient (ORD originator role cmd)
            (sign (privK sender)
               (hash (SOME (ORD originator role cmd)))))) ∧
   ∀ownerID cmd. checkmsg (KB ownerID cmd)
```

(1.76)

观察 *checkmsg* 的定义，我们可以得出以下三点：

1）应用于通过网络访问服务器（Server）来发送主体命令的 *checkmsg*，是由基于加密的数字签名来检测的。具体地说，就是将接收到的命令的内容与使用发送方私钥进行加密的原始命令的内容进行比较。这种比较是通过之前定义的 *cryptographic* 控制 *signVerify* 来实现的。

2）*checkmsg* 的定义中，消息中的 *Sender* 值要与主体命令中的 *originator* 值相匹配。当然，也有其他不同的关于完整性的定义，但可能不符合当前的情况。我们仅仅是采用这个方法作为一个例子来了解更多的东西。

3）用来检测外接键盘发送的命令的 *checkmsg* 被认为是正确的，即只有所有者（Owner）或获得所有者许可的人才可以手动输入命令。因此，应用于键盘导入命令的 *checkmsg* 的值永远为真。这仅仅是一种可行的方法。其他还有许多可行的方法包括以生物识别为基础的认证。为了方便理解，我们假设只有用户以及代表他们的人可以物理方式访问温控器的键盘。

定理 *checkmsg_OK* 体现了完整性检测方案的设计思想以及包含在 *checkmsg* 里面的假设。

1）当发送者和授权人通过网络接收到来自服务器的消息相匹配，以及使用先前定义的密码操作 *sign* 按预期产生数字签名时，*checkmsg* 的值才为真，提示接收到的消息完整且经过认证。

2）当发送者和授权人所接收到的消息不匹配时，即使数字签名按预期产

生，*checkmsg* 的值也为假，提示消息未通过认证。

3）任何格式良好的键盘输入被视为真实的。这验证了先前的假设——只有用户以及代表他们的人可以物理方式访问温控器的键盘。

在接下来的1.17.3节中，我们定义了访问控制逻辑中认证消息的含义。消息语义的精确定义对于保证抽象层次的统一安全观是必不可少的。

1.17.3　解析消息

理想化密码操作的访问控制逻辑及代数模型，是对定义后的消息解析进行认证和授权。式（1.77）是 *msgInterpret_def* 定理，它定义了温控器接收到的消息的说明或含义，这些消息来自网络或者温控器的键盘输入。

```
[msgInterpret_def]
 ⊢ (msgInterpret
      (MSG sender recipient (ORD originator role cmd)
         signature) =
    if
      checkmsg
        (MSG sender recipient (ORD originator role cmd)
           signature)
    then
      Name (Key (pubK sender)) quoting Name role says
      prop (CMD cmd)
    else TT) ∧
   (msgInterpret (KB ownerID cmd) =
    if checkmsg (KB ownerID cmd) then
      Name Keyboard quoting Name (Owner ownerID) says
      prop (CMD cmd)
    else TT)                                              (1.77)
```

函数 *msgInterpret* 定义在两种形式的类 *msg* 之中：

1）*MSG sender recipient*（*ORD originator role cmd*）*signature*），它表示来自网络的消息按预期进行加密签名。

2）*KB owner IDcmd*，它表示直接从温控器键盘传过来的消息。

无论是MSG还是KB里的消息，首先，传入的消息都要使用 *checkmsg* 进行检测。当消息通过完整性检测时，消息的特殊含义才会在访问控制逻辑中给出。如果消息未通过 *checkmsg* 检测，那么它在访问控制逻辑中分配的含义是无意义的假设TT。格式良好的KB消息是可以通过认证的，而MSG消息的认证只有在使用数字签名以及发送者与授权人是相同的情况下才能通过。式（1.78）给出了不同情况下的函数 *msgInterpret* 的值。

```
[msgInterpretKB]
⊢ (M,Oi,Os) sat msgInterpret (KB ownerID cmd) ⟺
   (M,Oi,Os) sat
   Name Keyboard quoting Name (Owner ownerID) says
   prop (CMD cmd)
[msgInterpretMSG_sender_originator_match]
⊢ msgInterpret
     (MSG sender recipient (ORD sender role cmd)
        (sign (privK sender)
           (hash (SOME (ORD sender role cmd))))) =
   Name (Key (pubK sender)) quoting Name role says
   prop (CMD cmd)
[msgInterpretMSG_denied]
⊢ sender ≠ originator ⇒
   (msgInterpret
      (MSG sender recipient (ORD originator role cmd)
         (sign (privK sender)
            (hash (SOME (ORD originator role cmd))))) =
    TT)
```

(1.78)

当 MSG 的消息通过认证时，则解析为

Name(Key(pubK *sender*)) quoting Name *role* says prop(CMD *cmd*)

当 KB 的消息通过认证时，则解析为

Name Keyboard quoting Name(Owner *ownerID*) says prop(CMD *cmd*)

1.17.4 温控器证书

所有发送给温控器的命令，都会在类型 *msg* 中的 MSG 或 KB 消息中进行打包，并由以下两种明确的声明进行安全上下文评估：

1）*root* 证书，即与访问控制逻辑声明相对应的根信任假设，它没有签名是因为 *root* 证书拥有最高的权限。

2）数字签名证书，即在访问控制逻辑中有意义的部分，其签名使用的是权威的、能被温控器识别的私钥。

数字签名证书使用数字签名进行认证的方式与 MSG 消息认证的方式相似。与 KB 消息相似的是，根证书没有相关的签名，但它有表面的值。在温控器示例中，有四个根证书和一个签名证书。

1）根证书（Root Certificates）

① 命令权限：*RCtrCert P cmd*，其解释为

Name *P* controls prop(CMD *cmd*)

② 委托证书：*RRepsCert P Q cmd*，其解释为

reps(Name P)(Name Q)(prop(CMD *cmd*))

③ 密钥权限：*RCtrKCert ca keyKpr keyPpr*，其解释为

Name(Role *ca*) controls Name(Key(pubK *keyKpr*))
Speaks_for Name (Role *keyPpr*)

④ 根密钥证书：*RKeyCertkppr ca*，其解释为

Name(Key(pubK *kppr*)) speaks for Name(Role *ca*)

2）签名公钥证书：*KeyCert ca keyPpr*(*pubK keyRpr*) *signature*，认证可以解释为

Name(Key(pubK ca)) says Name(Key(pubK *keyRpr*))
speaks for Name(Role *keyPpr*)

式（1.79）是对之前描述的恒温器证书的类型 *cret2* 的定义。式（1.79）中的定理 *checkcert2_def* 定义了 *cert2* 证书的完整性检测功能。四个根证书均具有代表值。签名密钥证书使用它们的数字签名进行检测的方式，与使用先前定义的加密函数 *signVerify* 的 MSG 消息的检查方式几乎是相同的。

```
cert2 =
    RCtrCert principal command
  | RRepsCert principal principal command
  | RCtrKCert keyPrinc keyPrinc keyPrinc
  | RKeyCert keyPrinc keyPrinc
  | KeyCert keyPrinc keyPrinc (keyPrinc pKey)
          (((keyPrinc × keyPrinc pKey) digest, keyPrinc)
           asymMsg)
[checkcert2_def]
 ⊢ (checkcert2 (RCtrCert P cmd) ⟺ T) ∧
   (checkcert2 (RRepsCert P Q cmd) ⟺ T) ∧
   (checkcert2 (RCtrKCert keyPpr Kq keyQpr) ⟺ T) ∧
   (checkcert2 (RKeyCert kp keyPpr) ⟺ T) ∧
   (checkcert2 (KeyCert CApr Ppr (pubK Rpr) signature) ⟺
    signVerify (pubK CApr) signature (SOME (Ppr,pubK Rpr)))
```

（1.79）

1.17.5 证书解析函数

式（1.80）是对 *cert2Interpret_def* 的 HOL 的正式定义。该定理是对 *cert2* 证书在访问控制逻辑公式间映射的定义。

```
[cert2Interpret_def]
 ⊢ (cert2Interpret (RCtrCert P cmd) =
    if checkcert2 (RCtrCert P cmd) then
      Name P controls prop (CMD cmd)
    else TT) ∧
   (cert2Interpret (RRepsCert P Q cmd) =
    if checkcert2 (RRepsCert P Q cmd) then
      reps (Name P) (Name Q) (prop (CMD cmd))
```

```
  else TT) ∧
 (cert2Interpret (RCtrKCert ca keyKpr keyPpr) =
  if checkcert2 (RCtrKCert ca keyKpr keyPpr) then
    Name (Role ca) controls
    Name (Key (pubK keyKpr)) speaks_for Name (Role keyPpr)
  else TT) ∧
 (cert2Interpret (RKeyCert kppr ca) =
  if checkcert2 (RKeyCert kppr ca) then
    Name (Key (pubK kppr)) speaks_for Name (Role ca)
  else TT) ∧
 (cert2Interpret (KeyCert ca keyPpr (pubK keyRpr) signature) =
  if
    checkcert2 (KeyCert ca keyPpr (pubK keyRpr) signature)
  then
    Name (Key (pubK ca)) says
    Name (Key (pubK keyRpr)) speaks_for Name (Role keyPpr)
  else TT)
```

(1.80)

式（1.81）是对每个证书对应的含义进行解释，它是依据满足访问控制逻辑的 Kripke 结构来对五个证书分别进行解释。

```
[cert2InterpretRCtrCert]
⊢ (M,Oi,Os) sat cert2Interpret (RCtrCert (Role P) cmd) ⟺
   (M,Oi,Os) sat Name (Role P) controls prop (CMD cmd)
[cert2InterpretRRepsCert]
⊢ (M,Oi,Os) sat
   cert2Interpret (RRepsCert (Role P) (Role Q) cmd) ⟺
   (M,Oi,Os) sat
   reps (Name (Role P)) (Name (Role Q)) (prop (CMD cmd))
[cert2InterpretRCtrKCert]
⊢ (M,Oi,Os) sat cert2Interpret (RCtrKCert P Q Q) ⟺
   (M,Oi,Os) sat
   Name (Role P) controls
   Name (Key (pubK Q)) speaks_for Name (Role Q)
[cert2InterpretRKeyCert]
⊢ (M,Oi,Os) sat cert2Interpret (RKeyCert P P) ⟺
   (M,Oi,Os) sat Name (Key (pubK P)) speaks_for Name (Role P)
[cert2InterpretKeyCert]
⊢ (M,Oi,Os) sat
   cert2Interpret
     (KeyCert ca P (pubK P)
        (sign (privK ca) (hash (SOME (P,pubK P))))) ⟺
   (M,Oi,Os) sat
   Name (Key (pubK ca)) says
   Name (Key (pubK P)) speaks_for Name (Role P)
```

(1.81)

请注意，当未通过完整性检测时，访问控制逻辑中的证书解析只是一个没有意义的假设 TT。根证书没有数字签名是因为没有更高权限级别的证书来对它们进行认证。假设根证书被加载到受控制且安全情况下的温控器中，那它们被解析

出来的只有表面的值。数字签名证书是使用 *signVerify* 来检查它们的签名的，例如 *KeyCerts*，如下面式（1.82）所示的 *checkcert2_def*：

```
[checkcert2_def]
 ⊢ (checkcert2 (RCtrCert P cmd) ⟺ T) ∧
   (checkcert2 (RRepsCert P Q cmd) ⟺ T) ∧
   (checkcert2 (RCtrKCert keyPpr Kq keyQpr) ⟺ T) ∧
   (checkcert2 (RKeyCert kp keyPpr) ⟺ T) ∧
   (checkcert2 (KeyCert CApr Ppr (pubK Rpr) signature) ⟺
    signVerify (pubK CApr) signature (SOME (Ppr,pubK Rpr)))
```

(1.82)

举个例子，对根密钥证书 *RKeyCert* 的解释可以参考式（1.83），如下所示：

```
[cert2InterpretRKeyCert]
 ⊢ (M,Oi,Os) sat cert2Interpret (RKeyCert P P) ⟺
   (M,Oi,Os) sat Name (Key (pubK P)) speaks_for Name (Role P)
```

(1.83)

对数字签名 *KeyCerts* 来说，定理 *cert2InterpretKeyCert* 表明：密钥证书按预期签名也将按预期进行解析，如式（1.84）所示。

```
[cert2InterpretKeyCert]
 ⊢ (M,Oi,Os) sat
   cert2Interpret
     (KeyCert ca P (pubK P)
        (sign (privK ca) (hash (SOME (P,pubK P))))) ⟺
   (M,Oi,Os) sat
   Name (Key (pubK ca)) says
   Name (Key (pubK P)) speaks_for Name (Role P)
```

(1.84)

1.17.6　转换定理

精制温控器安全状态机的接口有十个定理来表征它的行为，这与顶层安全状态机的十个定理是相对应的。其中五个定理表明：*configuration2* 的安全性解析是对执行或捕获特殊指令的显示。这些定理来自 C2 演算中的推理规则。*configuration2* 这五个定理如式（1.85）~式（1.89）所示。

```
[CFG2Interpret_Owner_Keyboard_thm]
 ⊢ ∀M Oi Os.
     CFG2Interpret (M,Oi,Os)
       (CFG2 msgInterpret cert2Interpret isAuthenticated
          (certs2 ownerID utilityID cmd npriv privcmd)
          (thermoStateInterp utilityID privcmd)
          (KB ownerID cmd::ins) state outStream) ⇒
     (M,Oi,Os) sat prop (CMD cmd)
```

(1.85)

```
[CFG2Interpret_Owner_KServer_thm]
⊢ ∀M Oi Os.
     CFG2Interpret (M,Oi,Os)
       (CFG2 msgInterpret cert2Interpret isAuthenticated
          (certs2 ownerID utilityID cmd npriv privcmd)
          (thermoStateInterp utilityID privcmd)
          (MSG Server (Owner ownerID)
             (ORD Server (Owner ownerID) cmd)
             (sign (privK Server)
                (hash
                   (SOME (ORD Server (Owner ownerID) cmd))))::
               ins) state outStream) ⇒
     (M,Oi,Os) sat prop (CMD cmd)
```

(1.86)

```
[CFG2Interpret_Utility_KServer_npriv_thm]
⊢ ∀M Oi Os.
     CFG2Interpret (M,Oi,Os)
       (CFG2 msgInterpret cert2Interpret isAuthenticated
          (certs2 ownerID utilityID cmd npriv privcmd)
          (thermoStateInterp utilityID privcmd)
          (MSG Server (Role (Utility utilityID))
             (ORD Server (Role (Utility utilityID)) (NP npriv))
             (sign (privK Server)
                (hash
                   (SOME
                      (ORD Server (Role (Utility utilityID))
                         (NP npriv))))))::ins) state outStream) ⇒
     (M,Oi,Os) sat prop (CMD (NP npriv))
```

(1.87)

```
[CFG2Interpret_Utility_KServer_privcmd_thm]
⊢ ∀M Oi Os.
     CFG2Interpret (M,Oi,Os)
       (CFG2 msgInterpret cert2Interpret isAuthenticated
          (certs2 ownerID utilityID cmd npriv privcmd)
          (thermoStateInterp utilityID privcmd)
          (MSG Server (Role (Utility utilityID))
             (ORD Server (Role (Utility utilityID))
                (PR privcmd))
             (sign (privK Server)
                (hash
                   (SOME
                      (ORD Server (Role (Utility utilityID))
                         (PR privcmd))))))::ins)
          (State enabled temperature) outStream) ⇒
     (M,Oi,Os) sat prop (CMD (PR privcmd))
```

(1.88)

```
[CFG2Interpret_trap_Utility_KServer_trap_thm]
⊢ ∀M Oi Os.
     CFG2Interpret (M,Oi,Os)
       (CFG2 msgInterpret cert2Interpret isAuthenticated
          (certs2 ownerID utilityID cmd npriv privcmd)
          (thermoStateInterp utilityID privcmd)
          (MSG Server (Role (Utility utilityID))
             (ORD Server (Role (Utility utilityID))
                (PR privcmd))
             (sign (privK Server)
                (hash
                   (SOME
                      (ORD Server (Role (Utility utilityID))
                         (PR privcmd)))))::ins)
          (State disabled temperature) outStream) ⇒
     (M,Oi,Os) sat prop TRAP
```

(1.89)

例如，式（1.88）表明，在应用实体（Utility）的要求下执行特权命令是由式（1.90）中的配置决定的。这与顶层SSM的接口完全吻合（除了对应于输入和证书的访问控制逻辑公式，因为它正被输入和证书的数据结构替换）。以下是它们的解析：

```
[CFG2Interpret_Utility_KServer_privcmd_thm]
⊢ ∀M Oi Os.
     CFG2Interpret (M,Oi,Os)
       (CFG2 msgInterpret cert2Interpret isAuthenticated
          (certs2 ownerID utilityID cmd npriv privcmd)
          (thermoStateInterp utilityID privcmd)
          (MSG Server (Role (Utility utilityID))
             (ORD Server (Role (Utility utilityID))
                (PR privcmd))
             (sign (privK Server)
             (hash
                (SOME
                   (ORD Server (Role (Utility utilityID))
                      (PR privcmd)))))::ins)
       (State enabled temperature) outStream) ⇒
  (M,Oi,Os) sat prop (CMD (PR privcmd))
```

(1.90)

这些对应于顶层SSM执行定理的精化执行定理如式（1.91）~式（1.95）所示。

```
[exec2_Keyboard_Owner_cmd_Justified]
⊢ ∀NS Out M Oi Os.
     TR2 (M,Oi,Os) (exec (CMD cmd))
```

```
    (CFG2 msgInterpret cert2Interpret isAuthenticated
       (certs2 ownerID utilityID cmd npriv privcmd)
       (thermoStateInterp utilityID privcmd)
       (KB ownerID cmd::ins) state outStream)
    (CFG2 msgInterpret cert2Interpret isAuthenticated
       (certs2 ownerID utilityID cmd npriv privcmd)
       (thermoStateInterp utilityID privcmd) ins
       (NS state (exec (CMD cmd)))
       (Out state (exec (CMD cmd))::outStream)) ⇒
  (M,Oi,Os) sat prop (CMD cmd)
```

(1.91)

```
[exec2_KServer_Owner_cmd_Justified]
⊢ ∀NS Out M Oi Os.
    TR2 (M,Oi,Os) (exec (CMD cmd))
      (CFG2 msgInterpret cert2Interpret isAuthenticated
         (certs2 ownerID utilityID cmd npriv privcmd)
         (thermoStateInterp utilityID privcmd)
         (MSG Server (Owner ownerID)
            (ORD Server (Owner ownerID) cmd)
            (sign (privK Server)
               (hash
                  (SOME (ORD Server (Owner ownerID) cmd))))::
            ins) state outStream)
      (CFG2 msgInterpret cert2Interpret isAuthenticated
         (certs2 ownerID utilityID cmd npriv privcmd)
         (thermoStateInterp utilityID privcmd) ins
         (NS state (exec (CMD cmd)))
         (Out state (exec (CMD cmd))::outStream)) ⇒
    (M,Oi,Os) sat prop (CMD cmd)
```

(1.92)

```
[exec2_KServer_Utility_npriv_Justified]
⊢ ∀NS Out outStream state ins npriv privcmd cmd ownerID
     utilityID M Oi Os.
    TR2 (M,Oi,Os) (exec (CMD (NP npriv)))
      (CFG2 msgInterpret cert2Interpret isAuthenticated
         (certs2 ownerID utilityID cmd npriv privcmd)
         (thermoStateInterp utilityID privcmd)
         (MSG Server (Role (Utility utilityID))
            (ORD Server (Role (Utility utilityID)) (NP npriv))
            (sign (privK Server)
               (hash
                  (SOME
                     (ORD Server (Role (Utility utilityID))
                        (NP npriv)))))::ins) state outStream)
      (CFG2 msgInterpret cert2Interpret isAuthenticated
         (certs2 ownerID utilityID cmd npriv privcmd)
         (thermoStateInterp utilityID privcmd) ins
         (NS state (exec (CMD (NP npriv))))
         (Out state (exec (CMD (NP npriv)))::outStream)) ⇒
    (M,Oi,Os) sat prop (CMD (NP npriv))
```

(1.93)

```
[exec2_KServer_Utility_privcmd_Justified]
 ⊢ ∀NS Out outStream temperature ins npriv privcmd cmd ownerID
      utilityID M Oi Os.
    TR2 (M,Oi,Os) (exec (CMD (PR privcmd)))
      (CFG2 msgInterpret cert2Interpret isAuthenticated
         (certs2 ownerID utilityID cmd npriv privcmd)
         (thermoStateInterp utilityID privcmd)
         (MSG Server (Role (Utility utilityID))
            (ORD Server (Role (Utility utilityID))
               (PR privcmd))
            (sign (privK Server)
               (hash
                  (SOME
                     (ORD Server (Role (Utility utilityID))
                        (PR privcmd)))))::ins)
         (State enabled temperature) outStream)
      (CFG2 msgInterpret cert2Interpret isAuthenticated
         (certs2 ownerID utilityID cmd npriv privcmd)
         (thermoStateInterp utilityID privcmd) ins
         (NS (State enabled temperature)
            (exec (CMD (PR privcmd))))
         (Out (State enabled temperature)
            (exec (CMD (PR privcmd)))::outStream)) ⇒
    (M,Oi,Os) sat prop (CMD (PR privcmd))
```

(1.94)

```
[trap2_KServer_Utility_privcmd_Justified]
 ⊢ ∀NS Out outStream temperature ins npriv privcmd cmd ownerID
      utilityID M Oi Os.
    TR2 (M,Oi,Os) (trap (CMD (PR privcmd)))
      (CFG2 msgInterpret cert2Interpret isAuthenticated
         (certs2 ownerID utilityID cmd npriv privcmd)
         (thermoStateInterp utilityID privcmd)
         (MSG Server (Role (Utility utilityID))
            (ORD Server (Role (Utility utilityID))
               (PR privcmd))
            (sign (privK Server)
               (hash
                  (SOME
                     (ORD Server (Role (Utility utilityID))
                        (PR privcmd)))))::ins)
         (State disabled temperature) outStream)
      (CFG2 msgInterpret cert2Interpret isAuthenticated
         (certs2 ownerID utilityID cmd npriv privcmd)
         (thermoStateInterp utilityID privcmd) ins
         (NS (State disabled temperature)
            (trap (CMD (PR privcmd))))
         (Out (State disabled temperature)
            (trap (CMD (PR privcmd)))::outStream)) ⇒
    (M,Oi,Os) sat prop TRAP
```

(1.95)

举一个例子，式（1.94）中的 *exec2_KServer_Utility_privcmd_Justified*，与其对

应的顶层SSM的接口相类似。它表明，当状态发生转换且与应用实体执行特权命令相对应时，该执行行为是正当的。

1.18 顶层和精制的安全状态机的等效性

联网的温控器的最后一组定理是五个等效定理。针对这五种情况：①通过所有者（Owner）执行键盘命令；②通过服务器（Server）执行所有者（Owner）的命令；③通过服务器（Server）执行应用实体（Utility）的非特权命令；④通过服务器（Server）执行应用实体（Utility）的特权命令；⑤通过服务器（Server）捕获特权命令。这些定理表明：顶层SSM和精制SSM的转换是等效的。这五个定理如式（1.96）~式（1.100）所示。

```
[TR2_iff_TR_Keyboard_Owner_cmd]
 ⊢ ∀M Oi Os ownerID utilityID ins ins2 outStream NS Out state
     npriv privcmd cmd.
    TR2 (M,Oi,Os) (exec (CMD cmd))
      (CFG2 msgInterpret cert2Interpret isAuthenticated
         (certs2 ownerID utilityID cmd npriv privcmd)
         (thermoStateInterp utilityID privcmd)
         (KB ownerID cmd::ins2) state outStream)
      (CFG2 msgInterpret cert2Interpret isAuthenticated
         (certs2 ownerID utilityID cmd npriv privcmd)
         (thermoStateInterp utilityID privcmd) ins2
         (NS state (exec (CMD cmd)))
         (Out state (exec (CMD cmd))::outStream)) ⟺
    TR (M,Oi,Os) (exec (CMD cmd))
      (CFG isAuthenticated
         (thermoStateInterp utilityID privcmd)
         (certs ownerID utilityID cmd npriv privcmd)
         (Name Keyboard quoting Name (Owner ownerID) says
          prop (CMD cmd)::ins) state outStream)
      (CFG isAuthenticated
         (thermoStateInterp utilityID privcmd)
         (certs ownerID utilityID cmd npriv privcmd) ins
         (NS state (exec (CMD cmd)))
         (Out state (exec (CMD cmd))::outStream))                (1.96)
```

```
[TR2_iff_TR_KServer_Owner_cmd]
 ⊢ ∀M Oi Os ownerID utilityID ins ins2 outStream NS Out state
     npriv privcmd cmd.
    TR2 (M,Oi,Os) (exec (CMD cmd))
      (CFG2 msgInterpret cert2Interpret isAuthenticated
         (certs2 ownerID utilityID cmd npriv privcmd)
         (thermoStateInterp utilityID privcmd)
         (MSG Server (Owner ownerID)
            (ORD Server (Owner ownerID) cmd)
            (sign (privK Server)
               (hash
                  (SOME (ORD Server (Owner ownerID) cmd))))::
           ins2) state outStream)
      (CFG2 msgInterpret cert2Interpret isAuthenticated
```

```
            (certs2 ownerID utilityID cmd npriv privcmd)
            (thermoStateInterp utilityID privcmd) ins2
            (NS state (exec (CMD cmd)))
            (Out state (exec (CMD cmd))::outStream)) ⟺
       TR (M,Oi,Os) (exec (CMD cmd))
          (CFG isAuthenticated
            (thermoStateInterp utilityID privcmd)
            (certs ownerID utilityID cmd npriv privcmd)
            (Name (Key (pubK Server)) quoting
             Name (Owner ownerID) says prop (CMD cmd)::ins) state
            outStream)
          (CFG isAuthenticated
            (thermoStateInterp utilityID privcmd)
            (certs ownerID utilityID cmd npriv privcmd) ins
            (NS state (exec (CMD cmd)))
            (Out state (exec (CMD cmd))::outStream))
```

(1.97)

```
[TR2_iff_TR_KServer_Utility_npriv]
 ⊢ ∀M Oi Os ownerID utilityID ins ins2 outStream NS Out state
       npriv privcmd cmd.
     TR2 (M,Oi,Os) (exec (CMD (NP npriv)))
       (CFG2 msgInterpret cert2Interpret isAuthenticated
          (certs2 ownerID utilityID cmd npriv privcmd)
          (thermoStateInterp utilityID privcmd)
          (MSG Server (Role (Utility utilityID))
             (ORD Server (Role (Utility utilityID)) (NP npriv))
             (sign (privK Server)
                (hash
                   (SOME
                      (ORD Server (Role (Utility utilityID))
                         (NP npriv))))))::ins2) state outStream)
       (CFG2 msgInterpret cert2Interpret isAuthenticated
          (certs2 ownerID utilityID cmd npriv privcmd)
          (thermoStateInterp utilityID privcmd) ins2
          (NS state (exec (CMD (NP npriv))))
          (Out state (exec (CMD (NP npriv)))::outStream)) ⟺
     TR (M,Oi,Os) (exec (CMD (NP npriv)))
       (CFG isAuthenticated
          (thermoStateInterp utilityID privcmd)
          (certs ownerID utilityID cmd npriv privcmd)
          (Name (Key (pubK Server)) quoting
           Name (Role (Utility utilityID)) says
           prop (CMD (NP npriv))::ins) state outStream)
       (CFG isAuthenticated
          (thermoStateInterp utilityID privcmd)
          (certs ownerID utilityID cmd npriv privcmd) ins
          (NS state (exec (CMD (NP npriv))))
          (Out state (exec (CMD (NP npriv)))::outStream))
```

(1.98)

```
[TR2_iff_TR_KServer_Utility_privcmd]

 ⊢ ∀M Oi Os ownerID utilityID ins ins2 temperature outStream NS
      Out npriv privcmd cmd.
    TR2 (M,Oi,Os) (exec (CMD (PR privcmd)))
      (CFG2 msgInterpret cert2Interpret isAuthenticated
         (certs2 ownerID utilityID cmd npriv privcmd)
```

```
          (thermoStateInterp utilityID privcmd)
          (MSG Server (Role (Utility utilityID))
             (ORD Server (Role (Utility utilityID))
                (PR privcmd))
             (sign (privK Server)
                (hash
                   (SOME
                      (ORD Server (Role (Utility utilityID))
                         (PR privcmd))))))::ins2)
          (State enabled temperature) outStream)
       (CFG2 msgInterpret cert2Interpret isAuthenticated
          (certs2 ownerID utilityID cmd npriv privcmd)
          (thermoStateInterp utilityID privcmd) ins2
          (NS (State enabled temperature)
             (exec (CMD (PR privcmd))))
          (Out (State enabled temperature)
             (exec (CMD (PR privcmd)))::outStream)) <=>
    TR (M,Oi,Os) (exec (CMD (PR privcmd)))
       (CFG isAuthenticated
          (thermoStateInterp utilityID privcmd)
          (certs ownerID utilityID cmd npriv privcmd)
          (Name (Key (pubK Server)) quoting
           Name (Role (Utility utilityID)) says
           prop (CMD (PR privcmd))::ins)
          (State enabled temperature) outStream)
       (CFG isAuthenticated
          (thermoStateInterp utilityID privcmd)
          (certs ownerID utilityID cmd npriv privcmd) ins
          (NS (State enabled temperature)
             (exec (CMD (PR privcmd))))
          (Out (State enabled temperature)
             (exec (CMD (PR privcmd)))::outStream))                    (1.99)
```

```
[TR2_iff_TR_KServer_Utility_trap]
⊢ ∀M Oi Os ownerID utilityID ins ins2 temperature outStream NS
     Out npriv privcmd cmd.
    TR2 (M,Oi,Os) (trap (CMD (PR privcmd)))
      (CFG2 msgInterpret cert2Interpret isAuthenticated
         (certs2 ownerID utilityID cmd npriv privcmd)
         (thermoStateInterp utilityID privcmd)
         (MSG Server (Role (Utility utilityID))
            (ORD Server (Role (Utility utilityID))
               (PR privcmd))
            (sign (privK Server)
               (hash
                  (SOME
                     (ORD Server (Role (Utility utilityID))
                        (PR privcmd))))))::ins2)
         (State disabled temperature) outStream)
      (CFG2 msgInterpret cert2Interpret isAuthenticated
         (certs2 ownerID utilityID cmd npriv privcmd)
         (thermoStateInterp utilityID privcmd) ins2
```

```
          (NS (State disabled temperature)
             (trap (CMD (PR privcmd))))
          (Out (State disabled temperature)
             (trap (CMD (PR privcmd)))::outStream))  ⟺
   TR (M,Oi,Os) (trap (CMD (PR privcmd)))
      (CFG isAuthenticated
          (thermoStateInterp utilityID privcmd)
          (certs ownerID utilityID cmd npriv privcmd)
          (Name (Key (pubK Server)) quoting
           Name (Role (Utility utilityID)) says
           prop (CMD (PR privcmd))::ins)
          (State disabled temperature) outStream)
      (CFG isAuthenticated
          (thermoStateInterp utilityID privcmd)
          (certs ownerID utilityID cmd npriv privcmd) ins
          (NS (State disabled temperature)
             (trap (CMD (PR privcmd))))
          (Out (State disabled temperature)
             (trap (CMD (PR privcmd)))::outStream))
```

(1.100)

1.19　结论

设计认证安全的目的是：

1）保证所有的命令只可以在通过认证和获得授权的情况下执行；

2）在高级运行理念（CONOPS）实现的过程中确保所有抽象层次的安全有一个一致和统一的观点；

3）使第三方能够方便快捷的复制所有经过正式验证的结果。

在这个章节里，我们针对如何实现可重用的、参数化的设计及验证措施，提供了详细的大纲及描述，包括：

1）访问控制逻辑及 C2 演算，它们以模态逻辑为基础，其中模态逻辑具有 Kripke 语义的多主体命题；

2）密码运算的代数模型；

3）集合认证、授权、安全解析、次态和输出函数作为转换关系参数的安全状态机（SSM）模型；

4）利用 HOL-4 定理证明来实现上述所有作为正式状态机检测的定理。

我们设计了一个网络温控器作为例子，使用专门的消息和证书结构（完整的温控器报告在书后面的附录 C 中）将安全纳入从高级模型到 SSM 的所有设计层次中。值得注意的是，大部分的基础数据是参数化的且可重用的。由于高阶逻辑是我们实现的基础，所以我们才能够通过参数化的函数将它一般化，例如次态、输出、认证、授权和解析函数。所有这一切的结论是物联网指挥控制功能的形式化保证是可行的。

1.20 附录

1.20.1 HOL 中对 ACL 公式、Kripke 结构、主表达式、完整性水平以及安全级别的定义

```
Form =
    TT
  | FF
  | prop 'aavar
  | notf (('aavar, 'apn, 'il, 'sl) Form)
  | (andf) (('aavar, 'apn, 'il, 'sl) Form)
           (('aavar, 'apn, 'il, 'sl) Form)
  | (orf) (('aavar, 'apn, 'il, 'sl) Form)
          (('aavar, 'apn, 'il, 'sl) Form)
  | (impf) (('aavar, 'apn, 'il, 'sl) Form)
           (('aavar, 'apn, 'il, 'sl) Form)
  | (eqf) (('aavar, 'apn, 'il, 'sl) Form)
          (('aavar, 'apn, 'il, 'sl) Form)
  | (says) ('apn Princ) (('aavar, 'apn, 'il, 'sl) Form)
  | (speaks_for) ('apn Princ) ('apn Princ)
  | (controls) ('apn Princ) (('aavar, 'apn, 'il, 'sl) Form)
  | reps ('apn Princ) ('apn Princ)
        (('aavar, 'apn, 'il, 'sl) Form)
  | (domi) (('apn, 'il) IntLevel) (('apn, 'il) IntLevel)
  | (eqi) (('apn, 'il) IntLevel) (('apn, 'il) IntLevel)
  | (doms) (('apn, 'sl) SecLevel) (('apn, 'sl) SecLevel)
  | (eqs) (('apn, 'sl) SecLevel) (('apn, 'sl) SecLevel)
  | (eqn) num num
  | (lte) num num
  | (lt) num num


Kripke =
    KS ('aavar -> 'aaworld -> bool)
       ('apn -> 'aaworld -> 'aaworld -> bool) ('apn -> 'il)
       ('apn -> 'sl)


Princ =
    Name 'apn
  | (meet) ('apn Princ) ('apn Princ)
  | (quoting) ('apn Princ) ('apn Princ) ;

IntLevel = iLab 'il | il 'apn ;

SecLevel = sLab 'sl | sl 'apn
```

1.20.2　HOL 中等效函数 EM [[–]] 的定义

HOL 格式良好的访问控制逻辑公式的语义或值是由 *Efn* 定义的。对于给定的 Kripke 结构 *M*，这些格式良好的访问控制逻辑公式的值是整体的一部分。

[Efn_def]

```
⊢ (∀Oi Os M. Efn Oi Os M TT = 𝒰(:'v)) ∧
   (∀Oi Os M. Efn Oi Os M FF = {}) ∧
   (∀Oi Os M p. Efn Oi Os M (prop p) = intpKS M p) ∧
   (∀Oi Os M f.
      Efn Oi Os M (notf f) = 𝒰(:'v) DIFF Efn Oi Os M f) ∧
   (∀Oi Os M f1 f2.
      Efn Oi Os M (f1 andf f2) =
      Efn Oi Os M f1 ∩ Efn Oi Os M f2) ∧
   (∀Oi Os M f1 f2.
      Efn Oi Os M (f1 orf f2) =
      Efn Oi Os M f1 ∪ Efn Oi Os M f2) ∧
   (∀Oi Os M f1 f2.
      Efn Oi Os M (f1 impf f2) =
      𝒰(:'v) DIFF Efn Oi Os M f1 ∪ Efn Oi Os M f2) ∧
   (∀Oi Os M f1 f2.
      Efn Oi Os M (f1 eqf f2) =
      (𝒰(:'v) DIFF Efn Oi Os M f1 ∪ Efn Oi Os M f2) ∩
      (𝒰(:'v) DIFF Efn Oi Os M f2 ∪ Efn Oi Os M f1)) ∧
   (∀Oi Os M P f.
      Efn Oi Os M (P says f) =
      {w | Jext (jKS M) P w ⊆ Efn Oi Os M f}) ∧
   (∀Oi Os M P Q.
      Efn Oi Os M (P speaks_for Q) =
      if Jext (jKS M) Q RSUBSET Jext (jKS M) P then 𝒰(:'v)
      else {}) ∧
   (∀Oi Os M P f.
      Efn Oi Os M (P controls f) =
      𝒰(:'v) DIFF {w | Jext (jKS M) P w ⊆ Efn Oi Os M f} ∪
      Efn Oi Os M f) ∧
   (∀Oi Os M P Q f.
      Efn Oi Os M (reps P Q f) =
      𝒰(:'v) DIFF
      {w | Jext (jKS M) (P quoting Q) w ⊆ Efn Oi Os M f} ∪
      {w | Jext (jKS M) Q w ⊆ Efn Oi Os M f}) ∧
   (∀Oi Os M intl1 intl2.
      Efn Oi Os M (intl1 domi intl2) =
      if repPO Oi (Lifn M intl2) (Lifn M intl1) then 𝒰(:'v)
      else {}) ∧
   (∀Oi Os M intl2 intl1.
      Efn Oi Os M (intl2 eqi intl1) =
      (if repPO Oi (Lifn M intl2) (Lifn M intl1) then 𝒰(:'v)
       else {}) ∩
```

```
      if repPO Oi (Lifn M intl1) (Lifn M intl2) then 𝒰(:'v)
      else {}) ∧
   (∀Oi Os M secl1 secl2.
      Efn Oi Os M (secl1 doms secl2) =
      if repPO Os (Lsfn M secl2) (Lsfn M secl1) then 𝒰(:'v)
      else {}) ∧
   (∀Oi Os M secl2 secl1.
      Efn Oi Os M (secl2 eqs secl1) =
      (if repPO Os (Lsfn M secl2) (Lsfn M secl1) then 𝒰(:'v)
       else {}) ∩
      if repPO Os (Lsfn M secl1) (Lsfn M secl2) then 𝒰(:'v)
      else {}) ∧
   (∀Oi Os M numExp1 numExp2.
      Efn Oi Os M (numExp1 eqn numExp2) =
      if numExp1 = numExp2 then 𝒰(:'v) else {}) ∧
   (∀Oi Os M numExp1 numExp2.
      Efn Oi Os M (numExp1 lte numExp2) =
      if numExp1 ≤ numExp2 then 𝒰(:'v) else {}) ∧
  ∀Oi Os M numExp1 numExp2.
    Efn Oi Os M (numExp1 lt numExp2) =
    if numExp1 < numExp2 then 𝒰(:'v) else {}
```

1.20.3 转换关系 *TR* 的定义

1. 高阶逻辑源代码定义 *TR*

```
val (TR_rules, TR_ind, TR_cases) =
Hol_reln
`(!(inputTest:('command inst,'principal,'d,'e)Form -> bool) (P:'principal Princ)
    (NS: 'state -> 'command inst trType -> 'state) M Oi Os Out (s:'state)
    (certs:('command inst,'principal,'d,'e)Form list)
    (stateInterp:'state -> ('command inst,'principal,'d,'e)Form)
   (cmd:'command)(ins:('command inst,'principal,'d,'e)Form list)
   (outs:'output list).
(inputTest ((P says (prop (CMD cmd))):('command inst,'principal,'d,'e)Form) /\
 (CFGInterpret (M,Oi,Os)
  (CFG inputTest stateInterp certs (((P says (prop (CMD cmd)))
  :('command inst,'principal,'d,'e)Form)::ins) s outs))) ==>
(TR
 ((M:('command inst,'b,'principal,'d,'e)Kripke),Oi:'d po,Os:'e po) (exec(CMD cmd))
 (CFG inputTest stateInterp certs (((P says (prop (CMD cmd)))
 :('command inst,'principal,'d,'e)Form)::ins) s outs)
 (CFG inputTest stateInterp certs ins (NS s (exec(CMD cmd))) ((Out s (exec(CMD cmd)))::outs)))) /\
(!(inputTest:('command inst,'principal,'d,'e)Form -> bool) (P:'principal Princ)
    (NS:'state -> 'command inst trType -> 'state) M Oi Os Out (s:'state)
    (certs:('command inst,'principal;'d,'e)Form list)
    (stateInterp:'state -> ('command inst,'principal,'d,'e)Form)
   (cmd:'command)(ins:('command inst,'principal,'d,'e)Form list)
   (outs:'output list).
(inputTest ((P says (prop (CMD cmd))):('command inst,'principal,'d,'e)Form) /\
 (CFGInterpret (M,Oi,Os)
  (CFG inputTest stateInterp certs (((P says (prop (CMD cmd)))
  :('command inst,'principal,'d,'e)Form)::ins) s outs))) ==>
(TR
 ((M:('command inst,'b,'principal,'d,'e)Kripke),Oi:'d po,Os:'e po) (trap(CMD cmd))
 (CFG inputTest stateInterp certs (((P says (prop (CMD cmd)))
 :('command inst,'principal,'d,'e)Form)::ins) s outs)
 (CFG inputTest stateInterp certs ins (NS s (trap(CMD cmd))) ((Out s (trap(CMD cmd)))::outs)))) /\
(!(inputTest:('command inst,'principal,'d,'e)Form -> bool) (NS:'state -> 'command inst trType -> 'state)
  M Oi Os (Out: 'state -> 'command inst trType -> 'output) (s:'state)
   (certs:('command inst,'principal,'d,'e)Form list)
   (stateInterp:'state -> ('command inst,'principal,'d,'e)Form)
   (cmd:'command)(x:('command inst,'principal,'d,'e)Form)(ins:('command inst,'principal,'d,'e)Form list)
   (outs:'output list).
~inputTest x ==>
(TR
 ((M:('command inst,'b,'principal,'d,'e)Kripke),Oi:'d po,Os:'e po) (discard:'command inst trType)
(CFG inputTest stateInterp certs ((x:('command inst,'principal,'d,'e)Form)::ins) s outs)
(CFG inputTest stateInterp certs ins (NS s discard) ((Out s discard)::outs))))`
```

2. *TR* 的属性定义

```
[TR_rules]

⊢ (∀inputTest P NS M Oi Os Out s certs stateInterp cmd ins
      outs.
     inputTest (P says prop (CMD cmd)) ∧
     CFGInterpret (M,Oi,Os)
       (CFG inputTest stateInterp certs
          (P says prop (CMD cmd)::ins) s outs) ⇒
     TR (M,Oi,Os) (exec (CMD cmd))
       (CFG inputTest stateInterp certs
          (P says prop (CMD cmd)::ins) s outs)
       (CFG inputTest stateInterp certs ins
          (NS s (exec (CMD cmd)))
          (Out s (exec (CMD cmd))::outs))) ∧
  (∀inputTest P NS M Oi Os Out s certs stateInterp cmd ins
      outs.
     inputTest (P says prop (CMD cmd)) ∧
    CFGInterpret (M,Oi,Os)
      (CFG inputTest stateInterp certs
         (P says prop (CMD cmd)::ins) s outs) ⇒
    TR (M,Oi,Os) (trap (CMD cmd))
      (CFG inputTest stateInterp certs
         (P says prop (CMD cmd)::ins) s outs)
      (CFG inputTest stateInterp certs ins
         (NS s (trap (CMD cmd)))
         (Out s (trap (CMD cmd))::outs))) ∧
 ∀inputTest NS M Oi Os Out s certs stateInterp cmd x ins outs
   ¬inputTest x ⇒
   TR (M,Oi,Os) discard
     (CFG inputTest stateInterp certs (x::ins) s outs)
     (CFG inputTest stateInterp certs ins (NS s discard)
        (Out s discard::outs))
   [TR_ind]

 ⊢ ∀TR'.
     (∀inputTest P NS M Oi Os Out s certs stateInterp cmd ins
         outs.
        inputTest (P says prop (CMD cmd)) ∧
        CFGInterpret (M,Oi,Os)
          (CFG inputTest stateInterp certs
             (P says prop (CMD cmd)::ins) s outs) ⇒
```

```
          TR' (M,Oi,Os) (exec (CMD cmd))
            (CFG inputTest stateInterp certs
               (P says prop (CMD cmd)::ins) s outs)
        (CFG inputTest stateInterp certs ins
           (NS s (exec (CMD cmd)))
           (Out s (exec (CMD cmd))::outs))) ∧
  (∀inputTest P NS M Oi Os Out s certs stateInterp cmd ins
       outs.
     inputTest (P says prop (CMD cmd)) ∧
     CFGInterpret (M,Oi,Os)
        (CFG inputTest stateInterp certs
           (P says prop (CMD cmd)::ins) s outs) ⇒
     TR' (M,Oi,Os) (trap (CMD cmd))
        (CFG inputTest stateInterp certs
           (P says prop (CMD cmd)::ins) s outs)
        (CFG inputTest stateInterp certs ins
           (NS s (trap (CMD cmd)))
           (Out s (trap (CMD cmd))::outs))) ∧
  (∀inputTest NS M Oi Os Out s certs stateInterp cmd x ins
       outs.
     ¬inputTest x ⇒
     TR' (M,Oi,Os) discard
        (CFG inputTest stateInterp certs (x::ins) s outs)
        (CFG inputTest stateInterp certs ins (NS s discard)
           (Out s discard::outs))) ⇒
  ∀a0 a1 a2 a3. TR a0 a1 a2 a3 ⇒ TR' a0 a1 a2 a3

[TR_cases]

 ⊢ ∀a0 a1 a2 a3.
      TR a0 a1 a2 a3 ⇔
      (∃inputTest P NS M Oi Os Out s certs stateInterp cmd ins
          outs.
         (a0 = (M,Oi,Os)) ∧ (a1 = exec (CMD cmd)) ∧
         (a2 =
          CFG inputTest stateInterp certs
             (P says prop (CMD cmd)::ins) s outs) ∧
         (a3 =
          CFG inputTest stateInterp certs ins
             (NS s (exec (CMD cmd)))
             (Out s (exec (CMD cmd))::outs)) ∧
        inputTest (P says prop (CMD cmd)) ∧
        CFGInterpret (M,Oi,Os)
```

```
        (CFG inputTest stateInterp certs
           (P says prop (CMD cmd)::ins) s outs)) ∨
     (∃inputTest P NS M Oi Os Out s certs stateInterp cmd ins
        outs.
       (a0 = (M,Oi,Os)) ∧ (a1 = trap (CMD cmd)) ∧
       (a2 =
        CFG inputTest stateInterp certs
          (P says prop (CMD cmd)::ins) s outs) ∧
       (a3 =
        CFG inputTest stateInterp certs ins
          (NS s (trap (CMD cmd)))

    (Out s (trap (CMD cmd))::outs)) ∧
  inputTest (P says prop (CMD cmd)) ∧
  CFGInterpret (M,Oi,Os)
    (CFG inputTest stateInterp certs
       (P says prop (CMD cmd)::ins) s outs)) ∨
∃inputTest NS M Oi Os Out s certs stateInterp cmd x ins
  outs.
  (a0 = (M,Oi,Os)) ∧ (a1 = discard) ∧
  (a2 = CFG inputTest stateInterp certs (x::ins) s outs) ∧
  (a3 =
  CFG inputTest stateInterp certs ins (NS s discard)
    (Out s discard::outs)) ∧ ¬inputTest x
```

1.20.4　转换关系 *TR2* 的定义

1. HOL 源代码定义 *TR2*

```
val (TR2_rules, TR2_ind, TR2_cases) =
Hol_reln
`(!(inputInterpret: 'input -> ('command inst,'principal,'d,'e)Form)
 (certInterpret: 'cert -> ('command inst,'principal,'d,'e)Form)
 (inputTest:('command inst,'principal,'d,'e)Form -> bool)
 (x:'input)
 (NS: 'state -> 'command inst trType -> 'state)
 (M:('command inst,'b,'principal,'d,'e)Kripke)
 (Oi:'d po)
 (Os:'e po)
 (Out: 'state -> 'command inst trType -> 'output)
 (state:'state)
 (certs:'cert list)
 (stateInterpret:'state -> ('command inst,'principal,'d,'e)Form)
 (cmd:'command)
 (ins:'input list)
 (outStream:'output list).
(inputTest(inputInterpret (x:'input))) /\
(CFG2Interpret
 (M,Oi,Os)
 (CFG2 inputInterpret certInterpret inputTest certs stateInterpret
       (x::ins) state outStream)) ==>
(TR2 (M,Oi,Os) (exec(CMD cmd))
```

```
(CFG2 inputInterpret certInterpret inputTest certs stateInterpret
     (x::ins) state outStream)
(CFG2 inputInterpret certInterpret inputTest certs stateInterpret
     ins (NS state (exec(CMD cmd))) ((Out state (exec(CMD cmd)))::outStream))))
/\
(!(inputInterpret: 'input -> ('command inst,'principal,'d,'e)Form)
 (certInterpret: 'cert -> ('command inst,'principal,'d,'e)Form)
 (inputTest:('command inst,'principal,'d,'e)Form -> bool)
 (x:'input)
 (NS: 'state -> 'command inst trType -> 'state)
 (M:('command inst,'b,'principal,'d,'e)Kripke)
 (Oi:'d po)
 (Os:'e po)
 (Out: 'state -> 'command inst trType -> 'output)
 (state:'state)
 (certs:'cert list)
 (stateInterpret:'state -> ('command inst,'principal,'d,'e)Form)
 (cmd:'command)
 (ins:'input list)
 (outStream:'output list).
(inputTest(inputInterpret (x:'input))) /\
(CFG2Interpret
 (M,Oi,Os)
 (CFG2 inputInterpret certInterpret inputTest certs stateInterpret
      (x::ins) state outStream)) =>
(TR2 (M,Oi,Os) (trap(CMD cmd))
 (CFG2 inputInterpret certInterpret inputTest certs stateInterpret
      (x::ins) state outStream)
 (CFG2 inputInterpret certInterpret inputTest certs stateInterpret
      ins (NS state (trap(CMD cmd))) ((Out state (trap(CMD cmd)))::outStream))))
     (!(inputInterpret: 'input -> ('command inst,'principal,'d,'e)Form)
      (certInterpret: 'cert -> ('command inst,'principal,'d,'e)Form)
      (inputTest:('command inst,'principal,'d,'e)Form -> bool)
      (x:'input)
  (NS: 'state -> 'command inst trType -> 'state)
  (M:('command inst,'b,'principal,'d,'e)Kripke)
  (Oi:'d po)
  (Os:'e po)
  (Out: 'state -> 'command inst trType -> 'output)
  (state:'state)
  (certs:'cert list)
  (stateInterpret:'state -> ('command inst,'principal,'d,'e)Form)
  (cmd:'command)
  (ins:'input list)
  (outStream:'output list).
  (inputTest(inputInterpret (x:'input))) =>
  TR2 (M,Oi,Os) discard
  (CFG2 inputInterpret certInterpret inputTest certs stateInterpret
       (x::ins) state outStream)
  (CFG2 inputInterpret certInterpret inputTest certs stateInterpret
       ins (NS state discard) ((Out state discard)::outStream))))'
```

2. *TR*2 的属性定义

[TR2_rules]

⊢ (∀*inputInterpret certInterpret inputTest x NS M Oi Os Out*
  state certs stateInterpret cmd ins outStream.

```
      inputTest (inputInterpret x) ∧
      CFG2Interpret (M,Oi,Os)
        (CFG2 inputInterpret certInterpret inputTest certs
           stateInterpret (x::ins) state outStream) ⇒
      TR2 (M,Oi,Os) (exec (CMD cmd))
        (CFG2 inputInterpret certInterpret inputTest certs
           stateInterpret (x::ins) state outStream)
        (CFG2 inputInterpret certInterpret inputTest certs
           stateInterpret ins (NS state (exec (CMD cmd)))
           (Out state (exec (CMD cmd))::outStream))) ∧
  (∀inputInterpret certInterpret inputTest x NS M Oi Os Out
      state certs stateInterpret cmd ins outStream.
      inputTest (inputInterpret x) ∧
      CFG2Interpret (M,Oi,Os)
        (CFG2 inputInterpret certInterpret inputTest certs
           stateInterpret (x::ins) state outStream) ⇒
      TR2 (M,Oi,Os) (trap (CMD cmd))
        (CFG2 inputInterpret certInterpret inputTest certs
           stateInterpret (x::ins) state outStream)
        (CFG2 inputInterpret certInterpret inputTest certs
           stateInterpret ins (NS state (trap (CMD cmd)))
           (Out state (trap (CMD cmd))::outStream))) ∧
  ∀inputInterpret certInterpret inputTest x NS M Oi Os Out
     state certs stateInterpret cmd ins outStream.
    ¬inputTest (inputInterpret x) ⇒
    TR2 (M,Oi,Os) discard
      (CFG2 inputInterpret certInterpret inputTest certs
         stateInterpret (x::ins) state outStream)
      (CFG2 inputInterpret certInterpret inputTest certs
         stateInterpret ins (NS state discard)
         (Out state discard::outStream))
[TR2_ind]
 ⊢ ∀TR2'.
      (∀inputInterpret certInterpret inputTest x NS M Oi Os Out
          state certs stateInterpret cmd ins outStream.
          inputTest (inputInterpret x) ∧
          CFG2Interpret (M,Oi,Os)
            (CFG2 inputInterpret certInterpret inputTest certs
               stateInterpret (x::ins) state outStream) ⇒
          TR2' (M,Oi,Os) (exec (CMD cmd))
            (CFG2 inputInterpret certInterpret inputTest certs
               stateInterpret (x::ins) state outStream)
            (CFG2 inputInterpret certInterpret inputTest certs
               stateInterpret ins (NS state (exec (CMD cmd)))
               (Out state (exec (CMD cmd))::outStream))) ∧
      (∀inputInterpret certInterpret inputTest x NS M Oi Os Out
          state certs stateInterpret cmd ins outStream.
```

```
      inputTest (inputInterpret x) ∧
      CFG2Interpret (M,Oi,Os)
        (CFG2 inputInterpret certInterpret inputTest certs
           stateInterpret (x::ins) state outStream) ⇒
     TR'2 (M,Oi,Os) (trap (CMD cmd))
        (CFG2 inputInterpret certInterpret inputTest certs
           stateInterpret (x::ins) state outStream)
        (CFG2 inputInterpret certInterpret inputTest certs
           stateInterpret ins (NS state (trap (CMD cmd)))
            (Out state (trap (CMD cmd))::outStream))) ∧
   (∀inputInterpret certInterpret inputTest x NS M Oi Os Out
      state certs stateInterpret cmd ins outStream.
     ¬inputTest (inputInterpret x) ⇒
    TR'2 (M,Oi,Os) discard
      (CFG2 inputInterpret certInterpret inputTest certs
         stateInterpret (x::ins) state outStream)
      (CFG2 inputInterpret certInterpret inputTest certs
         stateInterpret ins (NS state discard)
          (Out state discard::outStream))) ⇒
  ∀a0 a1 a2 a3. TR2 a0 a1 a2 a3 ⇒ TR'2 a0 a1 a2 a3
[TR2_cases]

⊢ ∀a0 a1 a2 a3.
    TR2 a0 a1 a2 a3 ⟺
    (∃inputInterpret certInterpret inputTest x NS M Oi Os Out
       state certs stateInterpret cmd ins outStream.
      (a0 = (M,Oi,Os)) ∧ (a1 = exec (CMD cmd)) ∧
      (a2 =
       CFG2 inputInterpret certInterpret inputTest certs
         stateInterpret (x::ins) state outStream) ∧
      (a3 =
       CFG2 inputInterpret certInterpret inputTest certs
         stateInterpret ins (NS state (exec (CMD cmd)))
          (Out state (exec (CMD cmd))::outStream)) ∧
    inputTest (inputInterpret x) ∧
    CFG2Interpret (M,Oi,Os)
      (CFG2 inputInterpret certInterpret inputTest certs
         stateInterpret (x::ins) state outStream)) ∨
  (∃inputInterpret certInterpret inputTest x NS M Oi Os Out
     state certs stateInterpret cmd ins outStream.
    (a0 = (M,Oi,Os)) ∧ (a1 = trap (CMD cmd)) ∧
    (a2 =
```

```
      CFG2 inputInterpret certInterpret inputTest certs
        stateInterpret (x::ins) state outStream) ∧
     (a3 =
      CFG2 inputInterpret certInterpret inputTest certs
        stateInterpret ins (NS state (trap (CMD cmd)))
        (Out state (trap (CMD cmd))::outStream)) ∧
     inputTest (inputInterpret x) ∧
     CFG2Interpret (M,Oi,Os)
       (CFG2 inputInterpret certInterpret inputTest certs
          stateInterpret (x::ins) state outStream)) ∨
  ∃inputInterpret certInterpret inputTest x NS M Oi Os Out
     state certs stateInterpret cmd ins outStream.
    (a0 = (M,Oi,Os)) ∧ (a1 = discard) ∧
    (a2 =
     CFG2 inputInterpret certInterpret inputTest certs
       stateInterpret (x::ins) state outStream) ∧
    (a3 =
     CFG2 inputInterpret certInterpret inputTest certs
       stateInterpret ins (NS state discard)
       (Out state discard::outStream)) ∧
    ¬inputTest (inputInterpret x)
```

3. isAutheticated_def

```
[isAuthenticated_def]

⊢ (isAuthenticated
     (Name Keyboard quoting Name (Owner ownerID) says
      prop (CMD cmd)) ⟺ T) ∧
  (isAuthenticated
     (Name (Key (pubK Server)) quoting
      Name (Owner ownerID) says prop (CMD cmd)) ⟺ T) ∧
  (isAuthenticated
     (Name (Key (pubK Server)) quoting
      Name (Role (Utility utilityID)) says prop (CMD cmd)) ⟺
   T) ∧ (isAuthenticated TT ⟺ F) ∧ (isAuthenticated FF ⟺ F) ∧
  (isAuthenticated (prop v) ⟺ F) ∧
  (isAuthenticated (notf v1) ⟺ F) ∧
  (isAuthenticated (v2 andf v3) ⟺ F) ∧
  (isAuthenticated (v4 orf v5) ⟺ F) ∧
  (isAuthenticated (v6 impf v7) ⟺ F) ∧
  (isAuthenticated (v8 eqf v9) ⟺ F) ∧
  (isAuthenticated (v10 says TT) ⟺ F) ∧
  (isAuthenticated (v10 says FF) ⟺ F) ∧
  (isAuthenticated (Name v132 says prop v66) ⟺ F) ∧
  (isAuthenticated (v133 meet v134 says prop v66) ⟺ F) ∧
  (isAuthenticated
     (Name (Role v174) quoting Name (Role v164) says
      prop (CMD v142)) ⟺ F) ∧
```

```
  (isAuthenticated
     (Name (Key v175) quoting Name (Role CA) says
      prop (CMD v142)) ⟺ F) ∧
  (isAuthenticated
     (Name (Key v175) quoting Name (Role Server) says
      prop (CMD v142)) ⟺ F) ∧
  (isAuthenticated
     (Name (Key (pubK CA)) quoting
      Name (Role (Utility v184)) says prop (CMD v142)) ⟺ F) ∧
  (isAuthenticated
     (Name (Key (pubK (Utility v190))) quoting
      Name (Role (Utility v184)) says prop (CMD v142)) ⟺ F) ∧
  (isAuthenticated
     (Name (Key (privK v187)) quoting
      Name (Role (Utility v184)) says prop (CMD v142)) ⟺ F) ∧
  (isAuthenticated
     (Name Keyboard quoting Name (Role v164) says
      prop (CMD v142)) ⟺ F) ∧
  (isAuthenticated
     (Name (Owner v176) quoting Name (Role v164) says
      prop (CMD v142)) ⟺ F) ∧
(isAuthenticated
   (Name v154 quoting Name (Key v165) says
    prop (CMD v142)) ⟺ F) ∧
(isAuthenticated
   (Name v154 quoting Name Keyboard says prop (CMD v142)) ⟺
 F) ∧
(isAuthenticated
   (Name (Role v192) quoting Name (Owner v166) says
    prop (CMD v142)) ⟺ F) ∧
(isAuthenticated
   (Name (Key (pubK CA)) quoting Name (Owner v166) says
    prop (CMD v142)) ⟺ F) ∧
(isAuthenticated
   (Name (Key (pubK (Utility v206))) quoting
    Name (Owner v166) says prop (CMD v142)) ⟺ F) ∧
(isAuthenticated
   (Name (Key (privK v203)) quoting Name (Owner v166) says
    prop (CMD v142)) ⟺ F) ∧
(isAuthenticated
   (Name (Owner v194) quoting Name (Owner v166) says
    prop (CMD v142)) ⟺ F) ∧
(isAuthenticated
   (Name (Account v195 v196) quoting Name (Owner v166) says
    prop (CMD v142)) ⟺ F) ∧
(isAuthenticated
   (Name v154 quoting Name (Account v167 v168) says
    prop (CMD v142)) ⟺ F) ∧
(isAuthenticated
   (v155 meet v156 quoting Name v144 says prop (CMD v142)) ⟺
 F) ∧
```

```
(isAuthenticated
   ((v157 quoting v158) quoting Name v144 says
    prop (CMD v142)) ⟺ F) ∧
(isAuthenticated
   (v135 quoting v145 meet v146 says prop (CMD v142)) ⟺ F) ∧
(isAuthenticated
   (v135 quoting v147 quoting v148 says prop (CMD v142)) ⟺
 F) ∧
(isAuthenticated (v135 quoting v136 says prop TRAP) ⟺ F) ∧
(isAuthenticated (v10 says notf v67) ⟺ F) ∧
(isAuthenticated (v10 says (v68 andf v69)) ⟺ F) ∧
(isAuthenticated (v10 says (v70 orf v71)) ⟺ F) ∧
(isAuthenticated (v10 says (v72 impf v73)) ⟺ F) ∧
(isAuthenticated (v10 says (v74 eqf v75)) ⟺ F) ∧
(isAuthenticated (v10 says v76 says v77) ⟺ F) ∧
(isAuthenticated (v10 says v78 speaks_for v79) ⟺ F) ∧
(isAuthenticated (v10 says v80 controls v81) ⟺ F) ∧
(isAuthenticated (v10 says reps v82 v83 v84) ⟺ F) ∧
(isAuthenticated (v10 says v85 domi v86) ⟺ F) ∧
(isAuthenticated (v10 says v87 eqi v88) ⟺ F) ∧
(isAuthenticated (v10 says v89 doms v90) ⟺ F) ∧
(isAuthenticated (v10 says v91 eqs v92) ⟺ F) ∧
(isAuthenticated (v10 says v93 eqn v94) ⟺ F) ∧
(isAuthenticated (v10 says v95 lte v96) ⟺ F) ∧
(isAuthenticated (v10 says v97 lt v98) ⟺ F) ∧
(isAuthenticated (v12 speaks_for v13) ⟺ F) ∧
(isAuthenticated (v14 controls v15) ⟺ F) ∧
(isAuthenticated (reps v16 v17 v18) ⟺ F) ∧
(isAuthenticated (v19 domi v20) ⟺ F) ∧
(isAuthenticated (v21 eqi v22) ⟺ F) ∧
(isAuthenticated (v23 doms v24) ⟺ F) ∧
(isAuthenticated (v25 eqs v26) ⟺ F) ∧
(isAuthenticated (v27 eqn v28) ⟺ F) ∧
(isAuthenticated (v29 lte v30) ⟺ F) ∧
(isAuthenticated (v31 lt v32) ⟺ F)
```

参考文献

Abadi, M., Burrows, M., Lampson, B., & Plotkin, G. 1993. A calculus for access control in distributed systems. *ACM Transactions on Programming Languages and Systems (TOPLAS)*, 15(4), pp. 706–734.

Bell, D.E., & La Padula, L.J. 1973. Secure computer systems: mathematical foundations. No. MTR-2547-VOL-1. MITRE Corp., Bedford, MA.

Bell, D.E., & La Padula, L.J. 1976. Secure computer system: unified exposition and multics interpretation. No. MTR-2997-REV-1. MITRE Corp., Bedford, MA.

Biba, K.J. 1977. Integrity considerations for secure computer systems. No. MTR-3153-REV-1. MITRE Corp., Bedford, MA.

Chin, S.K., & Older, S.B. 2010. *Access Control, Security, and Trust: A Logical Approach*. CRC press.

Conway, L. 2012. Reminiscences of the VLSI revolution: how a series of failures triggered a paradigm shift in digital design. *IEEE Solid-State Circuits Magazine*, 4(4), pp. 8–31.

Ferraiolo, D., & Kuhn, R. 1992. Role-based access controls. In: 15th NISTNCSC National Computer Security Conference, Baltimore, MD, October 13–16, 1992, pp. 554–563.

Gordon, M.J., & Melham, T.F. 1993. *Introduction to HOL A Theorem Proving Environment for Higher Order Logic*. Cambridge University Press, New York.

IEEE Standards Association. IEEE Guide for Information Technology – System Definition – Concept of Operations (ConOps) Document, IEEE Computer Society, IEEE Std 1362-1998, March 19, 1998.

Joint Publication 5-0. Joint Operation Planning, U.S. Department of Defense, August 11, 2011.

Popek, G.J., & Goldberg, R.P. 1974. Formal requirements for virtualizable third generation architectures. *Communications of the ACM*, 17(7), pp. 412–421.

Sandhu, R.S., Coyne, E.J., Feinstein, H.L., & Youman, C.E. 1996. Role-based access control models. *IEEE Computer*, 29(2), pp. 38–47.

第 2 章　通过物联网的嵌入式安全设计实现网络保障

Tyson T. Brooks，Joon Park
美国雪城大学，信息研究学院

2.1　引言

物联网（Internet of Things，IoT）包含数十亿的网络连接设备（Internet Connected Device，ICD）或者说“物件”，其中每个设备都可以进行感知、通信、计算和潜在驱动，并且具有智能，多模式界面、物理/虚拟身份和属性（Haller 等，2008；Wang & Ranjan，2015）。这些网络连接设备包括传感器、射频识别（RFID）、社交媒体、点击流量、商业交易、执行器（如配备上传感器的部署于炼油、石油勘探或制造业务的机器/设备），或者实验室仪器（如高能物理同步加速器）以及电视、电话等智能消费电器（Wang & Ranjan，2015）。物联网面临着一些技术挑战，其中包括如何利用和整合现有的系统和技术，实现与 IPv6 网络的互操作性以及对恶意事件的快速响应和对累积恶意信息的更广泛分析，并最大限度地减少新的物联网系统的部署。

计算机安全的基础是掌握深度的信息技术（Russell & Gangemi 1991）。它需要通过信息处理技术的实现来进行数据整合、数据交换、信号处理、以及依赖通信协议和网络技术的加密和解密（Wu & Irwin，2013）。物联网的技术特点是采取各种有效措施来防范恶意网络检测、窃取、网络攻击并保证数据能够安全传输。因此，物联网架构（包括无线传感器网络（Wireless Sensor Network，WSN），无线网络（Wi-Fi）、低功耗和有损网络（Low - power and Lossy Network，LLN），低功耗无线个人区域网络（6LoWPAN）上的 IPv6 等）允许计算机遵循机器对机器（M2M）模型，而不是安全性较低的客户端—服务器模型或星型结构（Yan 等，2008；Yun & Yuxin，2010）。例如，物联网的网络边界和 6LoW PAN 路由器必须能够接收和发送来自互联网的 IPv4 和 IPv6 流量（IPv4 的安全性不如 IPv6）。如图 2.1 所示，物联网正通过在网络世界（以云、智能电网、智能设备等为代表）与我们生活的物质世界间提供极高带宽的通道来转变信息技术平台（Rabaey，2015；Conovalu & Park，2015；Zhou，2012）。

在当今恶劣的网络环境中，黑客不断升级他们的攻击方法和攻击目标（Brooks 等，2014）。任何通信网络都有可能成为黑客执行未经授权访问信息系统

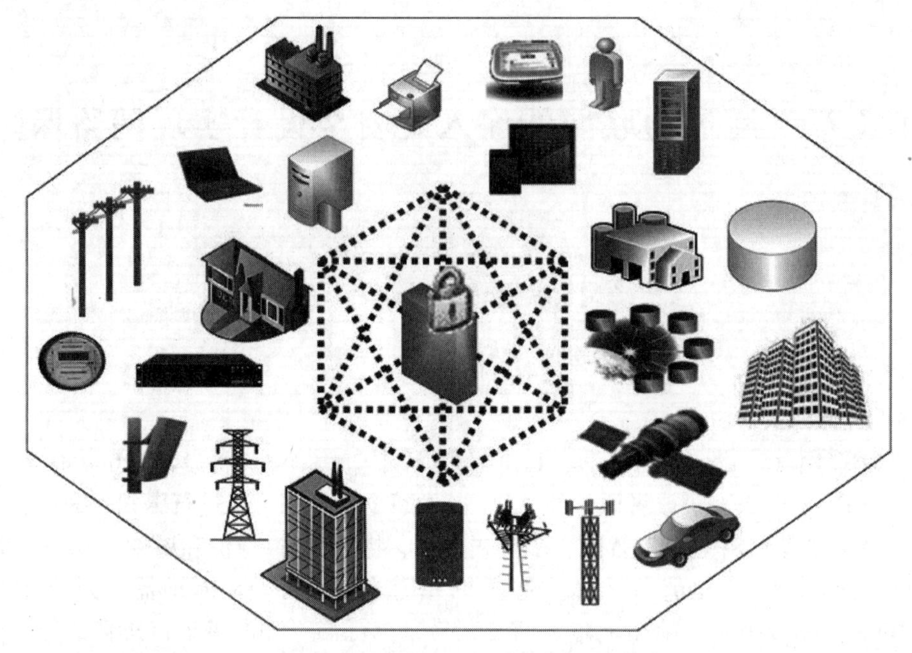

图 2.1　物联网（经 IEEE 许可转载）

操作的目标（Brooks 等，2013）。在一个大型的物联网计算环境中，物联网网络连接设备和网络之间的所有可信关系/接口以及组件内物联网进程的所有可信关系/接口都需要进行自动检查，以确保在交互过程中，两者的行为不违反它们之间的信任关系。有个违反信任的例子，一个物联网进程向另一个物联网进程提供错误的数据，或一个物联网组件试图对另一个组件执行未经授权的操作。即使可以确认每个单独的进程或组件具备所需的安全属性，但是它们与其他部分交互的方式仍然可能成为漏洞的来源。嵌入式系统软件（固件）通常是为指定的硬件（例如嵌入式设备）专门构建的，是一个很有前途的研究领域并且在物联网中有广泛的发展前景（Guinard & Trifa，2009；Limin，2010；Kranz 等，2010；Ukil 等，2011；Kovacshazy 等，2013）。那些占用很小的内存就可以运行软件的嵌入式设备（如 RFID、驱动器、WSN、MCU）是具有处理器或微控制器（加上存储容量）的智能对象，它们可以处理和解释传感器信息，为产品提供“内存”来说明如何在网络中发现并使用它们（Asensio 等，2015）。这些利用物联网嵌入式系统软件的嵌入式设备，不仅包括智能网络连接设备本身，还包括由业务和存储组件组成的物联网网络。

嵌入式安全设备在物联网中扮演着复杂的角色（Tseng 等，2015）。嵌入式安全设备的概念使用了物理或逻辑容器，这些容器可能包含唯一的处理属性，如序列号、共享秘密值或在访问控制操作期间用于验证授权用户的密钥（Kocher，

2004）。物联网组织采用的嵌入式设备在提供网络连接设备认证时需要高水平的保障，以确定是否应授予他们对信息系统和组件的逻辑访问权限。由于数据将在众多的网络连接设备和物联网络之间共享，数据的授权网络连接设备不知道数据是否、何时或如何被恶意使用。更糟糕的是，物联网系统无法确认呈现数据的网络连接设备是经授权的网络连接设备还是冒名顶替的。为了在认证操作过程中达到更高级别的保障，许多组织要求使用具有普遍身份验证数据的嵌入式安全技术。

2.1.1　嵌入式安全的相关工作

网络保障是合理的信心保障，即使在有攻击、故障、事故和突发事件的情况下，网络系统也能够充分保障并满足运营需求（Alberts 等，2009）。物联网的网络连接设备需要这种安全形式来执行嵌入在网络连接设备和物联网网络中的计算功能。物联网的基本概念是针对于网络攻击所提供的安全保障的嵌入式安全。Xiaojun 等人（2015）的研究提出了一种基于自组织映射（Self Organizing Map，SOM）的方法，通过检测异常程序行为来提高嵌入式系统的安全性。研究人员提出从处理器的程序计数器和每条指令周期中提取特征，然后利用该特征来识别使用 SOM 的异常行为，从而识别未知程序的行为（Xiaojun 等，2015）。Davi 等人（2015 年）对硬件辅助流完整性扩展（HAFIX）的实验（防止代码重用攻击，如面向回程编程（ROP））利用了各种处理器体系结构的后向边缘（返回）。作者认为 HAFIX 是一种细粒度的、实用的保护技术，为未来控制流完整性的实例化提供了技术支持，并介绍 HAFIX 在英特尔® Siskiyou Peak 和 SPARC 嵌入式系统架构中的实施和评估，以展示其在代码重放保护中的安全性和效率性，同时仅产生 2% 的性能开销（Davi 等，2015）。

Kainth 等人（2015）的研究发现了一种模糊软件微处理器代码的新技术，它位于现场可编程门阵列（FPGA）芯片之外，通过提供可定制的、与数据相关的控制流修改，使得攻击者很难理解程序的行为。在该方法的应用研究中，作者确定了三个基准，阐述了控制流环路复杂度会随着软处理器适度的逻辑开销增加约 7 倍（Kainth 等，2015）。Tseng 等人（2015）研究了一种基于高级 RISC 机器（ARM）的，专用于实时检测无人值守的运动目标的嵌入式系统，该系统可用于安全系统和其他应用程序中，并可以适当修改。笔者提供了构建一个嵌入式系统的全部流程，如交叉编译环境、Bootloader 的移植、对 Linux－2.6 内核和根文件系统的移植，外围驱动设备的设置等、还有基于图像背景减法的运动目标检测与跟踪技术，该方法通过 Wi－Fi 将入侵者的图像转移到“云”，以防止图片被入侵者破坏（Yuan－Wei 等，2015）。

Bobade 和 Mankar（2015）的研究改进了双点乘算法，采用新型的模块化乘法器在错误校验和纠错（ECC）处理器中替换了传统的 Karatsuba 乘法器。这种模块化乘法器采用收缩处理的方法，逐位或并行处理矢量多项式，而不是递归数据作为16位字（Bobade & Mankar，2015）。Bobade和Mankar（2015）的研究表明，该乘法器在ECC中使用时，可以显著降低总面积的使用率，并且使用Xilinx 14.4软件合成并模拟了完整的模乘和ECC处理器模块，与其他结构相比面积使用效率显著提高。Kermani等人（2013）的研究提出了嵌入式计算的发展趋势，通过假设的和真实的安全攻击案例来强调研究人员对安全嵌入式系统设计的影响，并讨论了这些系统所面临的独特安全挑战和解决这些问题的初步努力。Ukil等人（2011）的研究提供了嵌入式安全的需求、抵御不同攻击的解决方案，以及基于安全执行环境的可信计算概念来抵御静止数据安全问题和过境数据安全问题的嵌入式设备的防火墙技术。

Flood和Schukat（2014）的研究提出了一个新协议，该协议结合了零知识证明和密钥交换机制，在静态的M2M网络中提供安全和身份认证的通信。笔者提出的方法解决了上述问题，该方法同时适用于计算资源有限的设备，并可以部署在WSN中，而该协议需要网络设置和结构的经验来完美保障前向保密（Flood & Schukat，2014）。Babar等人（2011）的研究工作突出了提供物联网设备内置安全性的必要性，以便为动态预防、检测、诊断、隔离和对抗违规行为提供灵活的基础设施；同时提出了在嵌入式安全框架设备的计算时间，能耗和内存需求的基础上定义安全需求，并作为软件/硬件协同设计方法的特征之一。Unger和Timmermann（2015）研究了嵌入式系统的Web服务（WS）安全规范套件，该套件为Web服务安全（DPWSec）导出用于消息级安全性，身份验证和授权的设备配置文件以及用于安全体系结构的配置文件。Unger和Timmermann（2015）研究了一个智能岩石锚杆，它是传统岩石螺栓与物联网设备的结合，即具有嵌入式传感器、执行器、处理能力和无线通信的岩石锚杆。Eliasson等人（2014）开发了一个被提议的架构，其中每个锚杆都有自己的IPv6地址，可以通过测量应变和地震活动并以服务的形式暴露传感器，以特定方式建立无线网状网络；许多与挖掘有关的活动，如对岩石锚杆的压力可以被探测到，落石和移动机械的存在也可以被观察到。

Ansilla等人（2015年）针对诱发拒绝服务（DoS）攻击的智能电网同步（SYN）洪泛攻击的研究提出了嵌入在LPC1768处理器中的安全网络服务器算法，从而确保智能资源免受攻击。Czybik等人（2013）对适用于实时以太网通信系统传输数据真实性保护的算法进行了分析，包括分析工业以太网设备中使用的典型嵌入式系统的算法和测量结果。Ozvural和Kurt（2015）研究了低吞吐量嵌入式IP网关节点，该节点利用低速无线个人区域网络的随机网络编码和低开销的Web-Socket协议进行云通信。Gope和Hwang（2015）提出了一种匿名认证方案，该方案可以保障传感器的一些显著特性，比如传感器的匿名性，传感器

的不可检测性，抗重放攻击，克隆攻击等等，该认证方案将用于很多分布式物联网应用中（如基于 RFID 的物联网系统，基于生物传感器的物联网医疗保健系统等），并且传感器运动的隐私是非常需要的。Isa 等人（2014）提出了射频（RF）模拟器 V1.1，该模拟器采用停止等待自动重复请求（SW－ARQ）协议模拟了射频设备通信的轻量级安全协议。笔者对射频模拟器的研究可用于在物理嵌入式设备协议实现或实验之前，在模拟器上对任何新的密码协议进行快速的试验和调试（Isa 等，2014）。

Strobel 等人（2014）在标准嵌入式 MCU 上研究实现敏感应用可能会导致严重的安全问题。Strobel 等人（2014）的研究确定了基于单片机系统的各种威胁，包括侧通道分析和提取嵌入代码的不同方法。这些方法允许攻击者提取加密密钥，从而导致了系统安全的崩溃。Liu 等人（2015）对 WeeRMES（一个基于 WS 的嵌入式系统远程监控电子邮件扩展）的研究用来补充传统的远程控制方法，使用如发送设备说明书的电子邮件，检查设备状态，并使用可扩展标记语言（XML）封装的消息和用户界面来收集数据，以通过装载在目标设备上的 Java 类生成的 XForms 动态实现。Xiang 等人（2013）的研究提出了一种利用硬件监控的安全机制，通过监控代码的基本块校验和代码基本块的执行时间，以及代码基本块的开始结束地址，来保护嵌入式系统上程序的执行。初步实验结果表明，研究人员所设计的基本块信息提取工具和安全模块可以正常工作，由安全模块带来的额外性能损失和附加芯片存储要求也处于可接受范围内（Wang 等，2013）。

2.2　网络安全与网络保障

网络保障（cyber－assurance）和网络安全（cyber－security）虽然类似，但略有不同。网络安全是指在信息技术（IT）基础设施被攻击时进行的防御，它利用人和技术（例如访问控制技术、系统完整性技术、密码学、审计和监控工具、配置管理和信息保证）保护在网络计算机系统中正在处理、存储和传输的信息（GAO 2004；CNSS 2010）。根据定义，网络安全使用了包括信息保障，防御计算机系统（例如入侵检测系统，入侵防御系统等）的防御措施，来加强应用程序保护，恶意软件防护，访问控制，信息基础设施的保护和网络安全（Agosta & Pelosi，2007）。网络安全旨在保护网络，计算机，程序和信息免受攻击，通过一系列防御性技术（硬件/软件）的过程和实践，以及损坏未经授权访问的策略，从而确保系统连接到互联网（Agosta & Pelosi，2007）。例如，一个网络防火墙，既是有状态的又是无状态的，通过管理和控制网络的连通性和为进入和离开网络的流量提供网络服务，来防止对未授权用户进行无限制访问；反病毒技术用于对信息系统中的病毒进行快速检测和排除。这些防御措施是网络安全系统常用的一些方法。同样，网络安全并不仅仅关注人员和技术，而是侧重于所有与保密性，完整性，可用性，授权和不可否认的流程和策略相关的所有信息保障，以确保这些系统内部处理的信息的敏感性和重要性（Curts & Campbell，2015）。

正如前面所述，即使在存在攻击、失败、事故和意外事件的情况下，网络保障是网络系统具有足够的安全性来满足业务需要的合理信心（Alberts 等，2009）。网络保障意味着物联网智能网络连接设备和网络可以自动防御网络攻击。不同的是，网络保障的概念必须在网络连接设备和网络中提供嵌入式、安全微芯片/处理器，即使遭受攻击也可以继续正常运作（Alberts 等，2009）。物联网设备和系统应该能够抵御各种安全性网络攻击，如黑客入侵物联网、窃取信息、破坏等，并能够在恶劣的环境条件下继续运作。通过传输信息的嵌入式处理器和算法（Parameswaran&Wolf，2008），传输通道可以监控信息的编码和数据泄露。及时降低信息质量，并且利用多向路由自动切换到最佳路由的物联网系统也是非常必要的。网络保障需要提供规范和技术来统一物联网系统，以便实现最终目标——大大提高物联网系统保障的性能、互操作性、可扩展性和敏捷性。

在物联网中，网络保障如何利用物联网设备和网络来严格控制服务是至关重要的。在物联网的最底层，传感器、执行器与嵌入的物理环境相互联系（Limin，2010；Kovacshazy 等，2013）。这意味着物联网的各个方面在单个组件、程序或应用程序的粒度级别上必须能够自动抵御网络攻击。现代网络安全技术的进一步挑战是如何确认典型的安全方法所使用的过时安全抽象与对特定服务请求相关的潜在风险进行识别的合法性。此外，物联网基础设施的一些独特属性可以为网络保障的建立提供基础。作为一个新兴领域，物联网的网络保障还没有得到与网络安全同等的关注，但也逐渐成熟。与本书直接相关的作品涉及信息安全（Quain 等，2010），安全架构（Schoenfield，2015），智能电网安全（Goel 等，2015）以及云计算安全（Krutz&Vines，2010）。物联网设备之间的请求和响应监控，必须使用广谱通信——采用有效方法来检测某些攻击类型可行性的技术（Anderson 等，2004；Yang 等，2014；Huang & Zhang，2015；Torrieri，2015）。例如，Santamarta（2012）（如 Knapp & Samani 2013，pp. 70－71 中的定义）利用多种网络监控和逆向工程工具来识别以太网/互联网协议（IP），从而控制罗克韦尔自动化公司的 ControlLogix 系统和智能电网的监控以及数据采集（SCADA）系统的对象标识符，导致披露了以下几种攻击方法：

1）强制系统停止：此攻击通过发送一个通用的工业协议（CIP）命令给设备，从而有效地关闭 CIP 服务并使设备失效；使设备成为一个“可恢复性故障”的状态。

2）破坏中央处理器（CPU）：由于 CIP 请求格式不正确，此攻击会导致 CPU 崩溃，CIP 堆栈无法有效处理；结果又是一个“重大可修复性故障”状态。

3）转储设备启动代码：这是一个 CIP 功能，允许远程转储以太网/ IP 设备的启动代码。

4）复位设备：这是 CIP 系统复位功能的误用；此攻击重置了目标设备。

5）崩溃设备：此攻击利用设备 CIP 堆栈的漏洞使目标设备崩溃。

6）闪存更新：与许多工业协议一样，CIP 支持写入数据以删除设备，包括寄存器和依赖值，还有文件；此攻击会滥用此功能将新固件写入目标设备。

注：Project Basecamp 下的 Flash 更新攻击大致模仿了 St * * * * t 的行为，它使用 Profinet 协议并以类似的方式向西门子 PLC 写入新的逻辑。令人惊讶的是，此类型攻击可能与许多其他 ICS 协议交叉，因为它们代表协议内的预定义功能代码（Knapp & Samani，2013，p. 71）。

网络保障嵌入式防御机制在网络连接设备和物联网网络中提供了一个稳定可靠的系统，具有很强的抗破坏能力和良好的防御能力。该机制包括检测技术漏洞和各种物联网的网络分布结构，检测和确定无线通信的技术参数，发现物联网系统的异常和威胁等级，以及分析其优缺点和为组织实施安全信息处理提供智能信息处理支持。该机制的基本概念是保证物联网可以在网络攻击之前、网络攻击期间、甚至在网络攻击下执行其功能（Gao & Ansari，2005）。由于物联网网络攻击的时间、攻击的形式、攻击的范围和程度等因素，网络安全需求必须在概念上被实现，从而确定整体物联网战略。在以信息和信息技术主导的网络世界中，节点和信息处理无疑是网络攻击和侦查的主要目标。它们的生存受到严重挑战，因此可靠性是物联网系统的一个重要指标。

然而，网络安全和网络保障是相辅相成的。两者都需要隐蔽、复杂和多变的特性，要求网络提高其应急响应能力并可以对突发事件做出灵活的反应。但是，随着物联网的出现，对手肯定会进行更强大的网络攻击来降低整体系统的效能。网络保障的概念必须包括嵌入式安全解决方案，以自动保护物联网结构，存储（静态数据）和传输（数据传输）的信息，网络连接设备的位置以及它们的操作活动包括信号波形，传输速度以及物联网领域内的其他技术参数。

2.3　识别、设防、重建、生存

网络保障对颠覆物联网安全方法的稳健性至关重要，因为信息系统颠覆的威胁带来了重大风险（Anderson 等，2004）。物联网的信息保障依赖于其骨干架构的安全性和智能网络连接设备提供的网络服务。为了成功执行网络保障技术，执行过程本身必须是可信的。这就要求这个过程本身是强大的且能够抵挡网络攻击。因此，与网络保障过程相关联的信任级别必须根据假定的威胁概要进行评估，对于每个单独的网络连接设备或物联网来说可能都不相同。当检测到任何报警情况应立即采取措施保护网络连接设备所保护的所有信息和资源。虽然安全处理器芯片包含用于监视这些指示器的硬件设备，并且会在检测到任何超出限制的情况时发出警报，但是通常不适合在该环境下的其他网络连接设备。

尽管网络连接设备和物联网网络的特征复杂，但因为其操作方法导致这些新型的无线系统仍然会存在许多漏洞。大多数已知的 APT 攻击可分为模拟、渗透、旁路和暴力攻击。要入侵物联网，攻击者将首先尝试确定该特定网络的访问参数。例如媒体访问控制（MAC）欺骗之类的黑客技术可能被用来攻击物联网（Qian 等，2010）。如果底层网络使用客户端的 MAC 地址过滤，那么入侵者所要做的就是找出特定客户端的 MAC 地址和指定的 IP 地址。入侵者等到该客户机离开网络后，开始使用网络及其资源，同时作为有效用户出现（Unger & Timmermann，2015）。然而，由于存在成千上万的可能节点，物联网系统按照 MAC 地址过滤是不切实际的。当大规模使用时，MAC 过滤机制往往会减慢网络流量。大多数物联网系统的目的是接近实时处理，而 MAC 地址过滤可能影响他们的预期用途。

滥用路由协议的劫持攻击允许通过绕过受害者和攻击者传输范围内受损节点的流量来窃听受害者（Kovacshazy 等，2013）。攻击者通过安装流氓物联网接入点（AP）（通常在公共区域，如共享办公空间，机场等）来接收来自无线客户端的流量，无线客户端将其视为有效的身份验证者。通过这种方式捕获的数据包，攻击者可以修改其内容并将其重新插入网络，从而提取敏感信息或发起进一步攻击（Unger & Timmermann，2015）。对 IEEE 802 48 位硬件地址进行认证只能建立物理机器的身份，而不是它的人类用户。因此，设法窃取带有注册 MAC 地址的笔记本电脑的攻击者将作为合法用户出现在网络上（Isa 等，2014）。在实际应用中，这根本没有安全性可言，因为 MAC 地址很容易被当今市场上可用的任何类型的无线局域网（WLAN）接口卡伪造（Ozvural & Kurt，2015）。常用的无源和有源物联网分析、攻击工具的详细信息由于这些漏洞（要么作为防御战略的一部分，要么发动攻击）可能被应用程序攻击，如被 Kismet、Ethereal、NetStumbler、AirSnort、Airsnarf、Airjack、Aircrack 和 WepLab 所利用（Engebretson，2013）。所有的弱点都是众所周知并已被证明为易于使用和定期部署的漏洞。

由于物联网的无线特性，正在使用的网络连接设备会自动上电并参与数据传输。有些网络连接设备可能（或可能不）依赖集成电源，而是依赖于其他网络连接设备或云计算环境之间的读取器，验证器等，使用网关门户来辐射能够检测到另一网络连接设备的传输的天线场，将其转换为 RFID /电流，并将其存储在电容器中（Burbridge&Harrison，2009）。当电容器达到阈值水平，它将放电并为网络连接设备及其发射机供电，以便将数据发送到其他网络连接设备或云物联网的网络计算环境中（如图 2. 2 所示）。在检测到网络连接设备时，这些读取器，

鉴别器首先检测有效的 RFID /电流，以便与其他网络连接设备或物联网设备执行物联网定义的共享秘密的质询响应协议，从而建立用于数据的安全会话或隧道通信。

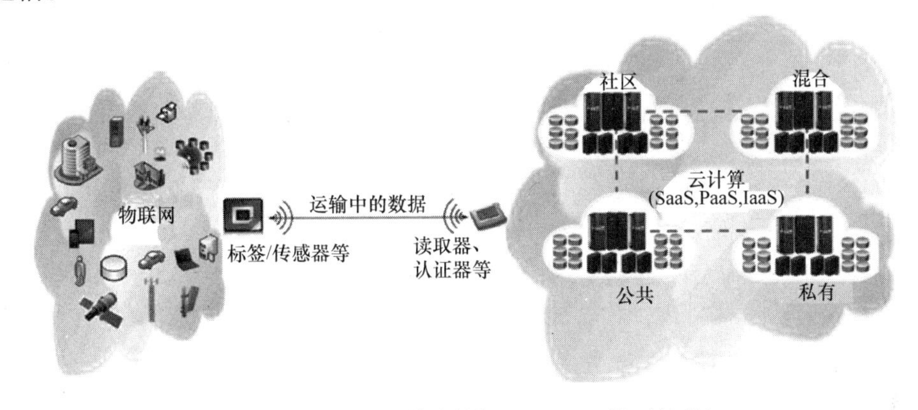

图 2.2　物联网的传输数据（经 IEEE 许可转载）

2.3.1　识别

识别包括识别正在执行的网络攻击，从而在获得物联网网络和系统之前强化智能网络连接设备。由于物联网中随机访问功能的可用性，它的设备和网络必须具有自动识别恶意身份的功能。网络连接设备设计工作的重点应该是确定是否以及如何将给定的网络连接设备的不安全行为与整个物联网系统所需的安全属性和行为进行对比。在更具体的层面，网络连接设备的设计应注重确定网络连接设备传感器代理（即中央嵌入式微处理器）是否在集成/组装系统内采取策略（例如安全封装、虚拟机/过滤、应用层防火墙）来保护它免受网络连接设备传感器代理开发中使用的任何不安全标准和技术的不良影响。网络连接设备传感器代理应该自动识别和验证试图通过自动检测技术获得随机访问物联网系统的恶意活动（例如病毒、蠕虫、木马、攻击脚本、逻辑炸弹）的身份，并且应该能够辨别试图进入物联网系统的信息是有效的还是恶意的。当外部攻击威胁到系统安全时，网络连接设备传感器代理通过自我监控，能够连接到相应的设防进程。

为了抵御网络连接设备和物联网网络中的网络攻击，如图 2.3 所示，应在网络连接设备和物联网网络环境中安装嵌入式网络连接设备传感器代理来识别网络攻击。这些网络连接设备传感器代理可以设计在网络连接设备和物联网网络中，这些网络由几个可以形成电阻器并可作为分压器连接的组件构成。

上述网络连接设备传感器代理具有自定义密码处理器（CCP），该处理器被设计为支持用于执行密码应用操作的高性能密码算法（例如椭圆曲线密码、现场可编程门阵列）并且能够把每个处理器连接到 CPU（Elbe 等，2003；Carvajal

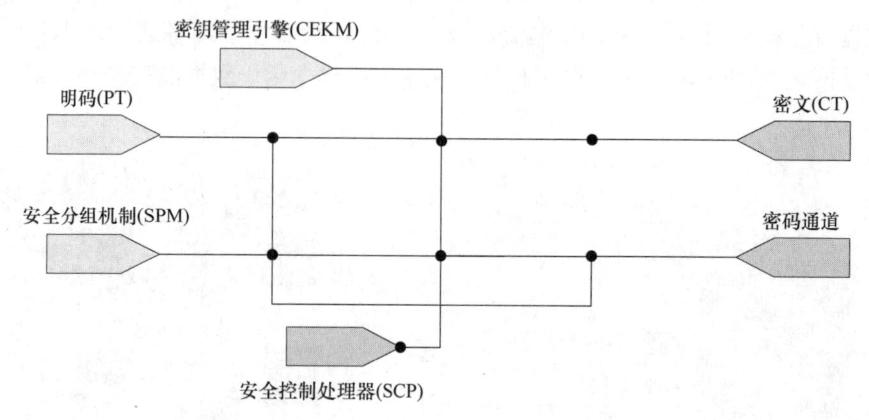

图 2.3　ICD/物联网嵌入式微处理器/传感器（经 IEEE 许可转载）

等，2005）。算法可以使用密码域专用语言（DSL）来实现，该语言是根据密码算法（Leventis 等，2003，Agosta&Pelosi，2007）进行开发设计的语言。网络连接设备传感器代理包括一个明文（PT）和密文（CT）接口处理器，该处理器用于缓冲加密处理器之间的输入/输出（I/O）。如果在 PT 和 CT 之间发现恶意行为，安全数据包机制（SPM）会启动策略来限制数据并停止处理数据。该恶意数据被发送到控制处理器，控制处理器会撤销任何获取令牌的尝试，因为这些数据被标识为恶意数据。密钥管理加密引擎（CEKM）是用来支持在自定义的加密处理器中的密钥管理功能（Liu 等，2005；Porambage 等，2013；Veltri 等，2013）。CEKM 是一种通用处理器，具有多级操作系统，可以在任务之间提供重要的分离保证，并提供密钥管理功能以支持自定义加密处理器（Ballardie，1996；Du 等，2005；Liu 等，2005；Porambage 等，2013；Veltri 等，2013）。CEKM 提供任务和对象分离的安全操作系统，网络连接设备代理应至少支持 1024 个同步通道（Du 等，2005；Liu 等，2005；Porambage 等，2013）。

网络连接设备传感器代理提供两种类型加密信道（CC）之间的分离。CC 由多个处理器组成，这些处理器是网络连接设备传感器代理的组成成分。CC 结合起来可以支持多达 1024 个独立的 CC。控制处理器（CP）确保 CCs 和 IO 处理器（PT 和 CT）可以提供流经网络连接设备传感器代理的活动通道之间的信道分离。CC 通过支持通道之间的快速上下文切换来支持加密通道分离。每个通道都有一个（可能不同）密码算法和密钥。当一个通道换出另一个通道时，算法和密钥从 CC1 和 CC2 使用的内存中被交换出来。通道可以被交换到网络连接设备传感器代理上的 RAM 或外部存储器上。当它被交换到外部存储器时，以加密格式存储。对上下文切换的支持确保了信道算法、密钥和即使处于非活动状态的信道能够保持独立的状态。当发现恶意活动时，SPM 会启动策略来限制数据并停止处理数据。然后将数据发送到控制处理器，并且由于数据是恶意的，控制处理器会

撤销任何获取令牌的尝试。

将这些嵌入式网络连接设备传感器的代理追踪器安装在不同的网络连接设备中，并根据网络连接设备类型改变轨迹（例如配置），如果轨迹一起断开或短路，则可以检测到入侵。例如，通过在节点 A 到 D 之间提供电压，配置三信道电路。如果所有电阻元件相等，则节点 B、D、E 各有一个 1/2 的正向电压（Vcc）。如果一个通道上的电阻器坏了，那么节点电压就会变成电源电压或接地电压。如果两个电阻都坏了，节点电压就会浮动。为了检测这个，每个通道都需要一个下拉电阻。将两个电阻一起短路，两个节点电压变为 2/3 或 1/3 的电源电压。最后，由于所有的节点电压都变为 0V，所以也可以检测到 Vcc 短接到 Gnd。为了检测每个节点上所有可能的变化，电路需要确定节点的电压是否移动到可接受的操作窗口之外。要做到这一点，每个通道需要两个比较器，一个检测节点电压是否高于参考电压，另一个检测节点电压是否低于参考电压（Razavi & Wooley，1992）。对于三通道传感器的例子，需要六个比较器和拉低检测信号的开路漏级连接在一起输出。

阶梯电压用来提供高低参考电压，如图 2.4 所示。在上面的例子中使用的标准电阻值，Ref_1 大约是升压电源电压（BVCC）的 60%，而 Ref_2 约为 40%；Ref_1 和 Ref_3 是将电压电源管理到安全分组机制的 BVCC 阶梯电压的一部分。如果有高阻抗输入，这些电压参考可以在三个比较器之间共享。虽然窗口宽到足以检测到一些偏移和噪声，但也仍然能检测到之前描述的篡改条件。共享参考标准并使用漏极开路比较器有助于减少元器件数量。

每个通道节点都需要进行过滤，以保持可靠的操作。电磁接口电源（EMI）的故障可能会导致误报。这个问题因为每个节点的电流非常小所以变得更棘手。滤波电容有助于维护节点和参考电压，但是这种滤波会导致检测信号的响应时间延迟。如果网格线路断开，节点滤波电容两端的电压会改变。这种改变可能需要几秒钟才能被比较器检测到。最坏的情况是，如果两个电阻都被断开，一个节点悬空，那么放电滤波的时间将取决于节点的下拉电阻。为了尽量减少电流消耗，这种阻力是非常高的。把篡改电路集成到单个网络连接设备中，可以减少电路板元件数量、功耗和成本。该示例设计采用六个 Maxim 9120 比较器，每个比较器的电流为 350mA。这将设计的功率要求推到 2μA 以上，并且不包括下拉电阻和传感器所产生的电压分压。此电流消耗除去了所需的实时时钟和电池支持的随机存取存储器（RAM）的消耗。所以实际工作电流接近 4μA。在无源情况下，使用 180mAh 的电池将运行 5 年。当有源时，主电源通过电池向传感器电路供电。

为了检测恶意篡改，网络连接设备传感器代理将不断改变输出端口的值。然后输入端口的值将被读取，如果值匹配，则轨迹是完整的。如果一个轨迹被破坏，那么当它在序列中被拉高时，就会被检测到。如果轨迹被缩短，它将被一个

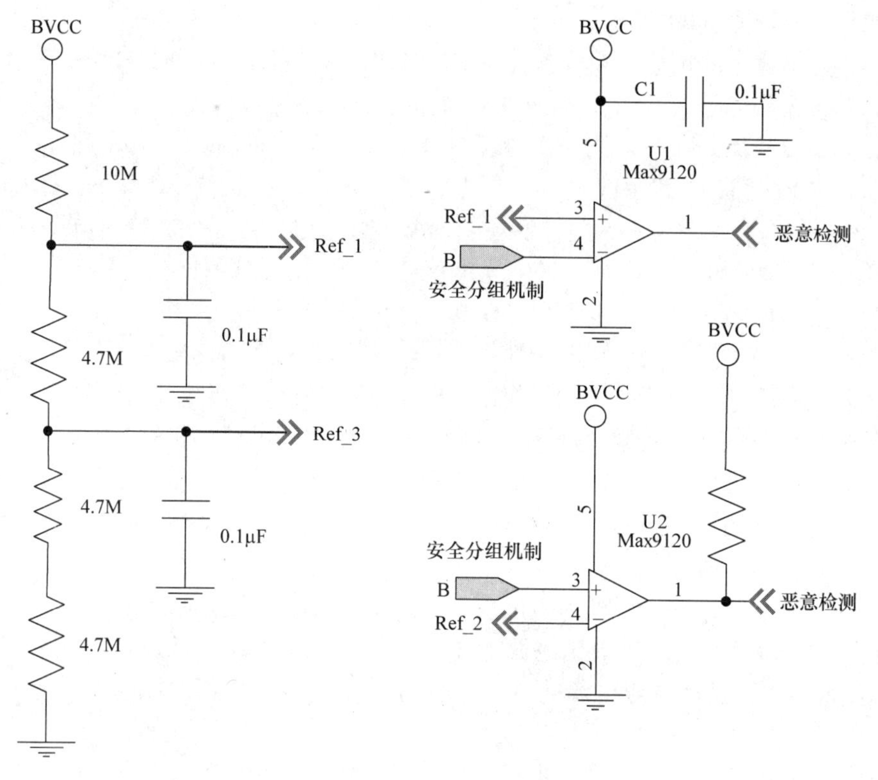

图 2.4 ICD 传感器电压梯形图（经 IEEE 许可转载）

相邻的轨迹驱动。这种设计的响应时间取决于信号的数量以及图案的施加和检测速度。此外，该模式应该是随机的，很难被攻击者预测到。这种设计的主要优点是网络连接设备传感器代理 MCU 和必要的比较器集成，监视随时可能运行的网络连接设备，从而提供了更高的集成度来减少元器件和电路板数量，并且需要提高性能，这样才能以足够快的速度检测恶意情况。

2.3.2 设防

这里的网络保障识别策略仅用来定义服务级别接口，并忽略特定域的实现细节。一旦从识别过程中识别出网络攻击，就会发生设防过程。设防是指在网络连接设备中应用自动嵌入式网络保护技术，在网络攻击期间保护物联网设备和网络。设防包括附加的关键硬件和芯片，安装使用于故障点的嵌入式令牌的智能芯片，并利用通用技术来隐藏信息窃取，所有这些都依赖于代码检测和运行时的确认检查。具体的技术细节因实施网络连接设备所使用的编程语言的不同而有所不同。

一旦通过识别确定了网络攻击，嵌入式网络连接设备 SPM 就会限制包含数据包的信号，并停止数据处理，如图 2.5 所示。

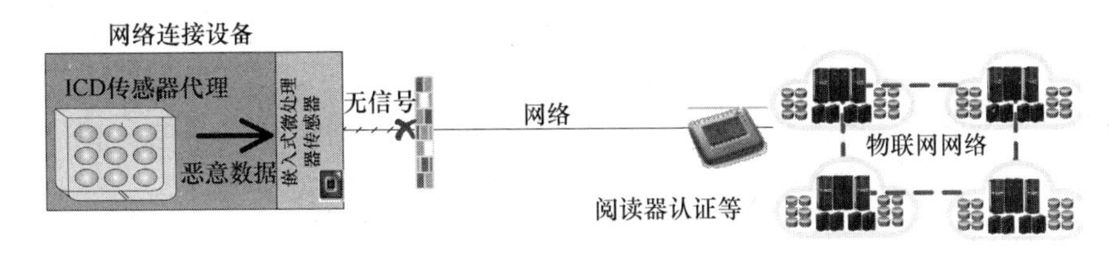

图 2.5　设防（经 IEEE 许可转载）

然后，恶意数据被发送到 SPM，网络连接设备传感器代理处理器会撤销任何获取令牌的尝试，因为该数据被认为是恶意的。如果网络连接设备依靠主机操作系统来维护审计日志，并且主机操作系统确实满足这一要求——通过编译网络连接设备被认为满足了这一要求。然而，如果主机操作系统不维护审计日志——主机操作系统不符合规范，并且编译时网络连接设备也不符合规范。例如，Chasaki 和 Wolf（2010，p. 5）针对未来的指令选项开发了一个安全的包处理器，如操作码、指令地址、指令地址 + 指令字和上述任何一个的哈希值，并定义如下：

1）操作码：网络连接设备安全传感器分组机制可以监视在嵌入式处理器上执行的操作，这些操作指示执行的应用程序功能。为了使攻击成为可能，攻击者必须将指令集替换为使用相同操作码的另一组恶意指令。

2）指令地址：因为用于存储指令集的存储器地址是唯一的，攻击者必须将原始应用程序所写的恶意代码写入指令存储器中的相同位置。这还需要恶意代码与合法代码在相同位置分支。

3）指令地址 + 指令字：这种流模式将两条信息结合起来，使攻击者难以想出不会被发现的攻击码。此外，通过将操作码或控制流信息添加到监控流中，这可能会导致系统的资源消耗显著增加。

4）上述任何一种的哈希值：嵌入式处理器正在流动式传输上述任何组合的紧凑哈希值。用于计算哈希值的位数越多，监控模式就越强。但是，使用的位数将影响内存利用率。所以说它是硬件平台上可用内存和安全功能特性之间的权衡。

如果包含分组数据的物联网信号是有效的，网络连接设备传感器代理将调用它的令牌安全服务。令牌安全服务通过定义接口来访问网络连接设备安全数据包传感器机制，该机制必须被设计、开发和构建。与现有的非对称密钥交换的直接认证模型相比（Zhou & Chao，2011；Dlamini 等，2012；Yang 等，2013），这种方法应该通过删除每个消息身份验证的冗余来执行。访问网络连接设备传感器代理令牌的接口可以基于物联网认证机制，如那些椭圆曲线 Menezes - Qu - Vanstone（ECMQV）隐式认证方案和椭圆曲线 Diffie - Hellman（ECDH）密钥交换协议的 WSN（Hankerson 等，2006；SEC4，2011；Porambage 等，2014）。也就是说，网络保障的目的是保持流程实施的认证/授权不可知，并且在这里只是定义如何交换决定。例如，物联网开放授权（OAuth）是一个基于代表性状态传输（Representational State Tranfer，REST）网络架构（Cirani 等，2015）的开放协议，它允许从第三方应用程序中访问在线服务以及简单、规范的安全授权。OAuth 协议通常在诸如 HTTP 传输层安全性（TLS）（即 HTTPS）之类的安全传输层之上提供基于超文本传输协议（HTTP）的服务于应用程序编程接口（API）的授权层（Dierks&Rescorla 2008；Cirani 等 2015）。物联网的 OAuth 的构建需灵活并且是高度可配置的，易于通过委托授权功能与物联网的现有服务集成：①关于在智能对象上实现低处理负荷的访问控制的解决方案；②访问策略的细粒度（远程）定制；③不需要直接在设备上操作的可扩展性（Cirani 等，2015）。

为了进一步支持设防，网络连接设备的令牌会产生随机挑战，并将其发送给主机，主机将使用由可信实体签名的证书（或至少一个公钥）对其进行签名并将其发送回验证。可信实体尚未被确定，但其凭证必须被加载到令牌上，使得主机凭证的验证可以被定到已知的信任点上。现在应该指出的是，小型微处理器的认证路径验证有问题，路径越长，这个过程将花费的时间越长。此外，访问当前的证书吊销列表（CRL）来执行证书撤销检查也是有问题的。低保障系统可以通过将此处理从主机卸载来解决这些问题。但是，在执行该验证之后，主机才会被信任。如果主机通过令牌验证失败，则会阻止对该令牌的访问。目前没有任何信息被泄露，所以令牌不会被归零，但同时，令牌不会被认为是可用的。

主机成功通过身份验证后，令牌必须通过主机的身份验证。主机将生成随机挑战，将它发送给令牌，令牌将使用一个由可信实体签名进行验证的令牌密钥来签署，并将其发送回去验证。在前面的步骤中，受信任的实体尚未确定，但主机的验证更容易，因为它该有更多的证书和 CRL 的访问权限。在这种情况下，如果令牌的签名失败，则主机必须拒绝进一步的通信并注销令牌。这种情况的发生表明很可能已经执行了近乎成功的假冒攻击。如果在这一点上被捕获，除了认证值之外，至少没有敏感数据被泄露，但可以认为它是报告事件的重要条件。因此，主机应该有建立审计线索和收集法定证据的规则。只有在令牌和主机相互验证成功之后，进程才是完整的。此时，令牌可供网络连接设备充分使用。

2.3.3 重建

重建是由于网络连接设备遭到攻击，通过映射到不同的路线，在攻击后把网络连接设备恢复到运行状态的一种手段，如图 2.6 所示。为了将监控的流量与其他数据源相关联，传统上使用基于协议规则的方法。但是，在这种情况下，问题更具挑战性。事实上，物联网系统的优点之一是它们具有更大的灵活性，但是由于这种系统的开放和松耦合性，他们往往被用到多种使用场景（即使完全在单

个机构内运行）。因此，系统的全局行为和交易的全局视图往往是难以预测的；在极端情况下，全局行为可能是突发的而不是预期和预定义的。因此，相比而言，在关联规则方面更难建模。由于虚拟智能网络连接设备将服务器与物理硬件分离，所以物联网必须将整个网络与物理网络分离。一旦网络攻击被识别和设防，智能网络连接设备的 IP 地址和位置的动态关联就必须转换回稳定的系统。通过改变智能网络连接设备路由信息的位置和 IP 地址有助于防范网络攻击。

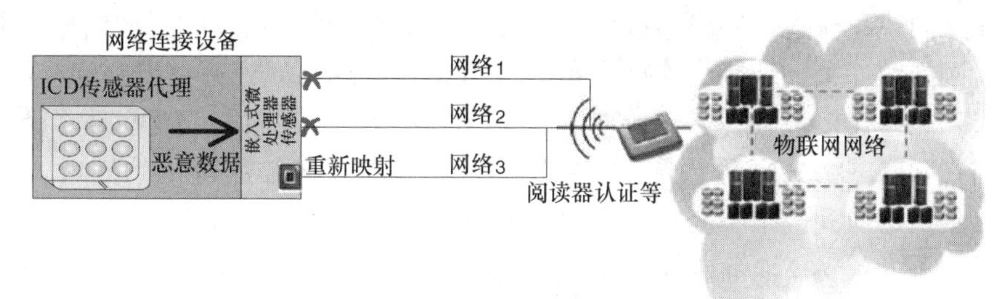

图 2.6　重映 ICD 的物联网（经 IEEE 许可转载）

并行运行多个服务实例是避免恶意缺陷、检测信息泄漏、评估基础设施配置的有效方法（Xiang 等，2013）。一旦检测到变化，新的配置就会被执行，并根据所需功能的实现形式映射到执行资源（Kovacshazy 等，2013）。Kovacshazy 等人（2013 年，pp. 3 –4）确定了一些基于优先级的基本规则，这些规则可以将功能映射到物联网的执行资源中：

1）如果功能在平台特定的本地表单中可用，并且可以在本地执行资源上高效执行，那么它就将其映射到资源上并执行。

2）如果功能在可移植的编译语言代码中可用，并且可以映射到编译器所在的执行资源上，则代码将被专门针对该执行资源编译并映射到资源上并执行。

3）如果在基于虚拟机的语言代码中有可用的功能，并且存在用于执行资源的本语言的虚拟机，则该功能可被映射到资源上并执行。

4）如果该功能仅在本机形式的特定平台上存在，并且该平台没有可用的执行资源，则将平台虚拟化，作为最后一个选项。该功能被映射到具有特定平台的仿真功能执行资源上并执行。

支持多个虚拟网络的嵌入式虚拟化技术可以应用在共享物理基础设施上（包括主机、链路、节点和交换机）（Lin 等，2011；Nakajima 等，2011；Kovacshazy 等，2013；Yuan 等 2015）。每个物联网都可以执行自己的策略（例如，用于路由、访问控制、分组调度、移动性），但需要允许网络连接设备动态改变映射到底层物理硬件的虚拟网络以提高弹性。如图 2.6 所示，一旦通过身份验证，网络连接设备传感器代理将被授予对物联网的访问控制权限。由于每个网络连接设备传感器代理都需要在物联网物理基础设施中使用网络资源（包括服务器、

无线节点带宽链接，和虚拟交换机和路由器），所以网络连接设备传感器代理会在嵌入式处理器中运行嵌入式系统算法，以确定网络连接设备传感器代理是否可以在物联网中执行。物联网需要追踪现有的网络连接设备分配，并通过允许单个网络连接设备跨越多个物联网路径来运行优化嵌入算法以计算效率。

由于路径具有多样性，网络连接设备传感器代理可以结合来自多个网络路径的资源，从而提高可扩展性、可靠性和安全性（Kommareddy 等，2003）。通过网络重定向或重映射，网络连接设备将有效地处理并解决物理故障和减轻对手的攻击。例如，如果物理网络连接设备的链路是恶意的，恰好通过识别和/或设防处理器，网络连接设备传感器代理可以映射一个或多个项目来改变物理路径，从而防止物联网网络处理恶意分组。在网络连接设备传感器代理中的嵌入式 SPM 完全可以重定向到一个不同的物联网路由器、交换机和节点的集合中，通过分配一个新的 IP 和 MAC 地址或执行虚拟机迁移，使虚拟服务器移动到一个新的物理位置，在新的物联网位置安装额外的数据包处理规则，并在不干扰物联网业务的情况下将业务转移到新的物联网中。此外，为了响应可疑的攻击或入侵，必须动态地触发用于指定物理物联网映射所需的更改频率的 API。

移动物联网服务的地址、位置和物联网的网络路径需要网络连接设备与物联网网络共享一个数字密钥。与以前在无线网络中跳频工作类似，该密钥调整了服务器的 IP 地址（Seba 等，2013）。网络连接设备和物联网需要通过重写路由器和交换机中的数据包头来更改服务器地址。使用具有反欺骗功能的网络设备（如单播反向路径转发（uRPF））可以减少网络漏洞状况（例如拒绝服务），因为网络连接设备可以验证源 IP 地址的有效性，如果源 IP 地址无效或是伪造的就不再通信（Graham 等，2010）。例如，虚拟机（VM）从一个物理服务器迁移到另一个物理服务器，并且通过虚拟交换机将虚拟链路重新映射到物联网网络路径，并链接到不同的物理位置。重映射物联网路径需要与终端设备（例如，云端服务器）协调，允许网络连接设备频繁进行更改，以避免与其他虚拟网络共享物理服务器的链接，包括对可疑攻击的响应。网络连接设备将触发虚拟机地址和位置的变化，虚拟交换机和链路的重映射将通过特殊的虚拟局域网管理（VLAN）进行。为了确保从一个配置到另一个配置的快速转换，网络连接设备将建立新的网络处理路由，并迭代地复制服务器状态和切换规则，同时停止在以前的网络路径上运行。

重建可能导致信息被误解。从入侵检测领域过去的研究来看，获得的日志数据往往是不完整的、不明确的或不可靠的（Sabahi & Movaghar，2008）。研究界日益认识到这一难题，在存在不完整或不可靠数据的情况下，对数相关问题已受到研究人员的关注（Abad 等，2003；Li 等，2004；Lee 等，2006）。在物联网的背景下，这个问题在某些情况下与紧急行为问题有关；由于紧急行为本质上没有

预定义，因此，精确的相关规则也是未知的或概率性的，而不是离散的。

2.3.4　生存

当物联网技术被用作关键任务系统的一部分时，物联网服务应该是可持续的，这样才能保障对重要任务的支持。Park 等人（2013）将可持续性定义为实体在网络攻击、内部故障或发送事故的情况下继续执行任务的能力（Park&Chandramohan，2004；Park 等，2005；Park 等，2009）。由于分布式计算环境中的任务，实体范围是从单一组件（对象）到由许多组成部分来支持整个任务的信息系统。一个实体可以支持多个任务，并且可以识别静态和动态模型。

静态生存性模型是基于在操作前准备好的冗余组件的（例如关键组件的多个副本），可以在分布式计算环境中连续支持关键服务。冗余组件可以位于同一台机器中，也可以位于同一个域或者甚至在不同域的不同机器中。相同的服务可以由相同的组件（例如原始组件的副本）或以各种方式实现的不种组件提供。隔离冗余（在不同的机器或域中）通常提供更高的生存性，因为替换的组件可以在不受影响的区域中运行。例如，如果冗余组件分布在网络的不同位置，当发生主要网络服务故障时，可以恢复这些组件提供的服务。但是，如果对组件攻击成功，用相同的副本来替换该组件不是根本的解决方案，因为相同的组件容易被以前成功的攻击中所使用的相同漏洞利用。

与静态模型不同，在动态生存模型中，没有冗余组件。已经失效或受恶意代码控制的组件被动态生成的组件即时替换，并在运行时实施部署。此外，如果可能的话，该模型允许用免疫组件替换恶意组件，这使得它能够提供比静态模型更强大的服务。如果我们不知道故障或恶意代码的确切原因，或者很难根据已知的故障或恶意代码的影响来恢复组件，那么我们可以用一个新的组件来替换受影响的组件，从而创建更新服务。我们称之为通用免疫策略，该策略可以有效防止网络攻击。如果组件（机器或整个域）受到攻击，通用免疫策略建议生成组件的新副本，并将其部署在不受攻击的新环境中。尽管通用免疫策略支持服务可用性，但新组件仍可能会受到相同的故障或攻击的影响。

在技术上，实现静态生存性模型比动态生存性模型更简单，因为前者只需准备必要的冗余组件，而后者需要其他支持机制来处理运行时的组件。在静态模型中，服务停机时间相对较短，因为系统只需要使用准备好的冗余组件来更改服务路径。但是，如果初始选择的组件处于正常状态，就不需要使用其他冗余组件。在这种情况下，资源效率很低。该模型的适应能力是基于预定义替代方案间的重构的。相反，动态模型可以动态地适应在运行时发生的故障或攻击类型。此外，如果组件免疫是合理的，它可以抵抗同样类型的故障和攻击。因此，该模型的整体强健性高于静态模型。然而，动态模型在服务停机方面存在固有的缺点。恢复过程的时间范围可以从几秒到几分钟。这种停机时间的缺陷将导致关键任务系统出现严重问题，因为在恢复期间没有可用的组件提供服务。

因此，为了弥补两个模型的缺点，并提高关键任务系统的总体生存能力，我们采用了混合模型的思想，这种模型使用不同的关键组件来实现，这些组件在功能上是相同的，但它们的组成部分是多样的。

2.4 结论

对于即将到来的物联网时代来说，网络保障是必要的。与传统 IT 系统不同，物联网网络呈现出更高风险性和不稳定性，并且受到攻击的变化更大。因此，在物联网网络设计中，在硬件生产和软件开发的初期阶段，就要把安全作为一个重要的考量指标。网络连接设备和物联网网络设计工程师和开发人员应坚持在设计中采用物理隔离措施。嵌入式关键硬件和芯片应防止我们的敌人安装有缺陷的芯片组件，这将导致严重的安全问题，如物联网系统的崩溃、信息被窃取以及关键时刻芯片的失效。在软件开发中，网络连接设备和物联网的开发人员必须坚持安全性，以防止对手预先设置隐藏的攻击、漏洞和病毒程序，从而避免物联网系统存在潜在 APT 的病毒程序。

许多 APT 对抗网络连接设备、物联网网络涉及攻击实施网络保障过程的机制。结果是，这些机制越强，对攻击的抵抗力就越强，信任程度也就越高。必须对不同的算法套件进行广泛的分析，以确定它们是否可以保护各种级别的数据处理。这些算法只能使信息保护达到一定水平，并且这个级别是否真正受到保护将非常依赖于所采用的密码处理的实际实现。即使使用了强大的加密算法，如果在网络保障生成过程中使用熵不足，或者易于猜测或以某种方式推导出正在使用的数据的价值，那么实现的强度会大大降低。此外，存储在设备上的数据的静态保护必须大于或等于受保护的密钥强度。必须注意随机数的产生、密钥管理、旁路攻击的缓解以及针对各种穿透攻击的防篡改保护。

为了实现这一目标，物联网面临着若干项技术挑战，需要在现有网络和具备新微处理器及传感器的系统之间进行利用和整合，最大程度减少所有加密处理算法的漏洞，设计特定硬件策略并在检测到某些类型的攻击时对设备上的固件作出反应并通知固件，通过与更广泛的物联网社区的互操作性实现集成，最大限度地减少物联网系统的占用空间，并减少创建灵活的，可以适应不断变化的网络威胁需求的物联网系统所需的“人力”支持。物联网面临的技术挑战，需要采用多学科的安全工程方法，并且网络保障工作能够解决数据分析和事件驱动系统，从而对重大恶意活动进行快速反应。网络保障方法的概念提供了原理和概念，为物联网未来增强互操作性，可扩展性，性能和灵活性提供了基础。最终的成功需要坚定的技术领导才能跨越阻碍变革的诸多障碍。

网络安全的概念通过将恶意安全功能分解成模块化的嵌入式服务，虽然大大

降低了整个系统的复杂性，但是它需要人们更多地关注开发、集成和系统测试的过程。这对于监控流程实施的可靠性是非常重要的。由于硬件组件可能会降级或者出现故障，并且设备上运行的软件/固件中可能存在执行错误，因此检测（如果不正确）处理设备上发生的错误是非常重要的。当这些情况发生时，新的和计划外的漏洞可能会出现在设备中。因此，检测设备故障时，应保护设备所保护的所有信息和资源。由于每个单独的物联网服务或物联网服务系列都有自己的开发时间表，因此等待启动整体安全集成，直到所有待开发和单元测试的服务是不现实的。更确切地说，当物联网环境为“在线”时，它们将被逐步纳入测试服务，并对整个物联网系统的行为进行不断的回归测试。这将增强对测试保护带、原型和模拟器的需求，而真正的服务功能正在开发中，模拟器可以充当替代品。

参考文献

Abad, C., Taylor, J., Sengul, C., Yurcik, W., Zhou, Y., & Rowe, K. 2003. Log correlation for intrusion detection: a proof of concept. In: Computer Security Applications Conference, 2003. Proceedings. 19th Annual, December 2003. pp. 255–264.

Agosta, G., & Pelosi, G. 2007. A domain specific language for cryptography. In: Proceedings of the Forum on specification and Design Languages (FDL), pp. 159–164.

Alberts, C., Ellison, R.J., & Woody, C. 2009. Cyber Assurance. 2009 CERT Research Report. Software Engineering Institute, Carnegie Mellon University. Available at http://resources.sei.cmu.edu/library/asset-view.cfm?assetid=77638.

Anderson, E.A., Irvine, C.E., & Schell, R.R. 2004. Subversion as a threat in information warfare. *Journal of Information Warfare*, 3(2), 52–65.

Ansilla, J.D., Vasudevan, N., JayachandraBensam, J., & Anunciya, J.D. 2015. Data security in smart grid with hardware implementation against DoS attacks. In: IEEE International Conference on Circuit, Power and Computing Technologies (ICCPCT), March 2015, pp. 1–7.

Asensio, Á., Blanco, T., Blasco, R., Marco, Á., & Casas, R. 2015. Managing emergency situations in the smart city: The smart signal. *Sensors*, 15(6), pp. 14370–14396.

Babar, S., Stango, A., Prasad, N., Sen, J., & Prasad, R. 2011. Proposed embedded security framework for Internet of Things (IoT). In: IEEE 2nd International Conference on Wireless Communication, Vehicular Technology, Information Theory and Aerospace & Electronic Systems Technology (Wireless VITAE), February 2011, pp. 1–5.

Ballardie, A. 1996. Scalable multicast key distribution.

Bobade, S.D., & Mankar, V.R. 2015. VLSI architecture for an area efficient Elliptic Curve Cryptographic processor for embedded systems. In: IEEE International Conference on Industrial Instrumentation and Control (ICIC), May 2015, pp. 1038–1043.

Brooks, T., Kaarst-Brown, M., Caicedo, C., Park, J., & McKnight, L. 2013. A failure to communicate: security vulnerabilities in the gridstreamx edgeware application. In: IEEE 8th International Conference for Internet Technology and Secured Transactions (ICITST), December 2013, pp. 516–523.

Brooks, T., Kaarst-Brown, M., Caicedo, C., Park, J., & McKnight, L.W. 2014. Secure the edge? Understanding the risk towards wireless grids Edgeware technology. *International Journal of Internet Technology and Secured Transactions*, 5(3), pp. 191–222.

Burbridge, T., & Harrison, M. 2009. Security considerations in the design and peering of RFIDdiscovery services. In IEEE International Conference on RFID, April 2009. pp. 249–256.

Carvajal, R.G., Ramírez-Angulo, J., López-Martín, A.J., Torralba, A., Galán, J.A.G., Carlosena, A., & Chavero, F.M. 2005. The flipped voltage follower: a useful cell for low-voltage low-power circuit design. *IEEE Transactions on Circuits and Systems I: Regular Papers*, 52(7), pp. 1276–1291.

Chasaki, D., & Wolf, T. 2010. Design of a secure packet processor. In: ACM/IEEE Symposium on Architectures for Networking and Communications Systems (ANCS), October 2010, pp. 1–10.

Cirani, S., Picone, M., Gonizzi, P., Veltri, L., & Ferrari, G. 2015. IoT-OAS: an OAUth-based authorization service architecture for secure services in IoT scenarios. *IEEE Sensors Journal*, 15(2), pp. 1224–1234.

Committee on National Security Systems (CNSS) Instruction, 2010. 4009 National Information Assurance (IA) Glossary.

Conovalu, S., & Park, J. 2015. Cybersecurity strategies for smart grids. In: The International Conference on Information and Network Security, Shanghai, China, July 29–30, 2015.

Curts, R.J., & Campbell, D.E. 2015. Cybersecurity requires a clear systems engineering approach as a basis for its cyberstrategy. *Cybersecurity Policies and Strategies for Cyberwarfare Prevention*, p. 19.

Czybik, B., Hausmann, S., Heiss, S., & Jasperneite, J. 2013. Performance evaluation of MAC algorithms for real-time Ethernet communication systems. In: 11th IEEE International Conference on Industrial Informatics (INDIN), July 2013, pp. 676–681.

Davi, L., Hanreich, M., Paul, D., Sadeghi, A. R., Koeberl, P., Sullivan, D., Arias, O. & Jin, Y. (2015). HAFIX: hardware-assisted flow integrity extension. In Proceedings of the 52nd Annual Design Automation Conference (p. 74–80). ACM.

Dierks, T., & Rescorla, E. 2008. The Transport Layer Security (TLS) Protocol Version 1.2. IETF RFC 5246, 2008. Available at http://www.ietf.org/rfc/rfc5246.txt.

Dlamini, M., Venter, H., Eloff, J., & Mitha, Y. 2012. Authentication in the cloud: a risk-based approach. University of Pretoria. Available at http://www.satnac.org.za/proceedings/2012/papers/8.Data_Centre_Cloud/108.pdf.

Du, W., Deng, J., Han, Y.S., Varshney, P.K., Katz, J., & Khalili, A. 2005. A pairwise key predistribution scheme for wireless sensor networks. *ACM Transactions on Information and System Security (TISSEC)*, 8(2), pp. 228–258.

Elbe, A., Janssen, N., & Sedlak, H. 2003. Cryptographic processor. U.S. Patent Application 10/461,913.

Eliasson, J., Pereira, P.P., Makitaavola, H., Delsing, J., Nilsson, J., & Gebart, J. 2014. A feasibility study of SOA-enabled networked rock bolts. In: Emerging Technology and Factory Automation (ETFA), September 2014, pp. 1–8.

Engebretson, P. 2013. *The Basics of Hacking and Penetration Testing: Ethical Hacking and Penetration Testing Made Easy*. Elsevier.

Flood, P., & Schukat, M. 2014. Peer to peer authentication for small embedded systems: a zero- knowledge-based approach to security for the Internet of Things. In: IEEE 10th International Conference on Digital Technologies (DT), July 2014, pp. 68–72.

Gao, Z., & Ansari, N. 2005. Tracing cyber-attacks from the practical perspective. *IEEE Communications Magazine*, 43(5), pp. 123–131.

U.S. General Accounting Office (GAO)(2004). Technology Assessment: Cybersecurity and critical infrastructure protection. Technical Report GAO-04-321: Published: May 28, 2004, pp. 1–223. Available at http://www.gao.gov/products/GAO-04-321.

Goel, S., Hong, Y., Papakonstantinou, V., & Kloza, D. 2015. *Smart Grid Security*. Springer, London.

Gope, P., & Hwang, T. 2015. Untraceable sensor movement in distributed IoT infrastructure. *IEEE Sensors Journal*, 15(9), pp. 5340–5348.

Graham, J., Olson, R., & Howard, R. (Eds.). 2010. *Cyber Security Essentials*. CRC Press.

Guinard, D., & Trifa, V. 2009. Towards the Web of Things: Web mashups for embedded devices. In: Workshop on Mashups, Enterprise Mashups and Lightweight Composition on the Web (MEM 2009), in proceedings of WWW (International World Wide Web Conferences), Madrid, Spain, April 2009, p. 15.

Haller, S., Karnouskos, S., & Schroth, C. 2008. *The Internet of Things in an Enterprise Context*. Springer, Berlin/Heidelberg, pp. 14–28.

Hankerson, D., Menezes, A.J., & Vanstone, S. 2006. *Guide to Elliptic Curve Cryptography*. Springer Science & Business Media; 2006 Jun 1.

Huang, W., & Zhang, S. 2015. Research and review on novel spread spectrum communication theory. In: *International Conference on Education, Management and Computing Technology (ICEMCT-15)*. Atlantis Press.

Isa, M.A.M., Hashim, H., Ab Manan, J.L., Adnan, S.F.S., & Mahmod, R. 2014. RF simulator for cryptographic protocol. In: 2014 IEEE International Conference on Control System, Computing and Engineering (ICCSCE), November 2014, pp. 518–523.

Kainth, M., Krishnan, L., Narayana, C., Virupaksha, S.G., & Tessier, R. 2015. Hardware assistedcode obfuscation for FPGA soft microprocessors. In: Proceedings of the 2015 Design, Automation & Test in Europe Conference & Exhibition, EDA Consortium, March 2015, pp. 127–132.

Kermani, M.M., Zhang, M., Raghunathan, A., & Jha, N.K. 2013. Emerging frontiers in embedded security. In: IEEE International Conference on VLSI Design and 2013 12th International Conference on Embedded Systems (VLSID), January 26, 2013, pp. 203–208.

Knapp, E.D., & Samani, R. 2013. *Applied Cyber Security and the Smart Grid: Implementing Security Controls into the Modern Power Infrastructure*. Syngress.

Kocher, P., Lee, R., McGraw, G., Raghunathan, A., & Moderator-Ravi, S. 2004. Security as a new dimension in embedded system design. In: Proceedings of the 41st annual Design Automation Conference, ACM, June 2004, pp. 753–760.

Kommareddy, C., Güven, T., Bhattacharjee, B., La, R.J., & Shayman, M.A. 2003. Overlay routing for path multiplicity, vol. 70, Technical Report, UMIACS-TR.

Kovacshazy, T., Wacha, G., Daboczi, T., Erdos, C., & Szarvas, A. 2013. System architecture for Internet of Things with the extensive use of embedded virtualization. In: IEEE 4th International Conference on Cognitive Infocommunications (CogInfoCom), December 2013, pp. 549–554.

Kranz, M., Holleis, P., & Schmidt, A. 2010. Embedded interaction: Interacting with the internet of things. *IEEE Internet Computing*, 14(2), pp. 46–53.

Krutz, R.L., & Vines, R.D. 2010. *Cloud Security: A Comprehensive Guide to Secure Cloud Computing*. John Wiley & Sons.

Lee, S., Chung, B., Kim, H., Lee, Y., Park, C., & Yoon, H. 2006. Real-time analysis of intrusion detection alerts via correlation. *Computers & Security*, 25(3), pp. 169–183.

Leventis, P., Chan, M., Chan, M., Lewis, D., Nouban, B., Powell, G., Vest, B., Wong, M., Xia, R., & Costello, J. 2003. Cyclone^{TM}: a low-cost, high-performance FPGA. In: Proceedings of the IEEE Custom Integrated Circuits Conference, November 1999, pp. 49–52.

Li, Z., Taylor, J., Partridge, E., Zhou, Y., Yurcik, W., Abad, C., Barlow, J.J., & Rosendale, J. 2004. *UCLog*: a unified, correlated logging architecture for intrusion detection. In: the 12th International Conference on Telecommunication Systems-Modeling and Analysis (ICTSM).

Limin, H. 2010. Embedded System for Internet of Things. *Microcontrollers & Embedded Systems*, 10, pp. 5–8.

Lin, T.H., Kinebuchi, Y., Courbot, A., Shimada, H., Morita, T., Mitake, H., Lee, C.Y., & Nakajima, T. 2011. Hardware-assisted reliability enhancement for embedded multi-core virtualization design. In: 14th IEEE International Symposium on Object/Component/Service-Oriented Real-Time Distributed Computing (ISORC), March 2011, pp. 241–249.

Liu, D., Ning, P., & Li, R. 2005. Establishing pairwise keys in distributed sensor networks. *ACM Transactions on Information and System Security (TISSEC)*, 8(1), pp. 41–77.

Liu, P., Dai, G., & Fu, T. 2015. A Web Services Based Email Extension for Remote Monitoring of Embedded Systems. Software Engineering, Artificial Intelligence, Networking, and Parallel/Distributed Computing, 2007. SNPD 2007. Eighth ACIS International Conference on, Qingdao, 2007, pp. 412–416.

Nakajima, T., Kinebuchi, Y., Shimada, H., Courbot, A., & Lin, T.H. 2011. Temporal and spatial isolation in a virtualization layer for multi-core processor based information appliances. In Proceedings of the 16th Asia and South Pacific Design Automation Conference (pp. 645–652). IEEE Press.

Ozvural, G., & Kurt, G.K. 2015. Advanced approaches for wireless sensor network applications and cloud analytics. In: IEEE Tenth International Conference on Intelligent Sensors, Sensor Networks and Information Processing (ISSNIP), April 2015, pp. 1–5.

Parameswaran, S., & Wolf, T. 2008. Embedded systems security—an overview. *Design Automation for Embedded Systems*, 12(3), pp. 173–183.

Park, J.S., & Chandramohan, P. 2004. Component recovery approaches for survivable distributed systems. In: 37th Hawaii International Conference on Systems Sciences (HICSS-37), Big Island, Hawaii, January 2004.

Park, J.S., Chandramohan, P., Devarajan, G., & Giordano, J. 2005. Trusted component sharing by runtime test and immunization for survivable distributed systems. In: IFIP International Information Security Conference (pp. 127–142). Springer US.

Park, J.S., Chandramohan, P., Suresh, A.T., Giordano, J., & Kwiat, K. 2009. Component survivability for mission-critical distributed systems. *Journal of Automatic and Trusted Computing (JoATC)*.

Park, J.S., Chandramohan, P., Suresh, A.T., Giordano, J., & Kwiat, K. 2013. Component survivability at runtime for mission-critical distributed systems. *Journal of Supercomputing*, (2013), 66 (3): pp. 1390–1417.

Porambage, P., Kumar, P., Schmitt, C., Gurtov, A., & Ylianttila, M. 2013. Certificate-based pairwise key establishment protocol for wireless sensor networks. In: IEEE 16th International Conference on Computational Science and Engineering (CSE), December 2013, pp. 667–674.

Porambage, P., Schmitt, C., Kumar, P., Gurtov, A., & Ylianttila, M. 2014. Two-phase authentication protocol for wireless sensor networks in distributed IoT applications. In: Wireless Communications and Networking Conference (WCNC), April 2014, pp. 2728–2733.

Qian, Y., Tipper, D., Krishnamurthy, P., & Joshi, J. 2010. *Information Assurance: Dependability and Security in Networked Systems*. Morgan Kaufmann, 2010.

Rabaey, J.M. 2015. The human intranet: where swarms and humans meet. In: Proceedings of the 2015 Design, Automation & Test in Europe Conference & Exhibition, EDA Consortium, March 09–13, 2015, pp. 637–640.

Razavi, B., & Wooley, B.A. 1992. Design techniques for high-speed, high-resolution comparators. *IEEE Journal of Solid-state Circuits*, 27(12), pp. 1916–1926.

Russell, D., & Gangemi, G.T. 1991. *Computer Security Basics*. O'Reilly Media.

Sabahi, F., & Movaghar, A. 2008. Intrusion detection: a survey. In: Third International Conference on Systems and Networks Communications, ICSNC'08, October 2008, pp. 23–26.

Santamarta, R. 2012. Project basecamp-attacking control logix. In: Report for 5th SCADA Security Scientific Symposium, Miami Beach, Florida, January 2012.

Schoenfield, B.S. 2015. *Securing Systems: Applied Security Architecture and Threat Models*. CRC Press.

Seba, V., Modlic, B., & Sisul, G. 2013. System model with adaptive modulation and frequency hopping in wireless networks. In: Global Information Infrastructure Symposium, October 2013, pp. 1–3.

Standards for Efficient Cryptography – SEC 4: Elliptic Curve Qu-Vanstone Implicit Certificate Scheme (ECQV), Version 0.97, March 9, 2011, Certicom Research, 32 pages.

Strobel, D., Oswald, D., Richter, B., Schellenberg, F., & Paar, C. 2014. Microcontrollers as (in) security devices for pervasive computing applications. *Proceedings of the IEEE*, 102(8), pp. 1157–1173.

Torrieri, D. 2015. *Principles of Spread-Spectrum Communication Systems*. Springer.

Tseng, Y.W., Liao, C.Y., & Hung, T.H. 2015. An embedded system with realtime surveillance application. 2015 International Symposium on Next-Generation Electronics (ISNE), Taipei, 2015, pp. 1–4.

Ukil, A., Sen, J., & Koilakonda, S. 2011. Embedded security for Internet of Things. In: IEEE 2nd National Conference on Emerging Trends and Applications in Computer Science (NCETACS), March 2011, pp. 1–6.

Unger, S., & Timmermann, D. 2015. DPWSec: devices profile for web services security. In: IEEE Tenth International Conference on Intelligent Sensors, Sensor Networks and Information Processing (ISSNIP), April 2015, pp. 1–6.

Veltri, L., Cirani, S., Ferrari, G., & Busanelli, S. 2013. Batch-based group key management with shared key derivation in the Internet of Things. In: IEEE 9th International Wireless Communications and Mobile Computing Conference (IWCMC), July 2013, pp. 1688–1693.

Wang, L., & Ranjan, R. 2015. Processing distributed internet of things data in clouds. *IEEE Cloud Computing*, 2(1), pp. 76–80.

Wu, C.H.J., & Irwin, J.D. 2013. *Introduction to Computer Networks and Cybersecurity*. CRC Press.

Xiang, W., Zexi, Z., Ying, L., & Yi, Z. 2013. A Design of Security Module to Protect Program Execution in Embedded System. Green Computing and Communications (GreenCom), 2013 IEEE and Internet of Things (iThings/CPSCom), IEEE International Conference on and IEEE Cyber, Physical and Social Computing, Beijing, 2013, pp. 1750–1755.

Xiaojun, Z., Kofi, A., Shoaib, E., Gareth, H., Huosheng, H., Dongbing, G. & Klaus, D. 2015. A Method for Detecting Abnormal Program Behavior on Embedded Devices, in IEEE Transactions on Information Forensics and Security, vol. 10, no. 8, pp. 1692–1704, Aug. 2015.

Yan, L., Zhang, Y., Yang, L.T., & Ning, H. (Eds.). 2008. *The Internet of Things: From RFID to the Next-Generation Pervasive Networked Systems*. CRC Press.

Yang, J.C., Hao, P.A.N.G., & Zhang, X. 2013. Enhanced mutual authentication model of IoT. *The Journal of China Universities of Posts and Telecommunications*, 20, pp. 69–74.

Yang, Y., Zhou, J., Wang, F., & Shi, C. 2014. An LPI design for secure burst communication systems. In: IEEE China Summit & International Conference on Signal and Information Processing (ChinaSIP), July 2014, pp. 631–635.

Yuan, Y., Wang, C., Wang, C., Zhang, B., Zhu, S., & Zhu, N. 2015. A novel algorithm for embedding dynamic virtual network request. In: IEEE 2nd International Conference on Information Science and Control Engineering (ICISCE), April 2015, pp. 28–32.

Yun, M., & Yuxin, B. 2010. Research on the architecture and key technology of Internet of Things (IoT) applied on smart grid. In: IEEE International Conference on Advances in Energy Engineering (ICAEE), June 2010, pp. 69–72.

Zhai, X., Appiah, K., Ehsan, S., Howells, G., Hu, H., Gu, D., & McDonald-Maier, K.D. 2015. A method for detecting abnormal program behavior on embedded devices. *IEEE Transactions on Information Forensics and Security*, 10(8), pp. 1692–1704.

Zhou, H. 2012. *The Internet of Things in the Cloud: A Middleware Perspective*. CRC Press.

Zhou, L., & Chao, H.C. 2011. Multimedia traffic security architecture for the internet of things. *IEEE Network*, 25(3), pp. 35–40.

第 3 章　物联网设备安全更新机制

Marting Goldberg
美国国防部

3.1　引言

本章提出了一种安全机制，可以在任何情形下安全地更新物联网设备。毕竟，即使是一个儿童玩具也可以作为攻击媒介。要实现完整的物联网安全性，只能通过整体的方法，并在设计阶段加入安全措施。对开发物联网设备的研发人员来说，有几个安全问题是必须处理的，如设备管理、身份验证和授权、通信安全和固件安全。本章只介绍物联网设备的更新机制，这是物联网安全的一个重要组成部分。这个机制将致力于通过不被信任的网络来安全地更新设备，并验证更新是否可靠。

3.1.1　物联网设备的定义

物联网设备被定义为一种具有网络功能并至少包含一部分应用逻辑的设备（Kortuem 等，2010）。具有网络能力并不一定是指能够联网，而是指可以进行 TCP/IP 通信。没有网络功能和仅能通过 USB 连接交换数据的设备将不在本章中作介绍。还有一种情况，即使用另一个设备提供临时网络功能的设备（例如需要独立连接另一个设备才可以传输数据的计量器或计步器）也不包括在本章中。具有一部分应用逻辑，指能够处理一些传感器数据（逻辑用于保存和传输数据等），它是物联网设备与射频识别（RFID）标签、条码或快速响应（QR）代码的分离标准，尽管它们都是物联网生态系统的一部分。

本章将更新定义为更新操作系统和应用程序，或者只更新运行在物联网设备上的应用程序或操作系统。在某些情况下，一个物联网设备可能很难完全分离操作系统与应用程序。还应该注意的是，在底层操作系统中解决漏洞与解决应用程序代码中的漏洞同样重要。本章给出的指导也不限于任何特定类型的功能，只要满足物联网设备的定义即可。本章也不会解决所有的更新问题，主旨是阐述以安全的方式执行对物联网设备的更新，并基于物联网设备所需要实现的安全标准来执行其功能。这种安全更新机制的目标是提出使处理器和内存需求最小的建议，以便它可以在资源受限的平台和网络中运行物联网设备。

3.2 物联网安全的重要性

到2010年，全球人口数就已超过68亿，有125亿台设备连接到互联网。据估计，到2020年，联网设备的数量将上升到约500亿。物联网被称为“第四次工业革命”的驱动力，它还会使已经具有了数十年寿命的产品，如交通信号灯、风力发电机等能够相互连接起来。简而言之，物联网设备将是非常普遍的，它们将会长期存在，这意味着在发现安全漏洞之后无法更新的物联网设备将成为主要关注点（Covington & Carskadeen，2013）。

人们与IT系统之间、人之人之间、人与环境、甚至人与金钱之间进行互动的方式已经开始改变。随着这些变化，我们面临的安全威胁也越来越大。通常，个人和企业会担心由于身份信息被窃取或个人/企业知识产权的丧失带来经济损失，而展望未来，人们身体的健康状况随着物联网开始连接诸如医疗保健、公共基础设施、能源/公共事业以及运输等行业的产品将备受关注。有这么多的新产品联网上线，已经创造了一个新名词“The Internet of Insecure Things（非安全物联网）”。新连接的供应商同已经连接的供应商一样正在经历着供应量增长的烦恼，物联网生态系统也缺乏新旧供应商的标准，由于这两种情况，家庭和企业网络面临的攻击将变得更加多样化。

3.2.1 更新的重要性

以针对家用路由器进行的一项调查为例，研究人员发现，家用路由器使用的软件版本普遍比路由器的发布日期要早4~5年，Linux操作系统的平均年龄为4年。使用旧版本尚未更新的软件存在很大的安全隐患。在巴西，450万数字用户线路（DSL）路由器被入侵，而在2013年12月，赛门铁克公司报告了一种专门针对路由器、摄像机和其他物联网设备的蠕虫病毒。

很少有人会反对保持系统更新的重要性，当然，这也是使系统增加功能、修复bug，以提高安全性的一种手段，但容易被人们忽略的是，系统更新的方式与更新本身同样重要，如果更新的完整性无法验证，如果更新可以在传输过程中被篡改，使具有恶意的或未经授权的一方被允许执行恶意更新，则更新将失去所有价值。在物联网中，根据设备的功能，恶意更新的结果可能会在物理世界中造成不可弥补的损失（Covington & Carskadeen，2013）。

3.3 应用纵深防御策略更新

为了实现物联网设备的安全更新机制，必须采用纵深防御策略来融合两个重

要的安全控制机制（Rubel 等，2005）。第一个是物联网设备与其更新源之间的安全传输机制，这个机制应当建立在被认为是不可信任的网络上的；第二个是在安装之前验证更新的完整性。有观点认为，拥有这些安全控制机制中的任意一个也算够用了，尽管两者都符合纵深防御策略的信息保障（CSSP，2009）。

通过遵循这种纵深防御策略，物联网系统所有者将迫使攻击者在实现其目标之前攻破这两个安全控制机制。如果没有安全的传输机制，攻击者可能会多次尝试使物联网设备接受恶意更新，目前还没有任何机制可以用来防止尝试及反复尝试更新，这个缺陷会使攻击者在一次尝试不成功的时候依然有机会调整自己的轨迹继续进行第二次尝试。而第二个安全控制机制，更新前的验证确实会阻止攻击者安装恶意软件，但如果花费大量的时间处理无效更新，则物联网设备的可用性将会受到挑战。根据单个设备的处理能力，验证更新的工作量可能占用大量时间，从而增加了攻击者使用拒绝服务攻击的风险。在这种情况下，设备也将不会收到有效的更新，其资源却由于验证已知的不良软件包而被大量消耗。并且正如上文所说，如果仅使用安全传输机制的话，又不足以提供完整的安全性，如果攻击者在安全传输安全控制中发现漏洞，则没有任何东西阻止攻击者发送恶意更新，并且会对物联网设备本身或来自物联网设备本身的网络连接产生潜在的不利影响。

3.4 标准方法

为了支持尽可能多的物联网设备，本章提出的机制将主要针对受限的物联网设备（例如具有少量随机存取存储器（RAM）和只读存储器（ROM）的8位微控制器）在受限网络（例如6LowPAN）上运行，因此必须采取一种将物联网安全标准作为关键的方法。更新机制必须使用一种已被用来为更新目的保留任何额外更改数据的安全方法，以实现更新的最小化，同时，非受限的物联网设备在实施这种机制时也会少一些麻烦。

3.4.1 安全传输

到撰写本文之际，物联网标准化的工作已经开始。到目前为止，大部分工作都是为了实现互操作性和减轻对网关的需求而减少专有协议（Roman 等，2011）。然而，随着受限应用协议（Constrained Application Protocol，CoAP）的诞生，现在我们已经可以利用数据报传输层安全（Datagram Transport Layer Security，DTLS）来确保会话安全。考虑到约束网络中受限设备可使用的算法，DLTS受限环境（DLTS In Constrained Environment，DICE）工作组将DTLS进行了进一步细化。受约束的宁静环境（Constrained RESTful Environment，CoRE）工作组正在考虑通过查看 DICE、加密消息语法（Cryptographic Message Syntax，CMS）和扩展认证协议（Extensible Authentication Protocol，EAP）来集成安全性。三者的结合将为会话安全、对象安全和设备认证带来潜在的可能性。

DICE 工作组的 DTLS 及其纳入 CoAP 和 CoRE 的成功实现无疑使得 DTLS 成为了为安全更新机制提供安全传输的最佳选择。DTLS 是一种完整的安全协议，具有执行身份认证、密钥交换和机密性的能力，它可以保护通过网络传输的更新。尽管使用现有的 DTLS 标准是理想的，但它没有被设计为受限设备或受限网络使用。DICE 工作组正在努力解决这些问题：

1）定义可在受限设备上合理的可实现的 DTLS 配置文件；

2）适应受限网络的 DTLS；

3）假设组播组中的 IoT 设备由某种类型的组密钥提供，则支持组播消息。

传输层安全（Transport Layer Security，TLS），DTLS 支持三种认证类型：预共享密钥，原始公钥和证书：

1）预共享密钥：对于此凭证类型，物联网设备配置有共享密钥和标识符。这个共享密钥和标识符需要与该物联网设备所通信的任何主机实现共享。

2）原始公钥：通常与某些标识相关联的公钥/私钥对存储在物联网设备上。要向任何其他主机进行身份验证，必须知道相应的凭据。如果另一端也使用原始公开密钥，则需要将其公钥配置到物联网设备。

3）证书：使用证书需要物联网设备存储公钥（作为证书的一部分）以及私钥。证书将包含物联网设备的标识符以及各种其他属性。双方若要通信则需要拥有包含证书颁发机构（CA）证书的信任锚存储区，如果是证书固定不变，则为终端实体证书。类似地，对于其他凭证，物联网设备需要有有关哪个实体使用哪个证书的信息。在物联网设备上没有信任锚，将不可能执行证书验证。

在三种凭证类型中，建议使用证书，尽管最复杂，但它提供了撤销和更新证书的能力。也可以使用原始公钥，而不建议使用预共享密钥，因为除了不能提供相互认证或者在密钥被破解之后还能容易更改的能力之外，使用预共享密钥将需要额外的加密功能，这将增加必要的代码库。这个概念将在 3.4.2 节中说明。

3.4.2 更新验证

结合联邦信息处理标准（Federal Information Processing Standard，FIPS）186－4、数字签名标准（Digital Signature Standard，DSS）和移动设备基础保护配置文件制定的指导，建议使用 RSA 数字签名算法（RSA Digital Signature Algorithm，RDSA）或椭圆曲线数字签名算法（Elliptic Curve Digital Signature Algorithm，ECDSA）来验证数据的完整性（以及签名人的身份）。虽然移动设备的功能比受限设备要强大，但移动设备基础的保护配置文档提供了一个极好的例子，该设备

具有相对较低的内存和处理能力，通过不可信网络进行更新。当与 FIPS 180 - 4 安全哈希标准（Secure Hash Standard，SHS）结合使用时，RDSA 和 ECDSA 似乎是提供更新验证安全控制的理想选择。然而，研究表明，椭圆曲线加密（Elliptic Curve Cryptography，ECC）在移动平台和受限设备上的性能远优于 RSA，这就使得 ECDSA 成为了理想的选择。

早在2007年11月，美国国家标准技术研究所（NIST）宣布 SHA - 3 竞赛，以取代 SHA - 2（GPO，2015）。这个声明的目的是创建一个新的哈希算法簇，它可以在发现对 SHA - 2 的实际攻击的情况下，无缝替代现有应用程序中的 SHA - 2。评估标准的一部分是针对在受限设备上运行的候选算法的计算效率和内存需求。尽管没有计划在一个受限平台上的测试算法，但要求提交者具有关于运行在 8 位处理器上的利弊的书面声明，评审这些提交意见的评审团被要求在受限平台上进行自己的测试。2012 年 10 月，NIST 正式选择 Keccak 作为 SHA - 3 比赛的冠军，2015 年 8 月，Keccak 正式成为 SHA - 3 FIPS 180 - 4 的一部分（Aumasson 等，2008；Boutin，2012；GPO，2015）。

为响应 NIST 的号召，评审团在受限平台上进行测试，对 5 位入围者进行了一些研究：Blake（Aumasson 等，2010）、Gr0stl（Gauravaram，2010）、JH（Wu，2011）、Keccak（Bertoni 等，2009）和 Skein（Ferguson，2010）。在研究中，Keccak 在测试中表现非常出色。在 2015 年 8 月，随着 FIPS 180 - 4 的更新以及其在受限设备上表现良好的散列算法，DICE 工作组发布了在物联网设备上使用的 TLS / DTLS 的版本 17 的配置文件。在版本 17 中，组织制定了加密密码套件 TLS_ECDHE_ECDSA_WITH_AES_128_CCM_8，其必须与证书和原始公钥一起使用。此 TLS / DTLS 配置文件需要使用 ECDSA（目前正在使用 SHA - 2）。由于在 SHA - 2 中无缝的替代 SHA - 3 的能力是 SHA - 3 的核心需求之一，因此该密码套件将不会使用 Keccak。若物联网设备遵循这个安全传输安全控制的标准，则不需要额外的加密功能来实现更新验证安全控制。预共享密钥凭证类型授权 TLS_PSK_WITH_AES_128_CCM_8，它不需要执行密钥协议，因此不包括 ECDSA。使用此密码套件将需要额外的加密功能来实现更新验证安全控制。

3.5　结论

在设计阶段，安全性常常是次要的，只有在保证产品功能的时候才被考虑，后期的维护（包括更新）也通常留到最后考虑。这适用于物联网设备和几乎任何其他产品。显然，将内存占用和处理保持在最低限度是在受限设备上开发的主要问题之一。但是，通过遵循标准并利用加密功能来保证设备的功能，这意味着它将需要这个功能，因此，在不显著增加受约束设备负载的情况下，有一个安全的更新机制是可能的。

参考文献

Aboba, B., Blunk, L., Vollbrecht, J., Carlson, J., & Levkowetz, H. 2004. Extensible authentication protocol (EAP). IETF Standards Track, RFC 3748, June 2004.

Alshaikhli, I.F., Alahmad, M.A., & Munthir, K. 2012. Comparison and analysis study of SHA-3 finalists. In: IEEE International Conference on Advanced Computer Science Applications and Technologies (ACSAT), November 2012, pp. 366–371.

Aumasson, J.P., Henzen, L., Meier, W., & Phan, R.C.W. 2008. SHA-3 proposal BLAKE. Submission to NIST (Round 3).

Bertoni, G., Daemen, J., Peeters, M., & Van Assche, G. 2009. KECCAK sponge function family main document. Submission to NIST (Round 2), 3, p. 30.

Covington, M.J., & Carskadden, R. 2013. Threat implications of the Internet of Things. In: IEEE 5th International Conference on Cyber Conflict (CyCon), June 2013, pp. 1–12.

CSSP. 2009. Recommended practice: improving industrial control systems cybersecurity with defense-in-depth strategies. US-CERT Defense In Depth, October 2009.

Evans, D. 2011. The Internet of Things: how the next evolution of the Internet is changing everything. CISCO White Paper, pp. 1–11.

Ferguson, N., Lucks, S., Schneier, B., Whiting, D., Bellare, M., Kohno, T., Callas, J., & Walker, J., 2010. The Skein hash function family. Submission to NIST (Round 3), 7(7.5), p. 3.

Fielding, R.T. 2000. Architectural styles and the design of network-based software architectures. Doctoral Dissertation, University of California, Irvine, CA.

Garcia-Morchon, O., Keoh, S.L., Kumar, S., Moreno-Sanchez, P., Vidal-Meca, F., & Ziegeldorf, J.H. 2013. Securing the IP-based Internet of Things with HIP and DTLS. In: Proceedings of the Sixth ACM Conference on Security and Privacy in Wireless and Mobile Networks, April 2013, pp. 119–124.

Gauravaram, P., Knudsen, L.R., Matusiewicz, K., Mendel, F., Rechberger, C., Schläffer, M., & Thomsen, S.S. 2009. Grøstl – a SHA-3 candidate. In: Dagstuhl Seminar Proceedings. Schloss Dagstuhl-Leibniz-Zentrum für Informatik.

Gupta, K., & Silakari, S. 2011. ECC over RSA for asymmetric encryption: a review. *International Journal of Computer Science Issues*, 8(3), p. 2.

Gura, N., Patel, A., Wander, A., Eberle, H., & Shantz, S.C. 2004. Comparing elliptic curve cryptography and RSA on 8-bit CPUs. In: *Cryptographic Hardware and Embedded Systems – CHES 2004*. Springer, Berlin/Heidelberg, pp. 119–132.

Hartke, K., & Bergmann, O. 2012. Datagram Transport Layer Security in Constrained Environments. draft-hartke-core-codtls-02 (WiP), IETF, 2012. Available at http://www.ietf.org/proceedings/83/slides/slides-83-lwig-2.pdf.

Hayashi, K. 2013. Linux Worm Targeting Hidden Devices. Symantec [online], 27(11). Available at http://www.symantec.com/connect/blogs/linux-worm-targeting-hidden-devices.

Housley, R. 2009. RFC 5652-Cryptographic Message Syntax (CMS). Available at https://tools.ietf.org/html/rfc5652.

Ishaq, I., Carels, D., Teklemariam, G.K., Hoebeke, J., Abeele, F.V.D., Poorter, E.D., Moerman, I., & Demeester, P. 2013. IETF standardization in the field of the Internet of Things (IoT): a survey. *Journal of Sensor and Actuator Networks*, 2(2), pp. 235–287.

Kavun, E.B., & Yalcin, T. 2012. On the suitability of SHA-3 finalists for lightweight applications. In: The Third SHA-3 Candidate Conference, Washington, DC, March 22–23, 2012.

Keoh, S., Kumar, S., & Garcia-Morchon, O. 2013. Securing the IP-based Internet of Things with DTLS.Working Draft, LWIG Working Group, February 2013.

Kortuem, G., Kawsar, F., Fitton, D., & Sundramoorthy, V. 2010. Smart objects as building blocks for the Internet of Things. *IEEE Internet Computing*, 14(1), pp. 44–51.

Löffler, M., & Tschiesner, A. 2013. The Internet of Things and the future of manufacturing. McKinsey & Company, 4. Available at http://www.futurenautics.com/wp-content/uploads/2013/10/Internet-of-Things-and-future-of-manufacturing.pdf.

Montenegro, G., Kushalnagar, N., Hui, J., & Culler, D. 2007. Transmission of IPv6 packets over IEEE 802.15.4 networks. Internet proposed standard, RFC 4944, September 2007.

National Information Assurance Partnership (NIAP). 2014. Protection Profile for Mobile Device Fundamentals, Version 2, December 2014.

OWASP Internet of Things Project, The Open Web Application Security Project. Available at https://www.owasp.org/index.php/OWASP_Internet_of_Things_Top_Ten_Project. Accessed on July 9, 2015.

PUB, F. 1995. Secure hash standard. *Public Law*, 100, p. 235.

PWNIE Express. 2015. The Internet of evil things: the rapidly emerging threat of high risk hardware. Available at http://www.internetofevilthings.com/. Accessed on April 15, 2015.

Rescorla, E., & Modadugu, N. 2012. Datagram Transport Layer Security Version 1.2, January 2012.

Roman, R., Najera, P., & Lopez, J. 2011. Securing the Internet of Things. *IEEE Computer*, 44(9), pp. 51–58.

Rubel, P., Ihde, M., Harp, S., & Payne, C. 2005. Generating policies for defense in depth. In: IEEE 21st Annual Computer Security Applications Conference, December 2005, p. 10.

Schneier, B. 2014. The Internet of things is wildly insecure—and often unpatchable. *Schneier on Security*, January 6, 2014.

Shelby, Z., Hartke, K., & Bormann, C. 2014. The constrained application protocol (CoAP) (No. RFC 7252). Available at https://www.rfc-editor.org/info/rfc7252.

Tripwire. 2014. SOHO Wireless Router (In) Security. Tripwire VERT Research Report. Available at http://www.tripwire.com/register/soho-wireless-router-insecurity/showMeta/2/. Accessed on February 25, 2014.

Tschofenig, H., & Fossati, T. 2015. TLS/DTLS Profiles for the Internet of Things. Internet-Draft draft-ietf-dice-profile-17.txt, IETF Secretariat, October 2015, pg. 1-59. Available at https://tools.ietf.org/html/draft-ietf-dice-profile-17.

U.S. Government Publishing Office (GPO). 2015. Federal Register, vol. 80, no. 150.

Wu, H. 2011. The hash function JH. Submission to NIST (Round 3), p. 6.

第2部分 信任的影响

第4章 物联网的安全和信任管理：RFID 和传感器网络场景

M. Bala Krishna
印度辛格大学（GGSIPU），信息与通信技术学院

4.1 引言

在信息和通信技术（Information and Communication Technology，ICT）的新兴趋势下，无线通信网络通过使用无处不在、无处不相连的设备促进了物理网络系统的安全性。物联网是一个新型的物理网络系统，它将无处不在、无处不相连的组件、互联网协议（IP）的网络、射频识别（RFID）设备、云计算服务、移动 Ad hoc 网络和传感器网络整合到一个单一的框架中；这保证了连接的物联网对象之间的可信任通信。物联网基于电子产品代码（Electronic Product Code，EPC）定义了独特的对象标识。物联网协议的安全性和可靠性主要基于身份认证、不可抵赖性、验证性和机密性。能源感知的安全和信任管理方案最大限度地减少了在 RFID 设备、传感器、执行器和智能设备的时延消耗并节省了能源。信任管理方案建立了物联网对象之间的实时应用的协作通信。

物联网的架构旨在将不同的设备连接起来，并促进和支持网络中的安全性和可靠性。物联网将云计算技术与 RFID、执行器和传感器网络设备集成在一起。嵌入 RFID 标签改进了基于物联网系统的监控和协调任务。设备到设备（D2D）和机器到机器（M2M）也共同促成了物联网的新兴领域。图 4.1 所示为物联网联网系统的安全与信任机制。

Ad hoc 网络和传感器网络在未授权的频谱中运行，其处理、存储和能源有限。部署在远程和恶意环境中的节点给网络的安全问题带来了挑战。因此，基于对称和非对称密钥管理方法的加密技术被用于 Ad hoc 网络和传感器网络（Boukerch 等，2007）。在资源有限的环境中，自适应和节能的安全协议定义了

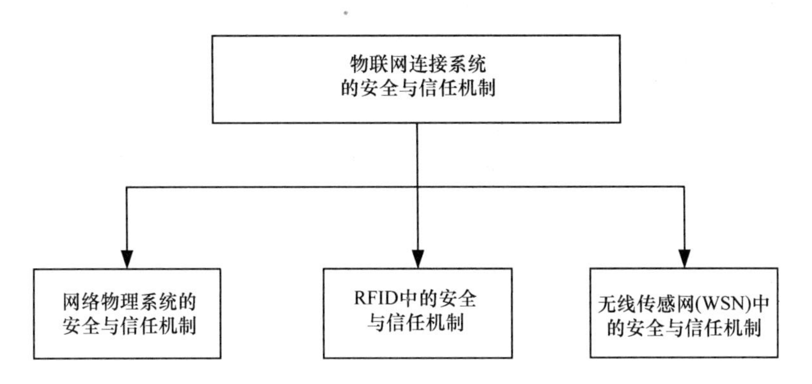

图 4.1　物联网联网系统的安全和信任机制

不同数据包大小和动态网络流量条件的约束。信任管理协议的主要目的：①协作和智能通信；②源节点和基站之间的信任机制防止入侵者的恶意攻击并保证网络安全。

4.1.1　安全和信任管理中的问题和挑战

随着互联网和基于多媒体的服务数量的增加，入侵者使用音频或视频文件来隐藏和破坏网络。物联网的多媒体流量安全解决了基于多媒体应用的入侵者的安全问题（Zhou & Cha，2011），基于 IP 的物联网的安全挑战考虑了网际协议安全（Internet Protocol Security，IPSec）的特性，分布式物联网中的安全和隐私考虑了异构网络的真实配置，低功耗 WPAN 中使用的数据报传输层安全（DTLS）考虑了物联网中的双向认证来建立安全通信通道。其中一个主要问题是物联网系统自身的安全限制。

1. 物联网系统中的安全限制

在某些领域，物联网系统的信任管理方面存在安全限制，这些限制的存在就像物联网设备在部署过程中会遇到问题一样。因此，三个主要的限制包括：

1）架构兼容性：物联网是分布式异构网络的集合，包括 RFID、传感器、执行器、智能手机、蓝牙、Wi－Fi 接入点等。每种技术都支持不同类型的安全协议。物联网定义了一个通用的集成框架，并在异构网络中建立了安全性。

2）功能差异：分布式系统的活动和休眠调度大多是彼此不同的，导致通信设备的密钥验证周期也不同。有限的电力资源和有限的带宽导致了网络的功能差异。无论功能差异如何，频繁的密钥验证过程都会度量信任度，使网络的入侵路径失效。

3）蓄意延迟和篡改：稀疏的中间节点会延迟物联网的性能，入侵者会通过蓄意造成活动路由路径的拥塞来延迟网络，恶意节点会破坏安全密钥，修改数据并将消息转发（或丢弃）到目标节点。

4.1.2 安全和信任管理系统中的设计指标

关于安全与信任管理，以下的信任属性特别适用于物联网的：

1. 信誉度（d_R）

信誉度是节点之间进行公/私钥交换的一个函数，与密钥对（Key_{Public}，$Key_{Private}$）以及先前的传输次数（$PktTr_{Previous}$）有关，信誉度表示如下：

$$d_R = \Phi((Key_{Public}, Key_{Private}), PktTr_{Previous}) \tag{4.1}$$

2. 信任度（d_T）

信任度是表示最大可用带宽（B_{Max}）的一个函数，与发送或接收功率 P（μJ - B/s）以及密钥错配$Key_{mismatches}$的数量有关，信任度表示如下：

$$d_T = \psi(B_{Max}, P, key_{mismatches}) \tag{4.2}$$

3. 通信度（d_C）

作为信誉度 d_R 和信任度 d_T 的函数程度如下：

$$d_C = \theta(d_R, d_T) \tag{4.3}$$

其中，ϕ，ψ 和 θ 分别评估网络中活动节点的信誉度、信任度和通信度。

4. 可信节点

当且仅当满足以下条件时，节点 $x(t)$ 被认为是可信节点：

$$x(t) = \frac{x_{n(ACK)} + x_{n(NACK)}}{x_{n(keyExchg)}} = \begin{cases} 1 \text{ 可信节点} \\ 0 \text{ 非可信节点} \end{cases}，其中\ x(t) \in G(X_{tm}) \tag{4.4}$$

式中，$G(X_{tm})$ 表示可信成员组，$x_{n(ACK)}$ 和$x_{n(NACK)}$ 分别表示由服务器记录的成功和失败事务的数量，$x_{n(keyExchg)}$ 表示由节点 x 交换的密钥数。

4.2 物联网的安全与信任

在物联网中，云计算的特性创造了管理和控制物联网网络资源的虚拟环境。安全密钥定义了物联网通道内的访问控制、身份验证、机密性和不可抵赖性的机制。面向服务架构（Service - Oriented Architecture，SOA）的物联网中间件由服务组合、服务管理和对象抽象等模块组成（Atzori 等，2010）。服务组件层提供了由系统提供的并发服务，这些服务在可执行的 SOA 过程中生成工作流。服务组件使用 Web 服务定义语言来定义 SOA 工作流。服务管理涉及对象和设备的动态发现，同时通过对象状态的配置监视各自的功能状态。利用 SOA，表 4.1 描述了物联网的组成部分及其各自的连接服务。

表 4.1　物联网的组件和连接

组件	连接服务
RFID	近场通信
传感器和执行器	路由器、交换机
6LoWPAN	路由器、交换机、4G/LTE
移动设备	4G/LTE、虚拟云
网络组件	4G/LTE、虚拟云

如图 4.2 所示，物联网系统的功能模式分为以下几类：

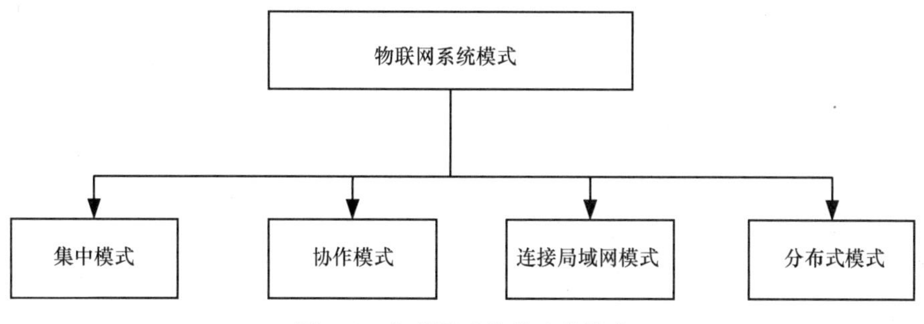

图 4.2　物联网系统的功能模式

1）集中模式：服务实体（如数据库服务器或云）为处于被动模式的异构连接设备提供数据和服务。集中式物联网服务器为以客户为中心的系统提供接口标准和配置参数。决策和网络智能处于中央服务器的控制之下。

2）协作模式：多台服务器和云计算实体之间的协作，可实现数据和服务支持物联网的应用程序的服务交换。用户可以从多个服务提供商中选择服务并配置其应用程序。

3）连接局域网模式：局域网根据可用的本地数据定义面向客户的服务，并与中央服务实体共享策略。全局数据库是通过从物联网中获得的本地信息来进行更新的。

4）分布式模式：分布式模式允许局域网演变成中、大型互联系统，并与本地和全局服务协作。此模式使连接的组件能够访问全局数据存储库并支持以云为中心的服务。

4.2.1　物联网安全管理中的异构性

物联万维网（The Web of Things，WoT）是异构设备、服务器和网络配置的集合，用于调用标准 Web 接口并进行通信。传感器网络、RFID、M2M、D2D 通信和云计算在物联网中起着重要作用。现有的传感器网络的安全和信任模型主要侧重于建立具有最小跳数的高效安全路由路径（Atzori 等，2010）。该技术的目的是为了减少网络中的能量消耗、包延迟和通信开销。物联网设备在帧格式、活动或休眠周期、安全算法、包传输率和资源共享能力方面有所不同。试图进行相互通信的不同设备竞争相同的网络和频谱资源。物联网安全管理中的异构性问题如下所示：

- 设备命名和寻址；
- 数据完整性；
- 设备异构性；
- 互操作性；
- 高速通信；
- 可扩展性；
- 抗攻击性；
- 安全性和隐秘性。

对象抽象组件通过使用由两个子层（即接口子层和通信子层）组成的单一语言和处理系统来与异构设备进行协调。物联网安全系统定义了身份验证、访问控制、机密性、策略执行、隐私和安全中间件，以减轻网络中的威胁（Sicari等，2015；Ashraf & Habaebi，2015）。通过使用自主监测和分析节点行为，可以强化物联网安全系统。频繁的更新和存储决策是以物联网系统的入侵级别为基础的。

4.2.2 物联网系统中的安全管理

未来的网络将会使（带有嵌入式芯片的）电子和电气设备能够通过D2D和M2M技术相互连接；附着于患者和员工组织的RFID标签与基于人机交互（Human Computer Interaction，HCI）的主机服务器进行交互；异构物联网设备依赖于第三方服务器的干预来重新缓冲数据包和安全消息交换。异构物联网设备的操作基于如下3个阶段（Nguyen等，2015）：

1）引导阶段：定义了两个未知异构节点之间启动通信的必要条件。通过物联网服务器来选择有效的设备标识、启动技术、服务类型、安全密钥数量和加密算法，并依此来建立安全通道。

2）操作阶段：节点之间交换的消息是建立于安全密钥的数量和加密算法基础之上的。基于预共享密钥创建密文，并在此阶段完成一次安全通信事务。

3）维护和重新打包阶段：在成功完成了一次事务后，通过接收目标节点的确认来调用此阶段。预共享密钥由物联网服务器维护，用于监视事务期间节点的行为。授予每个节点的信任度与物联网服务器共享，以确保网络中连接设备的安全性和可靠性。认证方案大致分为：

① 共享密钥；

② 静态公钥；

③ 基于证书的密钥；

④ 公共标识符；

⑤ 基于唯一标识的密钥（Saied 等，2014）。

密钥分配中心（Key Distribution Center，KDC）分发组密钥并支持成员在多播会话中的任何时间段（例如通过动态行为）离开或加入通信会话（Veltri 等，2013）。组密钥管理降低了安全协议的开销。密钥分发技术执行的任务如下：

① 生成组密钥；

② 维护安全组关联；

③ 更新组成员；

④ 为网络受损路径重新分配新组密钥。离开会议的成员分为

ⓐ 预先决定的离开（预离开）；

ⓑ 不可预测的离开（非预离开）。该组密钥作为一个“预离开”“非预离开”和“时间戳t_i”的功能来处理离开安全会话的成员的类型。

4.2.3　物联网系统中的信任管理

物联网通过在发送方、中间节点和接收方节点之间定义客观和主观的信任属性来确保数据可靠性、用户隐私和可靠通信。基于早期事务的发送方节点的信任级别决定如下：

1）客观属性：可信、可靠、知名度；

2）主观属性：仁慈、忠诚。

接收方节点必须愿意信任发送方节点，并与发送方实施的安全策略相一致。图4.3说明了物联网信任管理协议（IoT Trust Management Protocol，IoT TMP）的功能（Yan 等，2014；Borgia，2014）。

1. 物联网信任管理协议的特点

IoT TMP 作为一种基于物联网的协议，其中多个节点彼此相遇或（参与交互活动）可以直接相互观察并交换对他人的信任评估。这些活动如图4.3所示，描述如下：

1）事件监视器和数据采集器：诸如事件监控、存储和更新授权设备、服务器、网关、中继节点和接入点的行为等基本服务，由 IoT TMP 执行。

2）隐私保护和安全介质：设备信息、用户配置文件信息和节点访问权限由物联网信任协议保存。基于隐私的物联网和轻量级安全协议保存、处理和分析安全协议以验证通道中的节点。

3）融合和挖掘管理：应用可靠的融合和挖掘算法来处理服务器和在线应用的海量数据。数据被提取、转换和加载（ETL 进程）到数据库服务器。在应用

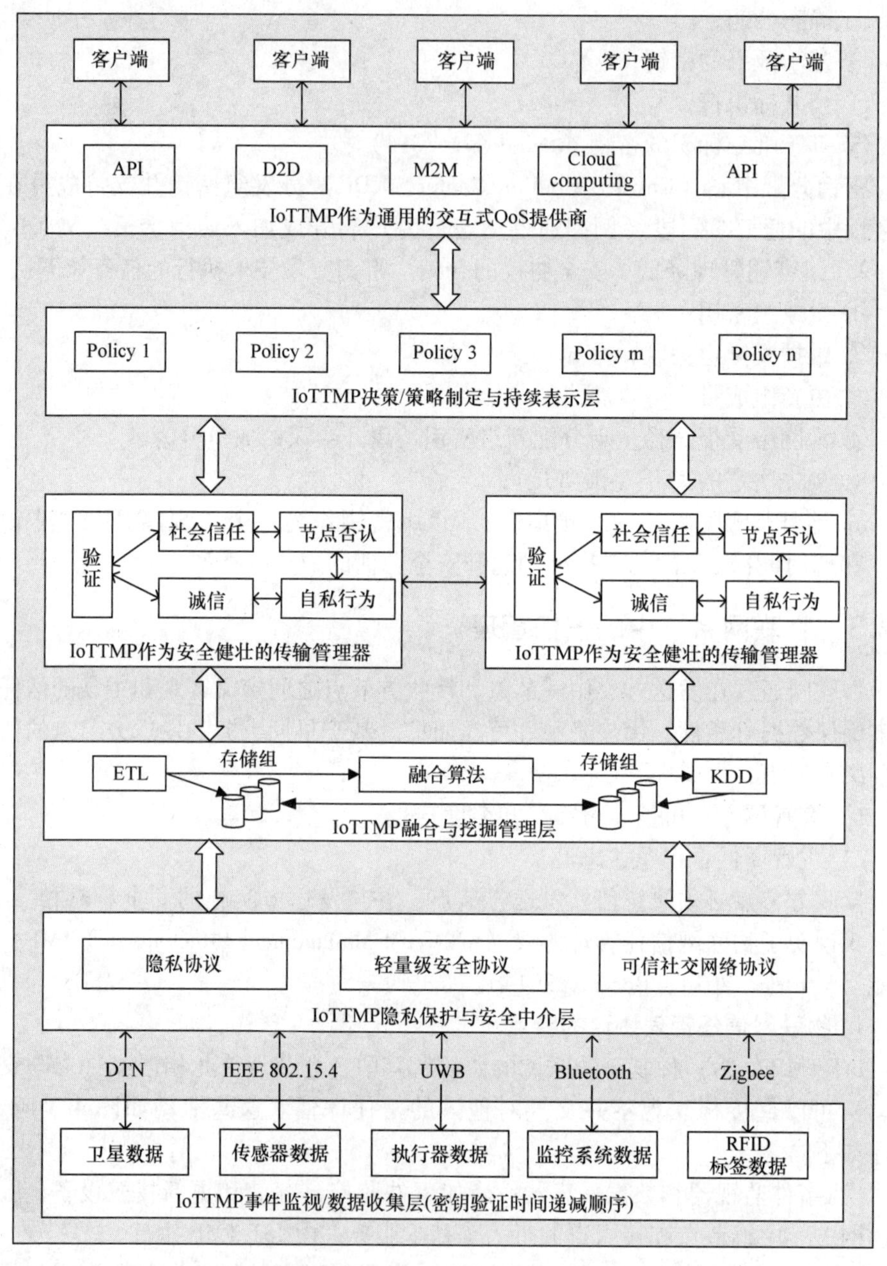

图 4.3　物联网信任管理协议的特性（经 IEEE 许可转载）

挖掘、融合算法和数据库系统上的知识发现（Knowledge Discovery in Database，KDD）时，数据的真实性和隐私被保留，解决了真实用户的查询问题。

4）安全可靠的传输管理器：只有通过认证的设备才能与服务器进行交互。

根据与相邻节点的信任度来分析整个会话中每个事务的每个节点的行为，并评估网络的直接和间接信任级别。

5）高效的决策者和持续发表者：高效的决策者定义了通信对象之间的信任关系，并指导他们相互协作。IoT TMP 向网络的受信任成员提供持久数据。

6）通用和交互式 QoS 提供者：IoT TMP 应用于支持多种语言操作系统的通用和交互式应用程序中。QoS 基于网络传输数据的准确性和时间开销。

2. 物联网信任管理系统的功能

可信任的服务基于诸如授权（访问控制）、认证（有效用户）、会话生命周期、密钥管理和基于信任和信誉的节点行为信息等参数（Zhu 等，2015）。物联网系统中的安全和信任管理是基于知识、监督和生物特征参数来验证设备及其各自的服务的。基于身份的信任框架由前端工具组成，用于授权访问控制并将未经授权的实体限制在系统中（Gessner 等，2012）。根据有效的 ID 和访问证书，设备通告查询的性质、所需的资源和服务的类型。然后，物联网服务器将访问控制权授予现有的操作策略。物联网信任管理系统周期性监控授权，识别生命周期和节点行为。该信息进一步创建了根标识和数字签名以及随后的别名，以揭示实时应用中的事务。

基于物联网的 SOA 中的分布式信任管理支持在有线和社交网络中跨设备的互操作性。联网的物联网设备基于节点交互级别、信任级别、社会影响级别以及网络中服务器节点的内聚级别来发送定义直接或间接信任的反馈。物联网的社会关系是访问位置、用户—设备互动（直接或间接）、友谊组和社会团体的功能。该方法采用自适应滤波技术，通过结合直接和间接信任反馈来最大限度地减少物联网中节点之间的信任度偏差。这种方法为积极的用户交互提供了高度信任。如果恶意节点的速率小于 40%，则该协议是可以人为调节的，从而将收敛时间和信任偏差保持在安全状态。

4.3　射频识别：演变与方法

射频识别（RFID）标签由小型无线微芯片组成，这些微晶片仅限于短距离数据传输。RFID 标签嵌在信用卡或借记卡、驾驶证、员工身份证、秘密文件、护照等内部，用于检索或更新用户的私有信息。RFID 系统服务的涵盖范围可以从一个家庭的防盗报警器扩展到急性军事侦查系统。RFID 是一种潜在的技术对策，用以解决电子产品、机械备件、纺织品、玩具和家居用品等真实商品的克隆标签问题，并保障原制造商的真实性（Lehtonen 等，2007）。通过交换由制造商和标签读取器共享的唯一密钥来读取信息。在 RFID 中嵌入先进的关键技术会提高生产成本，例如智能手机中的 NFC 等新兴技术用作应答器、电子产品代码

（EPC）读取器来验证 RFID 并确保正品（Langheinrich 等，2009）。嵌入了 RFID 技术的设备采用成对的公钥和私钥加密方法，来确保用户和制造商之间的信任，由 14 位数字和 EPC 组成的通用产品代码（UPC），在降低产品漏洞并保护产品的真实性上，做到了降低成本。RFID 标签设计师的目标是创建安全且复杂的代码，以提高客户的信任级别。

4.3.1 RFID 产品认证类别

RFID 标签被广泛用于产品认证，并大致分成 3 类：基于特征的认证、基于内容的认证和基于位置的认证，如图 4.4 所示。RFID 标签的主要字段包括 3 个参数：产品类型（月、年）、安全级别和产品的位置（如制造商的名称和地址）。

1. 基于特征的 RFID

物理尺寸、电气规范（电压、功率）和表面图案等这些产品特性都是在射频识别标签中指定的。制造商使用数字签名和产品规格来生成独特的 RFID 产品标签，并通过关键的验证过程避免了 RFID 标签的欺骗。

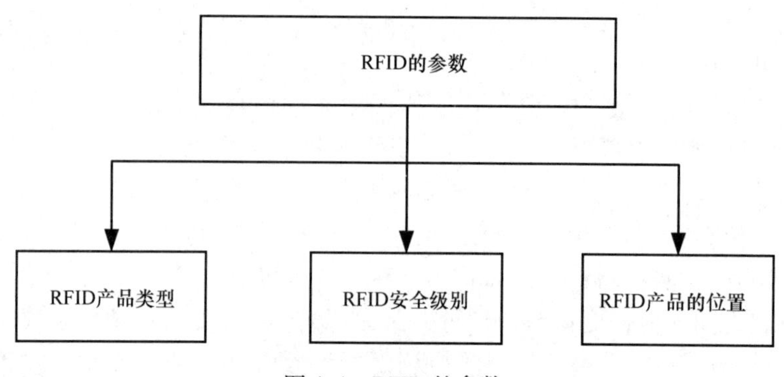

图 4.4　RFID 的参数

2. 基于特征的 RFID 的攻击

攻击者可能通过破害 RFID 信号的完整性来实现对 RFID 信号的攻击，从而将恶意逻辑附加到该信号中，以利用两个组件之间关系中的缺陷，损害其中一个组件的安全属性。对于不同公司生产的包、鞋和电子设备等产品，它们都有相似的物理规格，如果其他相同的对象也使用基于此特征的 RFID 标签，仿冒类似的产品，辨别真正的产品 RFID 信号会增加产品的复杂性和信任度。

3. 基于安全级别的 RFID

贵重物品，如首饰、手表和秘密文件，与包、鞋和电子产品等物品相比，需要高级别的安全性。在 RFID 标签中嵌入密钥，并允许对真实标签读取器的访问权，可以降低仿冒技术的影响。标签读取器使用高级加密标准（Advanced Encryption Standard，AES）生成的对称密钥来保护 RFID 产品。定义 RFID 标签的

另一种方法是通过大量逻辑门和集成电路（IC）的组合来产生不可仿冒的物理功能，以对抗 RFID 的入侵者。

4. 基于安全级别的 RFID 攻击

由于标签内存是有限的，所以在 RFID 中使用对称密钥加密技术。通过使用逆向工程技术，攻击者可以分解对称密钥，从而降低客户与制造商之间的信任度。因此，执行安全功能的组件以及访问或操纵敏感数据或资源的组件会变得更加脆弱。

5. 基于位置的 RFID

基于位置的 RFID 标签（即追踪）定义了真正的产品制造商的位置规范，此方法可以识别仿造或冒牌的产品。序列化产品编号是基于定义项目编号的产品类，如全局或本地标识。EPC 标签由 96 位的唯一项目标识符（UII）字段和全球唯一的特定产品编号组成。该方法对仿冒产品具有抵抗性，并可以在前一个标签读取器读取的多级安全系统中产生虚假警报。当标签读取器读取 RFID 产品时，追踪技术的高级版本会定期更新中央服务器。在熟悉或不熟悉的地点的仿造或冒牌生产的产品会被识别为假冒产品。

6. 基于位置的 RFID 攻击

基于位置的 RFID 主要用于开发的供应链很小的时候。当多个产品被使用相同的位置码并进一步制造真正的产品时，基于位置的 RFID 的复杂性就会增加。

4.3.2　传感器网络的 RFID 解决方案

RFID 标签在 1 ~ 10m 范围内使用超高频进行短程通信，标签对标签读取器的广播消息进行响应，这也会可能进一步导致冲突。入侵者可以通过供应链中的任何组件（制造商 - 经销商 - 供应商 - 客户）来禁用 RFID 解决方案的供应链。因此，每笔交易的标签消隐和频繁的密钥更新可以提高 RFID 应用程序的隐私程度。此外，制造商、供应商和客户之间的协调对于 RFID 应用是必不可少的。

线性同余发生器（Linear Congruential Generator，LCG）使用轻量级密码块和伪随机数来为基于 RFID 的传感器网络生成安全密钥。安全攻击存在于不同的层中：①传感器节点可能被入侵者物理攻击或访问，以检索敏感信息，拒绝服务（DoS）攻击会通过干扰节点以阻塞来自其基站的信号，从而迫使传感器节点由发送信号变为基站；②链路层攻击是通过操纵帧格式的大小和控制占用周期的大小；③网络层攻击包括在源和目的节点之间的路由路径或数据包的欺骗、洪泛和篡改。这些消息嵌入了伪随机数，使用固定因子（如乘数、增量和模数运算符）、素数定义了一些基本的参数，这些参数使公众能够预测排列来加密消息，避免了乘数和模运算符，以便从大量排列中减少关键预测的复杂度。带有乘数、增量和模量运算符的已知值的 RFID 标签被发送给有价值的客户。

4.3.3 RFID 协议和性能

以下是一些与 RFID 协议相关的性能方面的问题。

1. RFID 的可持续安全

恶意节点会应用密钥算法和暴力破解方法来获取 RFID 标签的安全密钥，窃听者会篡改存储在 RFID 标签中的重要信息的部分或更改密码，使制造商无法从标签中检索信息（如 DoS 攻击）。RFID 标签在标签的边界区域保持最小的信息变化。RFID 在短距离内工作，容易受到攻击。通过使标签能够在预定义的距离范围内作出响应，可以提高 RFID 标签的生存性。RFID 标签被限制用于评估按位操作和哈希函数，但是标签读取器通过与每个标签交换单独的密钥以授权 RFID。RFID 监控系统通过在正向信道、后向信道和企业信道之间使用三路通信来提高性能，并将损坏标签的程度保持在最低水平。

2. 客户购物中的 RFID 标签

随着电子商务业务的增长，对制造商和客户来说，追踪标签对象和通过监视（电子产品监控）追踪电子产品已经变得很容易。RFID 在购物领域中应用的特性包括：

1）包括安装标签打印机和调试设备在内的操作上的改进技术，以新的成本、序列号和库存来修改或重新标记项目。

2）在购物领域的未覆盖区域使用手持式标签读取器可提供实时库存的快速更新。

3）RFID 系统在零售点系统中，可以用于快速识别定价标签，避免长时间排队。

4）RFID 监控系统安装在门和入口处，在商场内商品遭到盗窃期间产生警报。

5）虚拟 RFID 系统允许 3D 图形的服装和调整衣服的形状。这样可以帮助客户选择合适的衣服尺寸来定位所选物品。

3. 缺失标签检测

RFID 标签用于计算商品、大型农场中的动物、鸟类的数量等。缺失的标签协议根据计数确定（由于盗窃或事故）丢失的物品，并根据单个标签身份识别遗漏的物品数量。基于时隙的协议解决了多个低频带标签竞争通道的问题。开销和检测时间与丢失标签的数量成正比。协议执行时间应该越短越好，这样，丢失标签、更新货物以及将货物从仓库移动到集装箱的时间也应该是最短的。诸如基线、两相和三相协议的技术改进了缺失标签识别，减少了开销并缩短了持续时间。

4. RFID 基于会话的安全性

RFID 技术在闭环和开环系统中都得到了显著的应用。在闭环 RFID 应用中，标签用于专用目的，只有授权的标签读取器可以检索标签信息。无论组织和位置如何，闭环 RFID 系统与标签读取器都共享一个唯一的主密钥。这个系统不隐藏存储在标签上的信息。对于在标签读取器周围窥探的攻击者来说，闭环标签操作较为容易。开环 RFID 系统使用加密的手段或随机数字键，通过特定通道传送到所需的标签读取器以检索信息。因此，标签是被动的，并且嵌入了基于会话的密钥和安全访问模块。在开环 RFID 系统中，标签读取器在实时应用中使用低成本的标签。通过暂时阻断不可逆操作，保护那些疑似缺乏攻击抵抗力的标签的隐蔽性。

4.4　无线传感器网络中的安全与信任

传感器节点通常随机部署在不安全的环境中，这些节点可以感知、聚合并将信息传输到基站，它们使用多跳通信。传感器节点容易受到欺骗、DoS、并发等攻击。基于认证和加密方法的安全协议确保了网络中传感器节点之间的信任。在分布式和分层传感器网络中，安全密钥由基站认证并将其分配给网络中的传感器节点。节点的信誉取决于活动会话的成功和失败事务的数量。表 4. 2 为传感器网络中的安全威胁和攻击类型。

表 4. 2　传感器网络中的安全威胁和攻击类型

安全攻击的类型	攻击性质	拟议的安全与信任机制
诽谤攻击	恶意节点破坏可信节点或增加受感染节点的信任值	直接信任率大于阈值，间接信任考虑概率的均值和方差
并发和移动攻击	检索密钥后，恶意节点攻击受信任节点，并将受感染节点广播为有效节点	核实密钥广播消息（SKBM）并认证密钥披露消息（AKDM）中基于时间的序列号
节点不一致	节点作为不可信节点，并在网络中创建不一致	验证奖励和罚则的数量，以评估一致和不一致节点的信任度
节点自私	节点充当非合作节点，不服从相邻节点	基于能量消耗的速率来衡量节点自私的概率
恶意冒充攻击（例如中间人）	恶意节点冒充受信任的云和服务提供商来定位用户	衡量服务提供商的成本、信任度和信誉度

在大型多跳通信网络中，集群头（Cluster Head，CH）节点和传感器节点之间的密钥交换成本会增加。因此，将移动汇聚节点部署在网络中，监视传感器节点的行为，避免网络入侵。当在网络的路由路径上的入侵率增加时，将调用密钥

撤销技术。使用反向哈希标签的对称多项式共享密钥可以减少传感器网络中的加密开销（Wang 等，2011）。

安全和信任管理方案确保节点之间可靠的数据包传输，信任管理方案通过为网络中的数据包传输提供基于会话的节点标识来保护路由路径。确保发送方和接收方节点之间的信任是应用程序（如军事应用程序、对象跟踪、警报监控系统、医疗系统等）的主要关注点。信任管理方案以基于信誉的系统和传感器网络中的定位技术为中心。

4.4.1 传感器网络中的信任管理协议

静态和移动异构节点直接对基于协作通信和共享频谱资源的分布式传感器网络做出贡献。信任度定义了传感器节点提供的服务质量，并确保网络中可靠且健壮的路由路径（Shaikh 等，2009）。可以通过使用 FRiMA 属性来增强网络节点之间的信任度，如图 4.5 所示，可以定义如下（Sun 等，2008）：

1）**更快的决策**：当发现转发节点是不可信的时候，必须选择备用节点来建立新的路由路径。

2）**风险适应**：在风险阈值级别内预测资源可用性和节点行为。

3）**恶意行为检测**：持续监控网络中的节点行为和安全攻击。

4）**定量系统级安全性评估**：评估网络中子网和网关节点之间的信任度。

1. 基于信任的安全解决方案

基于信任的安全解决方案（Trust - Based Security Solution，TBSS）在网络中提供机密性、访问控制和身份验证。由于 CH 节点执行数据收集和数据聚合任务，因此信任管理方案在每个集群内有所不同（Ahamed 等，2009）。在以信誉为基础的信任管理中，具有阈值有界能量函数的传感器节点可以作为数据采集节点、传播节点，并支持信任管理过程。隐私保护需要节点之间高度的内部协调，不会向第三方节点泄露敏感信息。资源感知和质量感知的位置监测系统有助于准确地收集和汇总传感器节点的信息（Chow 等，2011）。

2. 区域信任管理

基于区域的信任管理系统将基站作为一个完全信任的实体，它可以在多个层次分析成员节点的行为（Deng 等，2009；Ho 等，2012）。三级信任感知方法的功能如下：①检测频繁伪造数据的节点；②测量不一致性的程度；③评估活动事务过程中的节点信任级别（Deng 等，2009）。离群分析识别频繁伪造数据的节点，而基站作为网关节点使用直接或间接通信来测量区域传输的不一致性。将测量的节点冲突与节点的单个和多个父节点之间的本地最小值和最大值进行比较。基于这些比较，节点被父节点的惩罚或授予坏或良好的声誉值。通过分析前一个事务周期和当前事务周期之间的节点行为来测量平均节点的可信度。

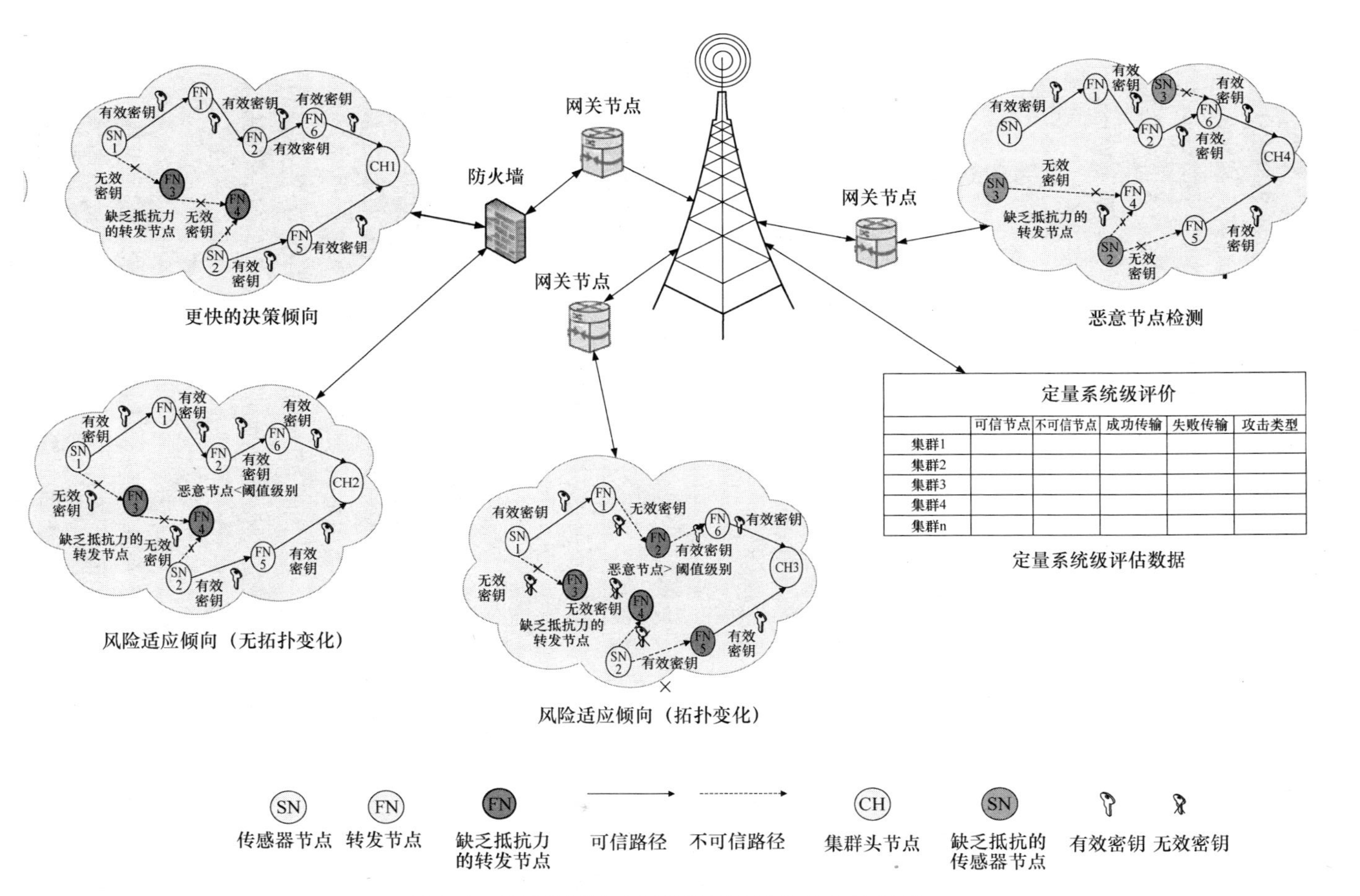

定量系统级评价

	可信节点	不可信节点	成功传输	失败传输	攻击类型
集群1					
集群2					
集群3					
集群4					
集群n					

图 4.5　传感器网络中信任管理协议的 FRiMA 属性

基于静态区域的传感器网络系统允许每个区域分析其信誉级别，并定期对基站进行更新。每个区域由一组具有低同步和最小开销的安全本地化节点组成。每个区域的聚合器节点选择其成员节点并将聚合的信任级别发送到基站。评估每个事务之后的节点行为以估计每个区域的信任级别，这与基站定义的阈值级别进行了进一步的比较。基站基于每个区域中受损节点的数量来保留每个区域的信任级别。该方法用于单个区域中的密集受损节点，这些受损节点可能会进一步危及网络中的多个区域。网络运营商周期性地和基站预加载密钥，并核查和验证每个会话的传感器节点可靠地活动。

3. 层次化信任管理

在基于集群的传感器网络中，CH 监控单跳和多跳邻居节点的行为，并评估网络内部和集群间区域的信任度。分级概率模型考虑逐步信任评估，其中基站估计 CH 的行为并向每个 CH 节点授予信任度（Bao 等，2011；Bao 等，2012）。此外，CH 节点评估每个传感器节点的对等信任，并识别集群内的恶意节点。转发节点观察相邻节点的社会行为，并将信息发送给 CH 和基站。因此，基站完成了评估信任目标的程度和验证网络路径的任务。

4. 轻量级直接和间接信任管理

轻量级的信任决策方案定义了受损节点和未受损节点的集合，并将信任度（0～1）分配给 CH（Li 等，2013）。这种技术大大减少了密钥更新过程和传输开销。CH 节点通过监视相邻节点的节点行为和与相邻节点的交互级别（窃听和重传次数）来度量信任度。基于节点行为的状态，用于参考的 CH 节点将间接信任度分配给各自的传感器节点，而不是与相邻节点共享。

5. 基于信誉的信任管理

在传感器网络中信任和信誉模型执行的任务分为以下几个方面：①收集客户信息和服务参数，形成网关节点、服务提供商和网络服务器之间的路径；②服务提供商和服务器根据响应时间和成功事务历史数量分配有效分数（Mámol & Pérez，2009）；这个阶段形成了等级评估，以促进网络中的声誉；③选择具有最高分数和知名服务器的路径来定义路由路径；④所选服务器由客户端所需的准确无误的服务决定。服务器的声誉是根据每次事务的奖励、惩罚和信任程度来定义的。

传感器网络的服务可以通过使用云计算技术的服务来增强，该技术可以控制和监视大量的数据资源、网络服务器、数据库服务器、基站、连接组件（路由器、交换机和控制器）以及服务提供商不同功能特征，并支持网络中不同实体之间的高度信任和信誉。基于云和传感器网络的信誉信任管理，在资源成本和网络中成功的交互数量的基础上来评估服务（Chunsheng 等，2015）。

4.5　物联网和 RFID 在实时环境中的应用

低功耗、低成本的传感器节点通常随机部署在不安全的环境中，为物联网在实时的环境中提供了灵活性。而在部署真正的移动元素时，是从源节点采集数据并将此信息转发到基站进行处理（Borgia 等，2014），比如智能电话，标签读取器和停车场的近场通信设备，都是在 10cm 的范围内以 106 ~ 424kbit/s 的速度进行数据传输。在 3 ~ 10m 范围内，无线射频识别设备的数据传输速度为 640kbit/s。传感器节点以 250kbit/s 的速度传输数据，大约覆盖 10 ~ 100m 的距离。水平应用模型由智能设备和标签阅读器组成，这些阅读器是通过源节点或 RFID 标签来收集物理数据的（Borgia 等，2014）。此外，此数据会被转发到物联网服务器的基站，用于查询和处理任务。表 4.3 代表了传感器网络和物联网（Marquart 等，2010）的 RFIDs 属性。

表 4.3　关于无线传感器网络和物联网的射频识别的属性

属性	无线传感器网络与物联网的相关性	优势	劣势
识别和传感	向真实的传感器节点、智能设备和附近的服务器显示身份、位置和消息	人、动物、商品和文件	入侵者可以跟踪安全人员设备和重要文件的移动
隐形的标签	必须捕获真正的节点以破坏节点行为	体积小，可嵌入到用户未知的层中	会被势利者和违约者误用
隐形标记的使用	提高网络服务的可靠性	标签可以读取多次	恶意的读卡器可以读取有效信息
唯一身份	事件监控和预警系统	全球独一无二的身份识别真正的产品	如果标签阅读器支持同一产品的多个扫描，则可以伪造真实的商品
可用性	传感器节点和网络设备可以随时跟踪并发出威胁网络隐私的警报	一旦激活，标签就会响应有效的请求	可以将信息发送到恶意节点
自主权	基站安装标记读取器来跟踪网络中的节点和设备	标签由独特的读者阅读，不响应其他无线设备，如移动扫描仪和安全摄像头	在入口和出口点安装特殊设备，监视 RFID 的存在
被动的	长时间的承受和未使用的标签是脆弱的，并且降低网络的隐私性	不传递信号	入侵者识别出长久以来的 RFID 设备，以损坏产品与网络

4.5.1 车辆物联网

在个人汽车、公共汽车和自动驾驶车辆上嵌入物联网传感器，能够加强车辆在拥挤城市中交通管理方面的导航功能（Gerla 等，2014）。物联网车载传感器支持基于服务的系统智能（如餐厅、公园、医院和银行）、旅行计划和城市的低拥堵路线。这进一步降低了传统交通网的复杂性，为需要互联网和云联网车辆的服务提供了支持，这项技术同时也促进了无人驾驶汽车的设计。物联网传感器还可以检查车辆的污染水平，为清洁环境作出贡献。互联网和云联网自动车辆的物联网车载传感器的服务如下：

1）提示信息：提供关于交通路线的信息，在城市不同位置的路线，以及在限速时发出的警报信息。

2）面向服务的消息：向餐馆，银行，商业中心，医院等城市的重要路线（易发生事故）提供路线图。

3）协同服务信息：监视车辆限速和记录车辆的持续时间，以及车辆的车牌号和用户身份。还可与警方人员共享协作服务信息，确定城市交通事故和入室行窃的地点。

4）车载网格和基于云的服务信息：RFID 标签嵌在车辆中监视、跟踪车辆的移动，并在 IoT 云中共享这些信息来生成车辆网格。全球定位系统（GPS）和控制器区域网络（CAN）总线传感器跟踪系统是用于检索车辆的位置。

4.5.2 物联网服务

高级物联网（Advanced IoT，AIoT）可以识别并连接节点、设备、服务器等，并使用附加工具管理物联网中连接组件的服务（Zhang&Mitton，2011）。分布式物联网体系结构使得节点能够在不同的通信条件下，与网络服务进行交互。在高级物联网中的对象是由服务提供者的 IP 地址映射的对象 ID 而命名，而统一的对象描述语言（Unified Object Description Lauguage，UODL）是用来处理分布式系统中的云计算问题。这为基于用户指定的策略和服务（网络访问权、网络运营商的资费服务）提供了灵活性，使设备基于物联网的运用成为可能。高级物联网标识字段的十六进制格式包括模型编号、序列号、位置标识以及具有月和年的制造商代码。在验证标记每个字段的唯一代码之后，将触发一个操作，即从数据库中删除项目代码，并执行数据库更新。高级物联网体系结构由以下四个模块组成（Zhang & Mitton，2011）：

1）高级对象命名服务（Advanced Object Naming Service，AONS）；

2）服务供应商域（Service Supplier Domain，SSD）；

3）具有标准接口的物联网用户设备；

4）目标物体。

AONS 模块与供应商服务器的对象 ID，以及 IP 地址是相匹配的，并为具有有效标准标识（Valid Standard Identity，SID）的对象启用了事务，允许为 SSD 指定的匹配操作提供路由路径的公共命名服务。公钥 ID 之间是相关的，实际事务是通过交换私钥来提交的，而且 SSD 服务也会被更新。服务供应商域通过动作引擎（Action Engine AE）和对象服务器降低了供应商服务器的复杂性。高级物联网用户设备中嵌入的高级物联网标准接口，引导用户调用网络邻居区域中相应的高级物联网对象。执行诸如添加、删除和更新等操作，这些信息是存储在 SSD 的对象服务器中。

4.6　未来的研究方向和结论

物联网安全系统旨在克服分布式系统中的障碍。其中包括具有安全智能算法的射频识别标签，具有动态密钥管理的传感器网络以及用于延迟容忍网络的物联网设备，这些无处不在的网络构成了物联网技术领域中创新部分。对于物联网连接组件的安全性、信任和声誉，要定期使用云计算服务进行评估的。定义了可重用与智能对象的复杂分布式系统，在基于物联网的应用程序中应当使用安全性和可靠性保障系统。

物联网结合了无处不在的射频识别、云和传感器的网络工作技术以及互联网的服务，自动化的知识、设备、车辆和物联网是网络物理系统的基本特征。本章介绍了物联网设备、射频识别和无线传感器网络中安全和信任管理的功能。射频识别、无线传感器网络和智能手机是物联网技术的关键组件，信任和信誉的程度定义了物联网中的安全属性。还详细介绍了物联网、射频识别和无线传感器网络中信任管理协议的体系结构和功能。重点介绍了物联网中分布式信任管理的特点。由于标签的可追踪性，射频识别在保持物联网设备的安全性和信任方面发挥了重要的作用。传感器网络中的密钥管理的信任和防抵赖，建立了网络中各节点之间协作通信的关系。

参考文献

Ahamed, S.I., Kim, D., Hasan, C.S., & Zulkernine, M. 2009. Towards developing a trust-based security solution. In: Proceedings of the 2009 ACM symposium on Applied Computing, March 2009, pp. 2204–2205.

Arbit, A., Oren, Y., & Wool, A. 2014. A secure supply-chain RFID system that respects your privacy. *Pervasive Computing, IEEE*, 13(2), pp. 52–60.

Ashraf, Q.M., & Habaebi, M.H. 2015. Autonomic schemes for threat mitigation in Internet of Things. *Journal of Network and Computer Applications*, 49, pp. 112–127.

Atzori, L., Iera, A., & Morabito, G. 2010. The Internet of things: a survey. *Computer Networks*, 54(15), pp. 2787–2805.

Bao, F., Chen, I.R., Chang, M., & Cho, J.H. 2011. Trust-based intrusion detection in wireless sensor networks. In: 2011 IEEE International Conference on Communications, pp. 1–6.

Bao, F., Chen, I.R., Chang, M., & Cho, J.H. 2012. Hierarchical trust management for wireless sensor networks and its applications to trust-based routing and intrusion detection. *IEEE Transactions on Network and Service Management*, 9(2), pp. 169–183.

Boukerch, A., Xu, L., & El-Khatib, K. 2007. Trust-based security for wireless ad hoc and sensor networks. *Computer Communications*, 30(11), pp. 2413–2427.

Borgia, E. 2014. The Internet of Things vision: key features, applications and open issues. *Computer Communications*, 54, pp. 1–31.

Burmester, M., Kotznanikolaou, P., & Douligeris, C. 2007. Security in Mobile Ad-hoc Networks. In: *Network Security Current Status and Future Directions*, D.N.S. Christos Douligeris (Ed.). Wiley-IEEE Press, John Wiley & Sons Inc., pp. 355–371.

Chen, R., Guo, J., & Bao, F. 2014, April. Trust management for service composition in SOA-based IoT systems. In: 2014 IEEE Wireless Communications and Networking Conference, pp. 3444–3449.

Chow, C.Y., Mokbel, M.F., & He, T. 2011. A privacy-preserving location monitoring system for wireless sensor networks. *IEEE Transactions on Mobile Computing*, 10(1), pp. 94–107.

Deng, H., Jin, G., Sun, K., Xu, R., Lyell, M., & Luke, J.A. 2009. Trust-aware in-network aggregation for wireless sensor networks. In: Global Telecommunications Conference, 2009. GLOBECOM November 2009, pp. 1–8.

Gerla, M., Lee, E.K., Pau, G., & Lee, U. 2014. Internet of vehicles: From intelligent grid to autonomous cars and vehicular clouds. In: 2014 IEEE World Forum on Internet of Things, March 2014, pp. 241–246.

Gessner, D., Olivereau, A., Segura, A.S., & Serbanati, A. 2012. Trustworthy infrastructure services for a secure and privacy-respecting Internet of Things. In: 2012 IEEE 11th International Conference on Trust, Security and Privacy in Computing and Communications, June 2012, pp. 998–1003.

Gubbi, J., Buyya, R., Marusic, S., & Palaniswami, M. 2013. Internet of Things (IoT): a vision, architectural elements, and future directions. *Future Generation Computer Systems*, 29(7), pp. 1645–1660.

Kothmayr, T., Schmitt, C., Hu, W., Brünig, M., & Carle, G. 2013. DTLS based security and two-way authentication for the Internet of Things. *Ad Hoc Networks*, 11(8), pp. 2710–2723.

Heer, T., Garcia-Morchon, O., Hummen, R., Keoh, S.L., Kumar, S.S., & Wehrle, K. 2011. Security Challenges in the IP-based Internet of Things. *Wireless Personal Communications*, 61(3), pp. 527–542.

Ho, J.W., Wright, M., & Das, S.K. 2012. ZoneTrust: Fast zone-based node compromise detection and revocation in wireless sensor networks using sequential hypothesis testing. *IEEE Transactions on Dependable and Secure Computing*, 9(4), pp. 494–511.

Langheinrich, M. 2009. A survey of RFID privacy approaches. *Personal and Ubiquitous Computing*, 13(6), pp. 413–421.

Lehtonen, M.O., Michahelles, F., & Fleisch, E. 2007. Trust and security in RFID-based product authentication systems. *IEEE Systems Journal*, 1(2), pp. 129–144.

Li, T., Chen, S., & Ling, Y. 2013a. Efficient protocols for identifying the missing tags in a large RFID system. *IEEE/ACM Transactions on Networking*, 21(6), pp. 1974–1987.

Li, X., Zhou, F., & Du, J. 2013b. LDTS: a lightweight and dependable trust system for clustered wireless sensor networks. *IEEE Transactions on Information Forensics and Security*, 8(6), pp. 924–935.

Lopez, J., Roman, R., Agudo, I., & Fernandez-Gago, C. 2010. Trust management systems for wireless sensor networks: Best practices. *Computer Communications*, 33(9), pp. 1086–1093.

Mármol, F.G., & Pérez, G.M. 2009. TRMSim-WSN, trust and reputation models simulator for wireless sensor networks. In: IEEE International Conference on Communications, ICC'09, June 2009, pp. 1–5.

Marquardt, N., Taylor, A.S., Villar, N., & Greenberg, S. 2010. Rethinking RFID: awareness and control for interaction with RFID systems. In: Proceedings of the SIGCHI Conference on Human Factors in Computing Systems, April 2010, pp. 2307–2316.

Melià-Seguí, J., Pous, R., Carreras, A., Morenza-Cinos, M., Parada, R., Liaghat, Z., & De Porrata-Doria, R. 2013. Enhancing the shopping experience through RFID in an actual retail store. In: Proceedings of the 2013 ACM conference on Pervasive and ubiquitous computing adjunct publication, September 2013, pp. 1029–1036.

Nguyen, K.T., Laurent, M., & Oualha, N. 2015. Survey on secure communication protocols for the Internet of Things. *Ad Hoc Networks*, 32, pp. 17–31.

Prasithsangaree, P., & Krishnamurthy, P. 2004. On a framework for energy-efficient security protocols in wireless networks. *Computer Communications*, 27(17), pp. 1716–1729.

Roman, R., Zhou, J., & Lopez, J. 2013. On the features and challenges of security and privacy in distributed Internet of things. *Computer Networks*, 57(10), pp. 2266–2279.

Saied, Y.B., Olivereau, A., Zeghlache, D., & Laurent, M. 2014. Lightweight collaborative key establishment scheme for the Internet of Things. *Computer Networks*, 64, pp. 273–295.

Sicari, S., Rizzardi, A., Grieco, L.A., & Coen-Porisini, A. 2015. Security, privacy and trust in Internet of Things: The road ahead. *Computer Networks*, 76, pp. 146–164.

Shaikh, R.A., Jameel, H., d'Auriol, B.J., Lee, H., Lee, S., & Song, Y.J. 2009. Group-based trust management scheme for clustered wireless sensor networks. *IEEE Transactions on Parallel and Distributed Systems*, 20(11), pp. 1698–1712.

Srinivasan, A., Li, F., & Wu, J. 2008. A novel CDS-based reputation monitoring system for wireless sensor networks. In: 28th International Conference on Distributed Computing Systems Workshops, June 2008, pp. 364–369.

Sun, B., Xiao, Y., Li, C.C., Chen, H.H., & Yang, T.A. 2008a. Security co-existence of wireless sensor networks and RFID for pervasive computing. *Computer Communications*, 31(18), pp. 4294–4303.

Sun, Y., Han, Z., & Liu, K.R. 2008b. Defense of trust management vulnerabilities in distributed networks. *Communications Magazine, IEEE*, 46(2), pp. 112–119.

Tas, B., & Tosun, A.Ş. 2011. Mobile assisted key distribution in wireless sensor networks. In: 2011 IEEE International Conference on Communications, June 2011, pp. 1–6.

Veltri, L., Cirani, S., Busanelli, S., & Ferrari, G. 2013. A novel batch-based group key management protocol applied to the Internet of Things. *Ad Hoc Networks*, 11(8), pp. 2724–2737.

Wang, L.M., Jiang, T., & Zhu, X.Y. 2011. Updatable key management scheme with intrusion tolerance for unattended wireless sensor network. In: 2011 IEEE Global Telecommunications Conference, GLOBECOM, December 2011, pp. 1–5.

Wang, J., Floerkemeier, C., & Sarma, S.E. 2014. Session-based security enhancement of RFID systems for emerging open-loop applications. *Personal and Ubiquitous Computing*, 18(8), pp. 1881–1891.

Yan, Z., Zhang, P., & Vasilakos, A.V. 2014. A survey on trust management for Internet of Things. *Journal of network and computer applications*, 42, pp. 120–134.

Yao, Z., Kim, D., & Doh, Y. 2006. PLUS: Parameterized and localized trust management scheme for sensor networks security. In: 2006 IEEE International Conference on Mobile Ad hoc and Sensor Systems, October 2006, pp. 437–446.

Zhang, L., & Mitton, N. 2011. Advanced Internet of things. In: Internet of things, 2011 International Conference on and 4th International Conference on Cyber, Physical and Social Computing, iThings/CPSCom, October 2011, pp. 1–8.

Zhou, L., & Chao, H.C. 2011. Multimedia traffic security architecture for the Internet of things. *IEEE Network*, 25(3), pp. 35–40.

Zhu, C., Nicanfar, H., Leung, V.C., & Yang, L.T. 2015. An authenticated trust and reputation calculation and management system for cloud and sensor networks integration. *IEEE Transactions on Information Forensics and Security*, 10(1), pp. 118–131.

Zia, T.A. 2008. Reputation-based trust management in wireless sensor networks. In: ISSNIP 2008. International Conference on Intelligent Sensors, Sensor Networks and Information Processing, December 2008, pp. 163–166.

Zuo, Y. 2010. RFID survivability quantification and attack modeling. In: Proceedings of the Third ACM Conference on Wireless Network Security, March 2010, pp. 13–18.

第 5 章　物联网设备对网络信任边界的影响

Nicole Newmeyer
美国国防部

5.1　引言

物联网市场的发展很大程度上归功于这些设备组合给消费者带来的便利。从家庭用户、汽车制造商，到零售业和工业综合体，因为它们的使用情况和环境是不同的，所以每一个都有专门针对自己需要的物联网市场。可是，在决定是否将物联网设备与现有的基础设施集成时，便利性并不是唯一被考虑的因素。而经常被最小化的一个因素，通常是单个物联网设备对整个网络安全状态的影响。这个概念多年来一直以移动节点为焦点进行讨论，截至 2007 年，已经发表了很多关于这一技术进化所产生的潜在影响的文章，大部分的关注点都聚焦在物联网设备的安装位置。首要的问题是一个经常被引用的边界问题，有些把它描述为“目前这些手持设备与典型网络计算机的划分界限将变得非常不清楚”（Derr, 2007）。随着物联网设备的发展，目前这个问题因为物联网安全体系结构的缺乏而进一步恶化。尽管有各种各样的工作组都在讨论这个问题，但是尚未达成共识。目前由于物联网领域内协议的传播，使我们难以定义一致的协议安全性或互操作性标准。随着物联网工业的成熟，这些安全机制无疑将面临更严格的审查，为了明确它们目前的缺点，网络所有者有责任对物联网设备进行风险确定。

5.2　信任边界

传统系统的信任边界是静态定义的，这样使系统所有者能够量化与其他网络中具体设备的连接。随着时间的推移，无线计算设备被广泛地采用并集成到企业网络中，系统所有者被迫调整他们对静态信任的控制，包括笔记本电脑、平板电脑以及其他无线网络设备。无线入侵检测（Wireless Intrusion Detection，WID）和无线入侵防御系统（Wireless Intrusion Prevention System，WIPS）被广泛的部署，用来帮助监控新的信任边界，并降低新采用技术相关的风险。虽然集成无线端点和中点设备的网络比传统的有线网络具有更复杂的体系结构，但从信任决策的角度来看，它们仍然是静态网络。系统所有者需要明确定义设备和通信过程中，其网络的受信任部分，并知道每个设备的通信性能。

随着物联网设备进入企业网络，如果没有系统所有者的指令，传统的信任边界定义和对具有无线组件的网络的修改定义都不够。目前 WIDS/WIPS 结构的重点在于规范无线射频（RF）协议，其主要是用于无线和移动计算。虽然有些是支持短程协议的，如蓝牙或蓝牙低功耗，但短程协议本身的性质限制了当前大多数 WIDS 体系结构的有效性。由于短距离协议（如蓝牙低功耗，ZigBee 和Z-Wave）设计的通信距离，远远低于当前 WIDS/WIPS 设计的 802.11a/b/g/n 套件所关注的距离，所以通过短程 RF 协议的通信设备，对 WIDS/WIPS 进行部署是不可见的。例如，使用蓝牙低能量通信的健身设备可以在 10m 范围内与其他设备进行最佳配对，但由于无线电通信类型的不同，通信距离可以短至 1m。在企业场景中，这意味着用户必须在 WIDS/WIPS 的 10m 范围内，以使其健身带通信对系统可见（Lee 等，2007）。鉴于目前 WIDS/WIPS 部署的最佳做法是，每五个无线 AP 建议立一个 WIDS/WIPS 节点，因此 WIDS/WIPS 将不可能看到健身频带。在不涉及物联网设备，以及协议的入侵检测和预防方面，WIDS/WIDS 策略对于物联网能力中经常使用的短程 RF 协议是无效的，这是了解网络信任边界和物联网设备的重要部分。

物联网设备定义信任边界的结构，必须考虑到当前缺乏全面的入侵检测或防范系统这一要点。正是这种理解，将有助于企业系统所有者弥补物联网设备在其网络中存在的差异。由于物联网市场非常的广泛，要想确定定义信任边界的方法，就需要了解与企业网络交互的潜在的物联网联系。这种方法侧重于系统所有者所做的工作，并且应该尽可能考虑减少物联网协议和设备的使用。下面是决策过程的一个例子，其中包括消费者和家庭设备，因为员工可能将这些设备带入企业环境，也包括智能建筑和绿色建筑设备，因为它们可能已经存在于企业环境中，但是不包括工业分布系统和协议，因为企业不与材料处理、材料管道或输送系统相互作用。

当系统所有者不了解物联网垂直与定义信任边界的企业之间的潜在交互时，就会出现此决策过程的潜在复杂性。由于物联网技术的广泛性和复杂性，这种情况是很容易发生的；比如，系统所有者确定不以任何方式与运输工作的企业合作，就不需要考虑运输和车辆远程信息处理系统。然而，这一决定会导致系统所有者错过能够大量访问其核心网络的物联网技术。比如停车传感器系统，停车场的远程信息处理，设施附近的交通信号，都有可能尝试与企业网络内的组件进行通信。这些分类决策也必须定期更新。随着物联网技术的不断发展和商业应用的增加，今天物联网无法与企业网络进行交互的产品，在未来也可能会产生交互作用。物联网市场不是静态的，系统所有者将不得不采用改进的物联网技术来调整其方法和安全措施。

关于物联网的纵向关注，只是过程的一个开始。接着，系统所有者必须了解最初处理的物联网设备类别以及通信机制的广度。这种理解至关重要，因为许多物联网设备能够通过多个机制进行通信。在移动设备方面，智能手机可以通过传统的蜂窝、Wi-Fi和蓝牙等多种类型的RF进行通信。网络所有者必须了解这些可能性，这种意识可以防止可信网段中的设备在其Wi-Fi接口上被监控。但是在其备用蜂窝通信路径上却被经常忽略，该路径会将状态信息发送给制造商，并且可能在某些情况下被盗用。物联网市场的飞速发展，使这种理解变得更加复杂。

最近，智能手表就是一个值得关注的例子。在消费者购买这些设备之后，他们被提供了一个软件更新的功能，即为通过Wi-Fi芯片构建的设备，启动了额外的Wi-Fi功能，但也仅部署了蜂窝通信功能。系统所有者的另一个问题是设备，例如交付并安装了主要和备用通信机制的设备，这些设备通常被设计为向制造商或服务机构发送状态信息，它们虽然在企业假设的物理信任边界之内，但是不被企业系统维护或监控。系统所有者需要考虑潜在的风险影响，因为系统所有者可能不知道设备中包含的多个通信路径，也不知道该设备被设计用来连接的网络。

一旦理解了这一点，系统所有者必须考虑到企业网络中物联网设备的不同的审批级别。我们可以将信任边界分为两个方面来解决这个问题：其一，是当被接纳到网络的信任边界时，批准的物联网设备如何影响安全状态；其二，是当与处于网络信任边界内的设备交互时，未被批准的物联网设备如何影响安全状态。在网络的信任范围内，每一种物联网设备都具有不同的影响力。从这个角度来看，两个主要的物联网设备示例，能够有效地说明，网络所有者所能做出的每个决策的复杂性。智能电视和可穿戴式监视器将作为设备的基本示例，大多数网络所有者都将做出风险决定。考虑到此设备是一个具有自动化能力的，且相对较新的事物，例如运动感应灯、双因素认证输入系统和调节温度的智能控制，可以根据不同的使用情况，对智能电视和可穿戴式健康监测器进行高级别的风险评估。

5.2.1　可信设备

随着物联网设备与传统企业网络组件技术的结合，现在有必要对包含特定物联网设备的信任边界进行定义。这些信任边界需要解决设备所包含的每个潜在的通信路径，以及设备所尝试连接的潜在网络。同时，这也将变得更加复杂，由于设备广泛的通信能力，当主要路径不可用时，辅助通信路径就会被激活。

虽然许多人关注的是消费者和专注于家庭的物联网产品，但企业或办公领域的物联网范围也在不断地扩大。环境优化能力，通常被称为绿色建筑技术，经常被使用在新的建筑中或是建筑被修复的时候。其中运动传感器、智能灯泡、空气质量传感器、门锁和停车优化传感器，这些功能都没有从传统上对网络安全或信息技术进行讨论。然而，随着这些设备的射频覆盖范围的扩大和连接性的不断增加，考虑如何从安全的角度来解决这些问题将是必要的。其他与企业使用有关的技术，目前也已经被纳入网络的信任边界之内。然而，大多数设备是从传统的角度进行评估的，而不是从物联网的角度。

第一个例子是智能电视场景。在这种情况下，智能电视可以连接到互联网进行软件更新，并试图通过云服务进行检索或显示内容，或者通过射频连接来执行预定的功能。这种功能在家庭场景中具有明显的相关性，而且对企业场景也有重要的影响。自 2016 年起，智能电视市场每年增长约 21%，到 2018 年将超过 90%，在不久的将来，购买非智能电视将变得越来越困难（O'Neill，2015）。虽然大多数企业不像家庭用户那样使用电视机，但企业环境中的电视机使用案例仍然不少。比如欢迎信息展示、安全操作中心监视器、视频电话会议（Video Teleconferencing，VTC）系统、演示文稿显示器等，都依赖于与消费者市场相同的电视机型。因此，它们与家中的智能电视具有相同的连通性。有了这样的连接性，系统所有者就可以做更多的工作。我们可以用一个具体的用例来说明必要的附加视角。网络所有者打算将智能电视作为会议室显示机器的连接电视。为了实现这种用例，智能电视将直接连接到企业的计算机网络中。虽然这可以很容易地利用智能电视来支持简报和 VTC 会话，但它还增加了一个不受管理的无线设备，可直接连接存储在核心网络中的信息。系统拥有者可能没有配置智能电视的无线接口，甚至可能没有意识到它的存在；但许多智能电视默认配置为通过无线（蜂窝网络或 Wi-Fi）与设备制造商的云或经销商的监控系统进行通信，以实现维护的功能。这种连接的风险随着智能电视的信任程度和它访问的数据层的增加而增加。

如果系统所有者不知道智能电视本身支持的不同通信路径，那么风险可能会进一步增加。例如，如果系统所有者知道智能电视与制造商的 Wi-Fi 通信并监视该通信路径，但是不知道次级蜂窝回路配置，将有可能会错过妥协。系统所有者还应该考虑到智能电视与建筑物自动化系统之间的任何可能的交互，如果智能电视被认为属于计算机网络的信任边界，智能电视就会以各种方式与建筑物自动化或控制系统进行通信，那么从技术上来说，建筑物控制系统是该信任关系的延伸。如果系统所有者不能直接或间接地连接到其他的网络，就不可能做出准确的风险决策。到目前为止，对于系统所有者来说，这听起来应该是一个令人难以置信的工作量。只有当监测技术能够满足系统所有者的需求，才有可能实现其准确性，但是只有在系统所有者了解物联网发展的真正广度后，监控技术才能得以进步。

这种演进不仅关系到物联网设备的基本通信功能，而且在设备整个生命周期

中都有影响。在一个相同的用例中，探索智能电视用于演示播放系统的示例，将有助于说明一些依赖关系。首先，必须考虑到升级的过程，包括硬件和软件。在许多企业中，其合同会要求技术的更新，并规定台式电脑使用不得超过 3 年，以及设备必须由制造商提供软件升级的支持。从系统所有者的角度来看，预计升级后的设备，将至少支持企业的最低要求版本，这是本是一个合理的假设，而且该设备的安全态势是类似于它正在更换的设备。但是，这些假设并不是正确的。随着物联网市场的扩张，需要升级演示系统的企业，可以很容易地选择已安装设施中电视显示器的当前版本，而且不会意识到其具有额外的通信功能，以及新版本的设备可以自动被添加到已批准的产品列表中，因为它符合基本功能和安全要求。那么现在需要将原来无线连接从企业网络中删除，此时，管理员就会认为新的连接已被批准，并利用该通信路径满足企业需求。

从系统所有者的角度来看，与硬件升级相关的问题，应该反映在与软件升级路径相关的层面。目前许多智能电视通过连接到制造商的云端来检查软件更新，如果是可用的，软件更新的工作，将通过无线连接（无论是初级还是辅助连接）来安装。由于在物联网领域内，甚至在纵深行业内，都没有统一的标准，系统所有者不得不质疑这些升级中的安全保障。虽然有些人通过超文本传输协议（S-HTTP）来执行这些升级，但没有广泛的标准。以上这些示例并不意味着制造商的产品都不含有安全性，只是系统所有者有责任确保其网络内的产品，是符合企业的安全标准的。

一旦系统所有者确信物联网设备符合企业的安全标准，则在将设备划分在网络的信任边界之前，需要完成更多的评估工作。如果设备使用企业当前监控和防御系统无法覆盖的机制进行通信时，那么系统所有者就必须找到一种方法来减轻差距。这不仅包括入侵检测和预防系统，还包括分析组件和网络安全专业人员的显示接口。但是，通讯机制和协议并不是唯一的问题。如果企业的传感器网络还没有准备好迎接多个物联网设备带来的原始数据的涌入，那么吞吐量就会成为一个严重的问题。从分析的角度来看，核准设备的流量必须以量化的方式进行，使分析师能够确定哪些流量是正常的，哪些流量是不正常的；在当前不协调的物联网市场中，这就需要根据每种设备的类型，为每种类型的通信创建特定的分析。

通过了解物联网设备的通信、监测和分析功能，为支持物联网设备的正面和负面识别，系统所有者应具有开发设备信任模型的所有构件。其次，参考在演示系统中使用的智能电视，是否做出信任决定，对用例是至关重要的。此时，系统所有者能够确定智能电视需要访问的网络设备和区域，以便按预期的方式运行。一旦识别出这些区域，系统所有者必须评估这些设备所需要外部通信，并根据可用于弥补差距的监控和防御功能，进行风险决策。例如，用于演示的电视，可能已经直接连接到网络中，并且可以通过计算机寻址来驱动显示器。一旦非智能电视升级到智能电视，网络所有者就可以确定新的首选连接模型，并将其直接连接到单个计算机，而不再需要网络证书。在这种新架构中，智能电视仍处于信任边界之内，因为它可以访问网络内的可信数据，并连接到可信计算机，但它并没有访问整个可信核心网络的权限。如果能够利用智能电视的外部通信功能进行妥协，那么这种方法可以最大限度地减少潜在的知识产权风险。

尽管需要广泛的理解和工作，但智能电视是最简单和最干净的例子，因为它不会改变信任边界的性质，它仍然是静态的、特定于设备的和可量化的。系统所有者知道所有已批准的网络组件，并且可以通过监视所有已批准的组件来获取妥协的迹象。基于这种理解，无论是系统所有者，还是已经开发并融入到监控和防御系统之中的情况，解决不可信设备将变得更加复杂。

5.2.2 不可信设备

在企业网络可信组件的基础上，对物联网设备进行开发时，系统所有者必须处理更复杂的物联网演进，即不受信任的设备。不受信任的设备会比可信设备更加难以处理，特别是如果它们不是属于企业的，或是在企业网络之间运行的。不受信任的设备，主要有两个类别：已批准但不受信任，未经批准且不受信任。已批准但不受信任是系统所有者已经批准与企业系统进行交互，但不能访问任何受信任的企业网络组件。未批准且不受信任的设备，它们是未被批准与企业系统进行任何交互的设备，并且无法访问任何受信任的企业网络组件。

1. 已批准但不受信任

目前处于“不可信”已批准的一类设备是可穿戴健身设备。即使是这种设备，也可以有各种各样的功能，从健身带到嵌入在服装中的传感器，以及运动过程中粘附到身体的传感器。我们尽可能简化问题，只是讨论健身带。可穿戴健身设备对于系统所有者来说也是熟悉的，但在某些方面更复杂，比如智能电视有一个相当固定的位置和确定的功率消耗方式，而可穿戴式健身设备是易变的。它们永远不会有一个固定的位置，并经常支持多种通信协议。其中一个好处是，目前还没有理由认为可穿戴的健身设备，对核心网络服务器具有同等的信任程度。考虑到对信任的期望较低，系统所有者必须关注这些设备的访问是有意的还是无意的。如果用户将他们的健身设备与系统所有者控制的资源连接起来，以进行收费或同步，那么在决定将何种程度的信任扩展到这些设备时，必须考虑到哪些连接呢？它们是否通过使用计算机作为代理，从而获得敏感的知识产权信息？如果这是系统所有者关心的问题，那么企业的监控功能是否可以检测到这种行为？虽然目前的健身带可能没有大量的存储或传输能力，但是系统所有者不应该假设，随着技术的发展，设备的容量不会改变。基于当前可用的技术，这种设备和到可信核心网络的三级连接，并不是特定企业系统所有者所关心的，但是当物联网设备

变得更加复杂时，就需要重新评估该决定。

简单的软件升级，例如网格通信的启用，可能足以改变系统所有者对可穿戴健身设备的信任。以前，如果员工用企业计算机的 USB 接口对其设备进行了充电，系统所有者可能就不会注意到。但是，如果该设备具有与其他健身带或小型传感器进行通信的能力时，例如，在即将发布的蓝牙版本中，系统所有者会确定额外的功能，这将会显著地改变风险状态，从而迫使企业系统的信任模型发生变化。在这种改变信任边界的情况下，系统所有者需要确保监控系统能够检测到 USB 连接的运行情况，以帮助减轻无意的损害。

目前在物联网设备中使用的协议，大部分是存在的，但是在很多垂直物联网中，还是有一些杠杆化的。在简化沟通方面，这种共同性提供了显著的好处，也具有引起关注的潜力。如果正在使用协议的通信安全机制没有被适当地定义或遵守，这种情况会在后续章节中进行讨论。一个非常引人注目的例子，就是智能楼宇控制系统和可穿戴健身设备之间的潜在联系。许多智能建筑和绿色建筑技术，都运用了已测试且被广泛使用的协议和芯片组。这对制造商是有利的，因为它是一个可以放入现有设计，而且不需要额外工作的组件。但是，如果这些协议没有有效地利用协议套件中的安全优势，那么系统所有者就会承担额外的风险。在智能建筑和绿色建筑系统中，要确保传感器到传感器和传感器到集线器之间的，每个通信都能验证发送方和接收方的身份，并验证消息的完整性（以及其他动作）。随着智能建筑和绿色建筑物联网技术的不断发展，假设某些设备制造商尚未将其安全性纳入组件，无论是智能灯泡、二氧化碳传感器还是运动传感器，我们都可以暂时认为是合理的。如果建筑物的控制系统，通过与用户可穿戴健身器材相同的方式，使用低能量蓝牙进行通信，这为组件使用基本的蓝牙低功耗功能打开了一扇门，这意味着信息正在交换。假设企业系统所有者可以访问企业中部署的智能建筑和绿色建筑传感器的详细信息，系统所有者必须权衡这些连接的潜在后果，无论是直接性的还是间歇性的，都将影响与物联网设备相关的每个风险决策。

为了进一步增加系统的复杂性，企业的监控和网络防御能力，必须能够识别已批准和未批准的通信类型，从而有效地执行由系统所有者给出的信任模型决策。其次，以可穿戴健身设备为例，监控系统必须具备跟踪低能量蓝牙等短距离传输协议的有效手段，并且系统必须能够区分正常使用健身带和未经批准的使用的健身带。在这种情况下，可以通过 USB 连接到企业计算机，或与支持相同协议套件的智能建筑组件进行通信。这与可信设备用例中的监视需求是不同的，那就是即使批准的通信也不应连接到可信的企业网络。因此，监控系统必须能够识别已批准的通信和通信中涉及的所有系统。

在将物联网设备引入企业网络时，可穿戴健身设备可用于说明潜在的问题，即设备本身的瞬时性。在查看传统的静态企业网络时，大多数设备的移动性，不足以在企业网络中的多个点进行定期连接。而可穿戴健身装置是不属于相同的模式。移动到企业员工访问的每个房间，可穿戴健身设备有可能触及企业网络中的许多组件。从系统所有者的角度来看，这意味着每一块网络必须具有相同的监控和防御能力，以防止这些设备的任何潜在危害。系统所有者需要考虑的可穿戴健身设备的下一个连接行为，就是与远程不可信网络的连接。许多企业已经开发出了信任模型，允许企业的笔记本或平板电脑连接到受信任的网络和不受信任的网络，它通常与虚拟专用网络（VPN）进行通信，并隔离可远程访问的可信核心网络的组件。从信任的角度来看，可穿戴健身设备与笔记本电脑有很大不同。笔记本电脑是值得信赖的设备，可以连接到企业的核心网络。而可穿戴健身设备已被批准处于企业网络的边界之内，但不被信任并能够访问任何敏感的企业数据。因此，笔记本电脑信任模型中的 VPN 解决方案，并不直接适用于可穿戴健身器，但系统所有者也必须要制定风险接受或缓解计划，以解决物联网设备与远程不可信网络以及企业网络的连接问题。

2. 未经批准和不受信任

最后，这是最简单的分类了，物联网设备将从系统所有者的角度，对未经批准和不受信任的设备进行分类。实际上，这是一种系统设备，系统所有者已经明确拒绝连接到企业网络，或者在当时没有做出信任决定。在这两种用例中，较简单的是一种被明确拒绝连接到企业网络的设备。例如，系统所有者可能已经做出了风险决定，不允许任何智能建筑或智能家居控制器连接到企业的可信网络，除了集成在设施内的控制器。这一决定将防止来自邻近设施的无意通信以及任何雇员将设备带回家或建立控制设备进行试验。而做风险决定仅仅是第一步。然后，系统所有者必须确保监控和网络防护系统能够识别被拒登的流量，从而将其与已批准的智能建筑流量分开，并根据该流量进行访问决策。第二个例子是在其无线接口上邻近企业的智能电视信标，可能试图连接到企业的无线网络。当它们具有相同的品牌和型号时，监控系统需要区分经批准的企业智能电视与外部不可信智能电视。如果通信的身份和认证组件尚未实现，则系统所有者的工作变得更加困难。参考以前的章节，这需要详细了解被拒绝登录的设备以及批准的设备通信能力，以便监视系统能够区分流量。

这个过程虽然繁琐，但对于不被批准的设备是可行的。系统所有者也必须能够处理那些尚未做出信任决定的设备。例如，在过去一年的时间里，可穿戴健身设备市场已经有了很大的发展。其中多个服装制造商一直在探索将健身传感器集成到为了运动而设计的服装里面。如果不了解这些传感器的功能，系统所有者在收集信息的同时，做出信任决定是合理的。但是市场发展的速度如此之快，以至于员工不知不觉地购买带有嵌入式健身传感器的衣服，并将其穿进企业设施中。

虽然目前嵌入式健身传感器的能力，使网络无效的机会很低，但如果要达成网络无效，员工和系统所有者可能完全不知道连接的进入。如果系统已经支持协议，监控和防御系统就可以识别和描述业务量。在物联网市场完全遵循协议和安全标准之前，它将继续成为规范系统所有者的规则。这种情况的本质是未知的，系统所有者不可能为未知的设备类型，未知的安全状态和未知的潜在通信能力做好准备，与不知是否检测的、未经批准的网络安全设备进行交互。

虽然系统所有者增加了不受信任设备的挑战，但它不是一个可以在确定信任边界和做出风险决策时被忽略的类别。监控和网络防御系统的负面检测能力与正面识别能力，是同等重要的。随着物联网市场的不断发展，大部分的努力将落在系统所有者身上，确保与物联网设备相关的潜在关键点，包含在企业网络的信任边界内。

5.3　风险决策与结论

建议系统所有者在做出所有风险决定时，认识到每一个信任的边界连接，使其不偏离传统的信息安全。然而，随着一些物联网设备的出现，该建议也迎来了更多的挑战。为了进行信任和风险评估，系统所有者需要能够识别其网络的物联网设备。虽然现在许多设备被认为属于物联网频谱范围，但是还有很多尚未纳入的商业监测能力。在某些情况下，这种功能将很难以可靠的方式发展，因为 RF 协议是为短距离通信而设计的，不一定在整个设施上进行传输。具有现有网络监控系统的系统所有者，包括入侵检测和无线入侵检测，可能会出现其现有检测机制，适合于这种新技术的错误印象。但是目前还没有一个解决方案可以解决整个物联网的问题，而且这个解决方案可能永远都不会出现。

识别跨越网络信任边界的物联网设备，仅仅是系统所有者需要实现的第一阶段的能力。识别之后，系统所有者需要确定物联网设备是否将额外的漏洞引入到其他的系统中，其本身将是一个非常困难和耗时的工作。只有物联网频谱范围内有更广泛的安全标准，在确定单个物联网设备的安全级别时，需要对与该系统所有者的网络相关的特定设备进行分析。如果设备通过了这种级别的审查，则系统所有者还要确定物联网设备本身是否存在固有的安全问题。

首先解决这些基本组件，然后允许系统所有者对其是否包含物联网设备，以及对到其它网络的信任边界影响，进行评估。这不仅工作量过大，而且在物联网市场的安全机制更广泛的应用之前，这种情况可能会持续下去。从系统所有者的角度来看，单个物联网设备中的安全机制是不够的。他们仍然需要彻底了解网络的信任边界，以及添加设备和有意排除设备的影响。许多人会质疑这一步的必要性，但是通过对最近网络历史的简要介绍，其重要性就变得更加明显了。物联网决不是一种扩大或调整任何网络信任边界的颠覆性技术。无线网络访问（特别是802.11标准），在最初的时候，系统所有者对在网络中添加AP，究竟会带来什么样的安全隐患，提出了质疑。为了解决这些问题，使得802.11标准框架的安全协议不断增加。随着网络带宽的增加，系统所有者和公司必须量化和确定前进的道路，以使员工能够从远程站点进行连接。而且技术的发展，使得系统所有者面临着传统计算机和语音网络的合并，以及部署语音网络协议系统和统一的通信基础设施的问题。许多系统所有者目前正在努力解决自带设备（Bring - Your - Own - Device，BYOD）带来的影响。其中，不论是否批准，这些场景都可能在个人设备上创建敏感的业务操作。所有这些情况都要求系统所有者要了解他们现有的网络信任边界，并对扩大支持新技术/能力集所涉及的风险，进行评估。在更广的范围内，将物联网包含于一个广泛概念中，包括网络的组成，以及网络安全的真正含义。

参考文献

Derr, K.W. 2007. Nightmares with mobile devices are just around the corner! In: IEEE International Conference on Portable Information Devices, PORTABLE07, May 2007, pp. 1–5.

Lee, J.S., Su, Y.W. & Shen, C.C., 2007. A comparative study of wireless protocols: Bluetooth, UWB, ZigBee, and Wi-Fi. In: 33rd Annual Conference of the IEEE Industrial Electronics Society, IECON 2007, November 2007. pp. 46–51.

O'Neill, J., 2015. Smart TV adoption – and connectivity – soars; will 4K stunt its growth? Available at http://www.ooyala.com/videomind/blog/smart-tv-adoption-%E2%80%93-and-connectivity-%E2%80%93-soars-will-4k-stunt-its-growth. Accessed on April 15, 2015.

第3部分 可穿戴自动化技术回顾

第6章 可穿戴物联网计算：界面、情感、穿戴者的文化和安全/隐私问题

Robert McCloud[1]，Martha Lerski[2]，Joon Park[3]
[1]美国圣心大学，计算机科学系
[2]美国纽约城市大学，雷曼学院，图书馆
[3]美国雪城大学，信息研究学院

6.1 引言

关于可穿戴技术能否带来100亿美元或1000亿美元的经济增长？这个争论一定程度上体现了可穿戴行业根深蒂固的复杂性。从可穿戴设备收集的消费者数据来预测，到2020年，全球销售额将提高5%，而且智能手机的应用数量表明，截止至2015年，消费者的共享数据预计将增加两倍，这其中包括希望获得顾客资料的营销人员数量[1]。现在，一些可穿戴设备如苹果手表、谷歌眼镜和腕带正在影响着我们的生活，帮助我们相互交流，提高生产力。举个例子，Fitbit可以根据计步器计算旅行步数，消耗的卡路里和运动时间。此外，激活一个额外的设置使其进入睡眠模式。而且，用户可以设置每天的步行目标，系统默认的目标是10000步。如果Fitbit检测到用户设定的目标已经实现，那么用户就收到使他/她的手腕振动的信息。用户还可以访问一个以图形方式显示成绩的网站。为了连续检查更新，用户可以利用手机同步链接，同时可以通过社交媒体与朋友保持联系，通过共享数据来结交新朋友。

6.2 可穿戴计算的数据精度

2013年在文章“移动设备上的信息泄露：重新对实际用户的行为隐私再次进行计算”（Keith等，2013）得出结论：约40%的注册参与者至少提供了一些

虚假信息。研究人员还发现，消费者提供不准确的信息可能使技术人员很难确定消费者是否打算提供准确的信息，这种情况和博纳等人在2005年提出的某些简单信息相反。而人们打算如何提供信息的准确性将代表未来的应用方向。虽然它不是一个可穿戴式应用，但是脸书网经常将此案例作为难题来进行研究。Hull在哥伦比亚大学生的研究报告（2015，P. 11—12）中报道：

“93.8%的参与者透露了一些他们不想透露的信息。根据我们的示例，几乎可以肯定的是大多数Facebook用户都有类似的问题。另一方面，我们注意到84.6%的参与者隐藏了他们希望分享的信息。换句话说，用户界面设计是用来阻止在线社交网络的。在这两个数字之间，每一个参与者至少有一个违规的分享行为。然而综合考虑，虽然仅仅是它的结果满足变化，但是这个案例还是具有典型意义的。”

随着人机交互（Human Computer Interaction，HCI）成为一个公认的研究领域，其哲学认知结构被认为是充分的。也就是说，我们可以假设通过应用一个计算模式来模拟大脑是如何工作的。这就导致了情绪被我们认为是附加到认知上的。Palen和Bødker在2008年的实验使我们获得了有意义且可分析的数据，而且这些数据是具有情感的人机交互体验。到目前为止，对可穿戴活动跟踪器的研究还主要集中在验证其准确性的阶段。2014年Takacs等人提出：在Fitbit计步器和观测计步器之间没有特别大的差异，其一致性大约在0.97~1.00之间。贝纳等人认为情感应该被视为人们之间的一种互动，而且情感就是将注意力放在感性的HCI上，其中社交环境、文化和互动都是HCI的一部分。研究人员认为，人机交互系统应该扮演一个支撑角色，它可以帮助用户了解他们全方位的情感体验。我们可以通过可穿戴式计算，推断出用户对设备产生的情感体验，比如：愤怒、烦恼、快乐和惊喜等，这些都可以是Fitbit体验的一部分。一定程度上来说，由于可穿戴计算机与情感紧密相连，使得其可以一直得以延续下去。

6.3 界面与文化

虚拟奖励一直以来都是游戏设计的一部分。从超级马力欧兄弟系列开始，任天堂公司已经将虚拟奖励嵌入在每一个屏幕物体中。这个想法比马力欧卡丁车系列考虑的更加深远。在比赛结束时，游戏中驾驶员的哭或者笑取决于玩家游戏玩得有多好。

追踪者最初给用户发送鼓励消息，并奖励完成的用户目标。但是我们并不打算使用这种策略，有人曾经说：“我从追踪器中得到一份关于奖励的解释邮件，上面说我可以在我的社交媒体上炫耀这些奖励，但我个人觉得这个有点不成熟”虽然图标策略并不流行，但在某一点上每一个主题都提到了另一个奖励：当人们

完成了日常的几个目标的时候，Fitbit 就会发送振动。这个振动是传统意义上的虚拟奖励。但是这个振动是可穿戴计算机的接口部分。第一个振动接口的特性，正如子主题叫它”嗡嗡”，就是如何让年轻的科学家接受追踪器的标准。举个例子，只有两个受试者提到了追踪器的目标改变。一个人写到：“在我设置每日的各种目标之后，我注意到我每天检查追踪器的次数越来越多。”另一个人声称他已经降低了行走目标，因为他想更快地感受到嗡嗡声。一个不喜欢该装置的人提道，“看起来好像追踪器让我做出更多工作，我一个月只有五次达到了我的目标”。虽然他并没有完成目标，但是他接受了由追踪器设定的目标。在这种情况下，接口将他自己建立成了一个专家。一想到赫伊津哈的博弈论，当人们进入到游戏当中就默认为同意进入到游戏中遵守游戏规则。几乎所有的受试者将追踪器的 HCI 当做是为健身追踪建立的游戏规则。他们愿意进入到追踪器的世界。“你会很高兴知道我最终接受了追踪器的嗡嗡声，但它需要我做一些额外的工作，当我知道自己今晚完成了目标，也让我尝到了额外的甜头”

追踪器的嗡嗡声是一个虚拟的奖励。这就使人机交互器变得具有生命，一些使用者表示“我立马告诉我的朋友，我得到了嗡嗡，我感到很有成就感”。同时我们观察到这种成就感和一个游戏玩家玩了很多个小时完成游戏任务的那种成就感是一样的。只要用户完成他的游戏任务就会得到奖励。这些奖励于是否人造毫不相干的，他们是游戏中真实存在的。追踪器的嗡嗡声就像足球比赛一样，你可以独自在野外奔跑和把球踢入球门。只是这个行动毫无意义。但是当你在比赛中把球踢进球门时，它就产生了巨大的意义。

6.4　情感与隐私

Palen 和 Bødker 在 2008 年指出 HCI 中的情感具有经验性和目的性，同时我们需要清楚的是，我们在含有接口的开放主题的情感背景下检查追踪器。追踪器的情感响应具有不同的方向和强度。所以，情感始终是我们需要考虑的背景之一。但是和描述不同，如果我们在分析中突出这些，会导致描述性经验的贫乏和孤立。然而有趣的是，当设置接口的时候，没有参与者被问及隐私。事实上，许多参与者是希望和朋友分享他们的数据的。目前我们还不清楚，这些参与者是否会认为他们的数据应该会受到保护，或者他们是否根本没有考虑过这个问题。而追踪器不会侵犯用户隐私似乎也只是一种假设。

社交网络在分享数据的层面上，情感是占有一定重要性的，毕竟情绪很可能会影响到信息的准确性。Peribusch（2013）认为，如果在没有合适的方法论之前就去分析联系准确行为，那么在这个领域的调查就可能不会准确地反映出消费者相关的行为。Peribusch 使用经济的隐私模型去控制信息，并且将隐私定义为

"个人对于信息的收集、使用和增值的能力"，然后 Peribusch 带着这个目的去猜测目前个人对于隐私敏感度的模型。他还认为对于假设隐私问题的研究是不够的，观察的行动可以用来推断他们的隐私水平。他还指出，仅在 2016 年欧盟近 57% 的消费者"担心他们在过去的不必要的信息被要求提供给企业使用数据。"

众多隐私保护行为的类型就是拒绝分享信息和细节的篡改，消费者并不怎么关注设备选型（Schwartz，2013）。只有当一个人对行动感到迷茫的时候才会去观察研究行动（Preibusch，2013）。许多人不理解为什么他们被要求去阅读隐私法规，或者花时间去研究政策的法律含义；又或者，用户为了及时的满足感，于是将其隐私拿去交换经济决策。也就是说，他们不能在不同意使用条款的前提下激活应用程序。

通过对用户隐私相关的行动，退出政策通过针对用户行为采取的隐私行为被有效的执行。这就提供了对应用程序或站点以及业务目的控制，而控制用户隐私设置又几乎是网站的最大利益。要做到这一点的最有效的途径是通过一系列密集的政治声明。为了真正确保隐私，用户应该在一开始就获得完全的隐私权，然后再由用户自由选择放弃部分或全部隐私权。人们倾向于将主题退出最小化或者商业化。和许多网站相比，Fitbit 隐私显得清晰明确。

从字体来看，使用 12 号 Helvetica 字体印刷的政策确实增加了它的易读性。而为了使政策更具有可读性。Fitbit 将它分为一个带有两列导向的格式。然而，相比于 Web 标准，他们更具有可读性。此外，Fitbit 还包括"隐私承诺"："我们承诺尊重您的隐私，规范透明化我们的数据行为，保证您的数据安全，不会出售您的个人资料，让你决定你的信息是否共享，并且只收集帮助我们改进我们的产品和服务的数据。"

但是呈现的隐私承诺并不是很全面（Fitbit，2015）。所以为了充分了解Fitbit的隐私，用户必须点击 cookie 政策链接。然后 Fitbit 告诉我们，"我们利用下面的第三方广告 cookie 给你在我们的网站上购买 Fitbit 的产品的机会。再次点击导向 cookie，就会在其他的网站上向你呈现出根据你在 Fitbit 和其他网站上的交流行为的带有 Fitbit 的广告，Fitbit 将我们的隐私以信息支持的"幌子"妥协于广告公司。包括谷歌旗下的数据收集公司 DoubleClick，此外还有 AOL's Advertising、com、Twitter 广告、Fackbook 和 Yahoo 的基因组（Genome），此外谷歌奖励转换和美国在线广告也在这 13 个数据收集广告提供商之中。在互联网世界，你的 Fitbit 活动会自动存储并提供给各大广告数据收集器。

Fitbit 告诉使用者，如果你不想这些广告商拥有你的数据，你就必须去各自的网站上阅读每一条隐私条款，然后在做出你的决定。Fitbit 提供一个没有人点击的选项来保护用户。提供那个选项本身可能不是一件很难的语法测试。也许，Fitbit 没有选择提供它是因为这样一个选项可能会有损公司的利益。Fitbit 将他的

用户商品化，而从其他网站上购买商品的选择在语言学上就被伪装成一个“机会”。

6.5 可穿戴设备的隐私保护策略

纽约州参议员 Charles Schumer 提出关于联邦贸易公司强制退出的要求后，Fitbit 宣布了解决个人健康数据保护的新政策（Schumer，2014）。一直以来，选择退出或进入都是伦理学上有争议的话题。因此这就让人感觉 Fitbit 将退出要求这一选择负担加在消费者身上，而消费者又必须找到政策选项，阅读它并理解它，然后做出决定。我们意识到大多数用户并没有花时间仔细阅读小字体打印的政策声明，而公司一般要求他们退出或接受内置的数据共享功能。这往往将数据保护的负担加在了无知的消费者身上。而在绝大多数情况下，消费者往往是毫无援助地丧失了自身的隐私。如果将标准更改为选择，那么消费者将会有意识地决定是否允许数据共享，或者选择退出。数据共享和退出之间的差别可能听起来很微妙，但当人们意识到有第三种选择：即什么也不做，那么这就变得很重要。这就是进入选择。通过对进入选项的默认，许多网站充分利用许多用户不做选择的事实。

Rahman 等研究人员之前认为，“健康数据与社交网络的融合，将充斥着隐私和安全漏洞。”研究人员认为，“研究界有一个至关重要的挑战：开发新的安全方法。”而且其中一个就是检查步长和基础代谢率（BMR）之间的关系（Rahman 等，2013）。如果这两者之间的关系不符合预期，那么就假设注入的攻击破坏了数据，从而拒绝数据。这个警告在“移动设备上信息隐私的纵向研究”中被进一步加强了（Keith 等，2014）。在这里，研究人员注意到，用户可能有不知道的权力和声明失衡，同时，消费者可能会认为他们是牢牢的控制风险情况的信息不对称之间的应用程序和提供程序”（Keith 等，2013）。

很明显，最有效的解决方案是从伦理上解决而不是技术应用。开发商和应用生产商应该在用户自愿选择的情况下改变进入标准。从商业角度看，认为营利性公司会自愿放弃产生有价值的营销数据的做法，这似乎是一种天真的想法。然而，如果他们从建议中进行研究，并让用户意识到他们的数据将是一个致力于进一步研究的全球收集的一部分，那么用户可能会选择（Rahman 等，2013）。此外，做出决定选择的用户将会被提供细致的数据。随着目前的“退出”战略的实施，用户故意提供误导性或虚假数据的情况并不少见（Keith 等，2013；Preibusch，2013）。

Fitbit 的用户，特别是那些选择使用可穿戴设备的用户，不仅在安全方面，而且在隐私规则方面都面临着独特的挑战。存储在系统中的各种数据也应针对任何潜在的隐私信息进行评估。如果隐私数据将在这些设备中保存，那么，可穿戴设备应该评估它对整个用户的影响。用于可穿戴服务的体系结构创建了影响隐私目标的独特法律和监管环境。可穿戴技术的隐私必须考虑可以控制个人信息的契约和法律权利，包括提交权、使用权、披露权、数据保护权。在隐私方面，包括相关的输出，数据的所有权与控制权、信息标准、理解备忘录的执行（MoU）和协议备忘录（MoA）将需要重新评估和重新设计。安全和隐私问题可以也应该同时被供应商提供服务产品的识别目的不同，重叠的要求，综合方法评价解决。为了确保用户对隐私要求的服从性，向用户提供可穿戴的提供商操作的透明度的要求也是必需的。

6.6 关于可穿戴设备的安全/隐私问题

虽然可穿戴设备给用户带来了各种好处，他们也带来了新的问题，尤其是在安全和隐私方面（Thierer，2015）。目前的可穿戴式移动计算的突破在安全专家之间是一个争议很大的话题。研究人员认为，以后肯定会有一些组织参与到可穿戴式网络犯罪。可穿戴技术将网络非法活动之间的界限和定义变得越来越模糊，换句话说，随着可穿戴式移动计算市场中犯罪的渗透，全面地打击力度可能会产生黑客之间的合作。

Rahman 等人（2013）研究了 Fitbit 的通信、基站和 Web 服务器，发现的漏洞包括暴露于注入数据跟踪和相关的社会网络账户中的明文登录信息和超文本传输协议（HTTP）的数据处理。Zhou 和 Piramuthu 在 2014 年的研究提出的基于传感器信息的可穿戴式健身追踪器不是主要根据相关的隐私/安全而设计的确定，而是根据这种嵌入式传感器的测量设计为依据的说法是站不住脚的。Dehling 等人在 2015 发现有 95.63% 的申请者认为通过信息安全和隐私侵权至少是存在一些潜在的影响。研究人员将应用程序分成两个原型：原型 AT4 和 AT5，包括健身 Ad hoc 工具和健身追踪器（Dehling 2015）。Rouse 在 2012 年提出，移动设备的安全性在软件开发生命周期的末期是“螺旋式”的。这些研究人员的公共标识更强大的需求，嵌入式安全流程和技术支持保护隐私。同样，Garitano（2015）写道，为了创造安全、隐私和可靠的嵌入式系统（Embedded System，ES），设计过程中必须从一开始就解决的安全、隐私和可靠性（Security，Privacy and Dependability，SPD）问题，只有这样才能提供强大的系统。这些研究人员都认为隐私保护需要更强大安全技术来支持。

对于所有的可穿戴技术来说，隐私保护是至关重要，尤其是那些存有大量个人识别信息的设备（PII）（OECD 2013）。可穿戴技术的使用应该维持和改善所有与隐私保护相关和保护这些信息的个人信息和资料披露法规和政策，这才是最

重要的。一定程度上，可穿戴设备对于个人安全和隐私的威胁促进了可穿戴嵌入式网络设备的增值。几乎每一个可穿戴对象都将有一个 IP 地址，并将在网络上使用 IPv6 协议。每一个可穿戴的对象价值超过几美元，因此将有可能被“破解”——这就意味着人们不仅能够收集关于可穿戴对象的 PII 数据（直接或通过一个中央服务器）而且能够远程控制它。我们看到这个黑客与实验室的安全研究人员 Xiao（2006）、Chen（2009）、Hancke（2010）和 Marquardt 等人（2010）已经成功破解 RFID 日常穿戴物件的启动系统。能大规模攻击的恶意创新者，可能已经遗留下大规模难以相信的破坏。因此，必须使用嵌入式安全技术来分离进程和 PPI 数据，因为捕获这些数据来确定身份的能力对传统的隐私概念构成了严重威胁。

6.7　对未来可穿戴设备的期望

组织必须制定数据隐私政策，这个策略将决定有关数据隐私的问题，描述安全的处理问题，决定的信息和数据的安全保护问题，这些问题将使交付系统、应用、数据库、服务器和网站达到一个可接受的风险水平以防止某些未经授权的入侵（Pagallo，2011），所以调查者已经对可穿戴设备有了感觉。同样，有一个 Fitbit 行为改变协议。每个人都报告一些不同的事情，比如深夜散步，在远离商店的地方停车，用楼梯代替电梯，在社交媒体上建立每天的比赛，多喝水锻炼身体等。社交媒体对学生健身目标动机的影响要小于设备本身提供的物理反馈。安全和隐私的文献表明，也许是在一个更广泛的用户群，社交媒体的反馈可能会成为提升用户暴露风险的一个重要因素。“自我反思和自我理解”的劝说策略组件包括允许用户放置位置信息或个人识别信息的“上下文”活动监视器。Ertürk（2008）介绍了在大规模应用中的安全连续监测框架。这有助于用户将他们的体力活动与影响他们活动的因素联系起来。在这样的背景下，隐私设置选项通过装置的设计和界面最能反映出 Keith 等人的方法。参与者的个人信息可能会被公开，“除非他们通过隐私设置来限制可以访问他们数据的人，都属于他们的研究范围。参与者意识到移动应用程序能够向远程服务器发送个人信息（Dimakopoulos &Magoulas，2009）。

可穿戴设备将会是安全行业的下一件大事吗？建立在无线技术上的可穿戴计算的迅速革新意味着几十亿潜在的黑客将会因为这个设备攻击别人或者被别人攻击。这可能最初是为了窃取个人信息或将本地数据存储在可穿戴设备上。但随着可穿戴设备越来越智能化，并且能够访问公司和其他私人信息网络，使得每一个可穿戴设备都有可能成为一个潜在的安全威胁。在可穿戴设备未检测到的威胁可能会转移到企业网络，并从那里部署下一步恶意计划。更值得警示的是，这些可穿戴设备不仅会成为黑客攻击的潜在目标，它们也会被黑客利用来攻击其他设备。

参考文献

Boehner, K., DePaula, R., Dourish, P., & Sengers, P. 2005. Affect: from information to interaction. In: Proceedings of the 4th decennial conference on Critical computing: between sense and sensibility, August 2005, pp. 59–68.

Chen, C.Y., Kuo, C.P., & Chien, F.Y. 2009. An exploration of RFID information security and privacy. In: 2009 Joint Conferences on Pervasive Computing (JCPC), December 2009, pp. 65–70.

Dehling, T., Gao, F., Schneider, S., & Sunyaev, A. 2015. Exploring the far side of mobile health: information security and privacy of mobile health apps on iOS and Android. *JMIR mHealth and uHealth*, 3(1):e8. Available at http://mhealth.jmir.org/2015/1/e8/.

Dimakopoulos, D.N., & Magoulas, G.D. 2009. Interface design and evaluation of a personal information space for mobile learners. *International Journal of Mobile Learning and Organisation*, 3(4), pp. 440–463.

Ertürk, V. 2008. A framework based on continuous security monitoring. Doctoral Dissertation, Middle East Technical University, Ankara, Turkey.

European Union, 2016. European Commission – Press release: Agreement on Commission's EU data protection reform will boost Digital Single Market. Available at http://europa.eu/rapid/press-release_IP-15-6321_en.htm. Accessed on February 11, 2016.

Fitbit, 2015. Fitbit Privacy Policy (FPP). Available at http://www.fitbit.com/privacy. Accessed on May 5, 2015.

Garitano, I., Fayyad, S., & Noll, J. 2015. Multi-metrics approach for security, privacy and dependability in embedded systems. *Wireless Personal Communications*, 81(4), pp. 1359–1376.

Goode, L. 2013. Comparing wearables: Fitbit Flex vs. Jawbone Up and more. Available at https://www.allthingsd.com/20130715/fitbit-flex-vs-jawbone-up-and-more-a-wearables-comparison/. Accessed on May 4, 2015.

Hancke, G.P., Markantonakis, K., & Mayes, K.E. 2010. Security challenges for user-oriented RFID applications within the Internet of Things. *Journal of Internet Technology*, 11(3), pp. 307–313.

Hull, G. 2015. Successful failure: what Foucault can teach us about privacy self-management in a world of Facebook and Big Data. *Ethics and Information Technology*, 17(2), pp. 89–101.

Keith, M.J., Babb, J.S., & Lowry, P.B. 2014. A longitudinal study of information privacy on mobile devices. In: 2014 47th Hawaii International Conference on System Sciences, January 2014, pp. 3149–3158.

Keith, M.J., Thompson, S.C., Hale, J., Lowry, P.B., & Greer, C. 2013. Information disclosure on mobile devices: re-examining privacy calculus with actual user behavior. *International Journal of Human-Computer Studies*, 71(12), pp. 1163–1173.

Li, I., Dey, A.K., & Forlizzi, J. 2012. Using context to reveal factors that affect physical activity. *ACM Transactions on Computer-Human Interaction (TOCHI)*, 19(1), p. 7.

Marquardt, N., Taylor, A.S., Villar, N., & Greenberg, S. 2010. Rethinking RFID: awareness and control for interaction with RFID systems. In: Proceedings of the SIGCHI Conference on Human Factors in Computing Systems, April 2010, pp. 2307–2316.

OECD, 2013. 2013 OECD Privacy Guidelines. Available at http://www.oecd.org/internet/ieconomy/privacy-guidelines.htm. Accessed on February 9, 2016.

Pagallo, U. 2011. ISPs & rowdy web sites before the law: should we change today's safe harbour clauses? *Philosophy & Technology*, 24(4), pp. 419–436.

Palen, L., & Bødker, S. 2008. Don't get emotional. In: *Affect and Emotion in Human-Computer Interaction*. Springer, Berlin Heidelberg, pp. 12–22.

Park, J.S., Kwiat, K.A., Kamhoua, C.A., White, J., & Kim, S. 2014. Trusted online social network (OSN) services with optimal data management. *Computers & Security*, 42, pp. 116–136.

Preibusch, S. 2013. Guide to measuring privacy concern: review of survey and observational instruments. *International Journal of Human-Computer Studies*, 71(12), pp. 1133–1143.

Rahman, M., Carbunar, B., & Banik, M. 2013. Fit and vulnerable: attacks and defenses for a health monitoring device. arXiv:1304.5672.

Rouse, J. 2012. Mobile devices–the most hostile environment for security? *Network Security*, 2012(3), pp. 11–13.

Schumer, C. 2014, After Push by Schumer, Fitbit Announces New Privacy Policies Aimed at Protecting Personal Health Data. Available at https://www.highbeam.com/doc/1G1-379551602.html. Accessed on August 10, 2014.

Schwartz, P.M. 2013. The EU-US Privacy Collision: A Turn to Institutions and Procedures'. *Harvard Law Review*, 126, 1966–1975.

Takacs, J., Pollock, C.L., Guenther, J.R., Bahar, M., Napier, C., & Hunt, M.A. 2014. Validation of the Fitbit One activity monitor device during treadmill walking. *Journal of Science and Medicine in Sport*, 17(5), pp. 496–500.

Thierer, A.D. 2015. The Internet of Things and Wearable Technology: Addressing Privacy and Security Concerns without Derailing Innovation. *Richmond Journal of Law & Technology*, 21(6), pp. 1–31 (2015). Available at SSRN: http://papers.ssrn.com/sol3/Papers.cfm?abstract_id=2494382

Xiao, Y., Shen, X., Sun, B.O., & Cai, L. 2006. Security and privacy in RFID and applications in telemedicine. *Communications Magazine, IEEE*, 44(4), pp. 64–72.

Zhou, W., & Piramuthu, S. 2014. Security/privacy of wearable fitness tracking IoT devices. In: 9th Iberian Conference on Information Systems and Technologies (CISTI), June 2014, pp. 1–5.

第7章　基于面向消费者的闭环控制自动化系统的物联网漏洞

Martin Murillo
美国圣母大学

7.1　引言

自动化或自动控制就是在最少的甚至没有干预的情况下，完成基本的甚至复杂的电气、机械和其他基本系统的使用。汽车制造、装配线、工业过程和空间探索都在推动着自动化领域的蓬勃发展。如今，在日常生活中的电子或机械控制过程中充斥着各种的自动化方法。

自动化在应用上，特别是在工业应用上，最大的特点就是对专用硬件和灵活通信协议的使用。随着小功率器件在互联网上的可靠连接和合适标准的到来，工业自动化系统正在逐步继承信息技术（IT）领域中的各个要素甚至架构。例如，基于处理器的设备正在取代基于微控制器的设备，基于IP的有线和无线通信网络正在取代串行有线通信。

以消费者为导向的系统，比如家庭供暖和空调系统、汽车、智能基础设施等都受益于IT和工业自动化领域。IT领域提供了前所未有的硬件和软件能力，而自动化领域则提供了大量的复杂控制规则、算法和几十年的自动化经验。将物理设备纳入互联网并在生产中采用IT技术，对生产效率的提高具有积极意义。同时这些技术的应用也正在打开历史上创新的大门。然而，由于目前现有的技术在面对知识型攻击者的恶意攻击指令时几乎束手无策，使得其自身也引入了大量的风险。假如人们每一天的生活系统都重要到任何的妥协或者故障都有可能意味着遭受损失，而这些损失除了经济损失以外，有时候还包括生命损失——例如，一个设计不良的家庭供暖系统可能没有足够的保障，容易受到攻击使温度被调高到本不允许的范围；在某些情况下，这就可能会对用户晚上休息造成严重影响。系统越复杂，可能会对公众产生的影响就越广泛。

已经存在的漏洞正在变得越来越复杂，未来几年，人们将增加对物联网设备的相关法律。然而大量的设备可能存在更大的漏洞，因为它们都使用相同的基础设施，相同的协议和相同的应用。

攻击可能蔓延到数以百万计的用户和基础设施，并产生前所未有的经济和人力损失（Sanchez 等，2014），这种损失足以使长久以来通过这些设施获得的效益付诸东流。这些担忧不仅限于例如家庭取暖或空调系统等这样的面向消费者的应用，以消费者为导向的过程（如智能基础设施和智能计量）正逐步被纳入智能电网等工业过程的运作中，这就意味着，消费者设备普遍妥协的后果可能反过来对工业过程产生有害影响，甚至产生更广泛的影响。

因为 IoT 设备和系统目前正在应用于重要的应用中，这种应用都依赖于传感器提供的自动回路，而错误的传感数据可能对用户和第三方产生重要的影响。同样，由于一些应用依赖于中心服务商，因此中心系统的妥协可能对用户带来重大的影响，在框架中系统漏洞的识别可以帮助提出保护性方案，并通知利益相关者不同决定和行为的含义。

目前已经有大量关于工业系统中攻击的影响的调查文献，但是还没有关于在 IoT 和自动化时解决面向消费者的妥协问题的相关文献。本章将讨论可能带来高风险漏洞的两个领域的问题：反馈环和集中式服务提供者的利用。它力求以更加信息化的方式填补这一领域的空白，同时提高对重要问题的认识。

我们的目标是在该领域突出漏洞，这个领域涵盖具体学科并且以自动控制理论为目标，这些领域包括：控制系统、系统工程、信息技术、数据科学、技术标准、互联网治理等。由于其与工业试验控制系统的协同关系，本章将简要处理这方面的相关概念。

7.2 工业控制系统和家庭自动化控制

几十年来，控制系统一直是关键基础设施、制造业和工业工厂的核心。该领域非常成熟和专业化，重点依赖于控制理论、弹性的硬件、协议和通信协议。几种控制应用程序可以被认为是安全的关键，因为他们在武器系统，国家的关键基础设施，发电和配电，石油和天然气的分布、水和废水处理、跨运输系统、医疗系统和许多其他领域中执行重要的功能（Cárdenas 等，2011）。目前 80% 重要的基础设施控制系统被私企掌控，这些设施对公共和国家安全有直接的影响（Cárdenas 等，2011）。

图 7.1 所示为一个通用的工业过程的体系结构。这个过程利用了大量的 IoT 要素（渐渐融合于系统中）和工业控制元件。受控制的物理系统位于最底层。物理系统的范围可以从一个单一的过程，如罐的水位（只有一个物理变量）的控制到一个复杂的过程，例如化学成分的产生，它涉及各种过程的协调，每个过程都有几十个变量。

基于物理系统的性质，其子系统可以在一个位置或距离分布千里外的许多地

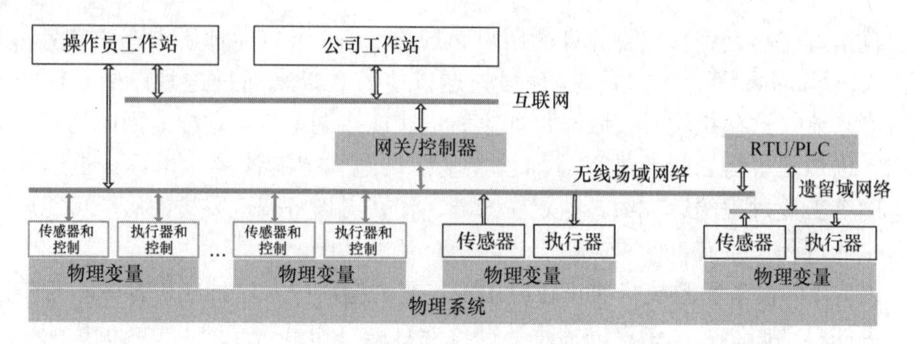

图 7.1　采用了各种 IoT 要素和架构的工业控制系统的一般化示例

方。远程终端设备（RTU）和可编程逻辑控制器（PLC）确保了所有的系统在人类远程的控制和监督操作下都可以自动地运行，而这些操作的主要任务就是去设置操作参量，参与任何警报和维持协调一致。这个指标包含两种设施：一种是（目前广泛使用的）等级设施，这种设备是在许多 RTU 和 PLC 控制的无智能传感器和发动机的基础上建立的；另一种是扁平的物联网架构，RTU 和 PLC 的大部分功能已由中央控制器、传感器和执行器本身采用。图 7.1 表示位于单一物理位置的系统，位于不同位置的类似系统在此基础上利用可靠的互联网连接来实现自动化。

图 7.1 主要用于说明目的，它只代表了当前工业系统的一小部分，在这些系统中 IoT 部分和相对应的基础设施正在被纳入各种控制过程。“遗留”系统的分层体系结构代表了当今绝大多数关键工业系统；预计未来几年工业过程将以更高的价格，采用更扁平化的架构，此结构意味着以下更改：

1）在保持其功能的同时，RTU 和 PLC 将在低层和基于 IP 的更高层次引入新无线标准（即网状网络基础）；这将使他们能够通过应用层标准进行交流。根据其要求和应用（例如成本、资源、计算能力、恶劣环境）、RTU 和 PLC 可以被更换、吸收或转化为基于微处理器的计算机。

2）传感器和执行器有内置的计算机，可以让这些设备不仅能接收远程命令，还可以与 PLC、RTU 或其他设备控制器合作。

3）配置在连续链路模型中的有限局域网正在被基于光谱传输技术的 OSI 的物理层无线网所取代。

4）由于这些系统必须以同步的方式实时工作，所以这些网络应满足为每个设备通信的时间集中分配协调。

5）基于 IP 的通信协议在区域网络向操作者、管理者和其他利益相关者是普适的。

图 7.2 所示为一个可能的基于 IoT 面向消费者系统的体系结构。它可以代表一个家用的暖气或空调系统，现场设备（传感器和执行器）用于测量物理变量，

如温度和湿度，它们也可操作如电炉继电器或类似步进电动机的设备。

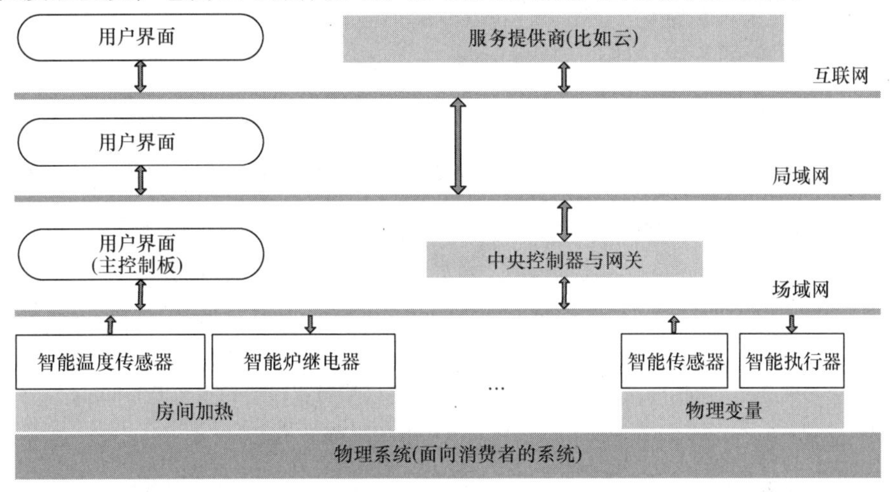

图 7.2　支持 IoT 的家庭自动化系统

因为现在的“智能”传感器和执行器有内置的计算机，使它们能够与其他设备通信，处理来自控制器或其他方的请求，通过内置算法，它们也可能具有一定的自治级别。中央控制器承载着控制算法，协调现场的设备，服务器则作为网关来获取远程设备数据，并给出相应的政策设置。

控制器和现场设备（即智能设备）共享原始操作数据、原始信息数据、指令或状态信息。这些指令可以操纵信息或操作参数，如设置所需的温度、效率模式，控制和反馈增益等参数。这些设备可以通过对受限设备的 IP 协议来实现通信，它们通常在低层或者高层的匹配网使用相关的物理层协议，控制器用于连接已与互联网相连的用户局域网，如果所有设备通过相似的物理层协议进行通信，那么局域网和部分局域网就可能结合。然而，一些自动系统的实时特性将会进一步要求关于噪声和网络拥堵的具体协议（Gomez & Paradells，2010）。

如图 7.3 所示，根据应用程序，系统提供者现在是体系结构的一个组成部分，并且可以具有以下角色：

1）提供普适性，使用户通过互联网，有权在任何地点控制系统。

2）根据用户的要求或用户设置的由服务供应商通过对历史数据的分析提供的自动监控功能要求来更新不同的控制系统的参数。

3）发送警报给用户或第三方服务提供商。

4）记录使用高级功能的运行数据，如在智能电网场景下自主学习用户的能源利用风格并集成到自身当中。

5）向用户提供增强功能。

6）协助固件和软件更新，提供相关的应用程序和其他方面等。

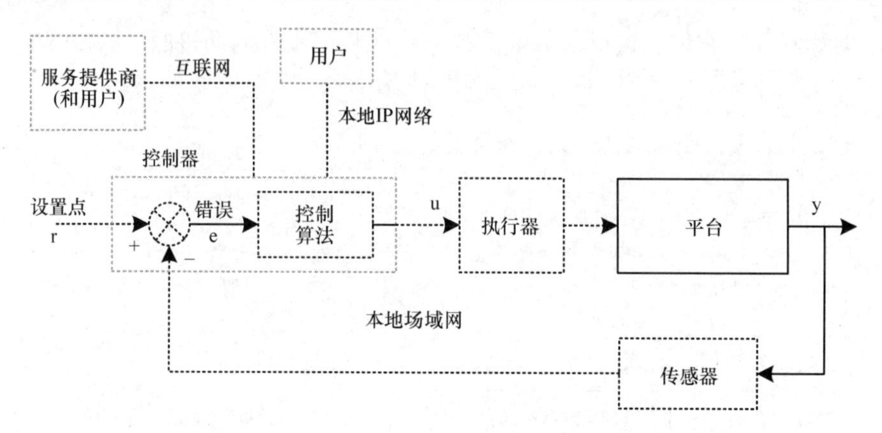

图 7.3　通用的家庭控制系统图（请注意，服务提供商和本地 IP 网络包含如何允许用户从不同的位置调整设置点）

IoT 设备和基础设施的产生和它们的潜力，以及对自动过程能源效率的渴望是导致旧的有线温控器逐渐被取代的主要原因。以下的变化要着重强调：

1）通过有线通信的基于微控制器控制面板和调节箱，被转变为能够利用传感器（热检测设备）与执行器（热继电器）进行无线通信的微处理器型计算机。

2）加热装置现在集成了一个无线模块，这个无线模块有两个意义：无线接收远程命令，以及远程操作加热或空调装置继电器和步进电动机。

3）传感装置现在是反馈回路的一部分，反馈环路将无线传感器的周期性测量通过无线方式发送给中央控制器。

4）与适当协议通信的无线基础设施已经取代了用于通信的电缆，剩余的通信线路有望最终消失。

7.3　漏洞识别

IoT 元件和架构继承于 IT 领域和控制系统领域的操作规则和算法，给人们带来了史无前例的潜力，如能源效率、自主操作和普适性，为进一步创新打开了创新的大门。然而，它也继承了有物理意义的 IT 漏洞。由于该交叉应用的新奇，这样的弱点可能仍然是未知的，或者对于 IT 从业者或控制系统设计师来说仍然是尚未被考虑的主题。

一些控制系统理论领域，比如接受控制、机器控制、最优控制、错误检测、预测和监督控制等运用于一些避免系统错误性、未知性的方面，并分布和装备在设备中做出了很大贡献（Hwangetal，2010）。基本比例的消极反馈本身就是一种对错误的“修理”。这些领域是非常成熟的，很容易通过算法实现，它们可以缓解故障检测仪器和工业控制系统和其他基础设施自动化系统的一些攻击（Amin

等，2009）。

然而，攻击者除了精通IT系统和开发技术外，还可能是控制系统理论和实践方面的专家，这就引起了一整个新的挑战，因为系统有针对性的妥协也表明了可以调节控制系统的算法和变量的潜在妥协（Krotofil & Cárdenas，2013）。因为这些算法是基于软件在操作系统上运行，并且驻留在微处理器硬件中，所以攻击者不仅可以更改参数，而且还可以修改算法的代码。此外，攻击者可以引入微妙变化测量值，甚至监管机构也无法检测到（Krotofil & Cárdenas，2013；Tiwari，2015）。

基于大数据和人工智能来检测攻击的新方法转变的范式，将出现在检测和缓解系统的新一代仪器中（Qin，2014）。以消费者为导向的环境和基础设施，包括数以百万计的具有潜在漏洞的小型自动控制系统，当然也将受益于新的检测方法。然而在这种情况下，各种业务将由服务提供者或其"第三方"利益相关者执行。而合并其他方的主要原因是，面向消费者的设备通常受到能源限制，需要外部资源进行操作，就像一些个人设备，如智能手机，用于计算需求或进行资源依赖的操作时那样。

除了企业自身心怀不满的员工的行动，也许没有其他的例子是像Stuxnet蠕虫一样有代表性的攻击，并影响了世界各地的各种关键基础设施。攻击者利用外界尚不知道的弱点，以改变核离心机传感器读取的值（Abrams & Weiss，2008；Matrosov等，2010）。我们从这类事件中吸取了很多教训，包括机构和个人可以破坏基础设施的程度以及基础设施要怎样才能抵御各种攻击。由于物联网数量和质量的潜力，物联网设备变得越来越普遍，且更具吸引力，这也使得现有的开发代码也可能携带攻击。来自个人、团队或者国家的远距离攻击是相当具有吸引力的，因为可以远程匿名进行低损耗，低风险的攻击。

图7.3反映了一个通用控制系统反馈的框图和通信路径，这可以在家庭控制或其他消费者为导向的基础设施中发现。虚线表示无IP或其他通信的协议。同样，虚线框图显示基于IP、CPU的设备。我们认为，所有的虚线中的元素都有被泄露的可能。

7.3.1　开环系统到闭环系统漏洞的影响

在开环控制系统中，控制器并不是通过反馈来确定其输出是否达到了期望的输入。开环结构的一个典型例子就是在特定的时间运行自动喷水灭火系统，无论这个系统是否自动喷水都是由用户预先设置的，如果喷水系统有湿度传感器，并且在打开洒水喷头之前考虑到湿度传感器的测量，那么这种系统将就可以被认为是一个闭环系统。

图7.4说明了一个一般的闭环系统；该系统的特点就是根据传感器的测量确

定系统的动态特性。

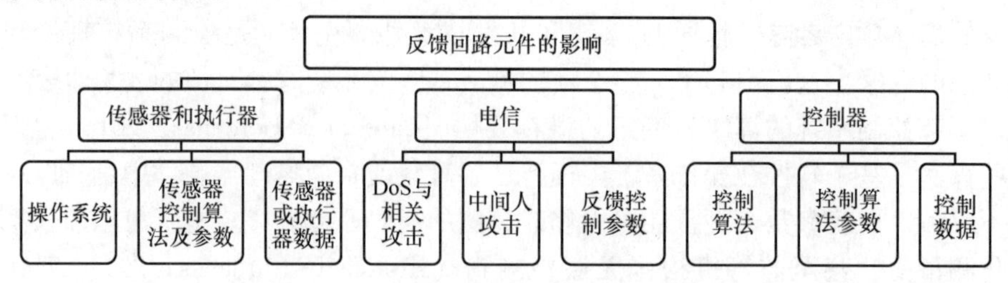

图 7.4　具有潜在危害的反馈回路要素

系统由用户指定值作为输入值（或设定值），以及传感器测量系统当前或过去的输出。传感器是自动化的一个关键因素，如果没有传感器，就不可能有反馈控制。廉价传感器和应用的出现和人们对自动化和效率的追求，使得物联网背景下设备的互联（汽车系统、智能基础设施、移动电话）正在将开环方案发展成闭环方案。简单地说，监控和测量正在演变成自动控制。

闭环控制一般是利用在以消费者为导向的设备，诸如家庭供暖，而空调也是其中的一种 Bang - bang 控制器类型，也可以称为滞变控制器。一个 Bang - bang 控制器最大的特性是它在开关之间的紧急选择，这是为了让用户达到系统的目标层次，Bang - bang 操作由用户设置和传感器测量的真实值的差别决定。这个控制器在任何一个协议中都提供了良好的操作，而且它将最优控制考虑在内（Naidu，2002）。这些控制器通常用来控制接受二进制输入的设备，比如家庭供暖中的执行器。

随着传感器技术被纳入家庭自动化系统以及更节能设备（例如暖炉）的出现，Bang - Bang 控制将会成为众多可利用方法之一。另一种类型的控制器——比例控制——可以在 Bang - Bang 控制不合适的时候利用。以一个汽车巡航控制系统为例，因为采用全燃油或无燃油汽车（bang - bang）自然不会提供适当的结果。而更合适的方法是采用比例控制来保持恒定的速度；包括从预期的速度减去测得的速度，并根据这种差异逐步运用到适当的油耗水平中（见图 7.4）。相互联系控制系统的复杂设备拥有上千个控制器和执行器，并被不同的控制协议管理。比如油、气、水、核电、电网等行业的核心系统。这些也逐渐被纳入面向消费者的基础设施。

7.3.2　妥协的反馈回路元件

面向消费者的系统和现有的闭环系统采用 IoT 元素之后，将引入一系列广泛的漏洞，这些漏洞最明显的威胁是对反馈回路元件的破坏，而反馈回路元件是自动化系统的重要组成部分（Murillo & Slipp，2009）。

图7.4遵循一种操作方法来描述常见的反馈系统漏洞的分类。它主要集中在三大领域：有漏洞的传感器和执行器、电信基础设施和控制器。我们简要地阐述一下。

1. 传感器和执行器

一个物联网的范式主要的规则之一是“智能”功能将被注入到目前的“愚蠢”元件中，如孤立的传感器和执行器。在大多数情况下，这是由单片机或有线设备演变成基于操作系统的设备组成的。这是一个空前的能力，这个能力不受IP通信协议控制。而当这些设备的能力处在合作的环境的时候，就发挥了空前的效率和潜力。

这些变化的其中一个影响就是控制系统算法将作为操作系统的一个应用程序，从而嵌入到所有主流IT系统的漏洞之中。如图7.5所示，这个漏洞范围从操作系统到操作数据，再到控制算法的参量上。举个例子，这些设备通常是有资源限制的，必须被放置在实时算法上，而不是文件加密上。这意味着与更强大的系统相比，证书操作和非对称密钥加密之类的方案需要有保守的资源空间。

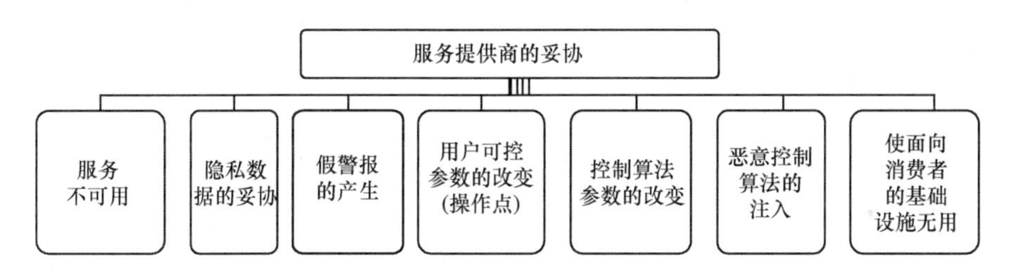

图7.5　服务提供商的可能后果（经IEEE许可转载）

2. 电信

面向消费者的自动化系统反馈回路一般执行弹性的物理层标准，除了利用基于IP网的协议以外，还要保证每个设备进行的时隙。从标准上来看，这可能意味着存在可以充当网关的协调代理，见图7.2和图7.3。在实时的基础上确保反馈的提供，是延迟不稳定的反馈控制系统的一个重要的要求。

然而，这些网络，很容易受到各种通信攻击，比如拒绝服务攻击（DoS），人为攻击等（Raza等，2009）。这些显然是利用IT漏洞来访问节点的结果；或利用假冒攻击进行看似合法的交易。攻击者也可以利用类似的漏洞来访问设备和配置来反馈控制参数，降解系统。这很有可能是攻击者在该领域有丰富的知识（Alcaraz & Lopez，2010；Padmavathi & Shanmugapriya，2009）。总的来说，反馈循环的破坏形式可以是以下形式：

1）破坏传感器到控制器或驱动器到控制器之间的通信。

2）折中反馈数据完整性。

3）影响数据的时效性（可用性）。

4）由于假冒攻击或改变攻击传感器参数从而连接到错误的传感器。

3. 控制器

对传感器和对执行器的类似攻击通常是通过一个更强大的设备。参见图7.2和图7.3，控制器也可以是直接连接到局域网和互联网的网关。控制器可以作为反馈回路的一部分，因为它基于传感器测量和用户决定的期望来做出重要决策。当存储在控制器中的反馈控制表被攻击者改变的时候，主流控制系统的决策方法将不再奏效，特别是当攻击者已经利用未知漏洞来访问基础设施的时候。

为了提升资源最优化，普遍化和协同化的能力需求，家庭自动化、智能电网和云利用正在督促服务提供商和第三方利益相关者采纳。正如我们所见，这种做法可能进一步引入产生其他有广泛影响的风险和漏洞。

7.3.3 新成员的妥协：服务提供商

攻击的各种类型的根源，现在新包括了利益相关者的妥协这一项，这也是一个最值得信赖的实体——服务提供商。面向消费者的新一代自动化系统（如智能电网甚至无人驾驶汽车）为了成为全球自动化系统的一部分，可能（不同程度）取决于这些利益相关者。在这种情况下，对操作部分的耦合程度将取决于各种因素，如自动化所需的水平、效率、甚至国家和国际法规。

家庭自动化和智能基础设施正在增加其服务提供商的使用机会，以提供有效性、普适性和最优化的方案，以确保用户远程管理能力。之后用户可以远程连接到目标系统，这可以是房子的供暖、入侵检测与节能系统，或其他系统或设备。服务提供商还可以是警报、软件和固件更新以及其他动作的网关。在大数据时代，服务提供商收集的数据将被用来提供额外的功能，包括向不同的利益相关者和用户提供情报。图7.1和图7.2描述了服务提供商在一般情况下的作用。

由于这些依赖关系而产生的直接关注点是与这些利益相关者相关的风险，它们是消费品的控制和自动操作的重要组成部分。这并不是毫无根据的担忧，因为一些个人设备已经严重依赖服务提供商，如果没有连接到互联网或专用网络，这些设备就可以被认为是无用的。在一个攻击事件中，操作关系和附属的执行都可能带来决定性的影响。基于服务提供商参与系统运行的程度，一个总的妥协会意味着几百万个家庭或者基础设施的远程命令，包括可以使家居控制系统无效，或者使仪器对人造成身体伤害，又或者进行远程攻击的注入代码。攻击性较小的攻击可能包括私人目标信息的收集，从而在市场上销售。潜在攻击的漏洞非常多，这些攻击可能是由于多种原因，最重要的条件是，任何人都可以获取攻击相关的技术知识。

如图7.5所示，由于服务提供商的妥协可能会产生许多影响和后果。具体包

括服务不可用、隐私数据的妥协，假警报的产生、用户可控参数（操作点）的改变、控制算法参数的改变和恶意控制算法的注入，最终使面向消费者的基础设施无用。

需要强调的是，迄今为止，对服务提供商的攻击就是个人或机构数据的妥协的结果。利用服务提供商来破坏物联网控制基础设施还不是一个已知的事实，因此，这种影响尚不广为人知。然而，物联网部分对于主流IT攻击的妥协却是有记录的事实（Abadi & Kremer，2014）。

7.4　对控制环路和服务提供商的基础攻击的建模和仿真

利用这种漏洞的后果在现实生活中会如何？本节采用已有的攻击模型，创建一个通用的面向消费者的系统的数学描述，该系统利用两个资源识别为有漏洞：反馈回路和服务提供商（Huang 等，2009；Cardenas 等，2011；Teixeria 等，2012；Foroush & Martinez，2014）。然后，我们将基本数学模型和现实生活的例子联系起来讨论，看看不同类型的攻击对现实生活影响如何。

首先，考虑线性时不变系统，其动力学方程由以下等式表示：

$$\begin{aligned}\mathbf{x}(k+1) &= \mathbf{A}\mathbf{x}(k) + \mathbf{B}\mathbf{u}(k)\\ \mathbf{y}(k) &= \mathbf{C}\mathbf{x}(k)\end{aligned} \tag{7.1}$$

其中 $k \in \mathbb{N}$；$x(k) \in \mathbb{R}^n$表示状态向量，$u(k) \in \mathbb{R}^p$表示用户或服务提供者具有杠杆作用的输入向量；$y(k) \in \mathbb{R}^q$表示由传感器测量组成的输出向量；$y(k) = \{y_1(k), \cdots, y_q(k)\}$ 表示 q 个传感器测量的集合。$y_i(k)$表示传感器 i 在时间 k 的测量。

考虑到这一点，令 $\tilde{y}(k) \in \mathbb{R}^q$表示时刻 k 的控制器输入数据；控制系统利用这些值来执行动作来维持运行目标（Cardenas 等，2008），同样，令 $\tau_a = \{\tau_s, \cdots, \tau_e\}$，其中 $\tau_e \geqslant \tau_s$ 表示攻击持续时间。该间隔中的一般传感器攻击模型可以表示为

$$\tilde{y}_i(k) = \begin{cases} y_i(k), & \text{当} k \notin \tau_a \\ a_i(k), & \text{当} k \in \tau_a, \end{cases} \tag{7.2}$$

其中 $a_i(k)$信号是攻击的一般化结果，无论是完整性还是DoS攻击；在后一种情况下，$a_i(k) = y_i(\tau)$，其中 $y_i(\tau_s)$是DoS攻击之前接收到的最后一次测量（Cardenas 等，2011）；在完整性攻击的情况下，$a_i(k)$可以表示由这种攻击产生的任何任意信号。

在理想条件下（即在状态和输出中不存在噪声和其他干扰），通过状态反馈和参考输入的增加来增加设备的弹性：

$$\mathbf{u}(k) = \mathbf{r}(k) - \mathbf{K}\mathbf{y}(k) \tag{7.3}$$

其中 $r(k) \in \mathbb{R}^p$ 是所需参考输入的向量，$\mathbf{K} \in \mathbb{R}^{p \times q}$ 是适当选择的反馈控制矩阵，使得整个系统是稳定的并且满足其他要求。所得到的系统可以表示为

$$\begin{aligned} \mathbf{x}(k+1) &= (\mathbf{A} - \mathbf{BKC})\mathbf{x}(k) + \mathbf{Br}(k) \\ \mathbf{y}(k) &= \mathbf{Cx}(k) \end{aligned} \tag{7.4}$$

那么服务提供商的妥协可以表示为以下等式：

$$\mathbf{x}(k+1) = (\mathbf{A} - \mathbf{BKC})\,\mathbf{x}(k) + \mathbf{B}\tilde{\mathbf{r}}(k) \tag{7.5}$$

其中 $\widetilde{\mathbf{r}}(k)$ 表示对参考信号的有针对性的攻击的结果，无论是在服务提供者受到损害的情况下还是在用户系统中损害任何相关元素。

类似地，p 参考值的集合可以由 $r(k) = \{r_1(k), \cdots, r_p(k)\}$ 表示，其中 $r_i(k)$ 表示在时间 k 的参考信号 i。为了简单起见，我们假定系统是定期更新的。

然后让 $\mathbf{r}(k) \in \mathbb{R}^p$ 表示时刻 k 的参考输入数据，基于该参考输入数据，控制系统执行将设备维持在 $\mathbf{r}(k)$ 的动作。类似地，令 $\tau_a = \{\tau_s, \cdots, \tau_e\}$，其中 $\tau_e \geqslant \tau_s$ 表示攻击持续时间。我们假设这种攻击是一种相互排斥攻击的形式，由以下等式表示：

$$\tilde{r}_i(k) = \begin{cases} \tau_i(k), & \text{当 } k \notin \tau_a \\ a_i(k), & \text{当 } k \in \tau_a, \end{cases} \tag{7.6}$$

考虑到这种攻击模式，我们接下来模拟家庭供暖系统的行为。

7.5 通过基础家庭供暖系统模型来说明各种攻击

请看下面的微分方程，它是对于加热系统和家庭动力学的一般描述（Mathworks，2015）：

$$\frac{\mathrm{d}Q}{\mathrm{d}t} = (T_h - T_r) \cdot Mdot \cdot c \tag{7.7}$$

$$\left(\frac{\mathrm{d}Q}{\mathrm{d}t}\right)_{losses} = \frac{T_r - T_{out}}{R_{eq}} \tag{7.8}$$

$$\frac{\mathrm{d}T_r}{\mathrm{d}t} = \frac{1}{M_{air} \cdot c} \cdot \left(\frac{\mathrm{d}Q_h}{\mathrm{d}t} - \frac{\mathrm{d}Q_{losses}}{\mathrm{d}t}\right) \tag{7.9}$$

其中：$\frac{\mathrm{d}Q}{\mathrm{d}t}$ 表示从加热器到房间的热流；C 表示空气在恒压中的热容；$Mdot$ 表示通过加热器的空气质量流通量（kg/h）；T_h 表示来自加热器的空气温度；T_r 表示当前室内温度；M_{air} 表示室内空气质量；R_{eq} 表示室内当前热阻。

7.5.1 参考信号的攻击

根据式（7.7）~（7.9）得到系统的单位反馈，服务提供商或用户的基础设

施将参考输入的信号 $\mathbf{r}(k)$ 改为 $\widetilde{\mathbf{r}}(k)$，$\tau_a \geqslant \tau_s$，作为一个攻击结果。

$$\tilde{r}_i(k) = \begin{cases} r_i(k) = 20, & \text{当 } k < 5\text{ s} \\ a_i(k) = 30, & \text{当 } k \geqslant 5\text{ s} \end{cases} \tag{7.10}$$

如式（7.10）所示，用户使用该系统运行在额定条件下，设置 $r(k)$ 参考温度为 20℃。当时间 $k=5$ 时，被破坏的系统会重写用户的设置点，即 $k \geqslant 5$ 时，$r(k)=30$。

这个重写可以作为有效的服务提供商重新配置的一部分来完成，然而，攻击者已经重写服务提供商的系统数据库或者适当结构的值，例如，参考信号的重写也可能是由于任意用户设备通过 CoAP 运行远程配置应用程序造成的。控制器的攻击（如图 7.4 中定义的）也可能是这个重写的原因。

图 7.6 说明了这种攻击危害的影响。注意在正常情况下，单位反馈可以很好地保持用户设定的标准温度。作为系统攻击的结果，参考输入（设置点）的重写对反馈系统有适当的响应，尽管在错误值情况下也能确保系统在受信任服务提供者规定的新的“名义”条件下运行。

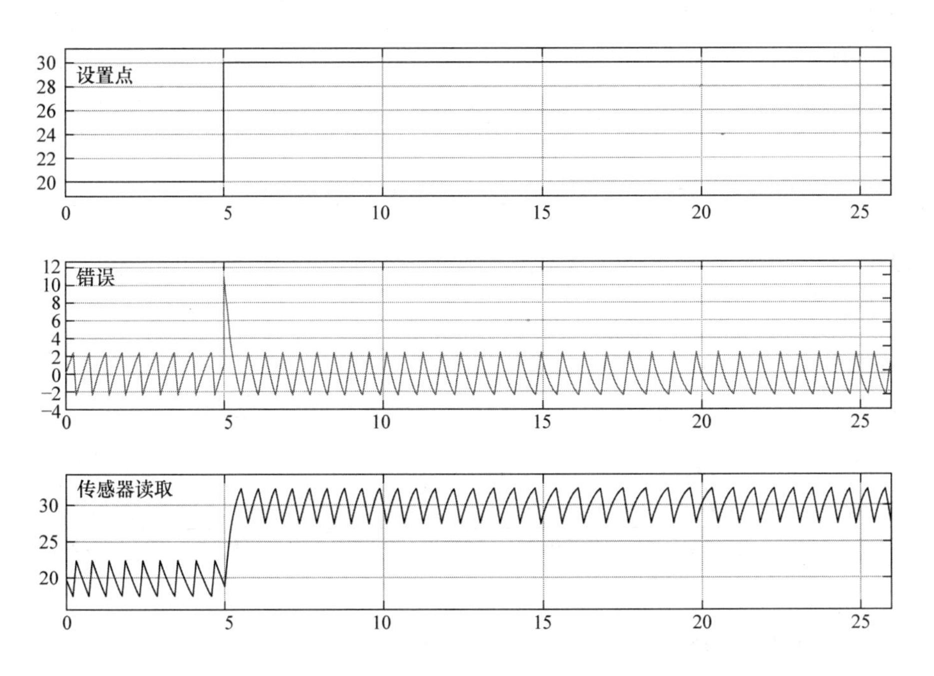

图 7.6　当 $k=5\text{h}$，服务提供者或控制器的攻击结果的设置点 $r(k)$ 从 20℃升到 30℃

7.5.2　反馈系统的攻击：持久性的 DoS 攻击

在许多其他方面，反馈系统的攻击可能是 DoS 攻击、中间人攻击造成的，或者简单地把传感器和执行器之类的反馈元素，通过主流的 IT 方法让其不起作用。通过式（7.8）和式（7.9），仿真实现了系统的单位反馈。当 $\widetilde{y}_i(k)=y_i(k)$ $(0\leqslant k<5)$时，该系统正常操作。当 $\widetilde{y}_i(k)=0$，反馈回路在 $k\geqslant5$ 时被破坏。为了验证和推广，假设反馈回路向控制器提供0值。式（7.11）和式（7.12）分别说明了没有受到攻击的系统和受到 DoS 攻击的系统。

$$\mathbf{x}(k+1)=(\mathbf{A}-\mathbf{BKC})\,\mathbf{x}(k)+\mathbf{Br}(k) \tag{7.11}$$

$$\mathbf{x}(k+1)=\mathbf{Ax}(k)+\mathbf{Br}(k) \tag{7.12}$$

图7.7说明了这种攻击的影响，注意在 $k\geqslant5$ 时的误差信号。控制器有效地处理了错识的信号，把温度加热到60℃。而这种情况似乎很牵强，不良的设计系统和设备确实可以提供这样的输出，却不提供足够的保护措施。本章前面介绍了控制系统领域提供大量的工具，可以帮助抵挡这种攻击，然而，面对技术先进的利益相关人员的攻击，这些影响还是有限的。

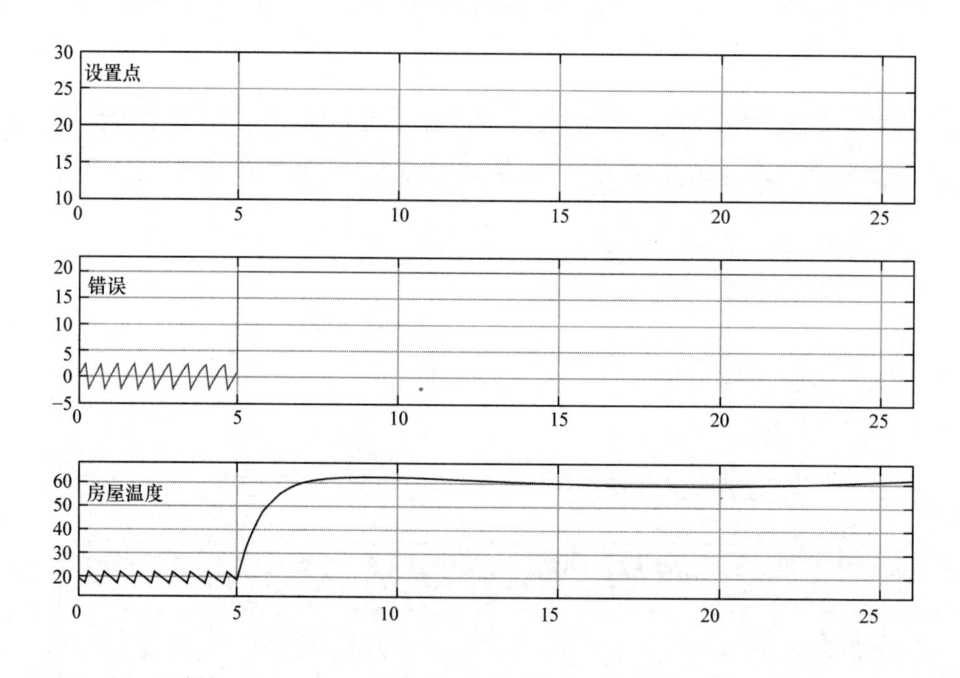

图7.7　DoS 攻击的影响：当 $\widetilde{y}_i(k)=0$，反馈回路在 $k\geqslant5$ 时被破坏

7.5.3　反馈系统的攻击：改变增益参数或攻击反馈回路的数据完整性

除了参考输入（设定点），增益参数是经常容易被改变的元素（工业控制系统中的操作员），用来得到所需的输出。在 $k\geqslant5$ 时，通过式（7.7）~式(7.9)

得到单位反馈，我们将单位反馈乘以系数 0.5，来模拟攻击这类参数。该系统运行的额定条件为 $0 \leqslant k < 5$。式（7.13）说明了引入这个因子的结果，用 $\widetilde{\mathbf{K}}$ 表示。图 7.8 说明了这种攻击的影响。

$$\mathbf{x}(k+1) = (\mathbf{A} - \mathbf{B}\widetilde{\mathbf{K}}\mathbf{C})\mathbf{x}(k) + \mathbf{B}\mathbf{r}(k) \tag{7.13}$$

在一个独立的模拟实验中，我们在 $k \geqslant 5$ 时，增加一个 -10 的回路因素的反馈回路，模拟数据完整性被攻击的结果。如第一种情况，系统运行的额定条件为 $0 \leqslant k < 5$。式（7.14）是用 **L** 表示增加影响后的结果。

$$\mathbf{x}(k+1) = (\mathbf{A} - \mathbf{B}\mathbf{K}\mathbf{C} + \mathbf{L})\mathbf{x}(k) + \mathbf{B}\mathbf{r}(k) \tag{7.14}$$

图 7.8 和图 7.9 说明了这种攻击的影响。控制器将反馈信号设置为有效，并将加热量提高到 40℃和 30℃的水平。像 Stuxnet 蠕虫这些类型的攻击，代表一个工业设施的第一个攻击是非常合理的。这种蠕虫的目标之一是专注于改变传感器读数的实际物理值。虽然控制系统领域提供了大量有助于减轻这种攻击的工具，但这些工具通常无法抵消看起来完全有效的攻击。预计各种基于服务提供商的方案将填补这一空白。

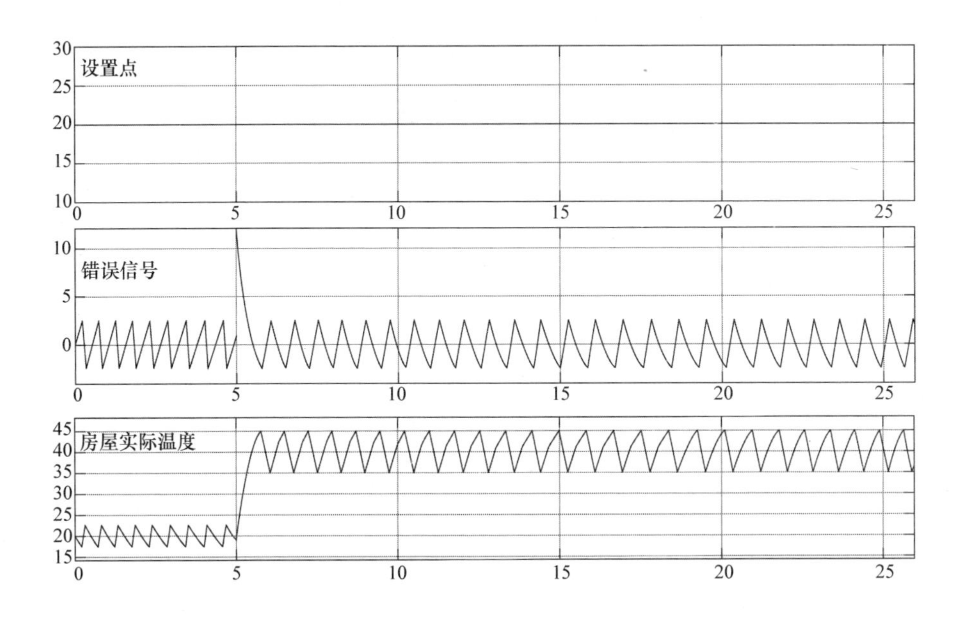

图 7.8　对反馈系统的攻击：当 $k \geqslant 5$ 时，单位反馈改变 0.5 倍。系统在额定条件 $0 \leqslant k < 5$ 下运行

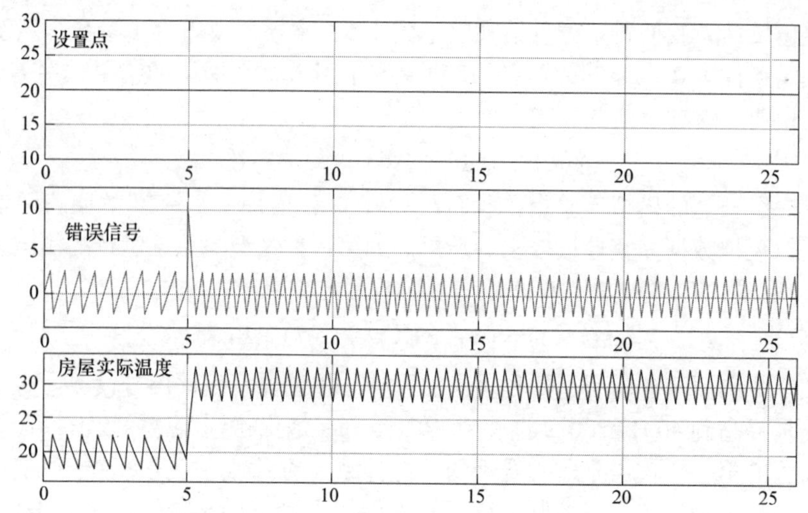

图 7.9　反馈系统的攻击：$k \geqslant 5$ 时，增加一个 -10 的回路因素的反馈回路，数据完整性被攻击的结果。系统在额定条件 $0 \leqslant k < 5$ 下运行

7.6　对受到攻击的可能经济后果的预见

这些潜在的攻击的后果的影响是很多的，包括个人的安全与依赖基础设施的系统的完整性和经济成本。图 7.10 和 7.11 所示为不同条件下相同的基础结构的两种暖气费用的对比。图 7.10 指没有受到攻击的系统，而图 7.11 是指遭攻击的系统。两个系统都展示了（$5 \leqslant k < 6$）间隔一小时的结果，可以看出，在这间隔一小时的两种情况下，成本差异大约是 1 美元，而且是保守估计。

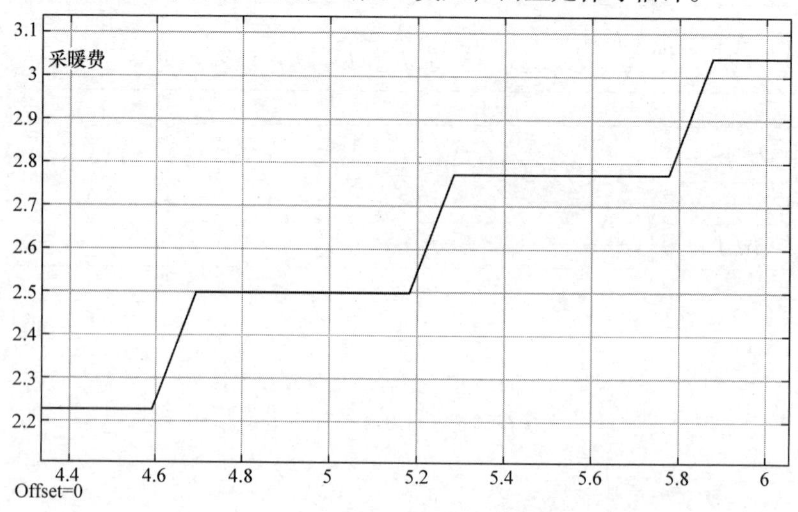

图 7.10　家用供暖系统：正常操作下的采暖费（美元）

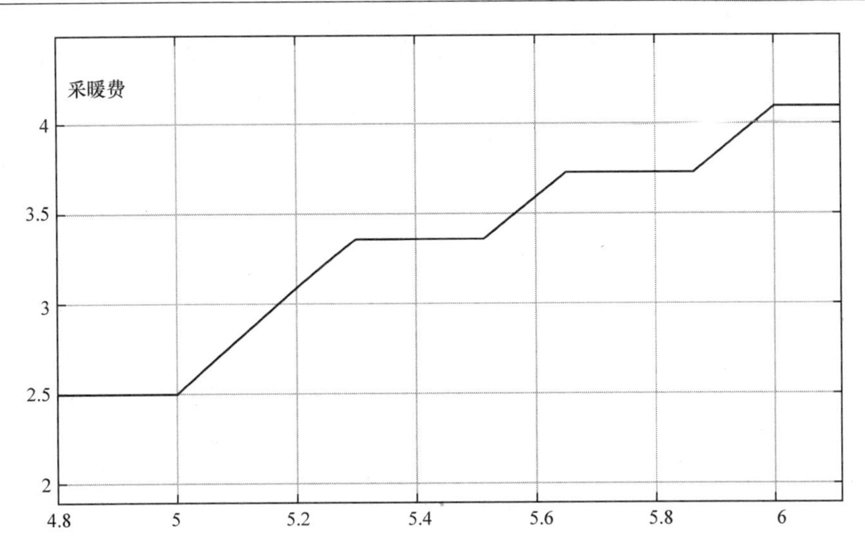

图7.11　家用供暖系统：数据完整性被攻击后加热产生的费用（美元），在 $k \geqslant 5$ 时，添加影响因子 -10 到反馈回路

这意味着一旦由于服务提供商被广泛攻击，造成数百万家庭在一个小时内可能会浪费数千万美元。然而，这些攻击的影响还不属于经济成本，而是影响到电网的运行。突然或意外的用电需求激增会带来潜在的破坏性，特别是鉴于这些随机攻击（Albert 等，2004）。

7.7　讨论与结论

基于以物联网为中心的当前趋势和话题的讨论，我们已经开发和利用了面向消费者的系统的通用基础架构和数学模型，并利用这种架构确定了两个可能使这些系统非常脆弱的新要素——反馈控制系统及服务提供商。这两个要素在自主运作的以消费者为导向的系统中起着重要的作用，它们在物联网和这些系统的自动化方面也是相对较新的参与者。

我们通过利用现有的一般动态系统模型，模拟了不同类型的攻击结果。为了突出攻击的原始效果，模型中没有采取任何安全措施（如用饱和度值来表示物理限制），模拟显示整体预期的系统响应，结果显示，通过任意改变反馈元素的攻击会严重影响系统，使家庭温度达到无法接受的高水平。由于负反馈回路提供的纠正效果，DoS 和数据完整性攻击被证明具有非常不可预测的效果。控制系统遵循服务提供商的指示，对用户设定点的攻击自然会产生所期望的负面影响。

模拟攻击的影响强调了在物联网和自动化系统整合的新领域的由于攻击所带来的严重后果。除了停止系统，在“安全”区域运行，或通过各种手段提供冗余外，控制系统理论领域提供了各种方法来部分减轻这种故障的影响，然而，没有控制规律方法会取代重要变量的实时测量，或者检测模拟操作员请求的设定点的变化（Gu & Niculescu，2003；Sztipanovits 等，2012；Tiwari，2015）。

这些操作性的结果并不新鲜，因为它们构成了控制理论和工业控制系统的基本知识。然而，我们对日常消费产品的新见解有助于更好地了解不良设计的系统。由于不熟悉而仓促设计的系统，包含不适当的硬件、未考虑关键后果的软件和服务，甚至包含基于这种新的跨学科领域有限观点的协议和标准的制定。此外，如果不考虑适当的保障措施、设计原则、遵守标准和规定以及流程，它还会引起外界对服务提供商可能给个人和社区带来负面影响的服务中所扮演的角色而引起的社会问题的关注的风险。

本章的阐述和模拟涉及了不同学科的概念，突出了与不同决策相关的风险。创新的过程一般是由强大的设备提供可用性，操作需要技术人员的支持和相关机构的使用决定，但这些有时忽略了不良决策给人带来的破坏性。

本章利用基本的通用模型来类比无人驾驶汽车、智能电网等更复杂基础设施的基础控制系统。服务提供商和反馈回路两个要素妥协的影响也可以很容易地用于逐渐采用类似的物联网基础设施的工业控制系统。

参考文献

Abadi, M., & Kremer, S. (Eds.). 2014. *Principles of Security and Trust: Third International Conference, POST 2014, Held as Part of the European Joint Conferences on Theory and Practice of Software, ETAPS 2014, Grenoble, France, April 5–13, 2014, Proceedings*, vol. 8414. Springer.

Abrams, M., & Weiss, J. 2008. Malicious control system cyber security attack case study–Maroochy Water Services, Australia. The MITRE Corporation, McLean, VA.

Albert, R., Albert, I., & Nakarado, G.L. 2004. Structural vulnerability of the North American power grid. *Physical Review E*, 69(2), pp. 025103.

Alcaraz, C., & Lopez, J. 2010. A security analysis for wireless sensor mesh networks in highly critical systems. *IEEE Transactions on Systems, Man, and Cybernetics, Part C: Applications and Reviews*, 40(4), pp. 419–428.

Amin, S., Cárdenas, A.A., & Sastry, S.S. 2009. Safe and secure networked control systems under denial-of-service attacks. In: *Hybrid Systems: Computation and Control*. Springer, Berlin Heidelberg.

Cárdenas, A.A., Amin, S., Lin, Z.S., Huang, Y.L., Huang, C.Y., & Sastry, S. 2011. Attacks against process control systems: risk assessment, detection, and response. In: Proceedings of the 6th ACM Symposium on Information, Computer and Communications Security, March 2011, pp. 355–366.

Cárdenas, A.A., Amin, S., & Sastry, S. 2008. Research Challenges for the Security of Control Systems. In: HotSec, July 2008.

Chi, Q., Yan, H., Zhang, C., Pang, Z., & Da Xu, L. 2014. A reconfigurable smart sensor interface for industrial WSN in IoT environment. *IEEE Transactions on Industrial Informatics*, 10(2),

pp. 1417–1425.

Foroush, H., & Martinez, S. 2014. On triggering control of single-input linear systems under pulse-width modulated dos signals. *SIAM Journal on Control and Optimization*, pp. 1–31. Available at http://fausto.dynamic.ucsd.edu/sonia/papers/data/2013_HSF-SM.pdf.

Gomez, C., & Paradells, J. 2010. Wireless home automation networks: a survey of architectures and technologies. *IEEE Communications Magazine*, 48(6), pp. 92–101.

Gu, K., & Niculescu, S.I. 2003. Survey on recent results in the stability and control of time-delay systems. *Journal of Dynamic Systems, Measurement, and Control*, 125(2), pp. 158–165.

Huang, Y.L., Cárdenas, A.A., Amin, S., Lin, Z.S., Tsai, H.Y., & Sastry, S. 2009. Understanding the physical and economic consequences of attacks on control systems. *International Journal of Critical Infrastructure Protection*, 2(3), pp. 73–83.

Hwang, I., Kim, S., Kim, Y., & Seah, C.E. 2010. A survey of fault detection, isolation, and reconfiguration methods. *IEEE Transactions on Control Systems Technology*, 18(3), pp. 636–653.

Krotofil, M. & Cárdenas, A.A. 2013. Resilience of process control systems to cyber-physical attacks. In: *Secure IT Systems*. Springer, Berlin Heidelberg, pp. 166–182.

Mathworks 2015. Thermal model of a house. Available at http://www.mathworks.com/help/simulink/examples/thermal-model-of-a-house.html. Accessed on April 3, 2016.

Matrosov, A., Rodionov, E., Harley, D., & Malcho, J. 2010. Stuxnet under the microscope. *ESET LLC (September 2010)*.

Murillo, M.J., & Slipp, J.A. 2009. Demo abstract: application of WINTeR industrial testbed to the analysis of closed-loop control systems in wireless sensor networks. In: International Conference on Information Processing in Sensor Networks, IPSN, April 2009, pp. 409–410.

Naidu, D.S. 2002. *Optimal Control Systems*. CRC press.

Padmavathi, D. G., & Shanmugapriya, M. 2009. A survey of attacks, security mechanisms and challenges in wireless sensor networks. arXiv:0909.0576.

Qin, S.J. 2014. Process data analytics in the era of big data. *AIChE Journal*, 60(9), pp. 3092–3100.

Raza, S., Slabbert, A., Voigt, T., & Landernas, K. 2009. Security considerations for the WirelessHART protocol. In: IEEE Conference on Emerging Technologies & Factory Automation, EFTA, September 2009, pp. 1–8.

Sanchez, L., Muñoz, L., Galache, J.A., Sotres, P., Santana, J.R., Gutierrez, V., Ramdhany, R., Gluhak, A., Krco, S., Theodoridis, E., & Pfisterer, D. 2014. SmartSantander: IoT experimentation over a smart city testbed. *Computer Networks*, 61, pp. 217–238.

Sztipanovits, J., Koutsoukos, X., Karsai, G., Kottenstette, N., Antsaklis, P., Gupta, V., Goodwine, B., Baras, J., & Wang, S. 2012. Toward a science of cyber–physical system integration. *Proceedings of the IEEE*, 100(1), pp. 29–44.

Teixeira, A., Pérez, D., Sandberg, H., & Johansson, K.H. 2012. Attack models and scenarios for networked control systems. In: Proceedings of the 1st International Conference on High Confidence Networked Systems, April 2012, pp. 55–64.

Tiwari, A. 2015. Attacking a Feedback Controller. *Electronic Notes in Theoretical Computer Science*, 317, pp. 141–153.

第8章　物联网的大数据复杂事件处理：审计、取证和安全的来源

Mark Underwood
美国科林普顿兄弟（Krypton Brothers）大数据公司
美国 NIST 大数据公共工作组，安全/隐私小组

8.1　复杂事件处理概述

Malcolm Gladwell 的工程实用主义课程与在物联网中获取信息有相似之处。一些物联网子系统远不如其他系统可靠，它们可能会更容易受到影响，但要经过快速的设计更改以适应市场条件，不要被企业软件开发人员认为是适当的保证措施，或者子系统可能仅仅是原来的系统重新设计用于并其他使用目的。由于这些及其他原因，在松散的关联网络中确保物联网信息的完整性，不仅仅涉及传统的网络防御和边缘保护。

一个传感器的生命周期的变数很大。制造商表示，广泛使用的氧传感器，用在来监测车辆催化转换器输出和健康状况时，使用 60000 英里（96560.6km）后应进行更换。汽车氧传感器失效是相对良性的，但在 2013 年进行三颗导航卫星的 Proton - M 助推火箭的爆炸是由传感器故障造成的。一些用于电力传感事件的植入式除颤导线有“有限寿命”保修，但除了 2008 年的报告中介绍的“不当遥感导体或绝缘的断裂，传感引线适配器故障，螺钉松动，或者明显的移动都会导致电子噪音的过度感应，引起不适当的震动”（Tung 等，2008）。依靠这些传感器的系统需要相当多的传感器知识，校准、测试条件、制造商推荐的维护程序的知识，更不用说如何解释数据流的指南了。

传感器的测量是由于中间人的攻击而受到破坏，还是仅仅是由于高温条件而产生虚假的测量呢？尽管数据集种类不断增加，然而大数据对容器化和 DevOps 产生了相应的巨大影响，对信息保障（Information Assurance，IA）的影响是递增的（Hendler，2014）。本章调查了利用大数据技术提高物联网来源的方法，这本身只是改善信息保障所需的多种措施之一。确定了一些迄今为止松散连接的方法，这些方法都将在本章中讨论，结束语部分提出了今后可能的方向。

复杂事件处理（Complex Event Processing，CEP）的概念自 20 世纪 90 年代后

期已经成熟，对于那些在传感器融合和其他实时系统中工作的人来说，其基本概念并不陌生。例如，一些调查人员探索了可以模拟事件结构的方法（Scott t，1982；Van Der Aalst，1998；Reinartz 等，2015）。甚至在更早的建模语言中也有连接（Hoare，1978；Milner，1980）。

最近，两篇针对更广泛读者的文章提出了实用的 CEP 总结。首先，根据 Luckham 和 Frasca（1998）早期的工作，将 CEP 引入商业社区（Luckham，2011）。其次，根据 Etzion 和 Niblett（2010），目标是针对有经验的软件工程师，但仍然符合实际的参考框架。本章包括 Etzion 和 Niblett（2010）所提出的一般框架，为进一步研究 CEP 在加强种源意识、支持种源查询、审计、取证和安全方面的作用提供了有益的参考。

CEP 一直是安全信息和事件管理（Security Information and Event Management，SIEM）不可分割的一部分，因此它的可扩展性一直是一个关注的问题（Vianello 等，2013；Rosa 等，2015）。Rosa 等人甚至认为：

一个 SIEM 系统不仅是一个明智的选择，而且是一个强制性的组成部分，通过几个例子表明：《萨班斯－奥克斯利法案》（2002 年、第 103 节：审计、质量控制和独立性标准和规则），规定对美国的任何贸易公司使用日志收集、处理和保留；支付卡行业委员会（Payment Card Industry，PCI）数据安全标准的必备条件（如要求按照 10 所述“跟踪和监视所有对网络资源和持卡人数据的访问”）（支付卡行业数据安全标准 2.0 版本，2010）；北美电力可靠公司（NERC）CIP－009－2 关键基础设施保护（CIP－009－2 2009）；或信息技术基础设施库（ITIL）的框架，其中包括用于与 SIEM 概念的作用线事件响应组件（Steinberg 等，2011；Rosa 等，2015 年）。

除了 IA 外，CEP 可发挥其他作用来增强物联网信息安全。虽然不是本章的重点，但也提到了这些作用。Lundberg（2006）和 Progress Software（2009），商业 CEP 工具供应商，引用服务质量（QoS）和服务水平保证作为从 CEP 获得的企业收益。本章的范围是有意限制的，其目的是提出一种潜在的富有成效的方法，可以增强物联网的来源，特别是在审计、取证和安全方面，而且更广泛地适用于 IA。

8.2　物联网在审计、取证和安全方面的安全挑战及需求

物联网将以多种方式强调现有的技术、法律和组织框架，尤其是在审计、取证和安全方面。作为被称为“物联网的法证意识生态系统”的介绍的一部分，Zawoad 和 Hasan（2015）描述了这样的挑战：

现有的数字取证工具和程序不适合物联网环境。大量的物联网设备将产生大

量的可能的证据（大数的容量特征），这将给数据管理的各个方面带来新的挑战。调查人员会发现从高度分布式的物联网基础设施中收集证据是非常具有挑战性的。各种各样的物联网设备也会引起数据分析方面的问题，因为异构的数据格式（大数据种类）特征。证据的可靠性也值得怀疑，因为攻击者可以篡改驻留在物联网设备中的证据（大数据来源，即大数据的真实性特征）。另一方面，物联网可以为侦查人员提供新的机会。由于物联网设备共享当地的物理信息，调查员可以利用这些信息来建立关于犯罪事件的事实。

采用 CEP 方法的系统架构师，即使只是作为概念上的重叠，鼓励设计时显式表示物联网事件。对于许多设备，“启动”“发现”“测试”“故障转移”“停用”“重置”“自我认同”和“传送经纬度”不仅代表事件，而且代表整个组相互关联的事件。支持审核、取证和网络保护的分析可以指定为设计时系统需求，而不是依赖于设备制造商和操作系统所提供的任何日志。由于物源在物联网安全和隐私的交叉点上，物联网系统管理人员必须考虑采取积极主动方法来解决这一问题。

8.2.1 在物联网审计和安全风险领域中定义的来源

Braun 等人（2008）提供了一个简明的定义：“带有注解的因果图”，特别是一个有向无环图（Directed Acyclic graph，DAG）。每个节点都是某种类型的实体，边是某种偶然的关系，图的边缘需要保留以保存起源。这个观察值得强调。来源与其他数据（和元数据）不同，因为“循环”的设计模式不适用。Braun 等人（2008 年）写道：“因为时间总是向前发展，循环是荒谬的。我们可能不知道鸡是否先于蛋，但显然有一个是先来的，而且来源肯定不是一棵树，因为一个实体可能有多个输入……来源是有价值的，因为它允许我们追踪一个结果并回溯到它的源头……数据的本源和数据本身相比，敏感度可能更高也可能更低，因此，来源安全不能被现有的安全系统所控制。”

更广泛地说，Braun 等人（2008 年）认为，来源，是“代表一个物体的本源的元数据”，这是一种从艺术史上继承下来的概念。他们断言，来源是不可改变的。因为这不是一个大多数商业文件系统实现的特点，调查人员 Sultana 和 Bertino 等（2013）提出的扩展文件系统功能以支持查询起源，消除多余的起源数据，并通过使用安全政策数据库的起源粒度水平（例如处理、应用、用户、文件属性）。也许与这些更为普遍的飞行系统方法相反，针对传感器系统的特性（Ledlie 和 Holland，2005），另一些人则建议专门的飞行系统以确保不变性。

大数据正在改变首席安全官（CSO）、审计人员和法医调查人员的工作性质。物联网将逐渐增加其工作量，速度和多样性。从表面上看，这可能会被看作是一件好事，也许经历了 IT 基础架构调整的尴尬时期。然而，在数据过剩的现状之

下，辨别出什么是与特定分析任务相关的数据，是基本问题。那么—— 什么是相关的——这个问题可以是依赖于域的，依赖于时间的或者依赖于角色的。确立物联网出处的相关性是 Bauer 的概念模型“研究数据来源和物联网的通用架构”所关注的焦点。在大多数关于物联网来源的讨论中，隐私、完整性、完整性和机密性是至关重要的（Bauer & Schreckling，2013）。对于大数据来说，这往往是真实的，只是在所谓的原点——比如收集医疗记录数据的地方——随着信息距离原点的距离越来越远，被保护的措施就会越来越少。更少的时候，系统是由来源作为中心考虑的。例如，可链接性和不可链接性是指来源（尤其是个人信息）可以与数据联系在一起的机制，或者在不可链接的情况下，保持匿名的程度。在 Bauer 和 Schreckling（2013）的概念模型中，不可链接性是保证某些来源数据是保密的。可链接性与透明度协调一致，确保了对“不同的互联智能物联网对象”的数据采取行动的可追溯性（Braun 等，2008）。

为了解决这一问题，Braun 等人（2008）提出了一种来源事件处理程序，以控制来源数据的计算。物联网网络很可能有更大的设备异构性（大数据种类特征），因此来源更多样化。无论是 Bauer 和 Schreckling（2013）的方法还是另一种方法都适用于特定情况，许多直接或间接接触消费者（公用事业、智能汽车和保险公司）的物联网必须与出处相抗衡，或者（在美国违规的情况下）面临来自联邦贸易委员会的可能的行动。

Bauer 和 Schreckling（2013）的概念模型在为审计人员、法医调查人员和安全工程人员提出要求时，为物联网系统架构师提供了很多考虑。然而，有些人会认为它忽略了基于云的、弹性的、可重新配置的系统的一个关键特性。CEP 是一种通过建立数据相关的方法来帮助处理大数据的方法。“时间点”的概念是一个内在的因素，而在过去二十年中构建的大多数应用程序只保留一些与事务相关的时间点。CEP 将时间组件合并到事件的定义中。CEP 便于对事件进行自动推理，也为物联网系统原始架构师无法预料的人体调查提供基础。

来源常常被忽视作为物联网的一个组成部分。以下是对物联网来源、审计和安全压力的部分列表，许多预期将会在物联网系统上进行。虽然每个项目在这里没有得到充分的探索，但清单的目的是强调来源的重要性。

1）物联网的异构性是物联网与大数据的并行性：许多审计类型，许多安全问题。

2）智能传感器生命周期管理的必要性。

3）增加了物联网中间人攻击暴露。

4）需要在传感器和传统的物联网系统上进行更复杂的联邦配置管理。

5）更复杂的维护环境。

6）集成的系统管理工具，需要稳定的数据流需求，如飞行器综合健康管理

(Jennions, 2013)。

7) 推动分散的 CEP 用于物联网实时分析将间接产生对取证的需求，以支持数据源和相关推理系统结果的有效性。(Govindarajan 等，2014 年)

8) 一些组织可能追求物联网本体，例如基于 ISO 15926 或 MIMOSA 的管理跨域风险的本体。

9) 大数据需求可能包括 PII 的隐私跟踪，以及可以支持 IA 的非识别的衍生品。

10) 可能需要 IA 的支持来支持新的蛮力大数据应用，比如延长使用多媒体，特别是视频。

11) 分布式传感器库中命名数据网络的使用可能需要辅助来源系统。(Ledlie 和 Holland 2005 年)

12) 包括 Jon Hudson 在内的专家建议使用大数据系统来保存整个配置、二进制文件、引用数据集、设置、校准、测试、模拟、人员和相关机构——通过实时网络流量捕获，并保存在 Hadoop 文件系统等大数据池中。

8.3 在物联网环境中采用 CEP 的挑战

在物联网安全设置中使用 CEP 面临许多挑战。其中一些挑战是特定于领域的，例如与其他可能集成的系统的类型相关的数据量。系统架构师可能会忽略时间的共同表示中的问题，直到意外的用例出现（Chen 等，2014 年）。所谓的“时间点”问题发生在许多领域。使用传感器数据时，传感器流的特征可能在升级前或环境事件（例如火灾或入侵）之前和之后发生变化。

示例 8.1 本地铁路运营商发出一个自动消息，表明发生了信号中断，但该消息并没有确定故障的开始时间或持续时间。是铁路信号被篡改了，还是纯粹是维护问题？普通信号过滤应该继续，还是这是个别情况？

虽然物联网本体的使用被认为是未来的重大突破，但目前的本体互操作性的缺乏限制了当前设备和物理本体的采用，这些物理本体可以用来建立基线性能数据，以评估安全性威胁（Bock & Gruninger, 2005；Underwood 等，2015）。开发人员缺乏对 CEP 编程实践的熟练使用。Etzion 和 Niblett（2010）对开发人员应该熟悉的三个 CEP 实现风格进行了调查。一些观察者可能将这些解释为设计模式：

1) 面向流的；

2) 规则为导向；

3) 命令式风格（例如 Apama MonitorScript）。

对于物联网架构师来说，可能需要将特定于领域的事件元素集成到共同的来源保证“仪表板”中。这项工作可并不平凡，考虑城市规模的温度监测应用的

挑战（Park & Heidemann，2008）。物联网的来源可以解决数据可信度、所有权和可靠性等问题。这是在传统数据库的背景下观察到的（Buneman 等，2001）。在物联网系统中，攻击者可以利用已经存在于数据流中的数据异常来插入恶意代码，转移注意力，或者中断关键的监视或监视系统。CEP 模型可以将这些攻击向量建模为事件类型。当访问分布式源数据时，可能会出现可伸缩性问题。

尽管可重用部件的软件构造问题并不新鲜，但为智能能源系统构建系统、集成多种设备、混合实时和面向事务的系统可能会使问题恶化（Garlan 等，1995）。目前物联网软件在状态、功能角色、安全类型、信息可靠性和通信模型之间通常会出现不清楚的连接（Bauer & Schreckling，2013）。这个问题是 Kim 等人（2014）在一个旨在将物联网设备使用业务流程执行语言（BPEL）的项目中提出："物联网技术的技术难点在于其网络协议支持、接口语言、数据交换方案以及所提供的移动类型等方面的物联网设备的异构性。"（Kim 等，2014 年）。

研究人员已经发现了与实时传感器网络有关的特殊问题，设计者必须解决这些问题（Le - Phuoc & Hauswirth，2009）。一些系统，尤其是那些为市政应用而开发的系统，可能依靠传统的监控和数据采集（SCADA），企业资源计划（ERP），公用事业和其他应用程序，在遗留应用程序成为更广泛的物联网解决方案的一部分之前，中间人攻击是不可能的。应用规则嵌入在许多遗留软件中很常见。这种微弱的透明性对于嵌入式传感器管理来说是很常见的，特别是在对传感器或通道安全性或可靠性做出假设时。为了将内部事件暴露给 CEP 系统，可能需要使用静态程序分析或依赖图挖掘（Chang 等，2008）。

物联网系统中的容错可能会事后掀起，导致不必要的成本和管理的复杂性。解决传感器或网络故障或网络攻击等问题的所有方面——从预防到检测到腐败——应该是物联网设计的一个组成部分，遵循类似于用于检测传感器异常的设计模式（Negiz & Cinar，1992）。物联网软件测试环境可能无法准确反映部署时所面临的安全或信息安全风险。这可能是由于可伸缩性的限制，或者是由于未能考虑到事件之间复杂的交互。物联网安全结构设计模式是 NIST 大数据公共工作小组的一个发现，大数据需要一种结构方法（NIST，2015a）。这种结构方法被整合到该组织的早期参考架构中（Chang 等，2008），但设计模式还没有完善，需要适应物联网。是因为物联网架构不同吗？该专家组认为它不是明显区别于其他如 Spotify 推荐器、Netflix 或其他大容量高速应用程序的大数据系统。

8.4　CEP 与物联网安全可视化

未来的研究需要解决物联网安全可视化。CEP 在这方面可以发挥作用，但潜在的关键能力是减少误报。误报是 SIEM 的一个众所周知的限制，它采用大数

据技术来收集或筛选日志。CEP 可以将这些数据的有意义的子集组织为相互关联的上下文，否则就需要传统的分析师参与试验和判断错误方法。如何可视化网络防御和警报控制台的来源？即使对于事件实例或类型没有标准，也有许多实例表示（Etzion & Niblett，2010）。CEP 设计模式通常包括事件生产者、事件使用者、时间标记等。在一些 CEP 工具（如 Websphere 的 Business Events Design 工具）中，可以直观地表示这些数据。从这些过程表示到支持安全分析，这比尝试可视化原始数据包流更直接。

也就是说，CEP 有必要发挥这样的作用。虽然代表时间数据是 CEP 的固有特性，但表示它的标准并没有被广泛采用。已经有人试图改进可用的技术来以数字方式表示事件，以方便机器处理和人机交互，但这些技术还没有完全开发出来。Pustejovsky 等人（2007）进行了尝试，它是一种用于在文档中进行事件注释的规范语言，它试图将事件排序、持续时间和从属关系标准化。

CEP 所带来的是建立 NIST 网络物理系统公共工作组所称的“准确的来源”的模型（NIST 2015b）。复杂事件处理，再加上其他很好理解的设计模式，可以暴露测试条件，对已有条件（例如目前正在测试尾气排放量的车辆），警报机制和其他配置参数的进行操作假设。类似的监管方案面临着必须处理美国卫生保健数据的组织。这些公司在卫生信息可移植性和责任法下受到相对严格的监管（HIPAA）。病人的数字健康记录和可穿戴医疗设备的出现使物联网进入了美国的卫生保健监管框架。

在一篇题为“让 SDN 成为你的眼睛”的论文中，Bates 等人（2014）提出，软件定义的网络（Software - Defined Network，SDN）为网络取证提供了有趣的新机会，“网络本身可以作为观察的一部分。”他们将数据来源适应于网络来源的领域，他们注意到“在数据中心的上下文中，网络来源可以用来跟踪流量并发现“网络”事件的原因。”所采取的方法是构造一个“来源图”，可以查询到“回放”网络事件（Zhou 等，2011）。作者设想了一个纯粹的 SDN 数据中心，它可以使用“来源验证点”来检测，可以进行法医分析或充当被动监视器。

因此，提供的 SDN 可以将 CEP 功能本身嵌入，或将消息传递到另一个 CEP 处理资源，该资源可以承载更复杂、丰富的设备、域或依赖于本体的事件表示模型。能够进行推理的系统，访问先前的历史或攻击模板和过去的注释可以为防御和取证提供另一种途径。Livingston 等人提到“随着注释工作的扩展，以捕获更复杂的信息，注释需要能够引用由更多原子知识结构正式定义的知识结构”（Livingston 等，2013）。

许多智能物联网设备可能需要周期性的升级，而目前的房屋系统管理角色模型似乎不太可能足以在数十万个可能不同的节点上执行这项任务。更确切地说，智能设备很可能会自我更新，而自我管理的软件正变得越来越普遍。这些更新将

作为物联网网络的数据交付，并伴随与可靠性相当的安全风险，因为这些更新的来源可能难以建立。在某些设备中，更新的回滚可能是困难的或不可能的，但是在多个设备上测试传感器网络的完整性是不可能的。编排配置更改可能需要采用更传统技术集成 CEP 的方法。这样的方法在理想的情况下，既允许取证重放，同时也增强系统的生存能力。

8.5 总结

用于加强物联网系统审计，隐私政策透明度和取证的技术之间有相当大的重叠。总而言之，这些方法代表了整体风险管理框架中的可能要素。物联网生命周期的角度可能需要所有项目阶段的大数据和 CEP 资源：规划、模拟、运营、维护和故障分析。

在处理物联网 IA 时考虑的方法可能会重新考虑以前的设计模式，包括中间件、智能代理和分布式系统的来源。其中任何一个都可以结合在一个综合的风险框架中，如 NBD－PWG 安全结构，以改进物联网信息保证（Chang 等，2008）。预计未来版本的 NBD－PWG 将把当前的防御对策与工作流模型结合起来。在 Zhao 等人（2008）的科学工作流程中工作。DataOne D－OPM 可能被证明是有用的设计模式，尽管在这一点上它们不是托管在大数据框架之上的。

同时，其他研究表明使用“源包装器”和其他地方提出了一种表示信息保证属性的方法，它有助于在工作流中对这些属性进行推理（Moitra 等，2009）。这些方法可以用于大数据框架中的 DevOps，这可能成为事实上的传感器数据标准。

物联网信息系统来源的改进可以在以下几个方面进行：

1）物联网审计的来源效益：审计数据是否可信似乎是一个简单的签名分析问题，但是这个问题超出了简单的日志记录。

2）物联网数字取证的好处：系统地处理信息系统中的物联网设备，包括明智地选择特定于领域的、特定于设备的实践，以及在 CEP 中使用更通用的设计模式。

3）ETL 的回归：ETL 的作用最近被广泛采用的大数据方案所从属，这些大数据方案主张收集大量未经预过滤的原始数据集。然而，对于一些物联网设置，这种方法可能无法扩展。Etzion 和 Niblett（2010）对事件网络中过滤和转换的作用给予了相当大的关注。像 Syncsort’s DMX－h 这样的产品，设计用于处理 Hadoop 数据池，可以提供一个有用的过滤功能，例如 SIEM 日志或从不同的数据源中生成统一的数据集合，这些数据源是专门的处理器代理可能摄取的。

4）物联网系统安全性和弹性的来源效益：针对可能的数据质量恶化或中断

而设计的系统可能需要构建或采用制造商提供的设备模型。虽然这引入了复杂性和额外的软件配置管理工作，但它也可以提高安全性和恢复力的潜力。

5）减少误报率：在一项与包括智能电网、SCADA和工业控制在内的关键基础设施网络相关的风险调查中，Knapp和Langill（2014）列举了许多例子，其中误报错误不仅会对事件的正确解读产生干扰，而且可能会导致错误的网络失活或其他不良影响。物联网网络中的误报问题是由大量的、低成本的、暴露于室外的、没有安全保护的传感器造成的。Abimbola等人（2006）展示了误报率引入入侵检测系统的问题。这种影响超越了自动化系统。正如Thompson等人（2006）所做的一项工作所显示的，误报的负担会对人体监测器的性能产生负面影响。在某些情况下，如在医疗环境中，结果可能是致命的，就像最近长岛疗养院的案例（Lam，2015）。

在系统需求发展的社区中，事件感知的认知方面仍然知之甚少（Zacks & Swallow，2007）。这种缺乏可能导致安全或监督失误，随之而来的是对物联网取证能力需求的增加。随着设备数量和种类的增长，包括传感器和数字采集器，系统和操作人员的负担可能会以不可预知的方式侵犯可靠性，甚至隐私。

8.6 结论

这是另一个“工程师的哀叹”，多好的系统也非完美无缺，生产完全可靠的物联网系统可能超出了所有学术场景的能力。这并不是说安全工程师没有任何作用，或者安全工程师使用的技术不够高端。解决物联网系统缺陷和妥协的挑战——尤其是那些由坚定的攻击者或纯粹的组合复杂性带来的挑战——将需要更稳定的计算和人类的不断改进。

CEP的系统使用可以改进目前的信息保证实践，特别是如果它的范例和设计实践更广泛地融入到物联网架构中。同时，还需要对开发者和物联网用户社区进行教育和培训。在安全实践有着悠久历史的航空界，技术改进伴随着研究人员和地面人员如何从传感器系统接收警报和显示。在最近一项关于飞行甲板展示设计的人为因素的研究中，美国联邦航空管理局（FAA）的报告包括如下建议（Yeh等，2013）：

1）由显示系统引起的潜伏期，特别是警报，不应过度，应该考虑到警报的临界性和需要的机组响应时间，以尽量减少故障条件的传播。

2）当达到或超过所需的动力装置参数时，应及时通知到飞行的每个阶段。

3）警报条件——如建立飞机系统条件或操作事件需要警报（如发动机过热，风切变）——将被确定。

4）为安全操作所必需的每个功能提供单独警报。

5）警报消息应区分正常和异常迹象。

6）所需警报的数量和类型应由检测到的特殊情况和解决这些情况所需的机组程序来确定。

美国联邦航空管理局的研究人员提出了这些要求，以指导驾驶员座舱设计者阐明物联网安全工程与更成熟的航空安全工程之间的共性。也许对于某些关键的物联网系统来说，模拟、测试、航空电子设备和黑盒取证能力在本质上是相似的，但更重要的是对于复杂的开发和管理可能是合理的。复杂性既有机会，也有风险。物联网系统攻击可以跨越多个方面进行，这些方面的保护不具有成本效益或可行性。另一方面，CEP 为检测、补救或复原提供了额外的机会。建议系统架构师考虑各种机制，以容忍系统和服务的弹性，无论是将系统和服务弹性视为控制问题，还是呼吁对操作员经理提供更好的决策支持。（Kocsis 等，2008；Snediker 等，2008）

参考文献

Abimbola, A.A., Munoz, J.M., & Buchanan, W.J. 2006. Investigating false positive reduction in http via procedure analysis. In: International Conference on Networking and Services, 2006, ICNS, July 2006, pp. 87–87.

Bates, A., Butler, K., Haeberlen, A., Sherr, M., & Zhou, W. 2014. Let SDN be your eyes: Secure forensics in data center networks. In: Proceedings of the NDSS Workshop on Security of Emerging Network Technologies (SENT'14), February 2014.

Bauer, S., & Schreckling, D. 2013. Data Provenance in the Internet of Things. In: EU Project COMPOSE, Conference Seminar.

Bock, C., & Gruninger, M., 2005. PSL: a semantic domain for flow models. *Software & Systems Modeling*, 4(2), pp. 209–231.

Braun, U., Shinnar, A., & Seltzer, M.I. 2008. Securing Provenance. In: HotSec, July 2008.

Buneman, P., Khanna, S., & Wang-Chiew, T. 2001. Why and where: A characterization of data provenance. In: *Database Theory – ICDT 2001*. Springer, Berlin Heidelberg, pp. 316–330.

Chang, R.Y., Podgurski, A., & Yang, J. 2008. Discovering neglected conditions in software by mining dependence graphs. *IEEE Transactions on Software Engineering*, 34(5), pp. 579–596.

Chen, P., Plale, B., & Aktas, M.S. 2014. Temporal representation for mining scientific data provenance. *Future Generation Computer Systems*, 36, pp. 363–378.

Etzion, O., & Niblett, P. 2010. *Event Processing in Action*. Manning Publications Co.

Garlan, D., Allen, R., & Ockerbloom, J. 1995. Architectural mismatch or why it's hard to build systems out of existing parts. In: Proceedings of the 17th International Conference on Software Engineering, April 1995, pp. 179–185.

Govindarajan, N., Simmhan, Y., Jamadagni, N., & Misra, P. 2014. Event processing across edge and the cloud for Internet of Things applications. In: Proceedings of the 20th International Conference on Management of Data, Computer Society of India, December 2014, pp. 101–104.

Hendler, J. 2014. Data Integration for Heterogenous Datasets. *Big Data*, 2(4), pp. 205–215.

Hoare, C.A.R. 1978. *Communicating Sequential Processes*. Springer, New York, pp. 413–443.

Jennions, I.K. 2013. *Integrated Vehicle Health Management: The Technology (Integrated Vehicle Health Management (IVHM))*. Society of Automotive Engineers.

Kim, S.D., Lee, J.Y., Kim, D.Y., Park, C.W., & La, H.J. 2014. Modeling BPEL-Based Collaborations with Heterogeneous IoT Devices. In: IEEE 12th International Conference on Dependable, Autonomic and Secure Computing (DASC), August 2014, pp. 289–294.

Knapp, E.D., & Langill, J.T., 2014. *Industrial Network Security: Securing Critical Infrastructure Networks for Smart Grid, SCADA, and Other Industrial Control Systems*. Syngress.

Kocsis, I., Csertán, G., Pásztor, P.L., & Pataricza, A. 2008. Dependability and security metrics in controlling infrastructure. In: Second International Conference on Emerging Security Information, Systems and Technologies, SECURWARE'08, August 2008, pp. 368–374.

Lam, C. 2015. Ex-aide in Medford nursing home death testifies staff ignored warning alarms for 2 hours, *Newsday*. Available at http://www.newsday.com/long-island/suffolk/medford-nursing-home-staff-ignored-warning-alarms-for-2-hours-witness-in-death-case-says-1.10496777. Accessed on June 15, 2015.

Lange, R.J. 2010. Provenance aware sensor networks for real-time data analysis.

Ledlie, J., & Holland, D.A. 2005. Provenance-aware sensor data storage. In: 21st IEEE International Conference on Data Engineering Workshops, 2005, April 2005, pp. 1189–1189.

Le-Phuoc, D., & Hauswirth, M. (2009). Linked open data in sensor data mashups. In Proceedings of the 2nd International Conference on Semantic Sensor Networks-Volume 522 (pp. 1–16). CEUR-WS. org.

Livingston, K.M., Bada, M., Hunter, L.E., & Verspoor, K. 2013. Representing annotation compositionality and provenance for the Semantic Web. *Journal of Biomedical Semantics*, 4, p. 38.

Luckham, D.C. 2011. *Event Processing for Business: Organizing the Real-time Enterprise*. John Wiley & Sons.

Luckham, D.C., & Frasca, B. 1998. Complex event processing in distributed systems. Computer Systems Laboratory Technical Report CSL-TR-98-754. Stanford University, Stanford, CA.

Lundberg, A. 2006. Leverage complex event processing to improve operational performance. *Business Intelligence Journal*, 11(1), p. 55.

Milner, R. 1980. *A Calculus of Communicating Systems*. Springer-Verlag, Berlin; New York.

Moitra, A., Barnett, B., Crapo, A., & Dill, S.J. 2009. Data provenance architecture to support information assurance in a multi-level secure environment. In: MILCOM 2009 - 2009 IEEE Military Communications Conference, October 2009, pp. 1–7.

National Institute of Standards and Technology (NIST), 2015a. NIST Big Data Interoperability Framework, vol. 4, Available at https://s3.amazonaws.com/nist-sgcps/cpspwg/pwgglobal/CPS_PWG_Draft_Framework_for_Cyber-Physical_Systems_Release_0_8_September_2015.pdf. Accessed on September 30, 2015.

National Institute of Standards and Technology (NIST), 2015b. Draft Framework for Cyber-Physical Systems, *NIST*. Available at http://www.cpspwg.org/Portals/3/docs/CPS%20PWG%20Draft%20Framework%20for%20Cyber-Physical%20Systems%20Release%200.8%20September%202015.pdf. Accessed on September 30, 2015.

Negiz, A., & Cinar, A., 1992. On the detection of multiple sensor abnormalities in multivariate processes. In: American Control Conference, 1992, June 1992, pp. 2364–2368.

Park, U., & Heidemann, J. 2008. Provenance in sensornet republishing. In: *Provenance and Annotation of Data and Processes*. Springer, Berlin Heidelberg, pp. 280–292.

Progress Software 2009. Managing Assurance from Customer to Network to Service with Complex Event Processing. Available at http://media.techtarget.com/Syndication/ENTERPRISE_APPS/ManagingAssurance_CEP.pdf. Accessed on May 1, 2015.

Pustejovsky, J., Littman, J., & Saurí, R. 2007. Arguments in TimeML: events and entities. Lecture Notes in Computer Science, 4795, p. 107.

Reinartz, C., Metzger, A., & Pohl, K. 2015. Model-based verification of event-driven business processes. In: Proceedings of the 9th ACM International Conference on Distributed Event-Based Systems, June 2015, pp. 1–9.

Rosa, L., Alves, P., Cruz, T., Simões, P., & Monteiro, E. 2015. A comparative study of correlation engines for security event management. In: The Proceedings of the 10th International Conference on Cyber Warfare and Security (ICCWS 2015), Academic Conferences Limited, February 2015, p. 277.

Schneier, B. 2015. VW scandal could just be the beginning. Available at https://www.schneier.com/essays/archives/2015/09/vw_scandal_could_jus.html. Accessed on September 7, 2015.

Scott, D.S., 1982. Domains for denotational semantics. In: *Automata, Languages and Programming*. Springer, Berlin Heidelberg, pp. 577–610.

Snediker, D.E., Murray, A.T., & Matisziw, T.C. 2008. Decision support for network disruption mitigation. *Decision Support Systems*, 44(4), pp. 954–969.

Steinberg, R.A., Rudd, C., Lacy, S., & Hanna, A. 2011. *ITIL Service Operation*. TSO.

Sultana, S. & Bertino, E., 2013. A file provenance system. In: Proceedings of the 3rd ACM Conference on Data and Application Security and Privacy, February 2013, pp. 153–156.

Thompson, R.S., Rantanen, E.M., & Yurcik, W. 2006. Network intrusion detection cognitive task analysis: textual and visual tool usage and recommendations. In: *Proceedings of the Human Factors and Ergonomics Society Annual Meeting*, October 2006, vol. 50(5). SAGE Publications, pp. 669–673.

Tufekci, Z. 2015. Volkswagen and the era of cheating software, *New York Times*, p. A35.

Tung, R., Zimetbaum, P., & Josephson, M.E. 2008. A critical appraisal of implantable cardioverter-defibrillator therapy for the prevention of sudden cardiac death. *Journal of the American College of Cardiology*, 52(14), pp. 1111–1121.

Underwood, M., Gruninger, M., & Obrst, L. 2015. Internet of things: Toward smart networked systems and societies. The Ontology Summit 2015 communiqué. *Applied Ontology*, 10(3), p. 4.

Van der Aalst, W.M. 1998. The application of Petri nets to workflow management. *Journal of Circuits, Systems, and Computers*, 8(01), pp. 21–66.

Vianello, V., Gulisano, V., Jimenez-Peris, R., Patiño-Martínez, M., Torres, R., Diaz, R., & Prieto, E., 2013. A scalable SIEM correlation engine and its application to the olympic games IT infrastructure. In: 18th International Conference on Availability, Reliability and Security (ARES), 2013 September, pp. 625–629.

Yeh, M., Jin Jo, Y., Donovan, C., & Gabree, S. 2013. Human factors considerations in the design and evaluation of flight deck displays and controls. United States Department of Transportation in the interest of information exchange, Washington.

Zacks, J.M., & Swallow, K.M. 2007. Event segmentation. *Current Directions in Psychological*

Science, 16(2), pp. 80–84.

Zawoad, S., & Hasan, R., 2015. FAIoT: Towards building a forensics aware eco system for the Internet of Things. In: IEEE International Conference on Services Computing (SCC), June 2015, pp. 279–284.

Zhao, J., Goble, C., Stevens, R., & Turi, D. 2008. Mining Taverna's semantic web of provenance. *Concurrency and Computation: Practice and Experience*, 20(5), pp. 463–472.

Zhou, W., Fei, Q., Narayan, A., Haeberlen, A., Loo, B.T., & Sherr, M. 2011. Secure network provenance. In: Proceedings of the Twenty-Third ACM Symposium on Operating Systems Principles, October 2011, pp. 295–310.

第 4 部分　物联网系统的云计算与人工智能

第 9 章　云计算物联网结构中安全保障机制的稳态框架

Tyson T. Brooks, Lee McKnight
美国雪城大学，信息研究学院

变量命名

以下是本章中使用的变量和参数的符号：

C_N　表示云计算物联网（Cloud of Things, CoT）中的一组通信节点；

d　表示总通信路径中的距离；

L_{tot}　表示 CoT 中每个通信节点的总性能路径损耗；

T　用于在 CoT 环境中处理数据的物理和虚拟物件；

SM　表示以一个或多个安全机制为特征的网络事物；

T_S　表示物联网系统的总体安全性大约是所有与安全机制和/或控制相关的事物的总和；

RM　表示读者，认证者，标签等机制；

H　表示 P 的子集，其安全元素具有人身安全配置缺陷；

TE　表示 P 的子集，其安全元素具有技术错误；

$H\&TE$　表示 P 的子集，其元素是具有人身安全配置缺陷和技术错误的扇区；

P　表示由于人身安全配置缺陷或技术错误或二者而导致扇区易受伤害的概率；

$P\ (SM_{SteadyState})_v$　对于扇区 v 的稳定状态发生的概率；

$SM_{SteadyState}$　一个扇区是脆弱的，这是稳定的事件；

v　表示脆弱的安全机制；

n　表示不脆弱的安全机制；

$P(x)$　v 和 $-P(x)$ 的子集；

$P(N)$　表示非脆弱的 CoT 扇区发生的可能性；

$P(V)$　　表示脆弱的 CoT 扇区发生的可能性；
A_v　　扇区 v 是脆弱的这一事件。

9.1 引言

通过物联网（IoT）和云计算环境的整合，处理大数据的能力意味着组织可以交换复杂的安全估算技术，以获得更准确和简单的模型。随着数据被数字传感器/标签/执行器接收和处理，信息将被直接馈送到 IoT /云计算网络进行计算（或存储），并且非数字信息必须被编码成数字信息，然后才能被处理。支持这一新环境的架构和现代信息技术（IT）的广泛应用将使网络成为一个无障碍的网格式实体，数据传输方式、模式和处理方式都有着革命性的变化。在这些新的和潜在的不安全体系结构中处理的数据越多，漏洞也越多。

组织已经认识到需要及时获得基于重要业务决策的全面、准确、及时和相关的信息（Brooks，2009b）。传统的系统分析和控制方法无法明确地考虑对物联网架构的影响。通常假设所有物联网系统“事物/对象”（例如智能设备）的数据将被及时、准确和可靠地接收和处理。实质上，云计算使组织能够以按使用付费的方式利用即时供应的可扩展 IT 资源（Brooks 等，2012b）。这些资源可以通过最少的管理努力或服务提供商的互动来快速地提供和发布（Brooks&McKnight，2013）。在整个组织中回收这些服务的能力需要集成技术，包括互联网/内部网/外部网，电子邮件，数据仓库，数据挖掘和工作流/文档管理系统（Brooks，2009a）。任何云，无论其服务部署或架构如何，都可以是内部或外部的：内部云位于组织的网络安全边界内，而外部云位于同一边界外（Stallings&Stallings，1997）。针对大数据分析设计的云架构进行了优化，以最大限度提高输入/输出吞吐量并最大程度降低硬件成本。虚拟服务器和虚拟专用网络提供根据需要快速重新配置可用云资源并提供必要的安全保护能力（Rimal 等，2011）。由于虚拟计算环境的生产环境中存在的缺陷引起的缺陷的恶意利用，虚拟计算环境往往受到损害（Brooks 等，2012a）。这些功能允许单个应用程序扩展到数千台机器，并且每台机器都可以线性增加处理和存储容量。

IoT 网络是一个庞大而复杂的系统，由众多高科技设备和技术组成，覆盖面广，涉及范围大（Qian &Wang，2012）。IoT 作为由各种类型的网络（例如客户端/服务器、云、无线）组成的互联网络，IoT 可以以声音、字、图像和多媒体的各种形式传输信息（Qian &Wang，2012）。在时间有效性、准确性、稳定性和信息安全的高要求下工作，IoT 数据处理和系统本身的操作非常复杂。物联网将创造一个数十亿或数万亿美元的互联互通的巨大网络（Chen 等，2014b）。在物联网中，智能事物或对象有望成为业务信息和社会过程的积极参与者，通过交换

关于环境的数据和信息，能够在自己和环境之间进行交互和沟通，同时自主地应对真实物理世界的事件，并通过运行引发行动的过程或不用直接人为干预创建服务来影响它（Weber，2010）。物联网的目的是提供IT基础设施，以安全可靠的方式促进事务交流（Chunming等，2012）。

9.2　背景

在物联网范式中，围绕着我们的许多对象将以一种或另一种形式呈现在网络上；射频识别（RFID）和无线传感器网络（WSN）技术将会迎来新的挑战，信息和通信系统被隐藏在我们周围的环境中（Gubbi等，2013）。物联网是“未来互联网”的一个组成部分，包括现有和不断发展的互联网，并且可以在概念上定义为基于标准和可互操作的通信协议的自动配置功能的动态全球网络基础设施。物理和虚拟“事物”具有身份、身体属性和虚拟个性，使用智能接口，并且无缝集成到信息网络中（Weber，2010）。

云计算平台主要通过可扩展性进行定义，无论是在大规模增长和高效率方面，还是在创收和成本节约方面（Mazzucco等，2010）。针对存储大量数据的挑战而开发的云计算平台旨在为从多个大型数据集中提取重要信息的组织实现突破。历史上，云架构被设计用于大数据分析，以最大化I/O吞吐量进行优化并最大程度降低硬件成本（Abadi，2009）。分析云功能应该是更大数据处理和存储管道的一部分。云计算物联网（Cloud of Things，CoT）的定义明确的服务可以通过云资源构建和部署，以便各个组织都可以通过企业范围的基础设施从规模经济中受益。

对于IoT，有必要开发涵盖物理和无线空间的CoT。在IoT行动中，网络空间领域将不会有任何扩展到互联网任何地方的边界。因此，CoT不仅限于具有设备、硬件和软件的实际IoT网络，而且还应涉及CoT策略的整个维度。在用于IoT的CoT维度环境中，信息传输的主要方式是无线（例如超短波、卫星）。在物联网方面，CoT平台必须将防务和安全组合成一个统一的实体。CoT组件中的每一个不仅可以在操作期间在特定时间段和区域中单独地和独立地起作用，而且还必须被集成以形成单个操作系统。因此，CoT平台不仅必须覆盖和连接IoT网络中的各种系统，而且还可以根据配置更改分离或重新对齐各种组件。

对于信息流的IoT网络，CoT平台应覆盖物联网的传感器和信息网络，以便网络可以整体协同工作，这也包括恶意检测、信息传输和到CoT平台的处理网络。并确保在所有信息领域达到网络全面覆盖和联动。关于运营水平，CoT平台应实现各种安全控制（例如访问、认证）、基本的物联网元素和流程（例如智能电网、传感器、标签的系统功能的集成），甚至对新流程和信息实现的整合

(Yahav 等，2013)。例如，智能电网严重依赖于基础通信网络来收集系统信息和传输控制信号（Subashini&Kavitha，2011)。因此，交换机、通信链路和服务器的故障将降低通信网络性能并威胁到智能电网的安全性（Subashini&Kavitha，2011)。实际上，攻击者可以通过启动拒绝服务/分布式拒绝服务（DoS/DDoS）攻击来禁用交换机，通信服务器或通信链路。或者如果没有得到很好的保护，它们可以简单地销毁这些设备。即使没有攻击者，这些设备也可能会遇到随机的硬件/软件故障。因此，重要的是定量测量设备故障对 IoT 网络整体性能的影响。

IoT 网络使用高容量和高速传输的数据处理和完全兼容的各种格式。为了满足这一要求，IoT 网络提供了许多不同的数据传输方法；这些各种传输模式和方法组合使用，特别是通过开发用于长距离传输的光缆和卫星系统。物联网数据传输的带宽是广泛的；各种频率如高频（HF)、极低频（ELF）和超高频（UHF)。并且根据所发送的信息的属性自动分配带宽。此外，IoT 系统具有高兼容性，可以同时处理语音、数据、图像和多媒体文档等各种格式的信息。即使在恶劣的条件下，即使通过对 IoT 网络的各种系统的信息传输进行标准化，任何时间和任何情况下，不间断无线数据处理的能力都是必需的，以满足接入 IoT 网络的设备的要求。因此，通过 CoT 的物理层监视 IoT 网络将是至关重要的。

9.2.1 相关工作

目前，没有专门为 CoT 架构设计的现有“稳态”框架。然而，在攻击的网络弹性方面，研究了基于融合的防御机制，以减轻有意攻击造成的损害，并分析了物联网基础设施故意攻击下基于渗透的连接的关键价值（Chen 等，2014a)。研究在互联网路由器级拓扑和欧洲电网上实施了基于融合的防御机制，产生了分析结果和经验性网络数据，表明所提出的机制大大提高了网络的可靠性，以防止 IoT 基础设施的中断。Chen 和 Hero（2014）的研究引入了新的方法，用于评估和提高网络连接对网络节点上的攻击或故障的恢复能力，使用称为边缘重新布线的新的中心度量，量化最大连接组件的大小对节点删除的敏感度。利用美国西部电力网的拓扑结构，这项研究表明，电网拓扑特别容易受到节点的攻击，特别是通过使用我们的新的中心措施，攻击者可以将最大的组件尺寸减小几乎一个两个只针对 0.2% 的节点（Chen&Hero，2014)。Chen 和 Cheng（2015）在复杂网络中开发了基于连续假设检验的顺序防御机制，目的是提高网络工程系统的网络可靠性。Chen 和 Cheng（2015）研究开发了一种机制，通过按降序顺序获取每个节点的二进制攻击状态，为随机和有意攻击提供及时有效的防御。通过在规范复杂网络模型以及从互联网、欧洲超级电网和美国电网拓扑中提取的经验网络数据实施这一机制，结果验证了这种针对致命攻击的机制的有效性和可靠性，并且基于性能分析和网络配置，阐明了包括链路添加、拓扑调整和检测能力增强在内的几

种方法，以保证整个系统的稳健运行（Chen&Hero，2014）。

通过云计算和物联网方法，稳态方法的复杂性问题和真正做出决策的问题必须在实际稳态实施之前和期间被考虑（Harmonosky 等，1997）。此外，经常存在基本假设，稳态分析可能并不总是最佳方法，并且未特别考虑对短期概率决策的系统绩效的长期影响（Harmonosky 等，1997）。由于 CoT 中要控制的设备数量将相当大，因此大多数处理控制操作将根据整个网络中的扩展信息完成。因此，CoT 通信网络的流量将非常拥挤。此外，现有的通信网络不是开放接入网络，它们是相对独立的，并且与外部网络没有很多接口。由于 CoT 的这些特征，没有稳定框架来分析新架构的影响造成了巨大的风险。

9.3　建立云计算物联网的分析框架

CoT 稳态模型的基本任务将是通过检测各种 CoT 网络的技术漏洞和地形结构以及系统中存储的数据/信息来支持 CoT 网络的防御。通过确定 CoT 无线设备和系统的战术和技术参数，发现电子标签的不规则及其威胁级别，分析标签/读卡器强弱。弱 AP 提供组织和执行 CoT 防御的互操作性。稳态模式将通过其正常功能来支持 CoT 网络，设备和系统性能。具体任务主要是通过多种手段和方法，保证用户自己的计算设备或网络系统正常运行、安全数据传输处理、支持防御恶意入侵。

然而，上述假设可能不再适用于卫星网络、移动网络、嵌入式系统、无线网络、RFID，甚至互联网。例如，由于未来智能电网环境中智能设备的数量可能很大（例如单个分布式网络可能覆盖数千个分布式发电机、电动车辆和可控负载），并且每个智能设备需要交换状态信息、市场相关信息和控制信号；因此数据流量可能非常大（Yan 等，2013）。另一方面，由于分布式智能设备和现有云中心之间目前不存在通信信道，实现 CoT 的最经济的方式将是利用现有的通用通信网络（例如因特网或移动电话网络）。

由于通用通信网络是一个公共特征，通常覆盖一个较大的地理空间，因此通信延迟和数据丢失将是不可忽视的，并且可以显著降低控制系统的性能。CoT 的表现对这些类型的操作有很大的影响，必须加以考虑。CoT 架构包括传统的云计算模型（即软件服务（SaaS），平台服务（PaaS），基础架构服务（IaaS）），其中包括物联网诸如无处不在的连接技术（例如机器对机器（M2M），RFID，WSN，监控和数据采集（SCADA））以及无线网络上的设备（例如传感器、执行器、控制器）等组件（Xia，1996；Ghosh 等，2010；Rimal 等，2011）。利用中国通信标准化协会（CCSA）参考模型（Chen 等，2014a），CoT 包括三个功能部分：

1）连接传感器、控制器，RFID 读取器和位置感测设备的感测部门；

2）网络/服务部分，包括网络（例如 4G、低功率无线个人区域网络（6LoWPAN）、城市低功率和有损网络（U-LLN）、光纤网络、卫星网络；

3）包括云和 IoT 硬件组件和共同功能的应用/物理扇区，以及开放的应用程序编程接口（API）进行互操作性。

图 9.1 显示了一个通用的 CoT 架构，CoT 框架的稳定状态提供了能够对各种组合的有效性进行评估的能力，在定义的操作状态（例如开发、维护、生产）期间随机和有意地引入漏洞的安全解决方案。许多研究人员认为稳态安全相关质量属性是系统可靠性的一部分（Kopetz 等，1995；Laprie 等，1995；Madan 等，2004）。通过脆弱性分析，得出的评级不是作为绝对评级，而是用作与其他安全解决方案的相对比较。例如，它可用于比较组合安全解决方案与等效智能电网架构或 n 级到 $n+1$ 或 $n-1$ 级的解决方案的效率，制定明确的框架对于由多个系统组件组成的建议的安全解决方案提供可重复和一致的评估将是重要的。这种分析的初步使用将是评估安全控制（例如访问控制、身份验证、授权、加密、身份管理、加密）机制，但是这种分析方法应该可扩展到评估其他非技术安全解决方案（例如围栏、守卫、锁）。

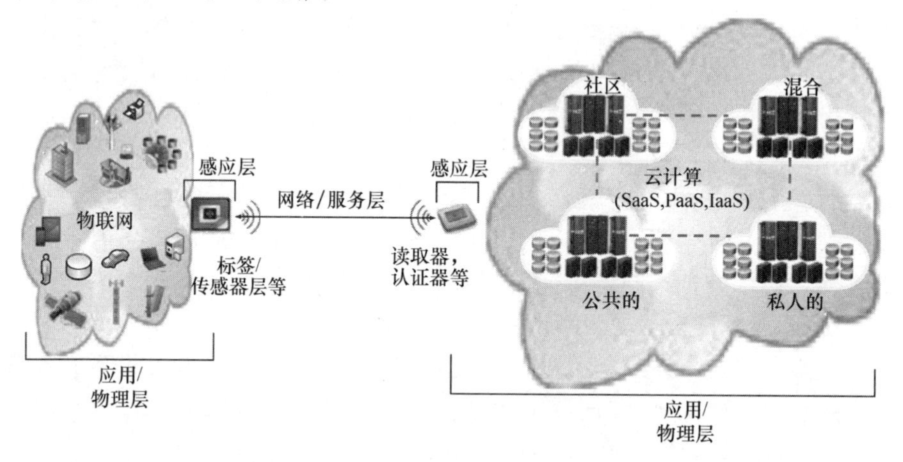

图 9.1　未来的 CoT 体系结构包含具有嵌入式标签、传感器等的 IoT 组件，为 CoT 读取器、认证器等提供安全的无线帧，用于与云计算环境的集成和互操作性（经 IEEE 许可转载）

网络的安全关键组件可以由理想化的物理网络来表示，每个网络都可以以将其并入 CoT 架构的方式来表征。代表硬件和软件的这些 CoT“事物”（也称为对象）可以被认为是物理的，而更抽象的安全服务可以被认为是虚拟的（Liang 等，2011）。物理的东西是有形的或直接可观察的，并且包括安全组件，如智能设备、路由器、交换机、防火墙、服务器等。虚拟的东西是无形的，并且包含更多的短暂的安全控制，如加密、访问控制策略、安全软件、物理安全等。每件事

情都可能有一个或多个接入点与 CoT 网络中的其他连接。

9.3.1　确定系统性能的路径损耗

如图 9.2 所示，CoT 架构可以分为三层，即应用/物理层，感应层和网络/服务层。CoT 内的“事物/对象”分别负责处理、传输和收集信息，共同确定 CoT 系统的整体性能。首先要开发计算通信和“物件”感知元件的数学模型，并与现有的系统模型集成，形成 CoT 架构的模型。与传统系统相似，CoT 系统可以分别用差分或代数方程来表示。CoT 系统和标准 IT 系统的主要区别在于 CoT 系统通常具有由各种标准 IT 系统组成的几个离散工作环境（即状态）。因此，确定不同工作状态之间的转换是非常重要的，架构模型可以方便地集成，形成 CoT 架构的综合系统模型。

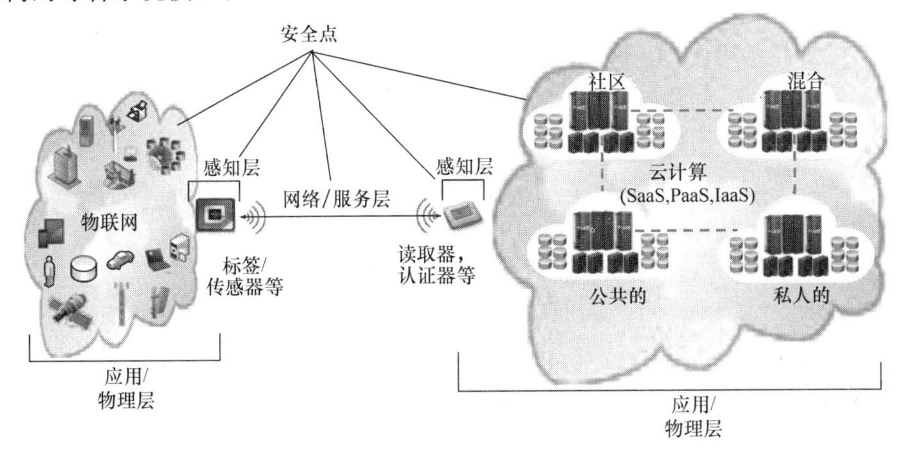

图 9.2　未来 CoT 架构中安全点的描述（经 IEEE 许可转载）

由于 CoT 架构是系统网络，因此其基本状态可以被形成为网络流模型。任何 CoT 架构，感测设备和一些计算设备都是信息流的来源，其功能是生成信息，然后弹出到通信网络中。其他计算设备处于信息流的最后阶段，因为它们被用于接收信息并进行必要的分析。通信网络负责传输信息和信息交换设备（例如路由器和交换机），确定每个数据分组的传输路径，或者换句话说，确定信息流的方向（Vermesan 等，2011）。确定由于衰减引起的通信路径损耗在规划 CoT 以协助干扰估计和频率分配方面至关重要（Yan 等，2013）。

因此，CoT 的系统性能可以表示如下：C_N 是 CoT 中的一组通信节点，其中每个节点可以表示计算 AP、通信或感测设备或其组合。d 表示距离，在总通信路径中，L_{tot}是通信中的总路径损耗。由于它与 CoT 中每个通信节点的总路径损耗有关（Yan 等，2013），故其描述如下：

$$L_{tot}(d)=\left(\frac{\lambda}{4\Pi d_0}\right)^2 x\left(\frac{d}{d_0}\right)^{C_n} \tag{9.1}$$

使用式（9.1）可以进行 CoT 的性能分析。当注入节点和链路的信息量不超过其交换和传输限制时，CoT 将开始其“稳定状态”。由于数据包直接传递到实际物理传输介质并从链路层传送到三层到七层的通信协议，同步信号在实际设备之间发送较快。基于 CoT 网络的流量，数据包将通过通信协议进行七次不同的通过，从而选择 CoT 可能有几种不同的工作状态。分析的目的是建立一个基于求解方程（9.1）的可行工作环境。通过执行第一次分析，可以获得 CoT 网络中所有链路的性能信息流，并且可以确定 CoT 网络是否能够支持特定控制的操作。

9.3.2 稳态框架的基础

对这一点的讨论已经对物理和虚拟的网络事物 *T* 使用了一个广泛而又模糊的定义。必须进一步界定具体事项，以便更好地推动对框架的讨论。通常用以下常数来表征：*T*，用于在 CoT 环境中处理数据的物理和虚拟物件，例如，加密是虚拟安全性的一个很好的例子，因为它具有本质上是无限的安全值，加密的东西必须被配置和正常工作。

由于网络攻击可以绕过现有的安全控制，因此一个安全的事件很可能绕过任何相同的安全措施，具有相同的配置。所以，只有攻击者遇到的第一个相同的事物才能有助于网络的整体安全。任何其他相同的事物都被认为具有提供安全性的安全点，见图 9.2。实际上，还有其他的基础设施，但这个简单的将作为一个初步的例子。

每个网络事物可以由一个或多个安全机制 *SM* 来表征，*SM* 定义了一个目标，定量测量该事物在较大的 CoT 网络的上下文中提供的安全性。*SM* 必须提供一些洞察事物提供的安全控制的有效性，或者 *SM* 可以表示黑客试图绕过该事物提供的安全控制的困难。在任一情况下，*SM* 是安全机制的配置、成本和时间的函数。最后，*SM* 必须有串联和并行加法运算。黑客的网络攻击可以被描述为试图通过网络沿着一条或多条路径穿透或绕过网络事物。破坏机密性和完整性可能需要黑客彻底渗透到关键的安全，否认可用性可能像超越向外的无线设备一样容易。

SM 的输出必须对安全框架的用户都有用，并且由实际可获得的数据组成。不用试图根据消耗的资源来定义网络攻击的成功率，可以考虑以合理的成功率成功攻击网络事物所需的资源。在这里，“成功率”没有被精确地定义，但可以认为成绩水平相对不变，并且将 T 的输出设置为简单地衡量对网络事件进行合理成功攻击所需的资源。适当地简化关于 *SM* 输入的假设可以通过考虑函数的最可

能的特征来确定。对于大多数网络组件，如果组件正常运行，则需要最低级别的安全配置，尽管基本配置提供的安全性不太可能是理想的。如果花费巨大的精力或专长来保护组件，安全性肯定会增加，即使是完美配置的设备也不能被认为是完全安全的。考虑到安全数据收集过程的客观性质和网络事物的通用分类，此选项（如图 9.3 所示）不太详细，但可能准确。以这种方式定义安全功能将允许框架的用户容易地估计给定事物以及整个网络的给定资源支出的安全性。串联的安全措施可能会迫使黑客穿透一件事情，以达到某些目标（例如获得数据访问），从而提高系统的整体安全性。因此，整个系统的安全性大概是相关联的事物的总和。安全机制和/或控制 TS 串联情况由线性排列的两件事情描绘，如图 9.3 所示。

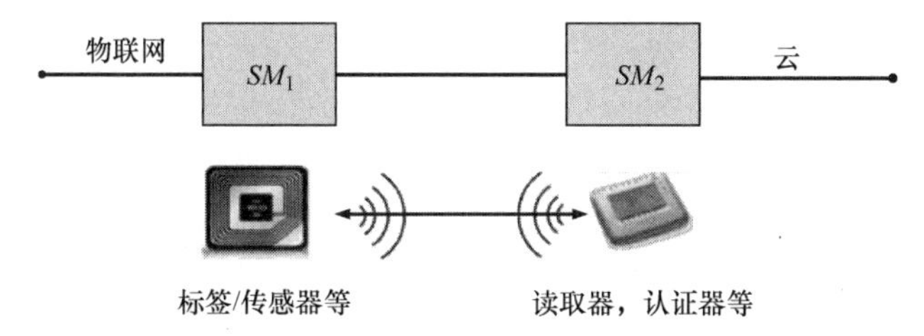

图 9.3　无线传输数据的两个网络事物/对象之间的网络连接（经 IEEE 许可转载）

在这种情况下，两个独立网络事物 T 及其相应的安全机制 SM_1 和 SM_2 的总安全性 T_S 可以近似为一系列独立的事件，如下所示：

$$T_S = T(SM_1) + T(SM_2) \tag{9.2}$$

在下面的例子中，当两个网络事物以类似的方式连接时，如图 9.4 所示，关系变得更加复杂，因为黑客被提供了多个路径以实现相同的目标，并且整个系统的安全性可能会减弱。有网络拓扑知识的黑客总是选择攻击这两个弱点，或者攻击最容易受到黑客技术攻击优势的系统。

这意味着 SM_1 不能大于并行网络中的最小 SM_2，如果它们都需要向读取器、标签、鉴别器等机制（RM_1）传输数据的话。另外一个复杂因素是，每一件事情都会增加并行网络的攻击面，从而潜在地允许对手根据自己的优势选择攻击向量。网络的总体安全性甚至可能低于单独采取的最低安全措施。

对于只有两个并行的事物，这简化为

$$SM = (SM_1 SM_2)/RM_1 \tag{9.3}$$

因此，并行添加的初步建议是安全性增加互惠：

$$SM = \frac{\left(SM_1^{-1} + SM_2^{-2} + \cdots + SM_N^{-N}\right)^{-N}}{RM_N} \tag{9.4}$$

如果 SM_1 和 SM_N 不是独立的，则可以使用更复杂的关系。例如，如果在一

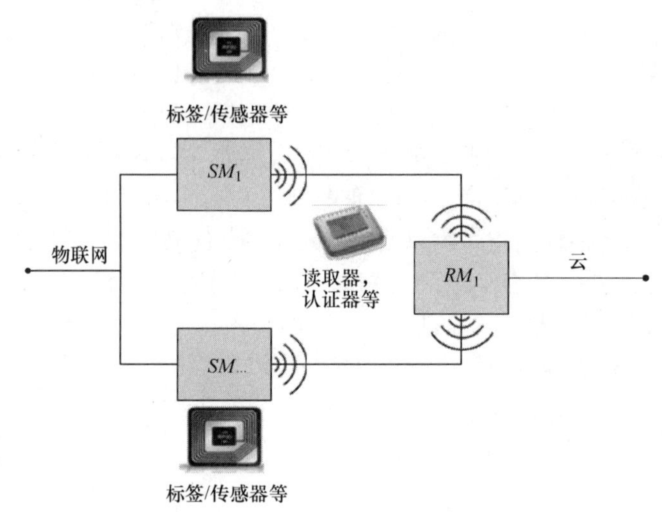

图 9.4　两个网络事物和一个读写器/认证器之间的并行连接用于云计算环境（经 IEEE 许可转载）

个或多个云计算环境中使用了具有相同安全配置的多个读取器，则总体安全性可能不会高于第一个安全性，因为穿透第一个读取器的任何攻击都可以轻松重复获取后续读取器不必额外的努力。

9.4　云计算物联网的稳态框架

CoT 感知、网络/服务和应用/物理扇区包括复杂的过程和功能的集合，也包括提供安全服务。例如，提供授权服务的扇区可以包括实际的加密/解密功能，配置管理功能，身份管理以及密钥和证书管理功能。将所有这些复杂性作为 CoT 扇区来处理，可以将关键安全控制/功能的性能包含在各种各样的威胁中，而无需处理每个组件的细节。为了分析的目的，每个 CoT 扇区通常被认为是完全独立于其他扇区。对此分析方法的后续改进应考虑更为现实的情况，例如安全级别不完全独立，它们由相同的过程管理。

CoT 扇区的稳定状态将该行业视为脆弱或不脆弱。有一个状态被定义为表示所有非脆弱条件，但是多个状态被定义为代表弱势条件。限制一组脆弱对于保持分析的可实现性至关重要，因此必须有一些重要的假设来驱使和限制脆弱的稳定状态的定义。弱势 CoT 稳态的特征如下：

1）脆弱性因果关系：考虑到这种脆弱性是通过人为安全配置缺陷，技术错误或两者的有意或无意的原因发生的，因此它属于网络事物；

2）每个 CoT 条件扇区的 CoT 稳定状态，可以由识别的人为安全配置缺陷（例如设备设计、修补、弱密码），技术错误（例如意外的验证条件，存在无效

的处理事务）或这两者导致黑客攻击 CoT 网络；

3）从受到损害的角度考虑，其影响（“高”造成严重损害，“中等”造成中度损害，“低”造成最小损害）如图 9.5 所示的分类法，用以捕获上述特征，并识别需要分析的 CoT 扇区的每个漏洞区域的特定 CoT 稳态。

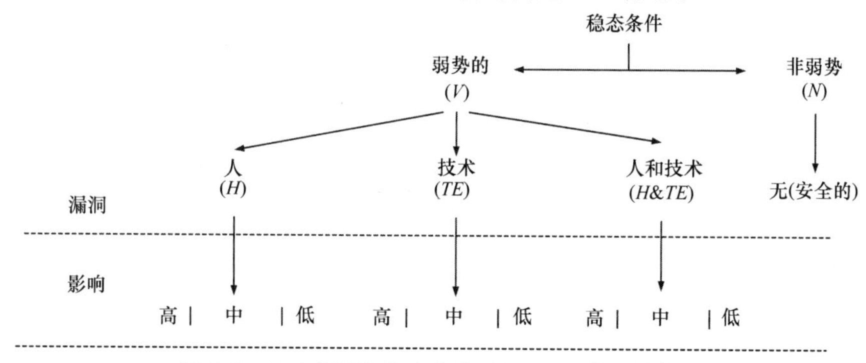

图 9.5　CoT 扇区的稳态分类（经 IEEE 许可转载）

虽然每个 CoT 扇区被单独分配稳态条件，但总体方法和价值是分析各个层次的组合，并确定它们如何协同工作以挫败黑客攻击。所分析的所有电平的稳态的每个组合在本文中称为 CoT 稳态情况，并且每个 CoT 稳态情况必须单独分析。作为示例，假设使用两种形式的连续访问控制和认证的安全控制来保护经由 CoT 网络在互联网上发送的数据。假设威胁来自于目前在互联网上的黑客。黑客的目标是抵御机密性、完整性和可用性级别，以恢复底层数据和/或通过 CoT 应用/物理，感应和网络/服务层安全点的特定攻击点渗透进内部核心网络，如图 9.6 所示。

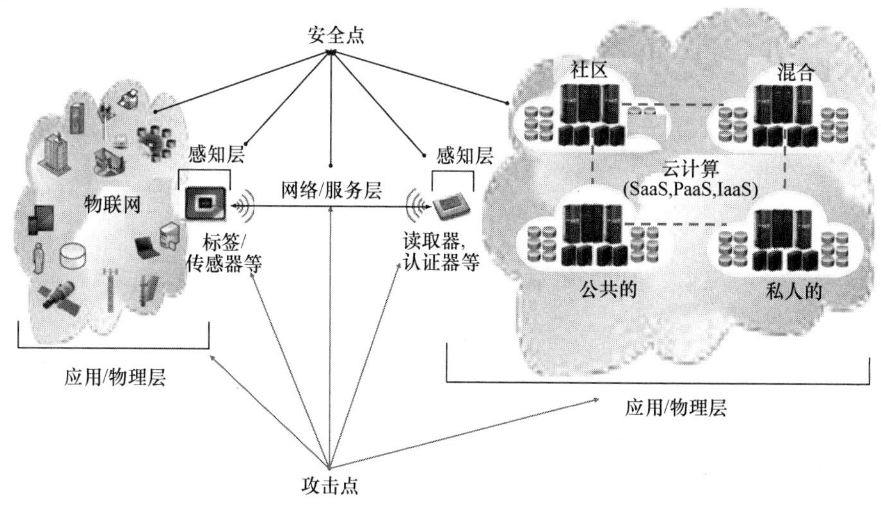

图 9.6　CoT 扇区的攻击点（经 IEEE 许可转载）

CoT 框架仅用于计算初始 CoT 稳态的发生。要重申，CoT 扇区是集合，提供感应，网络/服务和应用/物理的复杂和安全的功能、控制和活动的集合。这种提出的 CoT 稳态框架仍然是理论性的，并且需要足够的有效性的脆弱性数据，因为安全性对于准确评估现实 CoT 架构的安全性至关重要。遵循图 9.7 分类法的逻辑，CoT 扇区可能是脆弱的或不脆弱的（而不是两者）。因此，对于事件 *H*、*TE* 和 *H&TE* 的概率，使用包含排除原则（Papoulis&Pillai，2002），对于 $n=3$，Venn 图变为如图 9.7 所示。

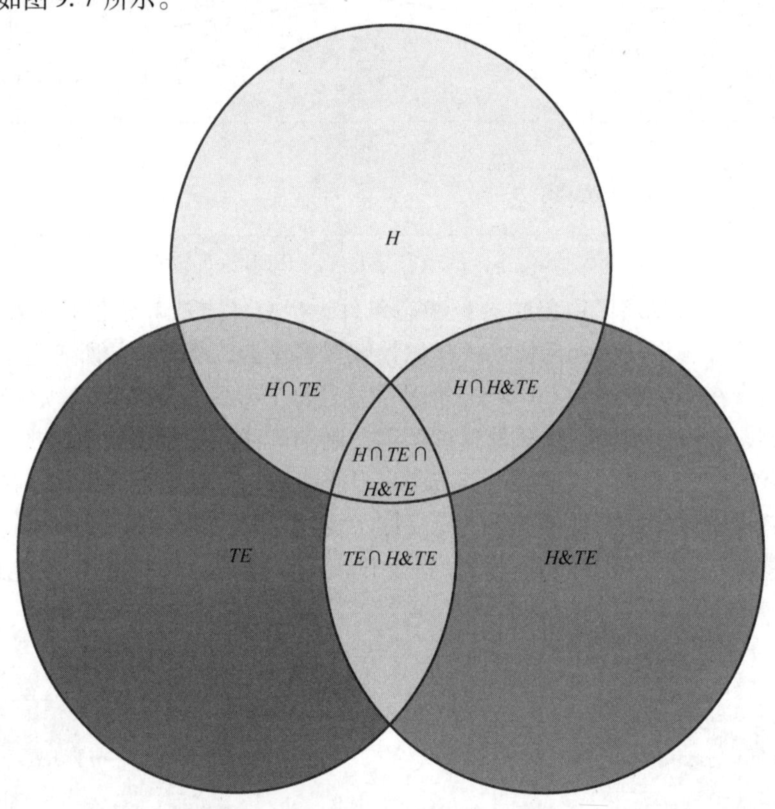

图 9.7　CoT Venn 图（经 IEEE 许可转载）

脆弱性条件是集合 *P* 的组成部分，包括确定的人为安全配置缺陷，技术错误或两者兼而有之。因此，*P* 有三个子集，如下所示：

$$P = \{H, TE, H\&TE\} \tag{9.5}$$

其中，*H* 是 *P* 的子集，其安全元素具有人为安全配置缺陷；*TE* 是 *P* 的子集，其安全元素具有技术错误；*H&TE* 是 *P* 的子集，其元素是具有人为安全配置缺陷和技术错误的扇区。

因此，我们可以确定以下内容：

$$
\begin{aligned}
P = H_1 \cup TE_2 \cup H\&TE_3 &= P(H_1) + P(TE_2) + P(H\&TE_3) \\
&-P(H_1 \cap TE_2) - P(H_1 - H\&TE_3) - P(TE_2 \cap H\&TE_3) \\
&+P(H_1 \cap TE_2 \cap H\&TE_3)
\end{aligned} \tag{9.6}
$$

由于每个 CoT 扇区被假设为独立的，所以通过将每个扇区的 CoT 稳态的概率乘以每个状态组合来实现多个 CoT 扇区的出现概率。如前所述，一个或多个 CoT 扇区的 CoT 稳态的每个组合被称为 CoT 稳态情况。参考 PIE 定理概率可以计算每个 CoT 稳态情况的发生概率（Durrett，2010）：

$$
P\left(\bigcup_{v=1}^{n} A_v\right) = \sum_{SM=1}^{n} (-1)^{SM+1} \sum P\left(A_{v_1} \cap \ldots \cap A_{v_{SM}}\right), \tag{9.7}
$$

因此，

$$
P(SteadyState) = \prod_{v=1}^{n\geqslant 1} P(SM_{SteadyState})_v \tag{9.8}
$$

其中，P（$SteadyState$）表示情况稳定发生的概率；v 表示弱势群体的安全机制；n 表示安全机制不脆弱的扇区。

使用用于对 CoT 稳态情况的发生进行加权的方法，现在可以计算求解。第一步是在各种稳态组合下确定安全解决方案是否有效的一些最低标准。对于本文所讨论的安全机制，该标准是至少有一个安全性扇区（例如加密，授权）必须是完整的，以便将解决方案视为安全有效。接下来，对解决方案的所有 CoT 稳态案例进行分析，注意每个组合，保护的几个部分是否完整。最后，计算每个 CoT 稳态情况下出现的概率，然后计算安全解决方案。使用二项式定理（Brualdi，1992），可以通过统计符合最低标准的 CoT 稳态案例的概率来完成：

$$
P(SteadyState) = \sum_{v=0}^{n} (-1)^v \binom{n}{v} = (1-1)^n \tag{9.9}
$$

9.4.1　假设性能评估

9.4 节中描述的分析方法将适用于当前关于将 ICD（例如智能手机）加密到云计算环境的思考。使用加密解决方案要解决的问题是确保 ICD 能够连接到云环境。将分析的架构是由单层基于主机的加密组成的。虽然这一单一的加密解决方案被认为是不够安全的，但分析工作将为单层加密建立定量基准。

在图 9.8 中，我们假设在通过 6LoWPAN 和通过 IPv6 向云计算环境发送数据的 ICD（例如智能手机）之间发生拦截攻击。跨越物联网网络/服务电路的数据通信可以被拦截和披露。ICD 数据分组是未加密的，受到可能被攻击者使用的嗅探器类型软件应用程序的拦截。如果 ICD 数据包在网络传输过程中被拦截，任

何信息的披露可能会泄露密码/登录信息，并且理论上允许未经授权的访问可能以某种方式危害物联网系统的攻击者。

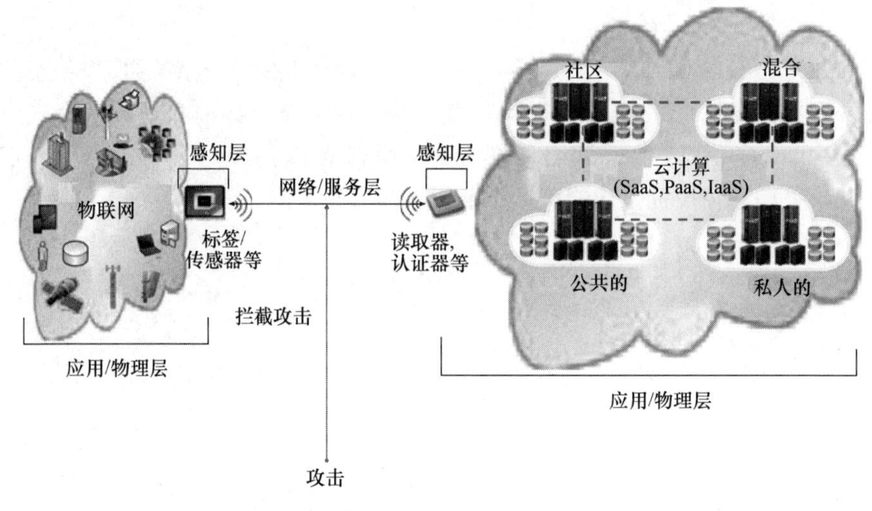

图 9.8　拦截攻击（经 IEEE 许可转载）

然而，在式（9.4）中，我们不会对这种拦截攻击造成任何空的（非易受攻击的）扇区。因此，假设 n 个扇区（例如应用/物理层、感知层、网络/服务层）以不合逻辑的顺序被识别为“不易受攻击”，让 $SM_{SteadyState}$ 成为该扇区（即网络/服务层）v 易受攻击的稳态事件，然后：

$$P(SM_{SteadyState}) = \frac{(n-1)!}{n!} = \frac{1}{n} \tag{9.10}$$

同理：

$$P(A_{v_1} \cap \ldots \cap A_{v_{SM_{SteadyState}}}) = \frac{(n - SM_{SteadyState})!}{n!} \tag{9.11}$$

因此，至少有一个扇区容易受到拦截攻击的事件是：

$$\begin{aligned}
P &= \sum_{v=1}^{SM_{SteadyState}} (-1)^{SM_{SteadyState}+1} \sum P(A_i \cap \ldots \cap A_{i_{SM_{SteadyState}}}) \\
P &= \sum_{v=1}^{SM_{SteadyState}} (-1)^{SM_{SteadyState}+1} \binom{n}{v} \frac{(n - SM_{SteadyState})!}{n!} \\
P &= \sum_{i=1}^{SM_{SteadyState}} (-1)^{SM_{SteadyState}+1} \frac{1}{SM_{SteadyState}!} \\
P &= 1 - \frac{1}{2} + \frac{1}{3!} - \ldots \pm \frac{1}{n!}
\end{aligned} \tag{9.12}$$

此外，可以计算安全解决方案来计算满足最低标准的稳态情况的概率。对于入侵攻击，只有一个稳态情况符合提供安全解决方案的最低要求；因此，稳态指数的推导可以计算如下：

$$SM^{x}_{SteadyState} = 1 + v + v^2/2 + v^3/3! + \dots \tag{9.13}$$

因此，网络/服务扇区的稳态事件容易发生的可能性是

$$P(SM_{SteadyState}) = 1 - SM^{-1}_{SteadyState} = 0.6 \tag{9.14}$$

由于每个 CoT 扇区被假定为独立的，所以将多个 CoT 扇区的发生概率与漏洞结合起来至少有一个扇区（网络/传感器层）在上述参考例中造成 0.6（即 60%）初始攻击的机会。这种环境的最低要求是网络/传感器扇区提供一定程度的加密保护，以提供至少 40% 的安全数据中转通信机会。

9.5 结论

信息安全是 CoT 中最重要的部分，对有效的“事物/对象”的认可也至关重要。CoT 架构将是计算机网络最强大的平台之一。从单一局域网（LAN）到全球卫星网络的广泛的通信网络将在新的 CoT 环境中得到支持。通过结合广泛的协议和技术，将使用新的开发环境来实现所有 CoT 网络类型和技术的建模，以执行流体仿真和离散事件仿真，以分析网络性能并获得关键性能指标。

由于 CoT 提供了“随机访问”功能以及各种操作措施的大量利用和相互渗透，CoT 系统将具有自动身份识别功能，需要一个稳定的框架来测量安全组件、计算设备、通信网络和传感设备的机制。首先，CoT 系统应该自动识别和验证随机访问 CoT 系统的“事物/对象”的身份；应该能够区分进入 CoT 系统的信息是否合法有效。CoT 周围的环境非常苛刻，有很多因素对其架构的有效性构成了极大的威胁，严重影响了 CoT 系统的功能甚至存在。

因此，今后对 CoT 稳态框架的研究以及如何自动监测 CoT 环境参数，应及时向个人或组织发布警告。当威胁 CoT 系统安全的攻击升级到一定程度，达到安全系数值时，CoT 系统应能够自动进行安全等级的评估。自动发出警告并提供检测和保护的同时，CoT 系统还应能够根据 CoT 标准连接到相应的反攻击系统或防御系统，以保护 CoT 系统并发起有效的反击。

这里开发的框架应该进一步研究并受到 CoT 架构的漏洞数据的影响。这种或其他概率框架将用于加权 CoT 架构上的网络攻击事件。给出详细的配置和维护信息作为输入，理想的安全解决方案将产生有关 CoT 架构的完美安全信息。理想情况下，此输出信息将是针对 CoT 的攻击者能力和资源范围广泛变化的攻击成功概率的列表（或图）。不幸的是，没有一个可以快速、可靠地测量事物安

全性的快速或简单的解决方案，更不用说 CoT 网络，所以 CoT 的漏洞数据必须进一步研究和简化。

参 考 文 献

Abadi, D.J. 2009. Data management in the cloud: limitations and opportunities. *IEEE Data Engineering Bulletin*, 32(1), pp. 3–12.

Brooks, T. 2009a. Principles for implementing a service-oriented enterprise architecture. *SOA Magazine*, Issue XXIX, May/June 2009.

Brooks, T. 2009b. Service-oriented enterprise architecture (SOEA) conceptual design through data architecture. *Journal of Enterprise Architecture*, 5(4), pp. 16–26.

Brooks, T., & McKnight, L. 2013. Securing wireless grids: architecture designs for secure wiglet-to-wiglet interfaces. *International Journal of Information and Network Security*, 2(1), p. 1.

Brooks, T., Caicedo, C., & Park, J. 2012a. Security challenges and countermeasures for trusted virtualized computing environments. In: IEEE World Congress on Internet Security, Guelph, ON, June 10–12, 2012, pp. 117–122.

Brooks, T., Robinson, J., & McKnight, L. 2012b. Conceptualizing a secure wireless cloud. *International Journal of Cloud Computing and Services Science*, 1(3), p. 89.

Brualdi, R.A. 1992. Introductory combinatorics. *Learning*, 4(5), p. 6.

Chen, P.Y., & Cheng, S.M. 2015. Sequential defense against random and intentional attacks in complex networks. *Physical Review E*, 91(2), p. 022805.

Chen, P.Y., & Hero, A.O. 2014. Assessing and safeguarding network resilience to nodal attacks. *IEEE Communications Magazine,* 52(11), pp. 138–143.

Chen, P.Y., Cheng, S.M., & Chen, K.C. 2014a. Information fusion to defend intentional attack in Internet of Things. *IEEE Internet of Things Journal*, 1(4), pp. 337–348.

Chen, S., Xu, H., Liu, D., Hu, B., & Wang, H. 2014b. A vision of IoT: applications, challenges, and opportunities with China perspective. *IEEE Internet of Things Journal*, 1(4), pp. 349–359.

Chunming, Z., Yun, Z., Yingjiang, W., and Shuwen, D. 2012. A Stochastic Dynamic Model of Computer Viruses, Discrete Dynamics in Nature and Society, vol. 2012, Article ID 264874, pp. 1–16.

Durrett, R. 2010. *Probability: Theory and Examples*. Cambridge University Press.

Ghosh, R., Trivedi, K.S., Naik, V.K., & Kim, D.S. 2010. End-to-end performability analysis for infrastructure-as-a-service cloud: an interacting stochastic models approach. In: IEEE 16th Pacific Rim International Symposium on Dependable Computing, Tokyo, December 13–15, 2010, pp. 125–132.

Gubbi, J., Buyya, R., Marusic, S., & Palaniswami, M. 2013. Internet of Things (IoT): A vision, architectural elements, and future directions. *Future Generation Computer Systems*, 29(7), pp. 1645–1660.

Kopetz, H., Braun, M., Ebner, C., Kruger, A., Millinger, D., Nossal, R., & Schedl, A. 1995. The design of large real-time systems: the time-triggered approach. In Real-Time Systems Symposium, 1995. Proceedings., 16th IEEE (pp. 182–187). IEEE.

Harmonosky, C.M., Farr, R.H., & Ni, M.C. 1997. Selective rerouting using simulated steady state system data. In: Proceedings of the 29th Winter simulation conference, Atlanta, Georgia, USA, December 7–10, 1997, pp. 1293–1298.

Laprie, J.C. 1995. Dependability of computer systems: concepts, limits, improvements. In: Proceedings of the IEEE Sixth International Symposium on Software Reliability Engineering, Toulouse, October 24–27, 1995, pp. 2–11.

Liang, H., Huang, D., Cai, L.X., Shen, X., & Peng, D. 2011. Resource allocation for security services in mobile cloud computing. In: IEEE Conference on Computer Communications Workshops (INFOCOM WKSHPS), Shanghai, April 10–15, 2011, pp. 191–195.

Madan, B.B., Goševa-Popstojanova, K., Vaidyanathan, K., & Trivedi, K.S. 2004. A method for modeling and quantifying the security attributes of intrusion tolerant systems. *Performance Evaluation*, 56(1), pp. 167–186.

Mazzucco, M., Dyachuk, D., & Deters, R. 2010. Maximizing cloud providers' revenues via energy aware allocation policies. In: IEEE 3rd International Conference on Cloud Computing (CLOUD), Miami, FL, July 5–10, 2010, pp. 131–138.

Papoulis, A., & Pillai, S.U. 2002. *Probability, Random Variables, and Stochastic Processes*. Tata McGraw-Hill Education.

Qian, Z., & Wang, Y. 2012. IoT technology and application. *Acta Electronica Sinica*, 40(5), pp. 1023–1028.

Rimal, B.P., Jukan, A., Katsaros, D., & Goeleven, Y. 2011. Architectural requirements for cloud computing systems: an enterprise cloud approach. *Journal of Grid Computing*, 9(1), pp. 3–26.

Subashini, S., & Kavitha, V. 2011. A survey on security issues in service delivery models of cloud computing. *Journal of Network and Computer Applications*, 34(1), pp. 1–11.

Vermesan, O., Friess, P., Guillemin, P., Gusmeroli, S., Sundmaeker, H., Bassi, A., Jubert, I.S., Mazura, M., Harrison, M., Eisenhauer, M., & Doody, P. 2011. Internet of Things strategic research roadmap. In: Internet of Things-Global Technological and Societal Trends, pp. 9–52.

Weber, R.H. 2010. Internet of Things–new security and privacy challenges. *Computer Law & Security Review*, 26(1), pp. 23–30.

Xia, H.H. 1996. An analytical model for predicting path loss in urban and suburban environments. In: PIMRC'96, Seventh IEEE International Symposium on Personal, Indoor and Mobile Radio Communications, vol. 1, Taipei, October 15–18, 1996, pp. 19–23.

Yahav, I., Karaesmen, I., & Raschid, L. 2013. Managing on-demand computing services with heterogeneous customers. In: Proceedings of the 2013 Winter Simulation Conference: Simulation: Making Decisions in a Complex World, Washington, DC, December 8–11, 2013, pp. 5–16.

Yan, Y., Qian, Y., Sharif, H., & Tipper, D. 2013. A survey on smart grid communication infrastructures: Motivations, requirements and challenges. *IEEE Communications Surveys & Tutorials*, 15(1), pp. 5–20.

第 10 章　确保物联网网络保障的人工智能方法

Utku Köse
土耳其乌萨克大学，计算机科学应用与研究中心

10.1　引言

科技的进步为人类日常生活中使用智能设备提供了更好的方法，具有新通信设备的产品确保了我们日常活动的有效性，在塑造未来方面通信发挥重要作用。如果更多地关注最新的技术发展，我们可以看到，使用智能设备已成为承诺所有任务的效率、速度和实用性的原则。使用个人云存储大量数据，在世界各地的其他用户之间共享数据或将数据转换为新形式的知识的典型任务使得使用复杂的计算机系统和网络（即互联网）成为必要。由于无休止的安全挑战，计算机和通信系统必须继续采用新的方式、方法和技术，为所有用户安全地处理数据。

物联网面临的技术挑战需要采用多学科的人工智能（AI）系统工程方法，而关键的是物联网的工作能够快速地处理网络保障（例如嵌入式、自动安全处理）对重大的物联网活动的回应。AI 可以提供统一这些系统的原理和技术，以提供安全系统的物联网终端目标，从而大大增强互操作性、可扩展性、性能和敏捷性。最终的成功需要坚定的技术开发，以克服任何阻碍主动变革的许多障碍。这一努力的 AI 方面还需要一种强有力的方法来在物联网开发生命周期内进行广泛协调，使得许多外部组织开发这些新的智能产品。

一般来说，物联网可以被定义为一个世界范围的互联网结构，允许交换货物和服务（Weber&Weber，2010）。但是这个定义是对物联网的一般功能的看法。从不同的角度来看，我们可以将物联网的概念解释为形成互动的物理设备的广泛联系。简而言之，物联网也被定义为日常物品的网络互连，通常配备无处不在的智能（Xia 等，2012）。物联网的新颖性与提供世界“智能对象”（Kopetz，2011）有关。物联网结构是通过创建不同的组件，如计算机、智能设备、网络基础设施、软件组件等组成的。物联网提供物理世界和计算机系统之间的交互式连接，以获得提高了的效率、准确性和经济优势（Evans，2011；Reddy，2014）。

10.2　物联网中与人工智能相关的网络保障研究

关注最新的信息安全文献，可以看出，对于专门用于物联网的网络保障解决方案，人工智能没有直接的研究。所以这个研究领域还不成熟，潜力很大。然而，一些研究提供了关键领域，使研究人员能够更多地考虑提供这种解决方案的替代智能方式。由于网络保障将来将成为一个至关重要的领域，因此人工智能的研究使得物联网的网络保障可以有效地定义许多安全活动，从而更快地实现结果，并建立研究动力。

最近的研究与物联网的基于 AI 的网络保障密切相关。在他们的研究中，Aman 和 Snekkenes（2015）介绍了一种用于物联网的自主、事件驱动、适应性安全（Event - Driven，Adaptive Security，EDAS）方法的模型，在这种 EDAS 方法中，研究人员确定任何故意或无意的风险监测的物联网系统（Aman&Snekkenes，2015）报告的安全情况变化，将时间和空间的不同事件相关联，以减少任何虚假警报，并提供一种预防攻击的机制（Aman&Snekkenes，2015）。此外，研究人员还确定通过利用运行时适配本体来自动回应风险，并且在评估基本信息（例如所面临的风险、用户偏好、设备能力和服务需求）后选择缓解措施在特定的不利情况下选择最佳缓解行动（Aman&Snekkenes，2015）。Madhura 等讨论了 secur 通过智能社区安全系统（Intelligent Community Security System，ICSS）实现物联网的隐私和隐私保护问题。这项研究确定，ICSS 提供了车辆管理子系统（Vehicle Management Subsystem，VMS）、周边安全子系统（Surrounding Scurity Subsystem，SSS）、中央信息处理系统（Central Information Processing System，CIPS）、物业管理子系统（Property Management Subsystem，PMS）、防火和防盗子系统等几个子系统（Fire and Theft Prevention Subsystem，FTPS）等，用于物联网安全（Madhura 等，2015）。他们的研究还确定了一种属于 CIPS 的无线通信方法，连接所有能够进行自动更改的子系统，并及时提供警告以确保物联网的安全性（Madhura 等，2015）。

Greensmith（2015）的研究重点是使用人工免疫系统方法来实现物联网的安全。这项工作讨论了智能机制中的挑战，并提出了 T 细胞算法技术的响应版本（Greensmith，2015）。Greensmith（2015）的研究发现，通过提出 T 细胞反应模型的并入，需要开发响应性人工免疫系统来满足未来的挑战。Katasonov 等人（2008）提供了对 UBIWARE 的研究，UBIWARE 是一套为代理和适配器有效开发和运行时提供环境的工具。这项研究描述了作者关于物联网中间件的愿景，这将允许创建自我管理的复杂系统，特别是工业的复杂系统，由不同性质的分布式和异构组件组成（Katasonov 等，2008）。

Liu 等人（2011）的研究通过应用于物联网环境的人工免疫系统的机制来检测物联网中的安全威胁。Liu 等人（2011）针对通过入侵检测方法构建的物联网环境，开发了免疫理论应用方法，以及定义为检测物联网攻击的未成熟检测器、成熟检测器和存储器检测器。研究人员能够适应物联网复杂和变化的环境，使用动态演化的检测器来检测突变的物联网攻击，并将物联网中的检测器检测到的攻击与攻击信息库相结合，以便提出警告（Liu 等，2011）。Chen 等人（2012）还确定了在网络保障中使用人工免疫系统方法的研究。作者对物联网中分布式入侵检测的人工免疫理论模型的研究已经被引入，实现了分布和并行性中物联网的入侵检测（Chen 等，2012）。从一般角度来看，Chen 等人设计的方法（2012）具有与 Liu 等人提出的方法相似的特征和功能（2011）。

Chen 等人（2012）关于基于人工免疫的分布式入侵检测研究发现了另一种人工免疫系统，该系统还引入了一种用于确保安全的物联网系统的安全状况感知模型。本研究重点简要介绍了安全威胁感知子模型的结构，为安全威胁强度提供的制定机制，以及安全状况评估子模型等的结构（2012）。另外，Liu 等人（2013）也为在物联网系统中开发人工免疫系统安全提供了类似的工作。关于人工免疫系统的这项研究希望实现期望的终端状态安全性，以满足物联网在固定、移动和嵌入式移动体上的操作需求。在追求终端静态安全目标时，物联网将主要采用网络保证驱动的方法，以确保物联网的未来 AI 需求得到严格的设计关注。表 10.1 中列出了近期关于物联网基于网络的网络保障工作的总结。

表 10.1 研究基于 AI 的物联网网络保障（经 IEEE 许可转载）

年份	作者	工作
2015	W. Aman, E. Snekkenes	EDAS：物联网中自主事件驱动适应性安全的评估原型
2015	P. M. Madhura, N. Bilurkar, P. Jain, J. Ranjith	物联网调查：安全隐私问题
2015	J. Greensmith	通过应对人工免疫系统保护物联网
2013	C. Liu, Y. Zhang, Z. Cai, J. Yang, L. Peng	基于人工免疫的物联网安全响应模型
2012	R. Chen, C. M. Liu, C. Chen	一种用于物联网的人为免疫分布式入侵检测模型
2012	R. Chen, C. M. Liu, L. X. Xiao	基于物联网人工免疫系统的安全状况感知模型
2011	C. Liu, J. Yang, Y. Zhang, R. Chen, J. Zeng	物联网基于免疫的入侵检测技术研究
2008	A. Katasonov, O. Kaykova, O. Khriyenko, S. Nikitin, V. Y. Terziyan	物联网的智能语义中间件

10.3　多学科智能为人工智能提供机遇

AI 是一个积极的研究领域，其重点是模拟人类思维风格/行为或自然界中发生的智能动态，以便为现实世界的问题提供有效和准确的解决方案（Jaffe，2015；Amyx，2015；Ashton，2015；Meek，2015）。AI 方法并不要求废除当前的物联网系统重新启动。相反，它可以通过将选择功能集成到物联网中来利用现有的技术资产。

然而，对于新的物联网系统，AI 的“智能化”可能是通过最大化现有系统的杠杆作用快速构建物联网系统的最佳实践。例如，启用服务的应用程序的 AI 过程可能与传统系统的设计过程不同，允许通过自下而上的方法并行执行，只有现有系统的功能才能为更广泛的物联网系统提供价值（即提供安全服务）被选择用于服务启用和应用程序服务。这种启用创建了一组用于提供安全功能的服务“构建块”。这些构建块成为融入到关键安全工件中的物联网架构中的安全资产。

10.3.1　不同学科的 AI 通用方法

定义和设计基础设施服务与物联网系统安全服务并行为设计工作提供了诸多好处。随着物联网的成熟，通过逐步的系统迁移和进化增长来降低网络攻击的风险，通过对基础设施服务的即时方法降低总体的物联网系统成本，激发构建计划的动力，逐步实现组织变革。

为了更好地了解 AI 的使用情况，下面说明将 AI 集成到物联网中的一般过程（如图 10.1 所示）。

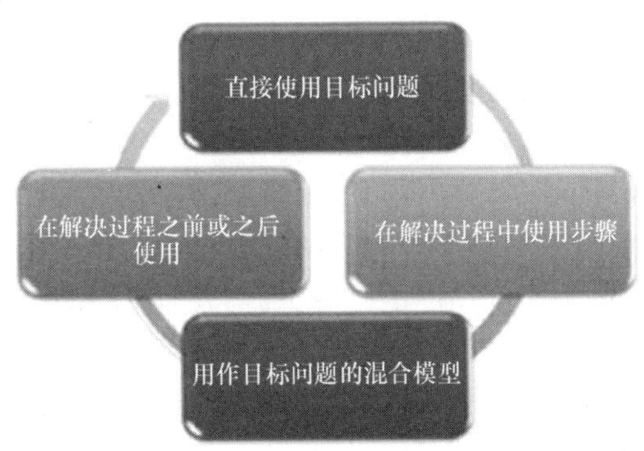

图 10.1　解释如何在不同学科中使用人工智能的模式（经 IEEE 许可转载）

在目标问题上直接使用 AI：为了实现整体的物联网系统敏捷性和适应性，曾经由单片组件执行的物联网系统功能现在被实现为一组交互的嵌入式服务。每个独立的嵌入式服务都经过“规范”的全面测试并不一定意味着聚合的物联网系统将具有预期的行为。因此，AI 过程应将其重点从内部系统逻辑的以应用为中心的性能转移到与物联网相关的“复合”系统行为。

在解决过程中 AI 作为步骤使用：集成生命周期不再是用于物联网的 AI 活动的顺序瀑布过程。因为每个个人的安全服务或安全服务系列都可能有自己的开发时间表，等待开始整个物联网系统集成，直到开发和单元测试的所有安全服务，既不具成本效益也不必要。相反，该解决方案应该在安全服务可用时逐步结合整合，不断测试整个物联网系统的行为。这样可以提高对物联网测试约束、原型机和模拟器的需求，从而可以在开发真正的安全服务功能时作为代理。

使用 AI 作为目标问题的混合模型：在物联网的“系统的系统”环境中，安全服务网络的分布式性质也会对整个流程造成更大的负担，从而量化和保证服务质量（QoS）特征（例如用户响应时间、延迟、数据吞吐量）以及各个服务。将 AI 的混合模型用于物联网的架构及其对外部物联网网络和系统的依赖性意味着其集成和环境不能自成一体。相反，这些环境必须是基于连接的和完全可互操作的。

在解决过程之前或之后使用 AI：未能解决使用 AI 的解决方案可能不仅会导致长时间的开发周期，更重要的是，它可能导致在操作环境中不能满足物联网需求的 AI 系统。因此，AI 整合应在新的物联网产品开发活动之前或之后使用，作为开发过程的组成部分，并从一开始就仔细计划。

10.4 关于未来基于人工智能的物联网网络保障的研究

考虑到相关的研究动态，有可能就有关物联网的基于 AI 的网络保障的未来进行研究。当然，人工智能技术的新发展以及组合先进的嵌入式流程、原型设计工具和增强的安全性的网络保障整合策略的制定将会导致下一代人工智能的研究。这项研究还将探讨更广泛的组织对业务流程的影响以及基于 AI 的网络保障解决方案对物联网的全球影响。

关于物联网的基于 AI 的网络保障的一些未来研究领域可以确定如下：

① 使用人工免疫系统确保安全的物联网系统。目前的研究并不表明人工免疫系统是能够开发物联网安全功能的唯一 AI 方法。相比之下，与人工免疫系统相似的其他 AI 方法和技术可以用于网络保障相关活动。

② 协调 AI 架构和物联网开发工作，以确保对安全线程、操作情况和物联网系统模型的完全可追溯性、以验证物联网系统架构和设计。

③ 在所有 AI 产品的功能、接口和传输层面开发安全服务互操作性的测试约束。

④ 集成嵌入式功能，如集成模型、关联算法和所有 AI 相关产品的预测工具。

⑤ 继续支持制作 AI/网络保障指标，最佳做法，经验教训和文档。

10.5　结论

物联网最具创新性，可以在将来实现全球设备连接。尽管技术对我们日常生活的影响可能使我们对技术的依赖程度日益高涨，但是物联网内 AI 的增长也将持续下去。从一些最新的研究进展可以看出，我们目前的环境与协作、自主思考的智能设备高度相关。这种相互关联的过程不仅适用于物联网，也适用于作为未来智能机器的主要研究领域的 AI。本章简要介绍了 AI 对于物联网使用网络保障的可能性。虽然在网络保障的背景下，AI 仍然需要进一步的研究和改进，但是开始讨论关于物联网的“智能网络保障”是一个好的出发点。

参 考 文 献

Aman, W., & Snekkenes, E. 2015. EDAS: an evaluation prototype for autonomic event-driven adaptive security in the Internet of Things. *Future Internet*, 7(3), pp. 225–256.

Amyx, S. 2015. Wearing your intelligence: how to apply artificial intelligence in aearables and IoT. *Wired.* Available at http://www.wired.com/insights/2014/12/wearing-your-intelligence/. Accessed on May 13, 2015.

Ashton, K. 2015. When IoT meets artificial intelligence. *waylay.io*. Available at http://www.waylay.io/blog-iot-meets-artificial-intelligence.html. Accessed on May 13, 2015.

Chen, R., Liu, C.M., & Chen, C. 2012. An artificial immune-based distributed intrusion detection model for the Internet of Things. *Advanced Materials Research*, 366, pp. 165–168).

Chen, R., Liu, C.M., & Xiao, L.X. 2011. A security situation sense model based on artificial immune system in the Internet of Things. *Advanced Materials Research*, 403, pp. 2457–2460.

Evans, D. 2011. The Internet of Things: how the next evolution of the internet is changing everything. *CISCO white paper*, 1, pp. 1–11.

Gérald, S. 2010. The Internet of Things: between the revolution of the Internet and the metamorphosis of objects, H. Sundmaeker, P. Guillemin, P. Friess, & S. Woelffle, (Eds.). In: Forum American Bar Association, pp. 11–24, Feb. 2010.

Greensmith, J. 2015. Securing the Internet of Things with responsive artificial immune systems. In: Proceedings of the 2015 Genetic and Evolutionary Computation Conference, New York, NY, July 2015, pp. 113–120.

Jaffe, M. 2015. IoT won't work without artificial intelligence. *Wired.* Available at http://www.wired.com/insights/2014/11/iot-wont-work-without-artificial-intelligence/. Accessed on May 13, 2015.

Katasonov, A., Kaykova, O., Khriyenko, O., Nikitin, S., & Terziyan, V.Y. 2008. Smart semantic middleware for the Internet of Things. In: Proceedings of the 5th International Conference on Informatics in Control, Automation and Robotics, 8, pp. 169–178.

Kopetz, H. 2011. Internet of things. In: *Real-time Systems*. Springer, US, pp. 307–323.

Liu, C., Yang, J., Zhang, Y., Chen, R., & Zeng, J. 2011. Research on immunity-based intrusion detection technology for the internet of things. In: IEEE 2011 Seventh International Conference on Natural Computation, vol. 1, Shanghai, July 26–28, pp. 212–216.

Liu, C., Zhang, Y., Cai, Z., Yang, J., & Peng, L. 2013. Artificial immunity-based security response model for the internet of things. *Journal of Computers*, 8(12), pp. 3111–3118.

Madhura, P.M., Bilurkar, N., Jain, P., & Ranjith, J. 2015. A survey on Internet of Things: security and privacy issues. *International Journal of Innovative Technology and Research*, 3(3), pp. 2069–2074.

Meek, A. 2015. Connecting artificial intelligence with the Internet of Things. *The Guardian*. Available at http://www.theguardian.com/technology/2015/jul/24/artificial-intelligence-internet-of-things. Accessed on July 24, 2015.

Reddy, A.S. 2014. Reaping the benefits of the Internet of Things. *Cognizant Reports*. Available at https://www.cognizant.com/InsightsWhitepapers/Reaping-the-Benefits-of-the-Internet-of-Things.pdf May 2014.

Weber, R.H., & Weber, R. 2010. *Internet of Things: Legal Perspectives*, vol. 49. Springer Science+Business Media.

Xia, F., Yang, L.T., Wang, L., & Vinel, A. 2012. Internet of Things. *International Journal of Communication Systems*, 25(9), p. 1101.

第 11 章　网络物理系统的感知威胁建模

Christopher Leberknight
美国蒙特克莱尔州立大学，计算机科学系

11.1　引言

很多用于信息安全（INFOSEC）的策略和模型由于缺乏足够的物理安全控制，经常无法同时考虑到信息的多种威胁。一种常见的保护信息的方法是将任意数量可用的入侵检测工具纳入到一个组织的安全基础设施中。然而，虽然存在一些致力于检测网络、操作系统、或者应用层入侵的软件应用，却很少有可用的针对物理安全入侵检测的应用。物理安全是用于保护员工并阻止未经授权访问关键基础架构的重要组成部分。然而，新的基于软件的物理安全入侵检测系统的需求和重要性因为 INFOSEC 对物理安全性的依赖而被放大。

术语 INFOSEC 和信息保障（IA）通常可以互换使用，但是二者却有本质上的不同，IA 的定义包含了 INFOSEC，而且还包含信息系统的恢复。为了提供一个更加全面的安全方法，本文着重强调了 IA。美国国家安全系统委员会将 IA 定义为“通过确保信息和信息系统的可用性、完整性、真实性、机密性和不可抵赖性来保护和维持信息和信息系统的措施”，这些措施包括了通过纳入保护、检测和反应能力来提供信息系统的恢复。

因为数字存储的信息量很大，IA 通常从逻辑安全的角度来解决。因此，许多组织由于物理安全性差而无法评估信息受到威胁的风险。物理安全，作为安全计划的第一道防线，是整个安全计划中一个重要的组成部分，物理安全和逻辑安全中不同功能的相互依赖可能会暴露出一些无法预知的漏洞。基于图 11.1 所示，不管内部安全层中的控件和策略数量如何，如果没有足够的物理安全控制，一个组织就可能根本没有任何安全性。如果在物理安全层存在一个缺口，那么可以认为其他层都可以被攻破。随着存储在无线设备（如智能手机和笔记本电脑）上的信息量的激增，对物理安全和信息的威胁变得更加复杂。

除了改善私有部分的物理安全外，越来越多的关注点在于提升公共部分内部的逻辑安全，这是因为用于控制关键基础设施的监控和数据采集（SCADA）系统存在技术上的隐患。SCADA 系统广泛应用于如电力和给水系统等关键基础设施的管理中，但是目前对于如何最好地保护 SCADA 系统免受恶意攻击的了解甚

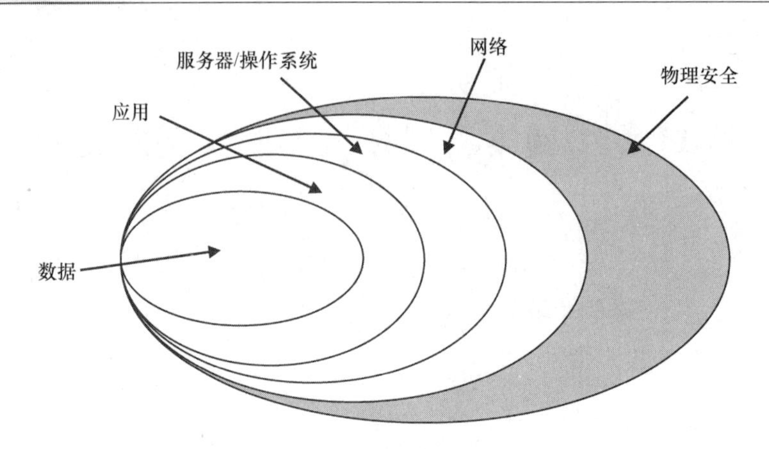

图 11.1 安全独立性（经 IEEE 许可转载）

少。例如 2003 年 8 月，北美断电事件凸显了信息技术在支持其他基础设施方面可以发挥的微妙和关键作用。

因为大面积的断电，报警系统、软件系统、计算机的控制系统，这三个信息技术系统，至少会有部分断电，从而引发故障。1999 年，华盛顿的奥运管道由于其计算机控制系统的故障而引发了巨大事故，最终导致无法控制压力，造成 3 人死亡。2004 年，震荡波蠕虫能够在墨西哥湾破坏石油和天然气平台数天。黑客攻击和其他网络攻击会对能源和其他基础设施造成破坏，信息技术在供水和污水处理领域有许多互通点，并且漏洞出现在如跟踪污染物或正确表征流量等领域。信息技术与交通基础设施的相互依赖性也值得注意。

航空公司由于空管部门的电脑故障或者其他机场行为的故障，如票务和自动行李处理系统故障，导致航班取消等，诸如此类的情况有很多。这些例子都表明利用软件和信息技术来更好地保护重要基础设施免受网络攻击的必要性，并且，需考虑用于改善物理安全的新方法。入侵者会通过在物理入侵或网络攻击中，选择最小阻力的路径入侵。因此，组织的总体安全框架必须考虑组件、控制、限制和物理安全性的相互依赖关系以及它们的逻辑安全性。具体来说，在制定 INFOSEC 策略时，物理安全性不应该被忽视。因此，关键基础设施面临的威胁以及物理和逻辑安全的相互依赖性凸显了研究新技术从而改善物理安全的必要性。

一些来自对信息发起攻击的威胁，如窃取企业知识产权和对实物资产以及对涉及国家安全的关键基础设施的损害，都表明需要采取更加整体和全面的安全手段。虽然图 11.1 中，在内层的安全控制方面已经取得了一些进展，但在物理安全方面并未取得显著进步。有一个例外，是通过在生物识别领域，使用各种身份验证策略来改善物理安全。然而，除了主要的独立硬件设备的生物识别技术之外，基于软件的方法来改善物理安全性只得到了非常有限的研究。为了充分理解

更好的物理安全软件系统的需求，下面将概述物理安全和相关软件限制。

11.2　物理安全概述

物理安全系统（Physical Scurity System，PSS）被设计为采用六个部分的补充组合：

1）入侵检测和评估；

2）准入和搜索控制；

3）障碍；

4）通信；

5）测试和维护；

6）一个可以阻止、检测和延迟攻击的支持系统。

通信组件由用作安全支柱的电话，无线电和警报组成，使得系统中所有其他组件之间的事件能够协调和同步。另一种用于通信和监控安全事件的机制是使用物理安全软件应用程序。主要组件如图 11.2 所示，三个主要部分包括：

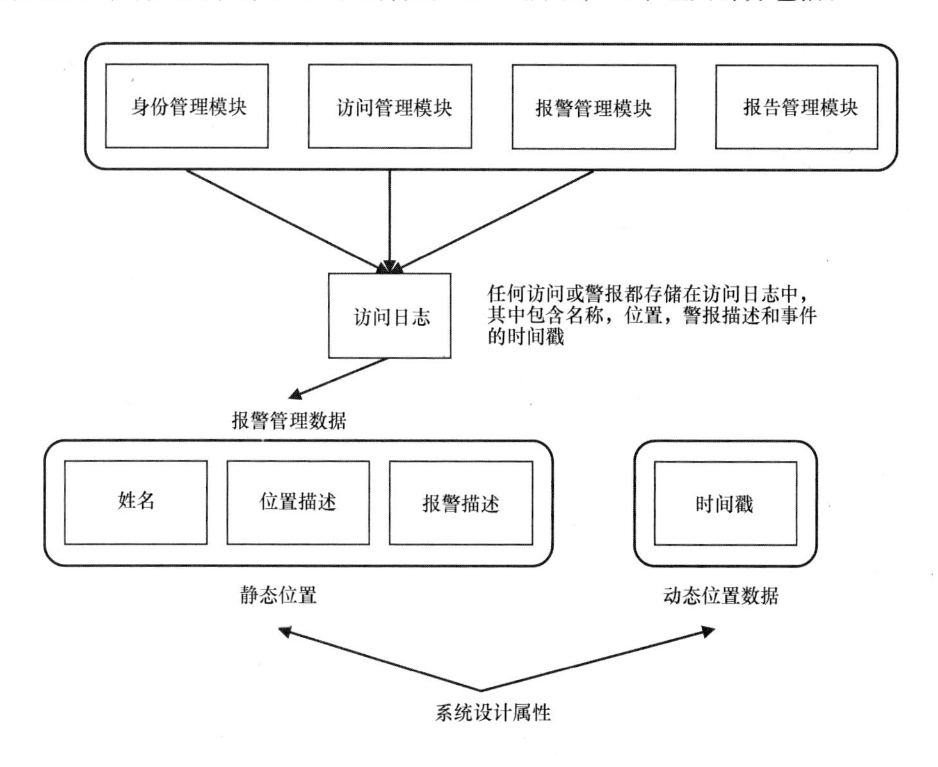

图 11.2　物理安全组件（经 IEEE 许可转载）

1）身份管理模块；

2）访问管理模块；

3）警报管理模块。

身份管理模块用于添加或修改个人的联系信息到系统中，比如姓名、电话和证件 ID；访问管理模块用于将系统内的个人访问指定到特定时间内的特定位置；报警管理模块用于配置和清除报警通知。经访问控制或入侵检测系统触发后，所有事件会被传送到应用程序中。来自三个模块的信息以及一个时间戳都集中发送到日志并显示在应用程序界面中，不过传输到物理安全软件应用程序的信息存在一些限制。

例如，由于基础技术的能力有限，导致入侵检测组件发送到软件系统的信息也非常有限。在大多数情况下，用于入侵检测的技术包括内部或外部传感器，但是除了通知发生时间之外，没有提供任何有用的细节。因此会出现由于风或动物干扰等环境因素产生的虚假警报。关于访问控制系统，可用的信息通常是静态的，也可能还有其他动态信息，如果可用的话，可以帮助提高个人对威胁的察觉。由于入侵检测和访问控制子系统产生的信息质量较差，专业安全人员常常失去对物理安全应用程序的信任，并依靠知识和经验来评估威胁。这可能一开始有用，但是因为每个人具有不同的背景，知识和经验，不同的人处理相同的信息也会有不同的结果，所察觉到的威胁与实际相比可能因人而异。因此，软件系统的设计应该具备更高的信息质量，并提供自动处理过程，从而有助于决策。然而，设计这样的系统首先需要彻底了解有关行为决策和预决策支持系统的研究所面临的挑战。

11.3 接地理论的相关性

这项研究的主要目的是了解影响个人对威胁的看法的因素，从而努力构建基于物理安全入侵的决策支持系统的设计理论。为什么以及怎样改变观念是不能通过调查或分析官方数据来获取的，因为这些方法将剥夺上下文，而不能显示出决策过程中涉及的丰富性和复杂性。最初考虑通过分析迭代过程的基础理论来帮助总结我们对于决策支持系统设计的感知威胁理论的构建。然而，接地理论（Grounded Theory）方法无法用文字来表达主题、概念或它们之间的关系，并且仅依赖于数据建立的理论。经过对各种定性方法以及大量关于决策支持系统设计的现有文献的认真研究，得出的结论是，在我们的研究中，最合适的方法可以通过一种不同的设计方法来实现，也被称为前端负载理论。

11.3.1 方法的不同设计模式

前端加载接地理论方法（The Front - end - loaded Grounded Theory Method,

FGTM）开始于以前的文献分析的一组构造或代码，但也允许引入可能在内容分析过程中出现的新构造。因此，FGTM 通过利用以前的研究结果提供了更大的灵活性，这可以作为理论构建的催化剂，并且有助于指导设计具体的访谈问题，可能引导出更为有成效的分析结果。

11.3.2　接地理论及定性和定量的方法

此外，这项研究将通过引入定量结果的混合方法应用到接地理论，这些定量结果是模拟在几个涉及物理安全入侵的场景下，基于文献的场景中收集的。定量结果反映了参与者对特定位置的特定入侵概率的威胁级别和感觉的选择，该分析与半结构化访谈的分析结合使用，从而可以了解认知因素和在不确定性下做出决策所固有的概率值的关系，主要目的是调查对威胁的感知的任何相关性和整体的影响。

11.4　理论模型的构建

在以前的研究中，我们开发了一种研究模型，声称除了几种情境特征之外，个体对威胁的看法受到特定的认知特性的强烈影响（Leberknight 等，2008）。如图 11.3 所示，这五种情境特征是当前系统中不存在的，且能够提供动态信息。动态信息的缺乏和静态信息的使用见图 11.2。最终，系统具有提供动态信息的能力，并且将获得更高的信息感知质量。此外，图 11.3 中的入侵构造的概率被用于在不同程度的不确定性下运用我们的模型。我们研究的模型的基本前提是，无论情况如何，个体都有特定的基准或决策的倾向，这种倾向受到两个心理因素的影响：犹豫和无法确定的不容忍。这两个因素被统称为认知人口统计学，其在被称为对决策的倾向的新构造中，发挥决定性的作用。以前心理学和决策支持系统研究的审查和综合，有助于感知威胁模型的发展，如图 11.3 所示。

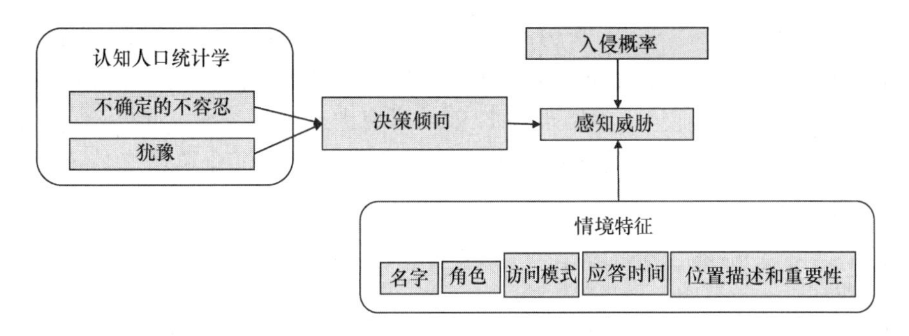

图 11.3　感知威胁模型（经 IEEE 许可转载）

研究模型的理论基础如图 11.3 所示，随后的分析是基于 DeLuca 等于 2008 年首次提出的 FGTM。FGTM 从基于以前文献分析的一组构造或代码开始，但也允许引入可能在内容分析过程中出现的新构造，开发出更普适的接地理论方法与之形成对比，该方法通常从研究人员将文本编码成短语开始，以揭示一个理论。这项研究的总体目标是评估研究模型，以便为基于决策支持系统的 PSS 推导出一组输入要求，并通过特别强调对威胁的感知来协助决策支持系统设计理论的发展。创建了表 11.1 中总结的几个问题，以帮助指导研究过程，并帮助回答我们的主要假设 H1：

H1：感知威胁是一种取决于社会环境和用户决策倾向的概念

表 11.1　调查问题（经 IEEE 许可转载）

RQ1：在设计一个提高个人对威胁的看法的系统时，需要考虑哪些因素？
什么情况特征影响 RQ 1－1 个人对威胁的看法？
什么认知特征影响 RQ 1－2 个人对威胁的看法？

11.5　实验

该模型通过一系列半结构化访谈问题和一个实验任务进行测试。该实验任务用于改变信息质量，半结构化访谈有助于阐明研究对象在实验任务中的反应，并调查他们对模型构建的看法。进行这个实验任务的必要性是怎样才能模拟对实际安全入侵的真实感，并试图诱发威胁刚性效应（Staw 等，1981）。

该研究方法作为评估模型结构的手段，已被广泛应用于以前的研究中（Keil 等，2000；Nicolaou & Mcknight，2006；Tsiros & Mittal，2000；Webster & Trevino，1995；Yoo & Alavi，2001）。

11.5.1　结构化访谈

一共设计了 10 个问题，来引出关于犹豫和无法确定的不容忍的回应。5 个问题旨在通过犹豫来评估受试者对决策的倾向，另外五个问题则针对无法确定的不容忍。这些问题的使用比例已经从以前的研究中进行了改编。此外，还创建了 15 个其他问题来获取有关任务的个人回应。该任务提供了介绍情境特征以及入侵变量概率的方法。

11.5.2　三角测量

采用三角测量（Triangulation）的方法以解决对有效性和可靠性的普遍关切。本质上，三角测量是指使用不同的方法来验证所有方法对某些被调查现象的结果

的趋同性。与 Malhotra 和 Grover（1998）一致，通过对不确定的不容忍的构造和犹豫采用多个标签，实现三角测量。另外，给具有不同程度的物理安全经验和责任的两种不同人群分配任务和进行访谈。每个受试者的角色范围包括初级员工到高级管理人员，这有助于确保获得不同的观点进行分析。为了减少测量误差，还进行了实验的预测试。

11.5.3　预实验

在执行任务和半结构化访谈之前，通过进行预测试，选择了定量和定性研究方法方案的四位博士参加本次预测试，从而确保了访谈中的任务和问题清晰明确，给予每个受试者实验任务和访谈问题，并根据他们的反馈实施了几个语法和标记上的变化。

11.5.4　定性访谈指南

为了提高数据的可靠性和有效性以便进行后续分析，访谈是基于 Myers 和 Newman 提出的编剧法模型设计实施的，该模型提出了 7 个指导方针，总结在表 11.2 中，可用于提高访谈过程中的性能和数据质量。

表 11.2　成功访谈指南（经 IEEE 许可转载）

指南	描述
将研究者视为演员	假设研究人员是访谈者，对研究人员来说，在访谈之前“定位”自己很重要
尽量减少社交不和谐	尽量不让受访者感觉到任何程度的不舒服
呈现各种“声音”	在定性研究中，通常有必要采访组织内的各种各样的人
每个人都是解说员	这个指南认为，受试者是他们世界的独有的创意的解说员
在问题和答案中使用镜像	镜像正在采取受试者用于构建后续问题或评论的单词和短语：镜像他们的评论，这样就可以让研究人员专注于受试者的世界，并使用他们的语言，而不是强加你的语言
灵活性	半结构化和非结构化访问使用不完整的脚本，因此需要灵活性，即兴创作和开放性
对于内容的保密	对研究人员来说，必须保留问卷/记录和技术的保密和安全，这很重要

11.5.5　受试者的描述

在两个不同的地点通过电子邮件广告雇佣了 10 名物理安全专家。决定在两个不同位置开展测试模型是为了消除组织环境中某些安全变量可能引起的任何偏差。例如，安全变量（频繁尝试破坏安全性所需的安全程度）将因位置而异。这些变量可以影响到个体对威胁的察觉力。因此，大学和军事设施被认定为在安全变量方面会有很大程度的差异的两个位置，从而会影响对威胁的察觉力。来自大学的6个受试者和军事设施处的4个受试者参加了这次研究。

接地理论的方法建议使用理论抽样而不是随机抽样。在理论抽样中，重点是获得理论上有用的案例，从尽可能多的方面确认、扩展和研究理论框架。在这项研究中，重点是获得具有广泛的物理安全经验的受试者。受试者的物理安全责任范围从初级到高级管理人员，其经验从2年到30年不等。平均来说，本次研究中的每个受试者具有14.4年的物理安全经验，标准差为9.6年。图11.4提供了按年龄，种族和性别分类的人口统计学的概要，用于定性研究。

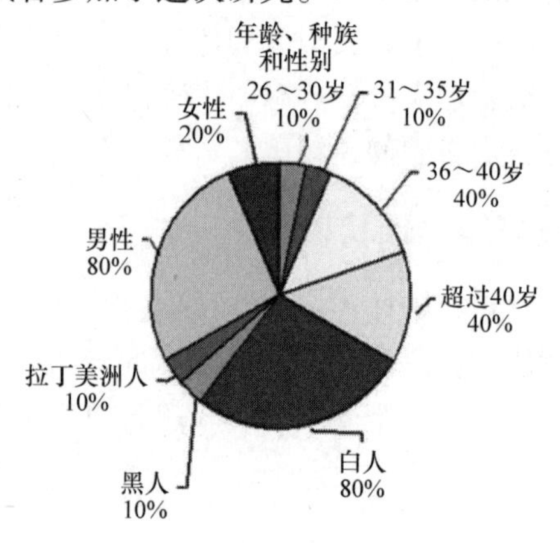

图11.4 受试者人口统计

11.5.6 过程

招募了10个受试者后，联系安排每个受试者参加任务和访谈，任务计划一次只有一个受试者参加实验。在任务期间和开始实验之前，每个受试者会被告知实验的目的和参与所需的时间。在使用电子邮件初步接触或招募受试者时也提供了这些信息。此外，每个受试者都被通知他们具有选择是否参与和随时退出研究的权利。随后，使用了一个训练脚本来确保每个受试者在完成任务时收到访问控制系统的一致概述和说明。接下来，对每个受试者进行管理，对该受试者进行了简短的半结构化访谈，每个受试者在一个安静的私人办公室或实验室环境中完成任务和访谈，以确保在参加实验过程中不会引起分心或不适。

访谈是在开始实验前收到受试者的同意后进行录音的，录音是必要的，以便为内容分析创建准确的翻译。平均每个受试者在1小时内完成任务和实验，该任务由10种不同的情景组成，具有各种预定义的入侵概率。每个情景都是基于物理安全受试者的工作，实验前每个受试者都有各自对入侵可能性的主观估计。也就是说，在接收任何信息之前，个人根据以前的经验或其他关于位置重要性的假设，估计了在特定位置发生的入侵。因此，每个受试者被要求对在5个不同地点进行入侵可能性的评估，并且相关的威胁级别会在其中一个位置发生。

威胁级别从1～5分别对应着最低到最高的威胁。接下来的情景是控制入侵可能性的变量，以及一些与情境特征有关的构造。具体来说，控制访谈位置的个人的位置、名称及其角色均受到控制。根据入侵概率和情境特征的不同值，要求受试者评估威胁级别。入侵变量的概率被用于通过控制信息质量来检查察觉到的

威胁，信息的质量部分是由信息来源决定。对于这项研究，信息的来源是一个生物识别键盘，入侵的概率是键盘识别入侵者的概率。与任何生物特征或任何具有高度不确定性的情况一样，所有结果都以概率术语来看待，因此，生物特征概率输出仅用于阐明输出，也可以使用任何其他数据源。

通过控制入侵变量的概率可以改变信息的质量，从而评估底层技术。在第一组情景之后引入入侵变量的概率来衡量入侵的预可能性与相关威胁级别之间的差异性，以及入侵值概率的威胁级别。这是为了探索入侵值的概率范围，从预期值改变威胁的感知。图 11.5 和图 11.6 中描述了基于预入侵可能性和引入入侵变量

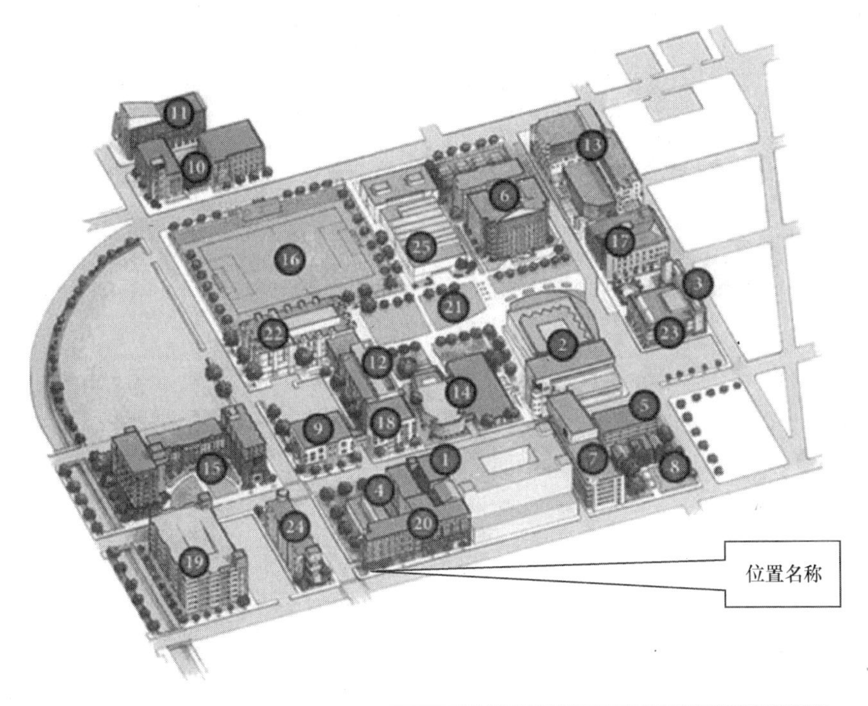

位置	数量	PI	威胁等级(1～5)
	13		
	7		
	2		
	11		
	15		

图 11.5　后察觉的威胁（经 IEEE 许可转载）

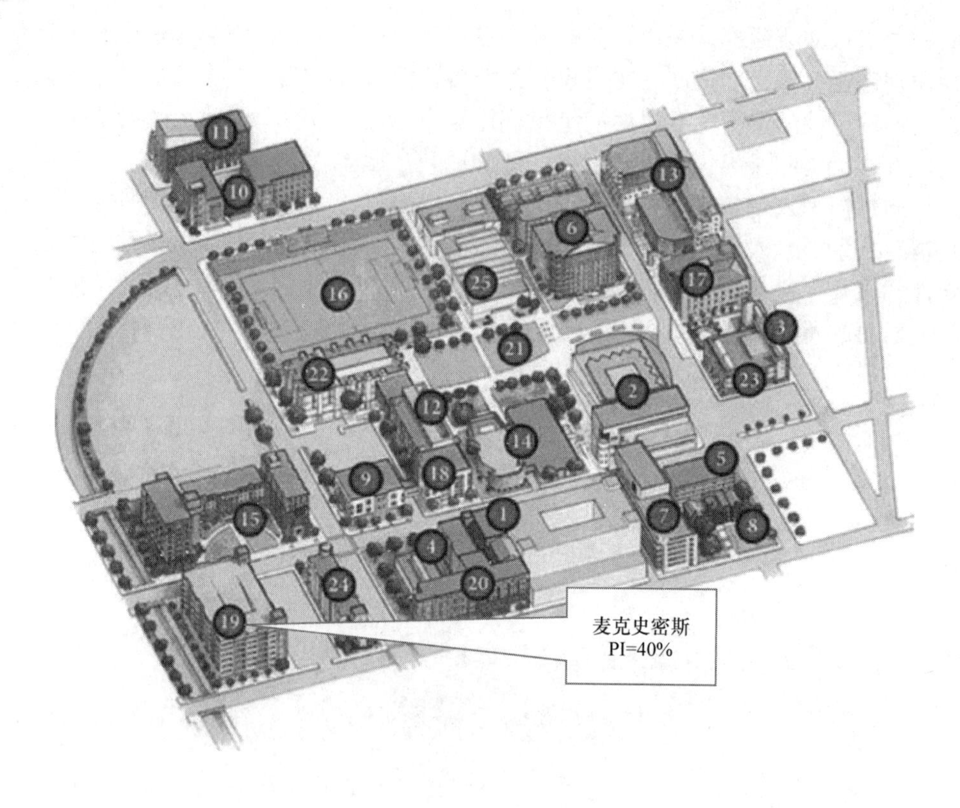

位置	数量	威胁等级(1～5)
	19	
	7	
	2	
	11	
	15	

图 11.6　后察觉的威胁（经 IEEE 许可转载）

的概率来捕获威胁感知的场景的示例。要求受试者指出在五个不同地点入侵的可能性以及使用图 11.5 的相关威胁级别。随后，使用相同位置给予受试者两种不同的情景，但是是关于入侵概率和人名的不同信息。出于本实验的目的，受试者被告知，用于提供关于人的名字和入侵概率的信息的来源是通过生物特征键来提供。

在图 11.6 和图 11.7 中表示为 PI 的入侵概率是指访问该位置的人是他或她声称是谁的概率。

受试者被要求根据所提供的信息分配威胁，完成这两个方案后，将五个地点的每一个地区的威胁级别分配到受访者的访谈中。半结构化访谈的主要目标是根据任务中提供的信息确定什么因素影响他们对威胁级别的选择。

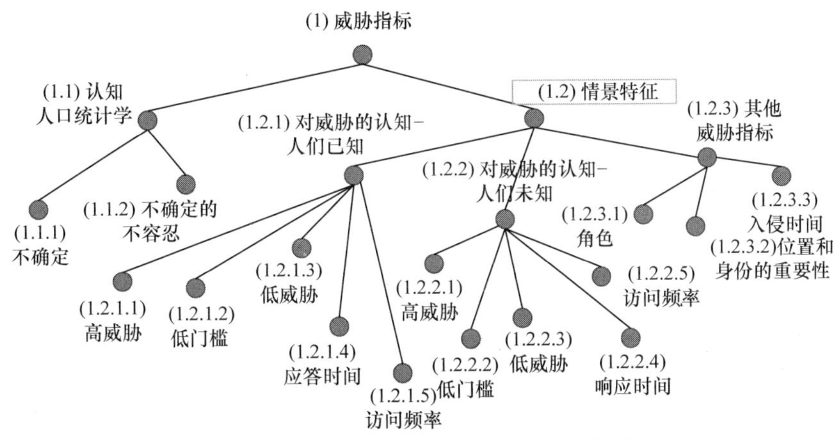

图 11.7　初始概念模型（经 IEEE 许可转载）

11.6　结果

为了调查和评估感知威胁研究模型，为 10 个物理安全专家提供了一个模拟 10 种不同物理安全场景的任务，此任务建立在实验论文的基础上。这个任务的目标是在实验中注入现实感，并检查不同变量对个人对于威胁的看法产生的影响。

随后，对 10 个受试者进行了访谈，根据他们在任务中的反应，深入掌握模型中提出的构建体所产生的影响。

11.6.1　初始概念模型

对 10 名物理安全专家的访谈使用了由 QSR 国际（http：//www.qsrinternational.com/）开发的 NVivo 软件对音频记录和转录。NVivo 用于在决策树结构中，自动分配文本到代码从而对录音进行内容分析，在树层次结构中的节点映射产生了一个概念性的代码图，以便于评估所提出的模型以及出现的新构造。在定性系统研究中调查超前和新兴概念或代码的过程是基于首先由 DeLuca 等人提出的 FGTM。代码的概念图是通过将 10 个音频转录中的每一个的响应按照认知人口统计学和情境特征分配到 2 个预代码中来创建的。如图 11.7 所示，该模型通过迭代评估两个节点中每个节点内的响应，从而在两个独立的阶段进一步完善模型。

该模型包含标记为“威胁指示器”的根节点或代码，其具有对应于与认知人口统计学（左）或情景特征（右）相关响应的两个子节点。分析的两个阶段开始于情景特征节点的进一步细化，随后进一步完善认知人口统计学节点。

11.6.2 情景特征分析

情景特征子树包含所有受试者根据任务中的两种情况来观察他们对威胁的看法的反应，两种情景之间的主要区别是，在情景 1 中，访问该位置节点的个人的名称是已知的，而在情景 2 中，访问该位置节点的个人的名称未知。在这两种情况下，假设访问该位置的个人正在使用正当的安全凭证，但是不知个体是否实际授权。

访问控制系统提供了一种机制，可以将个人的姓名提取并传送给安保人员。情景的一个目的是确定个人名字的认知是否影响受试者对威胁的看法。表 11.3 中总结了两种情景（人称已知与未知）的子节点代码。

表 11.3 情景特征的代码和描述（经 IEEE 许可转载）

情景码	描　述
高威胁	位置，如果妥协，会造成最高的威胁
低门槛	入侵值的概率被认为是低威胁
低威胁	位置，如果妥协，会创造最低的威胁
应答时间	保安人员到达现场的平均时间
访问频率	个人访问位置的次数

关于前三个代码，所有基于文献的情景中的位置都以入侵值的概率进行了注释。最初，要求受试者对几个地点的入侵概率进行评估，随后，在具有固定概率的入侵值的情景中使用相同的位置。目的是调查引入入侵评估的自动化概率是否会从初始的评估中改变他们对威胁的看法。受访者又被告知，访问控制系统提供了一种机制来提取和传输入侵值的概率给安保人员。对两个情景而言，入侵的概率值是一样的。在两个情景中，受试者回答相关的问题后，当他们被问及在评估潜在威胁时考虑了什么其他因素，他们的回答都与情境特征相关，并被编码为“其他威胁指标”节点。出现的代码描述（见图 11.7）总结在表 11.4 中。

表 11.4 情景特征紧急代码（经 IEEE 许可转载）

紧急代码	描　述
角色	个人访问位置的角色
入侵时间	关于入侵时间的威胁感知
位置和身份的重要性	对涉嫌访问位置的个人的位置与身份的威胁的感知

一旦文本或响应被编码，下一步是比较两个子树之间的两个场景的响应。这将阐明个人访问某个位置的知名度是否会影响他们对威胁的看法。也就是说，如果安全人员知道访问某个位置的个人，那么他们对威胁的看法会不同于他们不知道访问该位置的人吗？分析结果表明，了解访问位置个人的名字并不影响受试者对威胁的看法。然而，由于个体的角色，关于个人的认知的存在或不存在导致了另一种结构的出现。根据个人的角色，受试者看待威胁的反应是混杂的。随后的转录分析表明，影响威胁感知的唯一最重要的因素是跟访问该位置的个人的特征有关，就是个体的访问频率。也就是说，知道个人是否正常的访问该位置对于受试者对组织内个人姓名或角色的威胁的判断的影响更大。

除了访问该位置相关的个人的特征之外，参与者的回应表明，存在与被访问位置有关的几个特征，这些特征也影响受试者对威胁的感知。与影响威胁感知的位置特定特征相关的代码概念图如图 11.8 所示。关于位置或建筑特征的主要原因包括不同地点对感知威胁的影响，以及组织对外界的声誉。感知威胁的潜在影响取决于位置是否在一个僻静或人口稠密的地区，以及建筑物是否包含大量的个人或实物资产。在对威胁相互冲突的认识进一步分析之后，两个不同观点背后的主要原因是根据受试者是否从物理安全或反恐观点分析威胁。

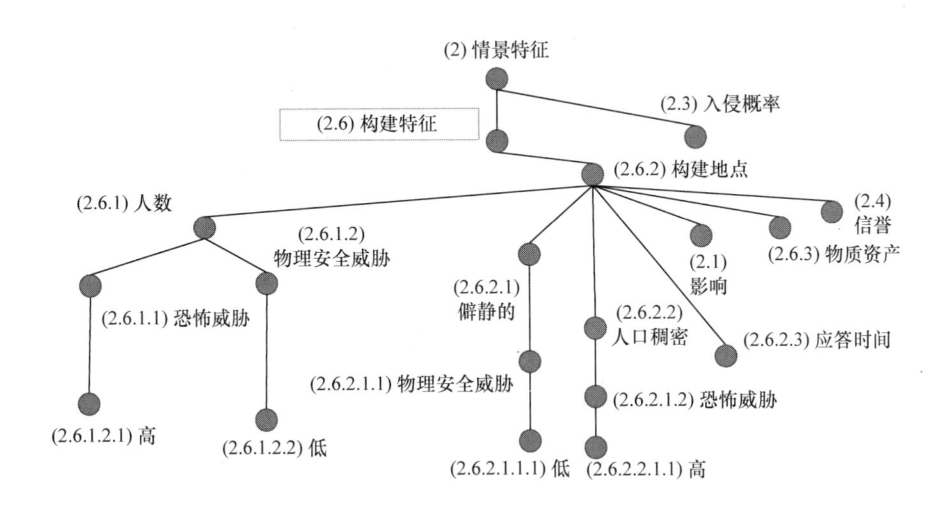

图 11.8 情景特征概念图 – 构建

一个安全有限且对公众开放的位置不仅仅是一个物理安全威胁，更是恐怖主义的威胁。在某些情况下，这两个因素都存在，因此对于设计者而言，这一发现的意义在于评估事件发生时该位置包含的个人数量。由于当前访问控制系统记录了个人访问该位置的时间戳和 ID，所以可以通过在该位置显示个人总数来提高感知到的威胁的可能性。除了在场景中个人访问不同位置的建筑特征因素之外，还检查了不同位置的入侵概率对受试者看待威胁感知的影响。

然而，基于图 11.8 中提出的模型，首先分析与个人对决策的倾向有关的认知语言图，假设对威胁的感知也受到个人认知人口统计学的影响，考虑到可能影响威胁感知的众多上述变量，对认知人口统计影响的调查可能会提供更多基于决策支持系统的 IDS 的设计特征的了解。

11.6.3　认知统计学分析

这项研究中关于个人认知情景的两个主要结构是犹豫和不确定的不容忍。两种结构用于衡量个人对决策的倾向，推测对威胁的认知取决于情景特征和对决策的倾向程度。图 11.9 所示为认知统计学及其相关的编码节点的概念图。

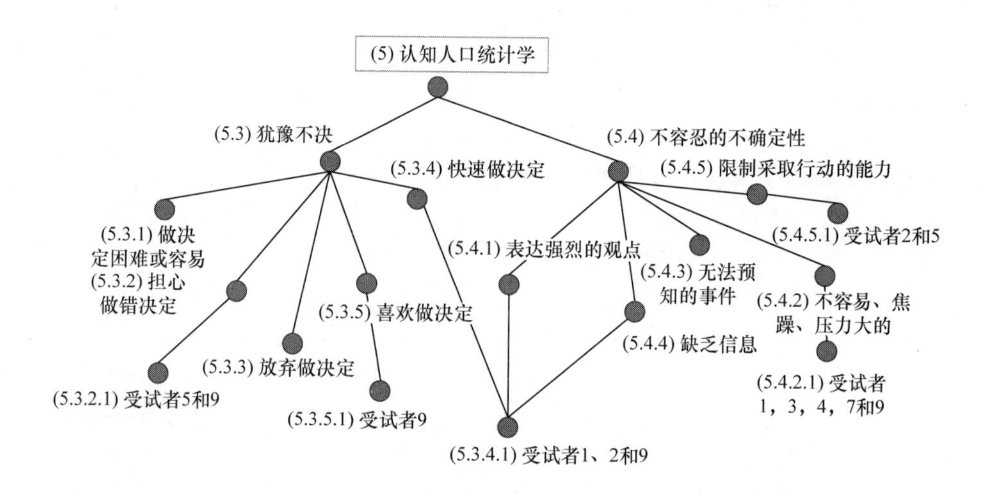

图 11.9　情景特征概念图 – 认知

图 11.10 左侧的子树编码了犹豫的不同维度，而右侧的子树编码了不确定的不容忍的不同维度。叶节点对应不确定的不容忍和犹豫的特征或维度的主题。对叶节点的编码响应的分析产生了几个有趣的结果。首先，概念图中没有如下 3 个受试者（受试者 6、8 和 10）；第二，这 3 个受试者（受试者 3，4 和 7）在概念图上只出现一次；第三，1 个受试者出现了 2 次（受试者 5）。术语“出现”是指每个子节点的父节点数量。这些受试者被认为对决策有很高的处理倾向，因为它们对于犹豫和不确定的不容忍有关的问题表现出较低的反应频率。此外，概念图中有 2 名受试者出现 4 次（受试者 1 和 2），1 名受试者在概念图上出现 6 次（受试者 9）。这些人被认为对决策的处理倾向偏低，因为他们表现出对犹豫和不确定的不容忍的问题的反应较高的频率。

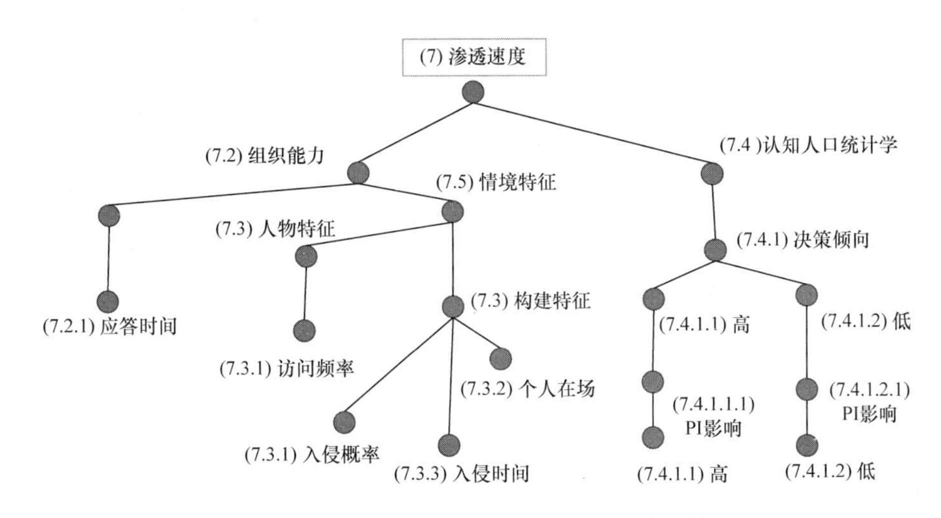

图 11.10　提出的渗透速度模型（经 IEEE 许可转载）

到目前为止，已经分析了从访谈中提取的关于认知统计学和情境特征的回答，几个受试者在决策方面有不同程度的表现，并且已经确定了影响感知威胁的情境特征的若干因素。探索一个有趣的问题，考虑到入侵的可能性，受试者的认知统计学如何影响她/他对威胁的看法。结果可以帮助解释个人对威胁的看法是否更多地受到入侵，情景特征或两者的概率的影响。这可能最终提供关于哪些特征应被纳入设计的细节，以及哪些机制或策略可以增加决策质量，为了探索这些问题，分析了每个受试者对该任务的反应。结论认为，与表现出高度决策倾向的个人相比，相对较低倾向决策的个体对威胁的察觉更多地受入侵值的概率影响。

11.7　讨论

对提出的感知威胁模型的调查包括 10 次访谈录音的内容分析和实验任务中的响应分析，共同分析的结果提出了几个关键因素，可以帮助设计人员开发未来的入侵检测系统。出现的关于个人对威胁的感知的主要概念分为三类。第一类对应于组织能力，如响应时间。受访者表示，响应时间很大程度受到可用资源数量的影响，而且响应时间越长，他们对威胁的感知越强。因此，可以提供预估时间来应对物理安全事件的机制将有助于改善威胁感知。第二类与情景特征有关，录音的内容分析有助于进一步将威胁指标具体的扩大到个人特征和建筑特征。

关于个人特征，有助于评估物理入侵的严重程度的最重要因素是访问频率，个人的名字和角色与个体访问该位置是否正常相比而言是不怎么重要的。因此，可以为个人提供访问频率的机制将有助于改善威胁感知，在建筑特征方面，入侵时间和在该地点出现的人数影响了受试者的威胁感知。与特定地点的人数有关的概念，能否影响到受试者对威胁的看法，这取决于他们是否从物理安全或反恐怖主义角度评估威胁。两种不同的观点可导致对威胁产生完全相反的看法，因此，为了减少这两个观点之间的歧义，基于软件的入侵检测系统的未来发展应考虑纳入一个特征，该特征可以提供特定地点的人数，另一个设计考虑是入侵的时间。然而，同样重要的是，这个功能已经在许多商业系统中可用，并且仅仅用来准确描述在分析期间出现的主要概念。

除了入侵时间和地点的人数可以影响受试者对威胁的看法，另一个因素与建筑特征相关的是入侵的概率。然而，通过分析受试者在前后概率和相关威胁级别方案中的反应，确认了对入侵值概率的说明与个体的认知人口统计学有关。对认知人口统计概念的编码文本以及一些受试者在访谈中回答的问题的分析表明，与其他受试者相比，具有更高程度的犹豫和不确定的不容忍。

具体来说，在分析一些受试者在与入侵值的概率有关的任务中的响应时，他们被观察到具有与决策的低倾向一致的特征。与对决策的高度倾向的受试者相比，对决策的倾向程度低的受试者更可能受入侵值的概率的影响，而不太可能依赖其他情景特征来评估威胁。从设计的角度来看，这一结果的意义在于，提供入侵统计概率的系统相比于对决策有较低倾向的受试者，而对于具有较高倾向决策的受试者而言，可能需要更高的准确性或精准性。因此，情景特征对感知威胁的重要性或影响应该根据个人的认知人口统计学或对决策的倾向，因此，该系统应提供一种机制，根据认知人口统计学和情境特征来调整和适应个人的感知威胁。这将在下一节中更详细地讨论。所有出现的概念的总结如图 11.10 所示。

11.8　未来的研究

由于情景特征是多种多样的，认知人口统计学以及本研究中未涉及的其他因素，将所有因素纳入单一系统可能是徒劳的，因此，在决策支持系统的实施中，可以最好地实现上一节中介绍的关于情景特征的讨论，该系统可以在几个不同的情景中了解人类操作员的决策。对于生成诸如基于生物特征的访问控制技术的入侵概率的系统，该系统可以根据在训练阶段从人类操作者获得的信息在任何特定检查点动态地调整适当的安全设置。随后，操作者威胁的感知可用于提供关于入侵检测和适当行动方案的自动化决策。尽管本研究的目的并不在于充分探索和评估围绕这种系统的可用性问题以及界面或模型的开发，如图 11.11 所示，该图可以帮助突出显示在分析过程中出现的主要情景特征（访问频率和人数）和认知人口统计。

随后，简要描述了自动化决策过程。模型向用户呈现诸如访问位置的个人的

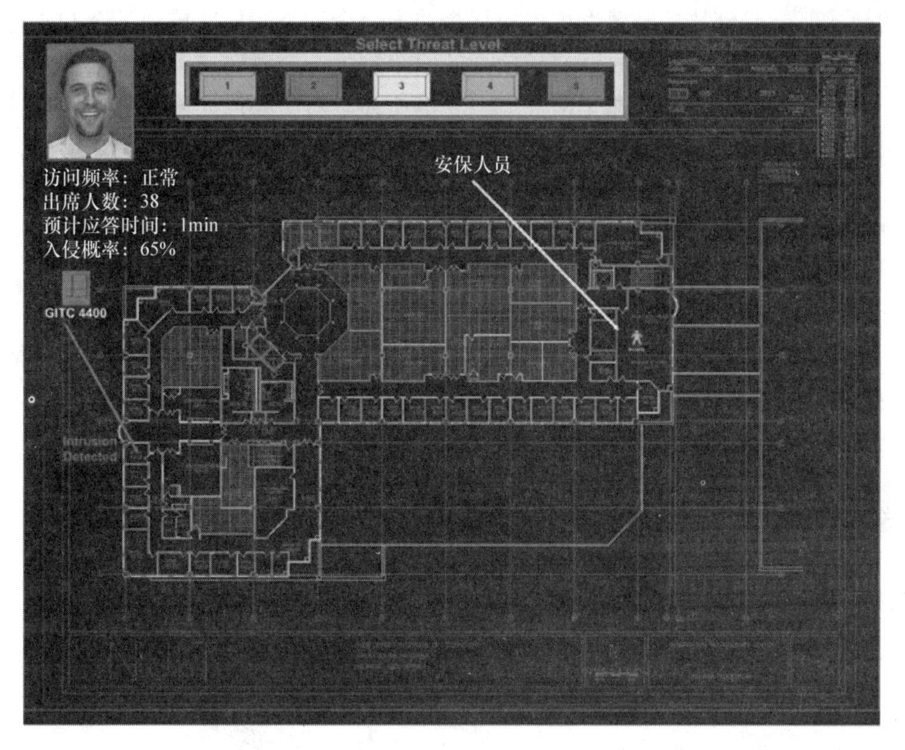

图 11.11　行为生物识别 IDS（经 IEEE 许可转载）

访问频率，位置中存在的个人数量，估计的响应时间以及特定位置的入侵概率的信息。此外，为了在收到威胁的情境下弥补低数量的替代解决方案，强大的可视化技术被纳入到设计中，以促进制定新的想法和解决方案（Ashford & Kasper，2003）。

接受信息后所产生的具体行为取决于四个参数：

1）访问该地点人员的访问频率（根据历史访问日志）；

2）该地点在场的人数；

3）该地点的预计响应时间；

4）入侵概率。

例如，基于生物识别键盘，入侵的概率将涉及个人当前的击键模式与他/她的档案中的常用击键模式的偏差。然而，任何其他机制产生的入侵统计概率也满足，可以采用 Quinlan（1987）开发的迭代 Dichotomiser 3（ID3）算法等分类算法，使用所有四个参数作为输入节点生成最小决策树。ID3 算法可用于在几种情况下学习个人对威胁的感知，并提供给定 4 个参数后的最合适的威胁级别。通过一些生物特征访问技术或者用于计算概率的其他重要参数的收集所进行的入侵概率的模式匹配或分数的敏感度可以根据个体在一个训练阶段对威胁的感知进行调整。例如，一天中的哪段时间要求较高的安全程度，或者对决策的倾向程度较高的个人，可以调整或增加概率值。如上一节所述，对决策倾向高的受试者可能需要更高或更准确的入侵值概率才能对个人对威胁的认知产生一些影响。但是，必须谨慎考虑，因为增加安全性的不幸后果往往会降低可用性。

11.9 结论

本章介绍了基于威胁感知模型的三种构造，认知人口统计特征、情景特征和入侵概率的分析（Leberknight 等，2008）。包含所有结果和设计概念的最终模型如图 11.12 所示。

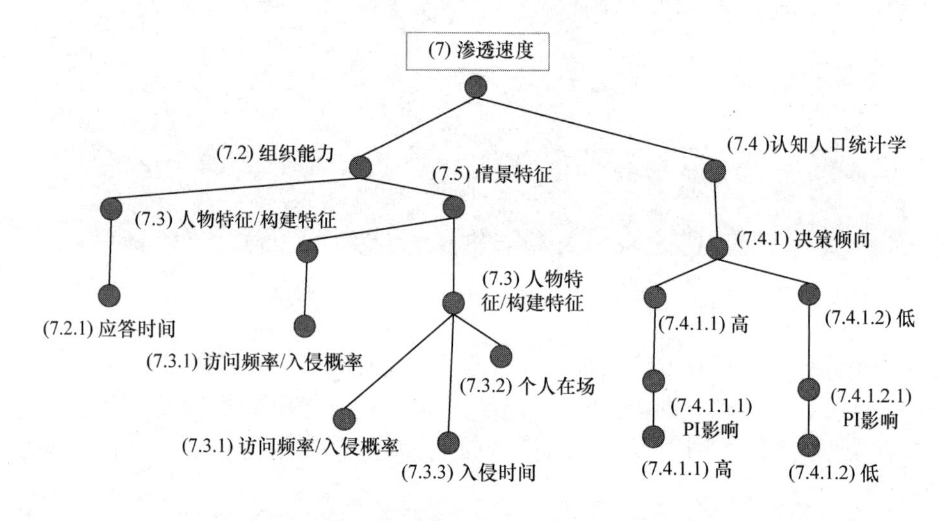

图 11.12　渗透速度的最终模型（经 IEEE 许可转载）

通过对访谈录音内容分析和实验任务检查的响应，提出了几个发现，虽然以前的研究已经汇报了情境特征对感知威胁的重要性，但本研究确定了在情景特征分析过程中出现的几个新概念。具体来说，这项研究的成果是在基于物理安全或反恐怖主义观点的基础上讨论了建筑物或地点特征的识别对威胁感知的不同影响。

另外，对认知人口统计学结构的内容分析也表明，受试者对决策有不同的倾向。此结果随后与参与者在实验任务中的反应相关联，结果表明：相比于有高倾向支持主要假设的受试者，对决策有低倾向的受试者认为评估为有更高被入侵概率的位置具备更高威胁。

H1：感知威胁是一种取决于社会环境和用户决策倾向的概念。

这意味着入侵概率对于决策倾向低的个体与对决策倾向高的个体相比，对所感知的威胁的影响更大。

参 考 文 献

Alberts, C., Dorofee, A., Stevens, J., & Woody, C. 2003. *Introduction to the OCTAVE Approach*. Carnegie Mellon University, Pittsburgh, PA.

Ashford, B.M., & Kasper, G.M. 2003. A test of the theory of DSS design for user calibration: the effects of expressiveness and visibility on user calibration. In: SIGHCI 2003 Proceedings, p. 18.

Barnett, C.K., & Pratt, M.G. 2000. From threat-rigidity to flexibility – toward a learning model of autogenic crisis in organizations. *Journal of Organizational Change Management*, 13(1), pp. 74–88.

Berenbaum, H., Thompson, R.J., & Bredemeier, K. 2007. Perceived threat: exploring its association with worry and its hypothesized antecedents. *Behaviour Research and Therapy*, 45(10), pp. 2473–2482.

Davis, F.D., Kottemann, J.E., & Remus, W.E. 1991. What-if analysis and the illusion of control. In: IEEE Proceedings of the Twenty-Fourth Annual Hawaii International Conference on System Sciences, vol. iii, January 8–11, 1991, Kauai, HI, pp. 452–460.

Dawson, R., Boyd, C., Dawson, E., & Nieto, J.M.G. 2006. SKMA: a key management architecture for SCADA systems. In: Proceedings of the 2006 Australasian workshops on Grid computing and e-research, vol. 54, January 2006, Australian Computer Society, Inc., Darlinghurst, Australia, pp. 183–192.

DeLuca, D., Gallivan, M.J., & Kock, N. 2008. Furthering information systems action research: a post-positivist synthesis of four dialectics. *Journal of the Association for Information Systems*, 9(2), p. 48.

den Braber, F., Hogganvik, I., Lund, M.S., Stølen, K., & Vraalsen, F. 2007. Model-based security analysis in seven steps – a guided tour to the CORAS method. *BT Technology Journal*, 25(1), pp. 101–117

Dugas, M.J., Buhr, K., & Ladouceur, R. 2004. The Role of Intolerance of Uncertainty in Etiology and Maintenance.

Dugas, M.J., Gosselin, P., & Ladouceur, R. 2001. Intolerance of uncertainty and worry: Investigating specificity in a nonclinical sample. *Cognitive Therapy and Research*, 25(5), pp. 551–558.

Fielding, N.G., Lee, N.F.R.M., & Lee, R.M. 1998. *Computer Analysis and Qualitative Research*. Sage.

Forte, D., & Power, R. 2007. Physical security–overlook it at your own peril. *Computer Fraud & Security*, 2007(8), pp. 16–20.

Frost, R.O., & Shows, D.L. 1993. The nature and measurement of compulsive indecisiveness. *Behaviour Research and Therapy*, 31(7), pp. 683–692.

Germeijs, V., & De Boeck, P. 2002. A measurement scale for indecisiveness and its relationship to career indecision and other types of indecision. *European Journal of Psychological Assessment*, 18(2), p. 113.

Glaser, B.G., Strauss, A.L., & Elizabeth S. 1968. The discovery of grounded theory; strategies for qualitative research. *Nursing Research*, 17(4), 364.

Jones, A. 2007. A framework for the management of information security risks. *BT Technology Journal*, 25(1), pp. 30–36.

Karabacak, B., & Sogukpinar, I. 2005. ISRAM: information security risk analysis method. *Computers & Security*, 24(2), pp. 147–159.

Kasper, G.M. 1996. A theory of decision support system design for user calibration. *Information Systems Research*, 7(2), pp. 215–232.

Keil, M., Tan, B.C., Wei, K.K., Saarinen, T., Tuunainen, V., & Wassenaar, A. 2000. A cross-cultural study on escalation of commitment behavior in software projects. *MIS quarterly*, 24(2), pp. 299–325.

Kottemann, J.E., Davis, F.D., & Remus, W.E. 1994. Computer-assisted decision making: performance, beliefs, and the illusion of control. *Organizational Behavior and Human Decision Processes*, 57(1), pp. 26–37.

Langer, E.J. 1975. The illusion of control. *Journal of Personality and Social Psychology*, 32(2), p. 311.

Langer, E.J., & Roth, J. 1975. Heads I win, tails it's chance: the illusion of control as a function of the sequence of outcomes in a purely chance task. *Journal of Personality and Social Psychology*, 32(6), pp. 951–955.

Leberknight, C.S., Widmeyer, G.R., & Recce, M.L. 2008. Decision support for perceived threat in the context of intrusion detection systems. In: AMCIS 2008 Proceedings, p. 317.

Lim, K.H., & Benbasat, I. 2000. The effect of multimedia on perceived equivocality and perceived usefulness of information systems. *MIS quarterly*, 24(3), pp. 449–471.

Malhotra, M.K., & Grover, V. 1998. An assessment of survey research in POM: from constructs to theory. *Journal of Operations Management*, 16(4), pp. 407–425.

McCumber, J. 1991. Information systems security: a comprehensive model. In: Proceedings of the 14th National Computer Security Conference, October 1991.

Melone, N.P., McGuire, T.W., Chan, L.W., & Gerwing, T.A. 1995. Effects of DSS, modeling, and exogenous factors on decision quality and confidence. In: IEEE Proceedings of the Twenty-Eighth Hawaii International Conference on System Sciences, vol. iii, January 3–6, 1995, Wailea, HI, pp. 152–159.

Morton, M.S.S. 1983. State of the art of research in management support systems. Report no. 107, CISR Working paper, Center for Information Systems Research, Sloan School of Management, Massachusetts Institute of Technology, pp. 1473–1483.

Myers, M.D., & Newman, M. 2007. The qualitative interview in IS research: examining the craft. *Information and Organization*, 17(1), pp. 2–26.

Nicolaou, A.I., & McKnight, D.H. 2006. Perceived information quality in data exchanges: effects on risk, trust, and intention to use. *Information Systems Research*, 17(4), pp. 332–351.

Page, V., Dixon, M., & Choudhury, I. 2007. Security risk mitigation for information systems. *BT Technology Journal*, 25(1), pp. 118–127.

Quinlan, J.R. 1987. Simplifying decision trees. *International Journal of Man-Machine Studies*, 27(3), pp. 221–234.

Rassin, E., & Muris, P. 2005. To be or not to be... indecisive: gender differences, correlations with obsessive–compulsive complaints, and behavioural manifestation. *Personality and Individual Differences*, 38(5), pp. 1175–1181.

Rassin, E., Muris, P., Franken, I., Smit, M., & Wong, M. 2007. Measuring general indecisiveness. *Journal of Psychopathology and Behavioral Assessment*, 29(1), pp. 60–67.

Rubin, H.J., & Rubin, I.S. (2005). *Qualitative Interviewing: The Art of Hearing Data*. Sage, Thousand Oaks, CA.

Schou, C.D., Frost, J., & Maconachy, W. 2004. Information assurance in biomedical informatics systems. *Engineering in Medicine and Biology Magazine*, 23(1), pp. 110–118.

Staw, B.M., Sandelands, L.E., & Dutton, J.E. 1981. Threat rigidity effects in organizational behavior: a multilevel analysis. *Administrative Science Quarterly*, 26(4), pp. 501–524.

Suh, B., & Han, I. 2003. The IS risk analysis based on a business model. *Information & Management*, 41(2), pp. 149–158.

Tractinsky, N., & Meyer, J. 1999. Chartjunk or goldgraph? Effects of presentation objectives and content desirability on information presentation. *MIS Quarterly*, 23(3), pp. 397–420.

Tsiros, M., & Mittal, V. 2000. Regret: a model of its antecedents and consequences in consumer decision making. *Journal of Consumer Research*, 26(4), 401–417.

Webster, J., & Trevino, L.K. 1995. Rational and social theories as complementary explanations of communication media choices: two policy-capturing studies. *Academy of Management Journal*, 38(6), pp. 1544–1572.

Wortman, C.B. 1975. Some determinants of perceived control. *Journal of Personality and Social Psychology*, 31(2), p. 282.

Yavagal, D.S., Lee, S.W., Ahn, G.J., & Gandhi, R.A. 2005. Common criteria requirements modeling and its uses for quality of information assurance (QoIA). In: Proceedings of the 43rd annual Southeast regional conference, vol. 2, March 2005, New York, NY, pp. 130–135.

Yoo, Y., & Alavi, M. 2001. Media and group cohesion: relative influences on social presence, task participation, and group consensus. *MIS Quarterly*, 25(3), pp. 371–390.

Zimmerman, R., & Horan, T.A. 2004. *Digital Infrastructures: Enabling Civil and Environmental Systems through Information Technology*. Psychology Press.

Zimmerman, R., & Restrepo, C.E. 2006. Information Technology (IT) and Critical Infrastructure Interdependencies for Emergency Response. In Proceedings of the 3rd ISCRAM Conference (B. Van de Walle and M. Turoff, eds.), Newark, NJ (USA), May 2006, pp. 382–386.

附　　录

附录 A　IEEE 物联网标准清单

以下是截至 2016 年 3 月发布的与物联网有关的 IEEE 标准清单。

IEEE 754™ – 2008——IEEE 浮点运算标准（IEEE 754™ – 2008 – IEEE Standard for Floating – Point Arithmetic）

说明：本标准规定了在计算机编程环境下二进制和十进制浮点运算的数据交换和算术运算的格式和方法。本标准规定了异常情况及其默认处理。符合这个标准的浮点系统的实现可以是完全用软件来实现，也可以是完全用硬件来实现，或者用软件和硬件的任何组合来实现。对于本标准的规范部分中指定的操作，数值结果和异常由输入数据、操作序列和目标格式的值唯一决定，均由用户控制。

IEEE 802.1AS™ – 2011——局域网和城域网的 IEEE 标准——桥接局域网中时间敏感应用的定时和同步（IEEE 802.1AS™ – 2011 – IEEE Standard for Local and Metropolitan Area Networks – Timing and Synchronization for Time – Sensitive Applications in Bridged Local Area Networks）

说明：该标准定义了在桥接和虚拟桥接局域网上传送定时的协议和程序。它包括同步时间的传送，定时源（即最佳主机）的选择以及定时损伤（即相位和频率不连续性）的发生和大小的指示。该标准的 PDF 可在 IEEE 获得计划中获得。“IEEE 获取计划”授予公众访问权限，可免费查看和下载部分标准的个别 PDF 文件。

有关详细信息，请访问 http://standards.ieee.org/about/get/index.html。

IEEE 802.1Q™ – 2011——局域网和城域网 IEEE 标准——介质访问控制（MAC）网桥和虚拟桥接局域网（IEEE 802.1Q™ – 2011 – IEEE Standard for Local and Metropolitan Area Networks – Media Access Control（MAC）Bridges and Virtual Bridged Local Area Networks）

说明：该标准规定了虚拟桥接局域网支持的 MAC 服务、这些网络的操作原理以及 VLAN 感知域的操作，包括管理，协议和算法。具体包括 IEEE Std 802.1Q – 2005，IEEE Std 802.1ad – 2005，IEEE Std 802.1ak – 2007，IEEE Std 802.1ag – 2007，IEEE Std 802.1ah – 2008，IEEE Std 802 – 1Q – 2005 / Cor – 1 – 2008，IEEE Std 802.1ap – 2008，IEEE Std 802.1Qaw – 2009，IEEE Std 802.

1Qay－2009，IEEE Std 802.1aj－2009，IEEE Std 802.1Qav－2009，IEEE Std Qau－2010 和 IEEE Std Qat－2010。这个标准的 PDF 是免费的，向 IEEE 802 操作速度指定以太网局域网操作。具有冲突检测的载波侦听多路访问（CSMA / CD）的 MAC 协议指定共享介质（半双工）操作以及全双工操作。速度特定的介质独立接口（MII）允许使用选定的物理层设备（PHY）在同轴电缆，双绞线电缆或光纤电缆上运行。考虑到多网段共享网络系统，描述了定义为运行速度高达 1000 Mb/s 的中继器的使用规范。局域网（LAN）的操作支持所有的速度。其他指定的功能包括接入网络的各种 PHY 类型，适用于城域网应用的 PHY，以及通过选定的双绞线 PHY 类型提供电源。

EEE 802.3.1™－2011——IEEE 标准——为以太网定义的管理信息库（MIB）（IEEE 802.3.1™－2011－IEEE Standard for Management Information Base（MIB）Definitions for Ethernet）

说明：IEEE Std 802.3 的管理信息库（MIB）模块规范（也称为以太网管理信息库）包含在本标准中。它包括以前由互联网工程任务组（IETF）制作和发布的管理信息版本 2（SMIv2）MIB 模块标准的结构和 IEEE Std 802.3 之前规定的管理对象（GDMO）MIB 定义的准则，以及修改 IEEE Std 802.3 所产生的扩展。SMIv2 MIB 模块目标在于使用简单网络管理协议（SNMP），通常用于管理以太网。

IEEE 802.11™－2012——IEEE 信息技术标准——系统间通信与信息交换——局域网和城域网——特殊要求第 11 部分：无线局域网介质访问控制（MAC）和物理层（PHY）标准（IEEE 802.11™－2012－IEEE Standard for Information Technology－Telecommunications and Information Exchange Between Systems－Local and Metropolitan Area Networks－Specific Requirements Part 11：Wireless LAN Medium Access Control（MAC）and Physical Layer（PHY））

说明：此修订版指定了 IEEE Std 802.11 对无线局域网（WLAN）的技术更正和说明，以及对现有介质访问控制（MAC）和物理层（PHY）功能的增强。它还包含 2008 年至 2011 年出版的第 1 至第 10 的修正版。本标准的 PDF 格式可在 http：//standards.ieee.org/about/get/802/802.11.html 上免费获得，其中包括 IEEE 802 GET 程序。

IEEE 802.11ad™－2012——局域网和城域网 IEEE 标准——特殊要求——第 11 部分：无线局域网介质访问控制（MAC）和物理层（PHY）规范——修订 3：60GHz 频段甚高吞吐量的增强（EEE 802.11ad™－2012－IEEE Standard for Local and Metropolitan Area Networks－Specific Requirements－Part 11：Wireless LAN Medium Access Control（MAC）and Physical Layer（PHY）Specifications－Amendment 3：Enhancements for Very High Throughput in the 60GHz

Band)

说明：该修订定义了对 IEEE 802.11 物理层（PHY）和 IEEE 802.11 媒体访问控制层（MAC）的修改，以使得能够在约 60GHz 的频率下操作并且能够具有非常高的吞吐量。

IEEE 802.15.1TM -2005——IEEE 信息技术标准——系统间通信与信息交换——局域网和城域网——具体要求——第 15.1 部分：无线个域网（WPAN）的无线介质访问控制（MAC）和物理层（PHY）标准（EEE 802.15.1TM -2005 - IEEE Standard for Information Technology - Telecommunications and Information Exchange Between Systems - Local and Metropolitan Area Networks - Specific Requirements. - Part 15.1: Wireless Medium Access Control (MAC) and Physical Layer (PHY) Specifications forWireless Personal Area Networks (WPANs))

说明：本标准涵盖了在个人区域网络（PAN）中通信设备的使用方法。

IEEE 802.15.2TM -2003——IEEE 推荐的信息技术实践——系统间通信与信息交换——局域网和城域网——特殊要求第 15.2 部分：无线个域网与其他无线设备在非授权频段工作的共存标准（IEEE 802.15.2TM -2003 - IEEE Recommended Practice for Information Technology - Telecommunications and Information Exchange Between Systems - Local and Metropolitan Area Networks - Specific Requirements Part 15.2: Coexistence of Wireless Personal Area Networks with Other Wireless Devices Operating in Unlicensed Frequency Bands)

说明：这个建议的做法解决了无线局域网和无线个域网共存的问题。这些无线网络通常在相同的非授权频段内运行。这个推荐的实践描述了可用于促进无线局域网（即 IEEE 标准 802.11b -1999）和无线个域网（即 IEEE 标准 802.15.1 -2002）的共存机制。

IEEE 802.15.3TM -2003——IEEE 信息技术标准——系统间通信与信息交换——局域网和城域网——特殊要求第 15.3 部分：无线介质访问控制（MAC）和物理层（PHY）规范对高速无线个域网（WPAN）修正案 1：Mac 子层（IEEE 802.15.3TM -2003 - IEEE Standard for Information Technology - Telecommunications and Information Exchange Between Systems - Local and Metropolitan Area Networks - Specific Requirements Part 15.3: Wireless Medium Access Control (MAC) and Physical Layer (PHY) Specifications for High Rate Wireless Personal Area Networks (WPANs) Amendment 1: Mac Sublayer)

说明：本标准定义了无线个域网（WPAN）中使用 2.4GHz 无线传输的数据和多媒体通信设备的兼容互连协议，该无线个域网使用低功率和多种调制格式来支持可扩展数据速率。介质访问控制（MAC）子层协议支持同步和异步数据类型。

IEEE 802. 15. 3c™ –2009——IEEE 信息技术标准——局域网和城域网——特殊要求——第 15. 3 部分：修改 2：基于毫米波的可选物理层扩展协议（IEEE 802. 15. 3c™ – 2009 – IEEE Standard for Information Technology – Local and Metropolitan Area Networks – Specific Requirements – Part 15. 3：Amendment 2：Millimeter – Wave – Based Alternative Physical Layer Extension）

说明：此修订为 IEEE Std 802. 15. 3 – 2003 定义了一个可替代物理层（PHY）。已经定义了三种 PHY 模式，使用 60GHz 频带可以使数据速率超过 5Gb/s。波束形成协议已被定义为改善通信设备的范围。已经定义了聚合和块确认，以及在由 PHY 提供的高数据速率下提高介质访问控制（MAC）效率。“IEEE 获取计划”授予公众访问权限，可免费查看和下载部分标准的个别 PDF 文件。有关详细信息，请访问 http：//standards. ieee. org/about/get/index. html。

IEEE 802. 15. 4™ –2011——局域网和城域网 IEEE 标准——第 15. 4 部分：低速无线个域网（LR – WPAN）（IEEE 802. 15. 4™ –2011 – IEEE Standard for Local and Metropolitan Area Networks – Part 15. 4：Low – Rate Wireless Personal Area Networks（LR – WPANs））

说明：在无线个域网（WPAN）中使用低数据速率，低功耗和低复杂度短程射频（RF）传输的数据通信设备的协议和兼容互连在 IEEE 标准 802. 15. 4 – 2006。在本次修订中，扩展了 IEEE Std 802. 15. 4 的市场适用性，消除了标准中的模糊性，并包含了从 IEEE Std 802. 15. 4 –2006 实施中获得的改进。本标准的 PDF 格式可在 http：//standards. ieee. org/about/get/index. html 上免费获得，其中包括 GET IEEE802 程序。

IEEE 802. 15. 4e™ –2012——局域网和城域网 IEEE 标准——第 15. 4 部分：低速无线个域网（LR – WPAN）修订 1：MAC 子层（IEEE 802. 15. 4e™ – 2012 – IEEE Standard for Local and Metropolitan Area Networks – Part 15. 4：Low – Rate Wireless Personal Area Networks（LR – WPANs）Amendment 1：MAC Sublayer）

说明：本标准修改了 IEEE Std 802. 15. 4 – 2011。本修订旨在增强和增加 IEEE 802. 15. 4 MAC 的功能，以便（a）更好地支持工业市场，并且（b）允许与中国 WPAN 中提出的修改相兼容。本标准的 PDF 格式免费提供，参阅 IEEEGET802 计划 http：//standards. ieee. org/getieee802/download/802. 15. 4e –2012. pdf

IEEE 802. 15. 4f™ –2012——局域网和城域网 IEEE 标准——第 15. 4 部分：低速率无线个域网（LR – WPAN）修订 2：有源射频识别（RFID）系统的物理层（PHY）（IEEE 802. 15. 4f™ –2012 – IEEE Standard for Local and Metropolitan Area Networks – Part 15. 4：Low – Rate Wireless Personal Area Networks

(LR – WPANs) Amendment 2: Active Radio Frequency Identification (RFID) System Physical Layer (PHY))

说明：此修订提供了两种 PHY（MSK 和 LRP UWB），可用于需要各种低成本，低能耗，多年长寿命电池，可靠通信，精确定位和读取器等各种组合的多种应用。此 PHY 标准支持未来在全球任何地方大量部署密集的自主有源 RFID 系统所需的性能和灵活性。

IEEE 802.15.4g™ – 2012——局域网和城域网 IEEE 标准——第 15.4 部分：低速率无线个域网（LR – WPAN）修订 3：低数据速率，无线，智能计量公用网络物理层（PHY）规范（IEEE 802.15.4g™ – 2012 – IEEE Standard for Local and Metropolitan Area Networks – Part 15.4: Low – Rate Wireless Personal Area Networks (LR – WPANs) Amendment 3: Physical Layer (PHY) Specifications for Low – Data – Rate, Wireless, Smart Metering Utility Networks)

说明：在对 IEEE Std 802.15.4 – 2011 的这一修订中，讨论了户外低数据速率，无线，智能计量公用网络的要求。定义备用 PHY 以及仅支持实现所需的 MAC 修改。

IEEE 802.15.4j™ – 2013——IEEE 信息技术标准——系统间通信和信息交换——局域网和城域网——特殊要求——第 15.4 部分：低速率无线介绍访问控制（MAC）和物理层（PHY）规范——个域网（WPANs）修正案：可替代物理层扩展以支持在 2360 – 2400MHz 频段工作的医疗体域网（MBAN）业务（IEEE 802.15.4j™ – 2013 – IEEE Standard for Information Technology – Telecommunications and Information Exchange Between Systems – Local and Metropolitan Area Networks – Specific Requirements – Part 15.4: Wireless Medium Access Control (MAC) and Physical Layer (PHY) Specifications for Low Rate Wireless Personal Area Networks (WPANs) Amendment: Alternative Physical Layer Extension to Support Medical Body Area Network (MBAN) Services Operating in the 2360 – 2400 MHz Band)

说明：在对 IEEE Std 802.15.4™ – 2011 的这一修订中，定义了符合联邦通信委员会（FCC）MBAN 规则的 2360 MHz 至 2400 MHz 频带内 IEEE 802.15.4 的物理层。本修正案还对支持这一新物理层所需的 MAC 层进行了修改。

IEEE 802.15.5™ – 2009——IEEE 信息技术推荐实践——系统间通信和信息交换——局域网和城域网——具体要求第 15.5 部分：无线个域网（WPAN）中的网络拓扑能力（IEEE 802.15.5™ – 2009 – IEEE Recommended Practice for Information Technology – Telecommunications and Information Exchange Between Systems – Local and Metropolitan Area Networks – Specific Requirements Part 15.5: Mesh Topology Capability inWireless Personal Area Networks (WPANs))

说明：这个 IEEE 推荐的实践定义了使 WPAN 设备能够推广可互操作的，稳定的和可扩展的无线网状拓扑的体系结构框架，并且如果需要的话，为实施这个推荐做法所需要的当前 WPAN 标准提供修改文本。

IEEE 802.15.6™ – 2012——IEEE 信息技术标准——系统间通信和信息交换——局域网和城域网——特殊要求——第 15.6 部分：无线个域网（WPAN）的无线介质访问控制（MAC）和物理层（PHY）规范（IEEE 802.15.6™ – 2012 – IEEE Standard for Information Technology – Telecommunications and Information Exchange Between Systems – Local and Metropolitan Area Networks – Specific Requirements – Part 15.6：Wireless Medium Access Control（MAC）and Physical Layer（PHY）Specifications for Wireless Personal Area Networks（WPANs））

说明：本标准规定了在人体附近或内部的短程无线通信（但不限于人体）。它使用现有的工业科学医学（ISM）频段以及由国家医疗和/或监管机构批准的频段。需要支持服务质量（QoS），超低功耗和高达 10Mbps 的数据速率，同时还要遵守严格的无干扰指导原则。该标准考虑了由于人的存在（随着男性，女性，瘦，重等而变化）的辐射模式修正，以便将体内特定吸收率（SAR）最小化以及由于用户动作而导致的特性变化。本标准的 PDF 可免费获得，网址为 http：//standards.ieee.org/about/get/802/802.15.html，致 IEEE 802 工作组。

IEEE 802.15.7™ – 2011——局域网和城域网 IEEE 标准——第 15.7 部分：使用可见光的短距离无线光通信（IEEE 802.15.7™ – 2011 – IEEE Standard for Local and Metropolitan Area Networks – Part 15.7：Short – Range Wireless Optical Communication Using Visible Light）

说明：定义了在光学透明介质中使用可见光的短程光学无线通信的 PHY 和 MAC 层。可见光谱波长从 380nm 到 780nm。该标准能够提供足以支持音频和视频多媒体服务的数据速率，并且还考虑可见光链路的移动性，与可见光基础设施的兼容性，由于噪声和来自诸如环境光来源之类的干扰的损害以及适应可见的 MAC 层 链接。该标准符合适用的眼睛安全规定。这个标准的 PDF 可以免费下载，致敬 IEEE GET 工作组。有关更多详细信息，请访问 http：//standards.ieee.org/getieee802/

IEEE 802.16™ – 2012——IEEE 宽带无线接入系统空中接口标准（IEEE 802.16™ – 2012 – IEEE Standard for Air Interface for Broadband Wireless Access Systems）

说明：该标准规定了提供多种服务的固定和移动点对多点宽带无线接入（BWA）系统的空中接口，包括介质访问控制层（MAC）和物理层（PHY）。MAC 被构造为支持无线 MAN – SC，无线 MAN – OFDM 和无线 MAN – OFDMA 的

PHY 规范，每个规范适用于特定的操作环境。该标准能够创新的快速全球部署，具有性价比高，可互操作的多厂商宽带无线接入产品。通过提供有线宽带接入的替代方案来促进宽带接入的竞争，鼓励全球统一的频谱分配，并加速宽带无线接入系统的商业化。

IEEE 802.16p™ –2012——IEEE 宽带无线接入系统空中接口标准修订：增强支持机器对机器的应用（IEEE 802.16p™ –2012 –IEEE Standard for Air Interface for Broadband Wireless Access Systems Amendment：Enhancements to Support Machine –to –Machine Applications）

说明：本修正案规定了无线 MAN –OFDMA 空中接口的增强功能，这是国际电信联盟无线电通信部门（ITU –R）指定为“IMT –2000”的空中接口。这些增强功能为机器对机器应用程序提供了更好的支持。本标准的 PDF 免费提供，致敬 IEEE GET 工作组，有关详细信息访问：http：//standards. ieee. org/about/get/ index. Html。

IEEE 802.16.1b™ –2012——用于宽带无线接入系统的无线 MAN 高级空中接口 IEEE 标准——修改：支持机器对机器应用的增强（IEEE 802.16.1b™ –2012 –IEEE Standard for WirelessMAN –Advanced Air Interface for Broadband Wireless Access Systems –Amendment：Enhancements to Support Machine –to –Machine Applications）

说明：本标准规定了对国际电信联盟无线电通信部门（ITU –R）指定为“IMT –Advanced”的空中接口无线 MAN 高级空中接口的增强。这些增强提供了机器对机器应用程序的改进支持。致敬 IEEE GET 工作组，有关详细信息访问：http：//standards. ieee. org/about/get/index. html。

IEEE 802.22™ –2011——IEEE 信息技术标准——系统间通信与信息交换无线区域网络（WRAN）——特殊要求第 22 部分：认知无线 RAN 介质访问控制（MAC）和物理层（PHY）规范：电视频带中操作的策略和规程（IEEE 802.22™ –2011 –IEEE Standard for Information Technology –Telecommunications and Information Exchange Between Systems Wireless Regional Area Networks（WRAN）–Specific Requirements Part 22：Cognitive Wireless RAN Medium Access Control（MAC）and Physical Layer（PHY）Specifications：Policies and Procedures for Operation in the TV Bands）

说明：该标准规定了由专业固定基站组成的点对多点无线区域网络的空中接口，包括认知的介质访问控制层（MAC）和物理层（PHY），固定和便携式用户终端在 54 MHz 到 862 MHz 之间的 VHF / UHF 电视广播频段之间运行。

IEEE 802.22.1™ –2010——IEEE 信息技术标准——系统间通信与信息交换——局域网和城域网——特殊要求第 22.1 部分：在电视广播频带中加强对低

功率许可设备的有害干扰保护标准（IEEE 802. 22. 1TM –2010 – IEEE Standard for Information Technology – Telecommunications and Information Exchange Between Systems – Local and Metropolitan Area Networks – Specific Requirements Part 22. 1：Standard to Enhance Harmful Interference Protection for Low – Power Licensed Devices Operating in TV Broadcast Bands）

说明：该标准定义了形成信标网络的通信设备的通信协议和数据格式，用于保护在电视广播频段工作的低功率、频段许可设备免受打算在同一频段运行的免许可设备（如无线区域网络 WRAN）产生的有害干扰。受保护的设备是在美国设备许可标准第 47 标题下的第 74 部分的 H 部分以及其他管理域中的等效设备被授权为次要设备。

IEEE 802. 22. 2TM – 2012——IEEE 信息技术标准——系统间通信与信息交换——局域网和城域网——特殊要求第 22. 2 部分：安装和部署 IEEE 802. 22 系统（IEEE 802. 22. 2TM – 2012 – IEEE Standard for Information Technology – Telecommunications and Information Exchange Between Systems – Local and Metropolitan Area Networks – Specific Requirements Part 22. 2：Installation and Deployment of IEEE 802. 22 Systems）

说明：在这个推荐的实践中讨论了用于安装和部署 IEEE 802. 22 系统的工程实践。

IEEE 1284TM – 2000——用于个人计算机的双向并行外设接口的 IEEE 标准信令方法（IEEE 1284TM –2000 – IEEE Standard Signaling Method for a Bidirectional Parallel Peripheral Interface for Personal Computers）

说明：定义了主机和打印机或其他外设之间异步的、完全互锁的、双向并行通信的信令方法。信令方法的功能子集可以在个人计算机（PC）或具有新软件的等效并行端口硬件上实现。新的电气接口，布线和接口硬件提供了改进的性能，同时保持与该子集的向后兼容性。

IEEE 1285TM –2005——可扩展存储接口的 IEEE 标准（S/SUP 2/I）（IEEE 1285TM –2005 – IEEE Standard for Scalable Storage Interface（S/SUP 2/I））

说明：本标准规定了大容量存储设备和控制硬件/软件之间的可扩展接口。该接口针对低延迟互连进行了优化，并假设处理器/控制器和存储设备通常可以共同位于同一块印刷电路板上。该接口也可以用于更长距离的总线互连，包括（但不限于）IEEE Std 1394 – 1995 串行总线和 IEEE Std 1596 – 1992 可伸缩相干接口。

IEEE 1301. 3TM –1992——微型计算机计量设备实践 IEEE 标准——2. 5 毫米连接器对流冷却（IEEE 1301. 3TM –1992 – IEEE Standard for a Metric Equipment Practice for Microcomputers – Convection – Cooled with 2. 5 mm Connectors）

说明：对于与 IEEE 标准 1301 - 1991 一起使用的插箱（子架）、插件、印刷电路板和背板以及 IEC 48B（交换机）245 中定义的 2.5 毫米连接器提出了尺寸要求。涵盖了总体布局，尺寸和环境要求。该标准可以与插箱中的其他 IEEE Std 1301.x 连接器一起使用。

IEEE 1377TM - 2012——实用工业计量通信协议应用层 IEEE 标准（终端设备数据表）（IEEE 1377TM - 2012 - IEEE Standard for Utility Industry Metering Communication Protocol Application Layer (End Device Data Tables)）

说明：本标准提供了通用结构，用于在使用二进制代码和可扩展标记语言（XML）内容的终端设备（仪表，家用电器，IEEE 1703 节点）和公用事业企业收集和控制系统之间的通信中对数据进行编码。美国能源部电力交付与能源可靠性办公室和加拿大安大略能源部的智能计量计划以及加拿大计量局确定了先进的计量基础设施（AMI）和智能电网要求。一组表被公开，它们集合在一起，这些部分与特定的功能集和相关的功能有关，比如使用时间、负载配置文件、安全性、电源质量等等。IEEE 1377 设备或家用电器的制造商可以使用 XML/TDL 描述性注册语法（基于 XML 的表格定义语言）和使用 EDL（交换数据）的企业数据值管理扩展或限制每个标准表格集（数据模型语言）是以机器可读的方式。与 NEMA 和加拿大计量局共同出版，提供了气体、水和电气传感器及相关电器的表格。通过参考其配套标准 IEEE Std 1703TM - 2012，还提供了网络配置和管理的表格。IEEE Std 1377 - 2012 共同发布为 ANSI C12.19 和 MC12.19。

IEEE 1394TM - 2008——IEEE 高性能串行总线标准（IEEE 1394TM - 2008 - IEEE Standard for a High - Performance Serial Bus）

说明：本标准提供了支持异步和同步通信的高速串行总线的规范，并与大多数 IEEE 标准的 32 位和 64 位并行总线很好地集成在一起。它旨在提供同一背板上的卡、其他背板上的卡和外部外设之间的低成本互连。与长距离传输介质（如非屏蔽双绞线（UTP），光纤和塑料光纤（POF））的接口允许在整个本地网络中扩展互连。该标准遵循 IEEE Std 1212 trade - 2001 的命令和状态寄存器（CSR）体系结构。

IEEE 1451.0TM - 2007——用于传感器和执行器的智能传感器接口的 IEEE 标准——通用功能、通信协议和传感器电子数据表（TEDS）格式（IEEE 1451.0TM - 2007 - IEEE Standard for a Smart Transducer Interface for Sensors and Actuators - Common Functions, Communication Protocols, and Transducer Electronic Data Sheet (TEDS) Formats）

说明：此标准为 IEEE 1451 系列标准的成员，提供了一个使其可互操作的通用基础。它定义了传感器接口模块（TIM）要执行的功能以及实现 TIM 的所有设备的共同特性。它规定了传感器电子数据表格（TEDS）的格式。它定义了一组命令，以便于 TIM 的设置和控制以及读取和写入系统使用的数据。应用程序编程接口（API）被定义为便于与 TIM 和应用程序的通信。

IEEE 1547™ - 2003——分布式资源与电力系统互连的 IEEE 标准（IEEE 1547™ - 2003 - IEEE Standard for Interconnecting Distributed Resources with Electric Power Systems）

说明：该标准是 1547 系列互连标准中的第一个标准，也是展示标准发展开放共识进程的基准里程碑。传统上，公用事业电力系统（EPS 电网或公用电网）的设计并不适合在配电层面积极生成和储存。其结果是要把有序的电力资源和电网有机地结合起来并有序地过渡，存在重大的问题和障碍。了解缺乏统一的互连操作和认证的国家标准和测试，以及缺乏统一的国家建筑、电气和安全规范，IEEE Std 1547 标准及其发展证明了在国家、地区和州一级建立更多的互连协议、规则和标准方面取得了成功的模式。IEEE Std 1547 有可能被用于联邦立法和规则制定以及州公共事业委员会（PUC）的审议，以及超过 3000 家公用事业公司为制定电网分布式发电机联网协议的技术要求。本标准侧重于互连本身的技术规范和测试。它提供了与性能、操作、测试、安全考虑和互连维护相关的要求。它包括一般要求，对异常情况的反应、电能质量、孤岛，以及设计、生产、安装评估、调试和定期测试的测试规范和要求。对于分布式资源（DR）（包括同步电机，感应电机或功率逆变器/转换器）的互连而言，所需的要求是普遍需要的，并且对于大多数设备来说都是足够的。标准和要求适用于所有 DR 技术，在共同耦合点的总容量为 10MVA 或更低，在典型的主要和/或次要配电电压下与电力系统相互连接。尽管在主要和次要网络分布系统上安装了 DR，但是在径向主要和次要分布系统上安装 DR 是本文件的主要重点。这个标准是考虑到 DR 是一个 60 Hz 的电源。

IEEE 1547. 1™ - 2005——分布式资源与电力系统互连设备一致性测试程序的 IEEE 标准（IEEE 1547. 1™ - 2005 - IEEE Standard Conformance Test Procedures for Equipment Interconnecting Distributed Resources with Electric Power Systems）

说明：本标准规定了为证明分布式资源（DR）的互连功能和设备符合 IEEE Std 1547 标准所规定要进行的分类、生产和调试测试。

IEEE 1547. 2™ - 2008——IEEE Std 1547™ 标准 IEEE 应用指南，分布式资源与电力系统互连 IEEE 标准（IEEE 1547. 2™ - 2008 - IEEE Application Guide for IEEE Std 1547™, IEEE Standard for Interconnecting Distributed Resources with Electric Power Systems）

说明：本文提供了支持 IEEE Std 1547 - 2003 标准的技术背景和应用细节。该指南通过表征各种形式的分布式资源（DR）技术及其相关的互连问题，便于使用 IEEE Std 1547 - 2003。该指南也提供了 IEEE Std 1547 - 2003 技术要求的背景和基本原理。它还提供了技巧，技术和经验法则，并提出与 DR 项目实施相关的主题，以提高用户对 IEEE Std 1547 - 2003 如何与这些主题相关的理解。本指南适用于 DR 领域的工程师、工程顾问和知识渊博的个人。IEEE 1547 系列标准在 2005 年的“联邦能源政策法案”中被引用，本指南是 IEEE 1547 系列中的一个文档。

IEEE 1547.3™ - 2007——分布式资源与电力系统互连的监视、信息交换和控制的 IEEE 指南（IEEE 1547.3™ - 2007 - IEEE Guide for Monitoring, Information Exchange, and Control of Distributed Resources Interconnected with Electric Power Systems）

说明：本指南旨在促进分布式资源（DR）的互操作性，并帮助 DR 项目利益相关者实施监测、信息交换和控制（MIC），以支持利益相关者之间的 DR 和交易的技术和业务操作。DR 控制者和利益相关者实体之间的直接通信交互的焦点在于 MIC。本指南集成了信息建模、用例方法和备考信息交换模板，并介绍了信息交换接口的概念。这些概念和方法与建立和满足 MIC 需求的历史方法是一致的。IEEE 1547 贸易系列标准在 2005 年的“美国联邦能源政策法案”中被引用，本指南是 IEEE 1547 系列中的一个文件。本指南主要关注 DR 单元控制器与外界之间的 MIC。然而，这些概念和方法对于负载，能源管理系统，SCADA，电力系统和设备保护以及收入计量通信系统的制造商和实施者也应该是有帮助的。本指南并未涉及特定类型 DR 的经济或技术可行性。它提供了用例方法和示例（例如 DR 单元调度，调度，维护，辅助服务和反应性供应的示例）。市场驱动因素将决定哪些 DR 应用程序可行。本文件提供了指导性而非强制性要求或优先选择的偏好。

IEEE 1547.4™ - 2011——分布式资源岛系统与电力系统的设计、操作和集成的 IEEE 指南（IEEE 1547.4™ - 2011 - IEEE Guide for Design, Operation, and Integration of Distributed Resource Island Systems with Electric Power Systems）

说明：提供分布式资源（DR）孤岛系统与电力系统（EPS）的设计、操作和集成的备选方法和良好实践。这包括在为岛屿 EPS 提供电力的同时，分离和重新连接部分区域 EPS 的能力。本指南包括分布式资源岛、互连系统和参与的电力系统（EPS）。

IEEE 1547.6™ - 2011——分布式资源与电力系统的分布辅助网络互连的 IEEE 推荐实践（IEEE 1547.6™ - 2011 - IEEE Recommended Practice for Interconnecting Distributed Resources with Electric Power Systems Distribution Secondary Networks）

说明：为分布式资源（DR）与分布式辅助网络（包括现场网络和电网）相

连提供相关建议和指导。本文档概述了分布式辅助网络系统的设计、构成和操作；描述了将分布式资源 DR 与网络互连的注意事项；为网络分布式系统的 DR 互联提供了参考的解决方案。IEEE Std 1547.6－2011 是 IEEE 1547（TM）系列标准的一部分。IEEE Std 1547－2003 提供了布式资源 DR 与电力系统 EPS 互连的强制性要求，主要侧重于径向分布电路互连。对于在网络上互连的 DR，需要满足 IEEE Std 1547－2003 的所有要求。IEEE Std 1547.6－2011 专门为提供有关将 DR 与分布式辅助网络互连的附加信息而开发。

IEEE 1609.2TM－2013——车载环境中的无线接入 IEEE 标准——应用和管理信息的安全服务（IEEE 1609.2TM－2013－IEEE Standard for Wireless Access in Vehicular Environments－Security Services for Applications and Management Messages）

说明：在本标准中定义了用于车载环境无线接入（WAVE）设备中的无线访问的安全消息格式和处理，包括保护车载环境无线接入（WAVE）管理消息的方法和保护应用消息的方法。还介绍了支持核心安全功能所需的管理功能。

IEEE 1609.3TM－2010——车载环境中的无线接入（WAVE）IEEE 标准——网络服务（IEEE 1609.3TM－2010－IEEE Standard for Wireless Access in Vehicular Environments（WAVE）－Networking Services）

说明：车载环境中的无线接入（WAVE）网络服务为 WAVE 设备和系统提供服务。表示互联网的开放系统互连（OSI）模型的第 3 层和第 4 层的传输控制协议（TCP）、用户数据报协议（UDP）和网络互联协议（IP）的主要协议。提供 WAVE 设备内的管理和数据服务。

IEEE 1609.4TM－2010——车载环境中的无线接入（WAVE）IEEE 标准——多信道操作（IEEE 1609.4TM－2010－IEEE Standard for Wireless Access in Vehicular Environments（WAVE）－Multi－Channel Operation）

说明：本标准描述了多信道无线操作、车载环境无线接入（WAVE）模式、介质访问控制（MAC）和物理层（PHY），包括控制信道（CCH）和业务信道（SCH）间隔定时器的操作以及优先接入、信道切换和路由、管理业务以及为多信道业务设计的原语的参数。

IEEE 1609.11TM－2010——车载环境中的无线接入（WAVE）IEEE 标准——智能交通系统（ITS）的空中电子支付数据交换协议（IEEE 1609.11TM－2010－IEEE Standard for Wireless Access in Vehicular Environments（WAVE）－Over－the－Air Electronic Payment Data Exchange Protocol for Intelligent Transportation Systems（ITS））

说明：本标准规定了电子支付服务层和用于支付和身份认证的配置文件，以及用于在车辆环境中进行无线接入的专用短距离通信（DSRC）应用的支付数据

传输。该标准定义了电子支付设备（即车载单元（OBU）和路边单元（RSU））使用 WAVE 的技术互操作性（车辆到路边）的基本级别。它没有提供互操作性的完整解决方案，也没有定义电子支付系统的其他部分、其他服务、其他技术和支付互操作性的非技术要素。本标准不打算定义技术和流程来激活和存储数据到 OBU（个性化），也不是使用支付服务的应用程序。

IEEE 1609.12™ – 2012——车载环境无线接入（WAVE）IEEE 标准——标识符分配（IEEE 1609.12™ – 2012 – IEEE Standard for Wireless Access in Vehicular Environments (WAVE) – Identifier Allocations)

说明：车辆环境中的无线接入（WAVE）在 IEEE 1609 系列标准中规定，其中使用了许多标识符。本文档描述了这些标识符的使用，指示已经分配给 WAVE 系统使用的标识符值，并指定了 WAVE 标准中指定的标识符值的分配。

IEEE 1675™ – 2008——宽带电力线硬件 IEEE 标准——1900.1 – 2008 IEEE 标准为动态频谱接入的定义和概念：有关新兴无线网络、系统功能和频谱管理的术语（IEEE 1675™ – 2008 – IEEE Standard for Broadband Over Powerline Hardware 1900.1 – 2008 IEEE Standard Definitions and Concepts for Dynamic Spectrum Access: Terminology Relating to Emerging Wireless Networks, System Functionality, and Spectrum Management)

说明：本标准提供了用于宽带电力线（BPL）安装的常用硬件（主要是耦合器和外壳）的测试和验证标准以及符合适用的代码和标准的安装方法。

IEEE 1701™ – 2011——光纤端口通信协议的 IEEE 标准，以补充公用事业终端设备数据表（IEEE 1701™ – 2011 – IEEE Standard for Optical Port Communication Protocol to Complement the Utility Industry End Device Data Tables)

说明：该标准为现在和将来使用 ANSI 2 类光学端口接口的数百万计量设备提供了多源和“即插即用”的环境。它解决了单源系统和基于专有通信协议的多源系统相关的问题。电力、供水、燃气公用事业和相应的供应商可以实现成本节约，最终有利于公用事业的客户消费者。

IEEE 1702™ – 2011——电话调制解调器通信协议的 IEEE 标准，以补充公用事业行业终端设备数据表（IEEE 1702™ – 2011 – IEEE Standard for Telephone Modem Communication Protocol to Complement the Utility Industry End Device Data Tables)

说明：该标准为现在和将来数以万计的设备使用电话调制解调器通信接口提供了多源和“即插即用”的环境。它解决了与单源系统和基于专有通信协议的多源系统相关的问题。电力、供水和燃气公用事业以及相应的供应商可以实现节约成本，最终使公用事业的客户消费者受益。

IEEE 1703™ – 2012——局域网/广域网（LAN/WAN）节点通信协议的 IEEE

标准——补充公用事业行业终端设备数据表（IEEE 1703^{TM} – 2012 – IEEE Standard for Local Area Network/Wide Area Network（LAN/WAN）Node Communication Protocol to complement the Utility Industry End Device Data Tables）

说明：本标准提供了一组适用于高级计量基础设施（AMI）的企业和终端设备的应用层消息服务。应用程序服务包括用于管理本标准定义的 AMI 网络资产的应用程序服务。这些消息可以通过各种各样的物理介质在诸如 TCP / IP，UDP，IEEE 802.11，IEEE 802.15.4 IEEE 802.16，PLC 和 GSM 上的 SMS 之类的各种底层网络传输中传输。此外，为通信模块和本地端口（例如，IEEE 1701 光端口）定义了接口。所描述的协议是针对但不限于 IEEE 1377 表数据的传输而定制的。此外，本标准还提供了使用 AES – 128 和 EAX 模式以安全方式发送信息的方法。本标准与 ANSI 标准（ANSI C12.22 出版）和加拿大的测量标准（MC12.22 出版）联合制定。

IEEE 1775^{TM} – 2010——电力线通信设备的 IEEE 标准——电磁兼容性（EMC）要求——测试和测量方法（IEEE 1775^{TM} – 2010 – IEEE Standard for Power Line Communication Equipment – Electromagnetic Compatibility（EMC）Requirements – Testing and Measurement Methods）

说明：介绍了宽带电力线（BPL）通信设备和装置的电磁兼容性（EMC）标准和一致性的测试和测量方法。引用了现有的 BPL 设备和装置的国家和国际标准。本标准不包括符合国家规定的具体排放限值。

IEEE 1815^{TM} – 2012——电力系统通信 IEEE 标准——分布式网络协议（DNP3）2200 – 2012 IEEE 媒体客户端设备中流媒体管理标准协议（IEEE 1815^{TM} – 2012 – IEEE Standard for Electric Power Systems Communications – Distributed Network Protocol（DNP3）2200 – 2012 IEEE Standard Protocol for Stream Management in Media Client Devices）

说明：指定分布式网络协议 DNP3 的结构、功能和可互操作的应用程序选项（子集级别）。最简单的应用程序级别适用于低成本配电馈线设备，对于全功能的系统来说则适用于最复杂的。选择合适的级别以适应每个设备所需的功能。该协议适用于与大多数电力通信系统的组成一致的各种通信介质上的操作。

IEEE 1888^{TM} – 2011——无处不在绿色社区控制网络协议的 IEEE 标准（IEEE 1888^{TM} – 2011 – IEEE Standard for Ubiquitous Green Community Control Network Protocol）

说明：该标准描述了数字社区、智能建筑群和数字城域网的远程控制架构；指定设备和系统之间的交互式数据格式；并在该数字社区网络中给出了设备、数据通信接口和交互式消息的标准化概括。数字社区远程控制网络为公共管理、公共服务、物业管理服务和个性化服务开辟了接口，使智能互联，协作服务，远程监控，集中管理成为可能。

IEEE 1900.1™ - 2008——IEEE 动态频谱接入标准的定义和概念：与新兴无线网络、系统功能和频谱管理相关的术语（IEEE 1900.1™ - 2008 - IEEE Standard Definitions and Concepts for Dynamic Spectrum Access: Terminology Relating to Emerging Wireless Networks, System Functionality, and Spectrum Management）

说明：本标准提供了频谱管理、认知无线电、政策定义无线电、自适应无线电、软件无线电以及相关技术领域中关键概念的定义和解释。该文件不仅仅是简单的定义，还提供了扩展的文本，在使用这些术语的技术背景下解释了这些术语。该文件还描述了这些技术如何相互关联并创造新的能力，同时提供了支持新的频谱管理范例（如动态频谱接入）的机制。

IEEE 1900.2™ - 2008——用于分析无线电系统之间的带内和相邻频带干扰和共存的 IEEE 推荐实践（IEEE 1900.2™ - 2008 - IEEE Recommended Practice for the Analysis of In - band and Adjacent Band Interference and Coexistence Between Radio Systems）

说明：本推荐实践中提供了技术指南，用于在相同频谱分配或不同频谱分配之间工作的无线电系统之间的共存或干扰分析。

IEEE 1900.4™ - 2009——使网络设备分布式决策优化无线资源在异构无线接入网络中的使用网络的构建模块 IEEE 标准（IEEE 1900.4™ - 2009 - IEEE Standard for Architectural Building Blocks Enabling Network - Device Distributed Decision Making for Optimized Radio Resource Usage in Heterogeneous Wireless Access Networks）

说明：构建模块包括网络资源管理器、设备资源管理器以及要在构件模块之间交换的信息。用于协调网络设备分布式决策实现，这将有助于定义了异构无线接入网络中的无线资源使用，包括频谱接入控制。标准仅限于第一阶段的架构和功能定义。与信息交换相关的协议定义将在稍后阶段处理。

IEEE 1900.4a™ - 2011——使网络设备分布式决策优化无线资源在异构无线接入网络中的使用网络的构建模块 IEEE 标准修改 1：白色空间频段中动态频谱接入网络的体系结构和接口（IEEE 1900.4a™ - 2011 - IEEE Standard for Architectural Building Blocks Enabling Network - Device Distributed Decision Making for Optimized Radio Resource Usage in Heterogeneous Wireless Access Networks Amendment 1: Architecture and Interfaces for Dynamic Spectrum Access Networks in White Space Frequency Bands）

说明：本修订中定义了 IEEE 1900.4 系统的附加组件，以便在白色空间频段内实现移动无线接入服务，而不会对使用的无线接口（物理层和媒体接入控制层，载波频率等）进行任何限制。

IEEE 1901™ –2010——电力线网络宽带 IEEE 标准：介质访问控制和物理层规范（IEEE 1901™ –2010 – IEEE Standard for Broadband over Power Line Networks: Medium Access Control and Physical Layer Specifications）

说明：定义了通过电力线高速通信设备（所谓的宽带电力线（BPL）设备）的标准。

使用低于 100MHz 的传输频率。所有类别的 BPL 设备都可以使用该标准，包括用于宽带服务的第一英里/最后一英里连接的 BPL 设备以及用于构建局域网（LAN）、智能能源应用、运输平台（车辆）应用程序和其他数据的分配。所有类别的 BPL 设备均衡和高效地使用电力线通信信道是本标准的主要重点，它定义了不同 BPL 设备之间共存和互操作性的详细机制，并确保可以提供所需的带宽和服务质量。解决必要的安全问题以确保用户之间的通信隐私，并允许使用 BPL 进行安全敏感的服务。

IEEE 1902.1™ –2009——长波无线网络协议 IEEE 标准（IEEE 1902.1™ –2009 – IEEE Standard for Long Wavelength Wireless Network Protocol）

说明：该标准定义了使用长波长信号（千米和百米，频率 <450 kHz）射频无线标签的空中接口。适合于在中等距离（0.5 ~ 30m）和低数据传输速度（300 ~ 9600bit/s）下具有非常低功耗（平均几微瓦）的设备使用。它们非常适合可视网络、传感器，感应器和电池供电的显示器。该标准填补了非基于网络的 RFID 标准（例如，ISO/IEC CD 15961 –3，ISO 18000 –6C 或 ISO 18000 –7 等标准）与现有高速带宽网络标准（例如 IEEE Std 802.11 标准和 IEEE 802.15.4 标准）之间的差距。

IEEE 1905.1™ –2013——用于异构技术的融合数字家庭网络的 IEEE 标准草案（IEEE 1905.1™ –2013 – IEEE Draft Standard for a Convergent Digital Home Network for Heterogeneous Technologies）

说明：本标准定义了一种为家庭网络技术提供通用接口的支持多种家庭网络技术的抽象层：IEEE1901 电力线宽带网、IEEE 802.11 无线网，双绞线以太网和同轴电缆 MoCA 1.1 网。1905.1 抽象层支持从任何接口或应用程序传输数据包的连接选择。1905.1 层不需要对底层家庭网络技术进行修改，因此不会改变现有家庭网络技术的行为或实施。1905.1 规范引入的是第 2 层和第 3 层之间的一个层，它抽象化每个接口的各个细节，聚合可用带宽，并促进无缝集成。1905.1 还简化了端到端的服务质量（QoS），同时也简化了向网络引入新设备、建立安全连接、扩展网络覆盖范围以及促进高级网络管理的功能，包括发现、路径选择、自动配置和服务质量（QoS）协商。

IEEE 2200^{TM} –2012——媒体客户端设备中的流媒体管理标准协议（IEEE 2200^{TM} –2012 – IEEE Standard Protocol for Stream Management in Media Client Devices）

说明：定义了用于智能地将异构网络上的内容分发和复制到具有本地存储的便携式和中间设备的接口。

IEEE 2030^{TM} –2011——智能电网的能源技术和信息技术在电力系统（EPS）的互操作性、终端应用和负载的 IEEE 指南（IEEE 2030^{TM} –2011 – IEEE Guide for Smart Grid Interoperability of Energy Technology and Information Technology Operation with the Electric Power System（EPS），End – Use Applications，and Loads）

说明：IEEE Std 2030 提供了实现智能电网互操作性的替代方法和最佳实践。这是第一个全面涵盖智能电网互操作性的 IEEE 标准，提供了一个线路图，旨在建立一个基于电力线应用交叉技术学科和通过通信进行信息交换和控制的 IEEE 国家和国际标准体系框架。IEEE Std 2030 建立了智能电网互操作性参考模型（SGIRM），为电力系统与终端应用的智能电网互操作性提供了术语、特性、功能和评估标准以及工程原理的应用知识库和负载。智能电网互操作性的系统方法体系奠定了 IEEE Std 2030 将 SGIRM 作为设计工具的基础，该设计工具本质上允许可扩展性，可量测性和可升级性。IEEE 2030 SGIRM 定义了三个集成的架构观点：电力系统、通信技术和信息技术。此外，它还定义了设计表格和互操作性所需的数据流特性的分类。讨论了智能电网互操作性、设计标准和参考模型应用指南，重点是功能接口识别、逻辑连接和数据流、通信和连接、数字信息管理和发电使用。

IEEE 11073 – 00101^{TM} – 2008——卫生信息 IEEE 标准——PoC 医疗设备通信——第 00101 部分：指南——射频无线技术使用指南（IEEE 11073 – 00101^{TM} –2008 – IEEE Standard for Health Informatics – PoC Medical Device Communication – Part 00101：Guide – Guidelines for the Use of RFWireless Technology）

说明：无

IEEE 11073 – 10102^{TM} – 2012——卫生信息 IEEE 标准——医疗点医疗设备通信——命名法——心电图 ECG 注释（IEEE 11073 – 10102^{TM} – 2012 – IEEE Standard for Health informatics – Pointof – Care Medical Device Communication – Nomenclature – Annotated ECG）

说明：本标准扩展了基础 IEEE 11073 – 10101 命名法，以提供对心电图 ECG 注释术语的支持。它可以与其他 IEEE 11073 标准（例如 ISO/IEEE 11073 – 10201：2001）结合使用，也可以与其他标准独立使用。命名法所涉及的主要主题领域包括心电图节拍注释、波浪成分注释、节奏注释和噪音注释。额外的"全局"和"个人导引"数字观察标识符、心电图引导系统以及额外的心电引导标识符也被定义。

IEEE 11073 - 10103™ - 2012——卫生信息 IEEE 标准——医疗点医疗设备通信——命名法——可植入设备，心脏（IEEE 11073 - 10103™ - 2012 - IEEE Standard for Health Informatics - Point - of - Care Medical Device Communication - Nomenclature - Implantable Device, Cardiac）

说明：本标准扩展了 IEEE 11073 中提供的支持植入式心脏装置术语的基本术语。本术语范围内的装置是植入式装置，例如心脏起搏器、除颤器、心脏再同步治疗装置和植入式心脏监护仪。在这个术语中定义了在设备询问期间获得的信息相关的临床摘要所必需的离散术语。为了提高工作流程效率，心脏病学和电生理学实践需要管理来自中央系统（例如电子健康记录（EHR）系统或设备诊所管理系统）中的所有供应商设备和系统的摘要询问信息。为了满足这个要求，可植入设备心脏（IDC）命名法为设备数据定义了基于标准的术语。该术语有助于将数据从供应商专有系统传输到临床医护人员诊所管理系统。如果没有附加 PDF 文件，可以在 http：//standards. ieee. org/downloads/11073/11073 - 10103 - 2012/ 上找到其他文件。

IEEE 11073 - 10201™ - 2004——卫生信息 IEEE 标准——医疗点医疗设备通信——第 10201 部分：域信息模型（IEEE 11073 - 10201™ - 2004 - IEEE Standard for Health Informatics - Point - of - Care Medical Device Communication - Part 10201：Domain Information Model）

说明：用于在医疗点（POC）医疗设备通信（MDC）的 ISO/IEEE 11073 标准系列的范围内，该标准提供了一种抽象的面向对象的域信息模型，规定了交换信息的结构以及每个对象所支持的事件和服务。所有元素都使用抽象语法（ASN. 1）来指定，并且可以应用于许多不同的实现技术、传输语法和应用程序服务模型。核心术语包括医疗、警报、系统、病人、控制、档案、沟通和延伸服务。支持模型可扩展性，并提供一致性模型和语句模板。

IEEE 11073 - 10404™ - 2010——卫生信息 IEEE 标准——个人健康设备通信第 10404 部分：设备专业化——脉搏血氧仪（IEEE 11073 - 10404™ - 2010 - IEEE Standard for Health Informatics - Personal Health Device Communication Part 10404：Device Specialization - Pulse Oximete）

说明：采用的 IEEE 标准 11073 - 10404 - 2008 是在用于设备通信的 ISO/IEEE 11073 系列标准的范围内，该标准建立了个人远程医疗脉搏血氧仪设备与计算引擎（例如，手机、个人计算机、个人健康设备和机顶盒）之间的通信的规范性定义，以便实现即插即用（PnP）的互操作性方式。它利用现有标准的适当部分，包括ISO/IEEE 11073术语、信息模型、应用程序概况标准和传输标准。它规定了远程医疗环境中特定术语代码、格式和行为的使用，限制了基本框架中的选择性，有利于互操作性。该标准为个人远程医疗脉搏血氧仪定义了通用的核心功能。

IEEE 11073 – 10406™ – 2011——卫生信息IEEE标准——个人健康设备通信第10406部分：设备专业化——基本型心电图（ECG）（1至3导联心电图）（IEEE 11073 – 10406™ – 2011 – IEEE Standard for Health Informatics – Personal Health Device Communication Part 10406：Device Specialization – Basic Electrocardiograph（ECG）（1 – to 3 – lead ECG））

说明：在用于设备通信的ISO/IEEE 11073系列标准的范围内，个人基本心电图（ECG）设备和管理者（例如，手机、个人计算机、个人健康设备和机顶盒）之间的通信规范的定义，这种标准确立了即插即用的互操作性。利用了现有标准的适当部分，包括ISO/IEEE 11073术语和IEEE 11073 – 20601信息模型。在远程医疗环境中使用特定的术语代码、格式和行为来限制基础框架中的选择性以支持互操作性。定义了用于个人远程医疗基本心电图ECG（1 ~ 3导联ECG）设备的通信核心功能。监护ECG设备与诊断ECG设备的区别在于包括对可穿戴ECG设备的支持，将设备支持的连接数量限制为三个，并且不要求能够注释或分析检测到的心电活动以确定已知的心脏现象。该标准与基本框架一致，并且允许遵循多个设备专业化（例如，ECG和呼吸率）的多功能实施。

IEEE 11073 – 10407™ – 2010——卫生信息IEEE标准——个人健康设备通信标准第10407部分：设备专业化——血压监测仪（IEEE 11073 – 10407™ – 2010 – IEEE Standard for Health Informatics Personal Health Device Communication Part 10407：Device Specialization Blood Pressure Monitor）

说明：采用的IEEE标准11073 – 10407 – 2008是在ISO/IEEE 11073设备通信标准的范围内，该标准建立了个人远程医疗血压监测设备与计算引擎（例如手机、个人计算机、个人健康设备和机顶盒）之间通信规范的定义，以实现即插即用的互操作性的方式。它利用现有标准的适当部分，包括ISO/IEEE 11073术语、信息模型、应用程序概况标准和传输标准。它规定了远程医疗环境中特定术语规范、格式和行为的使用，限制了基本框架中的选择性，有利于互操作性。该标准定义了个人血压监护仪远程通信的通用核心功能。

IEEE 11073 – 10408™ – 2010——卫生信息IEEE标准——个人健康设备通信标准第10408部分：设备专业化——温度计（IEEE 11073 – 10408™ – 2010 – IEEE Standard for Health Informatics Personal Health Device Communication Part 10408：Device Specialization Thermometer）

说明：采用的IEEE标准11073 – 10408 – 2008在ISO/IEEE 11073系列设备

通信标准的范围内，该标准建立了个人远程医疗温度计设备与计算引擎（例如手机、个人计算机，个人健康设备和机顶盒）之间通信规范的定义，以便实现即插即用的互操作性。它利用现有标准的适当部分，包括 ISO/IEEE 11073 术语、信息模型、应用程序概况标准和传输标准。它规定了远程医疗环境中特定术语规范、格式和行为的使用，限制了基本框架中的选择性，有利于互操作性。该标准定义了个人远程医疗温度计设备远程通信的通用核心功能。

IEEE 11073－10415™－2010——卫生信息 IEEE 标准——个人健康设备通信标准第 10415 部分：设备专业化称量器 11073－10420－2010 卫生信息 IEEE 标准——个人健康设备通信第 10420 部分：设备专业化——身体成分分析仪（IEEE 11073－10415™－2010－IEEE Standard for Health Informatics Personal Health Device Communication Part 10415：Device Specialization Weighing Scale 11073－10420－2010 IEEE Standard for Health Informatics－Personal Health Device Communication Part 10420：Device Specialization－Body Composition Analyzer）

说明：采用的 IEEE 标准 11073－10408－2008 在 ISO/IEEE 11073 系列设备通信标准的范围内，该标准建立了个人远程健康称重设备和计算引擎（例如手机、个人计算机、个人健康设备和机顶盒）之间通信规范的定义，以便能够实现即插即用的互操作性。它利用现有标准的适当部分，包括 ISO/IEEE 11073 术语、信息模型、应用程序概况标准和传输标准。它规定了远程医疗环境中特定术语规范、格式和行为的使用，限制了基本框架中的选择性，有利于互操作性。该标准定义了个人远程健康秤的远程通信的通用核心功能。

IEEE 11073－10417™－2011——卫生信息 IEEE 标准——个人健康设备通信标准第 10417 部分：设备专业化——血糖仪（IEEE 11073－10417™－2011－IEEE Standard for Health Informatics Personal Health Device Communication Part 10417：Device Specialization Glucose Meter）

说明：在用于设备通信的 ISO/IEEE 11073 系列设备通信标准的范围内，个人远程血糖仪设备与计算引擎（例如，手机、个人计算机、个人健康设备和机顶盒）之间的通信规范的定义，以便能够实现即插即用的互操作性。利用现有标准的适当部分，包括 ISO/IEEE 11073 术语、信息模型、应用规范标准和传输标准。在远程医疗环境中使用特定的术语规范、格式和行为来限制基本框架中的选择性，以支持互操作性。本标准定义了个人远程血糖仪的通信通用核心功能。

IEEE 11073－10418™－2011——卫生信息 IEEE 标准——个人健康设备通信——设备专业化——国际标准化比率（INR）监测仪（IEEE 11073－10418™－2011－IEEE Standard for Health Informatics－Personal Health Device Communication－Device Specialization－International Normalized Ratio（INR）

Monitor）

说明：在本标准中建立了个人远程医疗国际标准化比率（INR）设备（代理）与管理者（如手机、个人计算机、个人健康设备和机顶盒）之间通信的规范性定义，以便能够实现即插即用的互操作性。利用其他 ISO/IEEE 11073 标准完成的工作，包括现有术语、信息模型、应用程序规范标准和传输标准。在远程医疗环境中使用特定的术语规范、格式和行为本标准定义了 INR 器件通信的通用核心功能。在个人健康设备方面，用于评估抗凝血治疗水平的凝血酶原时间（PT）的测量以及其作为国际标准化比率与正常血浆的凝血酶原时间的比较呈现在 INR 监测中被引用。INR 监测仪的应用包括管理各种病症治疗中使用的抗凝剂的治疗水平。本标准提供了依据 ISO/IEEE 11073－20601：2010 的数据建模及其传输支持层，测量方法没有规定。

IEEE 11073－10420™－2010——卫生信息 IEEE 标准——个人健康设备通信第 10420 部分：设备专业化——身体成分分析仪（IEEE 11073－10420™－2010－IEEE Standard for Health Informatics－Personal Health Device Communication Part 10420：Device Specialization－ Body Composition Analyzer）

说明：在用于设备通信的 ISO/IEEE 11073 系列标准的范围内，该标准建立了个人身体组成分析设备和管理者（例如手机、个人计算机、个人健康设备和机顶盒）之间通信的规范定义，以实现即插即用的互操作性。利用现有标准的适当部分，括 ISO/IEEE 11073 的术语和 IEEE11073－20601（TM）的信息模型。它规定了远程医疗环境中特定术语规范、格式和行为来限制基础框架中的选择性以支持互操作性。该标准为个人远程健康人体成分分析仪设备定义了通信通用的核心功能。在这种情况下，人体成分分析装置广泛用于测量人体阻抗的身体成分分析装置，根据阻抗来计算身体成分，包括身体脂肪。

IEEE 11073－10441™－2008——卫生信息 IEEE 标准——个人健康设备通信——第 10441 部分：设备专业化——心血管健康与活动监测仪（IEEE 11073－10441™－2008－IEEE Standard for Health Informatics－Personal Health Device Communication－Part 10441：Device Specialization－Cardiovascular Fitness and Activity Monitor）

说明：在用于设备通信的 ISO/IEEE 11073 系列标准的范围内，该标准建立了个人远程医疗心血管健康和活动监测设备与计算引擎（例如，手机、个人计算机、个人健康设备和机顶盒）之间通信的规范定义，以便实现即插即用的互操作性。它利用现有标准的适当部分，包括 ISO/IEEE 11073 术语、信息模型、应用程序规范标准和传输标准。它规定了远程医疗环境中特定术语规范、格式和行为的使用，限制了基本框架中的选择性，有利于互操作性。该标准定义了用于个人远程医疗心血管健身和活动监测设备通信的通用核心功能。

IEEE 11073－30300^{TM}－2004——卫生信息 IEEE 标准——医疗点医疗设备通信——传送模式——红外线（IEEE 11073－30300^{TM}－2004－IEEE Standard for Health informatics－Point－of－Care Medical Device Communication－Transport Profile－Infrared）

说明：该标准建立了一个面向连接的传输配置文件和物理层，适用于使用短距离红外无线的医疗设备通信。该标准定义了符合红外数据协会（IrDA）规范的通信服务和协议，并针对患者或患者附近的护理点（POC）应用进行了优化。

IEEE 11073－30400^{TM}－2010——卫生信息 IEEE 标准——医疗点医疗设备通信第 30400 部分：接口配置文件——同轴电缆以太网（IEEE 11073－30400^{TM}－2010－IEEE Standard for Health Informatics－Point－of－Care Medical Device Communication Part 30400：Interface Profile－Cabled Ethernet）

说明：本文档中介绍了用于医疗设备通信的以太网系列（IEEE Std 802.3－2008）协议的应用。范围仅限于参考适当的以太网系列规范，并且呼吁 ISO/IEEE 11073 环境的任何特定的特殊需求或要求，特别关注于简化互操作性和控制成本。

IEEE 14575^{TM}－2000——用于异构互连（HIC）的 IEEE 标准（用于并行系统构建低成本、低延迟和可扩展的串行互连）（IEEE 14575^{TM}－2000－IEEE Standard for Heterogeneous Interconnect（HIC）（Low－Cost，Low－Latency Scalable Serial Interconnect for Parallel System Construction））

说明：讨论了以低系统集成成本构建高性能、可扩展的模块化并行系统。描述了以 10－200 Mb/s 的速度和在铜线和光通信技术中以 1Gb/s 速度运行的点对点串行可扩展互连的物理连接器和电缆的补充使用、电气特性和逻辑协议。

IEEE 21450^{TM}－2010——IEEE 信息技术标准——传感器和执行器的智能传感器接口——通用功能、通信协议和传感器电子数据表（TEDS）格式（IEEE 21450^{TM}－2010－IEEE Standard for Information Technology－Smart Transducer Interface for Sensors and Actuators－Common Functions，Communication Protocols，and Transducer Electronic Data Sheet（TEDS）Formats）

说明：采用 IEEE Std 1451.0－2007 标准，该标准为 IEEE 1451 系列标准的成员提供了一个通用的基础，使其可以互操作。它定义了传感器接口模块（TIM）要执行的功能以及实现 TIM 的所有设备的共同特性。它规定了换能器电子数据表格（TEDS）的格式。定义了一组命令，以便于 TIM 的设置和控制读取和写入系统使用的数据。应用程序编程接口（API）被定义为便于 TIM 和应用程序间的通信。

IEEE 21451－1^{TM}－2010——IEEE 信息技术标准——传感器和执行器智能传感器接口——第 1 部分：网络功能应用处理器（NCAP）信息模型（IEEE

21451 - 1^{TM} - 2010 - IEEE Standard for Information Technology - Smart Transducer Interface for Sensors and Actuators - Part 1: Network Capable Application Processor (NCAP) Information Model)

说明：采用 IEEE 标准 1451. 1 - 1999。该标准定义了一个具有网络中立接口的对象模型，用于将处理器连接到通信网络、传感器和执行器。对象模型包含块、服务和组件，指定了与传感器和执行器的交互，并形成了在处理器中执行应用程序代码的基础。

IEEE 21451 - 2^{TM} - 2010——IEEE 信息技术标准——传感器和执行器智能传感器接口——第 2 部分：传感器与微处理器通信协议和传感器电子数据表（TEDS）格式（IEEE 21451 - 2^{TM} - 2010 - IEEE Standard for Information Technology - Smart Transducer Interface for Sensors and Actuators - Part 2: Transducer to Microprocessor Communication Protocols and Transducer Electronic Data Sheet (TEDS) Formats)

说明：采用 IEEE Std 1451. 2 - 1997 标准，定义了将传感器连接到微处理器的数字接口。介绍换能器电子数据表（TEDS）及其数据格式。定义了电气接口，访问 TEDS 的读写逻辑功能和各种换能器。本标准没有规定信号调节、信号转换和 TEDS 数据在应用中的使用方式。

IEEE 21451 - 4^{TM} - 2010——IEEE 信息技术标准——传感器和执行器的智能传感器接口——第 4 部分：混合模式通信协议和传感器电子数据表（TEDS）格式(IEEE 21451 - 4^{TM} - 2010 - IEEE Standard for Information Technology - Smart Transducer Interface for Sensors and actuators - Part 4: Mixed - Mode Communication Protocols and Transducer Electronic Data Sheet (TEDS) Formats)

说明：采用 IEEE Std 1451. 2 - 1997 标准，定义了将传感器连接到微处理器的数字接口。介绍换能器电子数据表（TEDS）及其数据格式。定义了电气接口，访问 TEDS 的读写逻辑功能和各种换能器。本标准没有规定信号调节、信号转换或 TEDS 数据在应用中的使用方式。

IEEE 21451 - 7^{TM} - 2011——传感器和执行器智能传感器接口的 IEEE 标准——射频识别（RFID）系统的传感器通信协议和传感器电子数据表格式（IEEE 21451 - 7^{TM} - 2011 - IEEE Standard for Smart Transducer Interface for Sensors and Actuators - Transducers to Radio Frequency Identification (RFID) Systems Communication Protocols and Transducer Electronic Data Sheet Formats)

说明：ISO/IEC/IEEE 21451 - 7：2011 定义了数据格式，以促进无线射频识别（RFID）系统与具有集成传感器（传感器和执行器）的智能 RFID 标签之间的通信。它定义了基于 ISO/IEC/IEEE 21451 系列标准的新型换能器电子数据表（TEDS）格式。也定义了一个命令结构并指定命令结构被设计为兼容模式的通信方法。

以下是截至2016年3月与物联网相关的IEEE标准的部分列表。

802. 11af – 2013——IEEE信息技术标准——系统间通信和信息交换——局域网和城域网——特殊要求——第11部分：无线局域网介质访问控制（MAC）和物理层（PHY）规范修订5：电视频带空白空间（TVWS）操作（802. 11af – 2013 – IEEE Standard for Information Technology – Telecommunications and Information Exchange Between Systems – Local and Metropolitan Area Networks – Specific Requirements – Part 11：Wireless LAN Medium Access Control（MAC）and Physical Layer（PHY）Specifications Amendment 5：Television White Spaces（TVWS）Operation）

说明：定义对IEEE 802. 11物理层（PHY）和介质访问控制（MAC）子层的增强，以支持在电视频带中的空白区域中的操作。本标准的PDF格式免费提供，致敬IEEE GET工作组。网址：http：//standards. ieee. org/getieee802/

IEEE P802. 11ah™——IEEE信息技术标准草案——系统间通信与信息交换——局域网和城域网——特殊要求——第11部分：无线局域网介质访问控制（MAC）和物理层（PHY）规范：修订版1GHz免许可证操作（IEEE P802. 11ah™ – IEEE Draft Standard for Information Technology – Telecommunications and Information Exchange Between Systems – Local and Metropolitan Area Networks – Specific Requirements – Part 11：Wireless LAN Medium Access Control（MAC）and Physical Layer（PHY）Specifications：Amendment – Sub 1GHz License – Exempt Operation）

说明：本修订草案目的是定义在不包括电视频带白色空间频段的1GHz以下频段中，许可证豁免IEEE 802. 11无线网络的操作。该修订定义了在1GHz以下免许可频段中操作的正交频分复用（OFDM）物理层（PHY），例如，868 – 868. 6MHz（欧洲），950 – 958MHz（日本），314 – 316MHz，430 – 434MHz，470 – 510MHz，和779 – 787MHz（中国），917 – 923. 5MHz（韩国）和902 – 928MHz（美国）。并增强了IEEE 802. 11介质访问控制（MAC）和物理层PHY操作，并提供了与包括IEEE 802. 15. 4和IEEE P802. 15. 4g在内的其他系统共存的机制。本修订中定义的数据速率优化了给定频段内特定信道化的速率与范围性能。此修正案还增加了对传输距离高达1km和数据传输率大于100kbit/s的支持，同时为固定的和室外的点对多点应用保持了IEEE 802. 11 WLAN用户体验。

IEEE P802. 11ai™——IEEE信息技术标准草案——系统间通信与信息交换——局域网和城域网——特殊要求——第11部分：无线局域网介质访问控制（MAC）和物理层（PHY）规范：修改——快速初始链接设置（IEEE P802. 11ai™ – IEEE Draft Standard for Information Technology – Telecommuni-

cations and Information Exchange Between Systems – Local and Metropolitan Area Networks – Specific Requirements – Part 11：Wireless LAN Medium Access Control（MAC）and Physical Layer（PHY）Specifications：Amendment – Fast Initial Link Setup）

说明：该修订定义了为 IEEE 802. 11 网络提供快速初始链路建立方法的机制，这些方法不会降低已经在 IEEE 802. 11 中定义的健壮安全网络关联（RSNA）所提供的安全性。此修订定义对 IEEE 802. 11 介质访问控制层（MAC）的修改，以实现 IEEE 802. 11 站点（STA）的快速初始链路建立。

IEEE P802. 15. 4j™——IEEE 信息技术标准草案——系统间通信和信息交换——局域网和城域网——特殊要求——第 15. 4 部分：低速率无线介质访问控制（MAC）和物理层（PHY）规范——个域网（WPANs）修正案：替代物理层扩展以支持在 2360 – 2400MHz 频段工作的医疗体域网（MBAN）业务（IEEE P802. 15. 4j™ – IEEE Draft Standard for Information Technology – Telecommunications and Information Exchange Between Systems – Local and Metropolitan Area Networks – Specific Requirements – Part 15. 4：Wireless Medium Access Control（MAC）and Physical Layer（PHY）Specifications for Low Rate Wireless Personal Area Networks（WPANs）Amendment：Alternative Physical Layer Extension to Support Medical Body Area Network（MBAN）Services Operating in the 2360 – 2400MHz Band）

说明：在对 IEEE Std 802. 15. 4TM – 2011 的这一修订中，定义了符合联邦通信委员会（FCC）MBAN 规则的 2360MHz 至 2400MHz 频带内 IEEE 802. 15. 4 的物理层。本修订案还对支持这一新物理层所需的 MAC 进行了修改。

IEEE P802. 15. 4k™——局域网和城域网 IEEE 标准草案——第 15. 4 部分：低速率无线个域网（WPAN）的无线介质访问控制（MAC）和物理层（PHY）规范修改——低能耗重要基础设施监测网（LECIM）的物理层（PHY）规范（IEEE P802. 15. 4k™ – IEEE Draft Standard for Local and Metropolitan Area Networks – Part 15. 4：Wireless Medium Access Control（MAC）and Physical Layer（PHY）Specifications for Low Rate Wireless Personal Area Networks（WPANs）Amendment – Physical Layer（PHY）Specifications for Low Energy，Critical Infrastructure Monitoring Networks（LECIM））

说明：IEEE Std 802. 15. 4TM – 2011 的这一修订提供了两个支持关键基础设施监控应用的物理层 PHY（DSSS 和 FSK）规范。此外，本修正案中仅描述了支持实施两个 PHY 所需的 MAC 修改。这个标准的 PDF 是免费的，致敬 IEEE GET 工作组。欲了解更多信息，请访问他们的网页 http：//standards. ieee. org/about/get/802/802. 15. html。

IEEE P802.15.4m™——局域网和城域网 IEEE 标准草案第 15.4 部分：低速无线个域网（LR－WPAN）修正案：54MHz 和 862MHz 之间物理层的电视频段空白空间（IEEE P802.15.4m™－IEEE Draft Standard for Local and Metropolitan Area Networks Part 15.4：Low Rate Wireless Personal Area Networks（LR－WPANs）Amendment：TV White Space Between 54MHz and 862 MHz Physical Layer.）

说明：在对 IEEE Std 802.15.4（TM）－2011 的这一修订中，讨论了室外低数据速率无线电视频带空白空间（TVWS）网络的要求。定义了备用物理层（PHY）以及仅支持实现所需的介质访问控制（MAC）修改。（本标准的 PDF 格式免费提供，致敬 GETIEEE 计划，网址为 http：//standards.ieee.org/about/get/index.html）。

IEEE P802.15.4n™——局域网和城域网 IEEE 标准草案——第 15.4 部分：低速无线个域网（LR－WPAN）修正案：中国专用医疗频段的物理层（IEEE P802.15.4n™－IEEE Draft Standard for Local and Metropolitan Area Networks－Part 15.4：Low－Rate Wireless Personal Area Networks（LR－WPANs）Amendment：Physical Layer Utilizing Dedicated Medical Bands in China）

说明：此修订为 IEEE Std.802.15.4 标准定义了一个中国批准使用的 174－216MHz、407－425MHz 和 608－630MHz 医疗频段的物理层。此修订定义了对支持这个新物理层所需的介质访问控制（MAC）层的修改。

IEEE P802.15.4p™——局域网和城域网 IEEE 标准草案——第 15.4 部分：低速率无线个域网（LR－WPAN）修订：正向列车控制（PTC）系统物理层（IEEE P802.15.4p™－IEEE Draft Standard for Local and Metropolitan Area Networks－Part 15.4：Low－Rate Wireless Personal Area Networks（LR－WPANs）Amendment：Positive Train Control（PTC）System Physical Layer）

说明：对 IEEE Std 802.15.4（TM）－2011 的这一修订规定了一个用于旨在解决轨道交通行业设备需求的物理层 PHY，并符合美国的正向列车控制（PTC）监管要求和类似的世界其他国家的要求。另外，该修改仅描述了支持该 PHY 所需的 MAC 更改。（本标准的 PDF 免费提供，致敬 GETIEEE802 计划，网址 http：//standards.ieee.org/getieee802/。

IEEE P802.15.4q™——局域网和城域网 IEEE 标准草案——第 15.4 部分：低速率无线个域网（WPAN）的无线介质访问控制（MAC）和物理层（PHY）规范修改——低能耗重要基础设施监测网络（LECIM）的物理层（PHY）规范（IEEE P802.15.4q™－IEEE Draft Standard for Local and Metropolitan Area Networks－Part 15.4：Wireless Medium Access Control（MAC）and Physical

Layer (PHY) Specifications for Low Rate Wireless Personal Area Networks (WPANs) Amendment – Physical Layer (PHY) Specifications for Low Energy, Critical Infrastructure Monitoring Networks (LECIM))

说明：此修订定义了一个工作在1GHz到2.4GHz免许可证频段的支持典型数据速率高达1Mbit/s的超低功率（ULP）物理层。该修订还定义了支持新的ULP物理层所需的必要的MAC更改。物理层PHY要求的峰值功耗通常应小于15mW。

IEEE P802.15.8TM——用于对等感知通信（PAC）的无线介质访问控制（MAC）和物理层（PHY）规范的IEEE标准草案（IEEE P802.15.8TM – IEEE Draft Standard for Wireless Medium Access Control (MAC) and Physical Layer (PHY) Specifications for Peer Aware Communications (PAC))

说明：目的是为社交网络、广告、游戏、流媒体和紧急服务等新兴业务提供可扩展、低功耗和高可靠性的无线通信全球标准。现有的标准可能能够提供部分设想的对等感知通信PAC服务，但是没有一个标准提供了完全分布式协调的无基础设施的点对点对等感知通信。该标准定义了无线个域网（WPAN）对等感知通信（PAC）的PHY和MAC机制，针对完全分布式协调的点对点对等和无基础设施通信进行了优化。PAC功能包括：无关联发现点对点对等信息，发现信令速率通常大于100kbit/s，发现网络中的设备数量，可扩展的数据传输速率（通常高达10Mbit/s），具有多组成员身份的群组同时通信（可达10个），相对定位，多跳中继，安全性和可操作性。在11GHz以下选定的全球可用的非许可/许可频段内能够支持这些要求。

IEEE P802.15.9TM——密钥管理协议（KMP）数据报传输IEEE推荐实践草案（IEEE P802.15.9TM – IEEE Draft Recommended Practice for Transport of Key Management Protocol (KMP) Datagrams)

说明：这个推荐实践描述了对传输密钥管理协议KMP数据报的支持，以支持IEEE Std 802.15.4中的安全功能。这个推荐的实践定义了一个基于信息元素的消息交换框架，作为密钥管理协议（KMP）数据报的传输方法，以及使用IEEE Std 802.15.4标准的一些现有的KMP。这个建议的做法不会创建一个新的KMP。

IEEE P802.16nTM——局域网和城域网IEEE标准草案第16部分：宽带无线接入系统的空中接口（IEEE P802.16nTM – IEEE Draft Standard for Local and Metropolitan Area Networks Part 16: Air Interface for Broadband Wireless Access Systems)

说明：对IEEE802.16 – 2012标准的修订，规定了对支持更高可靠性网络的无线MAN – OFDMA空中接口的增强。

IEEE P802.21d^{TM}——局域网和城域网 IEEE 标准草案——第 21 部分：媒体独立切换业务修正案：多播组管理（IEEE P802.21d^{TM} – IEEE Draft Standard for Local and Metropolitan Area Networks – Part 21：Media Independent Handover Services Amendment：Multicast Group Management）

说明：本标准规定了为媒体独立切换 MIH 服务启用组播的组管理的机制。该规范定义了管理原语和消息，使用户能够加入、离开或更新组成员身份。并定义了安全机制，以保护多播通信。

IEEE P802.22b^{TM}——信息技术 IEEE 标准草案——系统间通信和信息交换无线区域网络（WRAN）——特殊要求第 22 部分：认知无线区域网 RAN 的介质访问控制（MAC）和物理层（PHY）规范：电视频段操作的政策和规程修改：宽带服务和监视应用程序的增强（IEEE P802.22b^{TM} – IEEE Draft Standard for Information Technology – Telecommunications and Information Exchange Between Systems Wireless Regional Area Networks（WRAN）– Specific Requirements Part 22：Cognitive Wireless RAN Medium Access Control（MAC）and Physical Layer（PHY）Specifications：Policies and Procedures for Operation in the TV Bands Amendment：Enhancement for Broadband Services and Monitoring Applications）

说明：该标准规定了备用物理层（PHY）和必要的介质访问控制层（MAC）增强。IEEE 802.22 – 2011 标准用于 54MHz 和 862MHz 之间的甚高频（VHF）/超高频（UHF）电视广播频段的操作，以支持增强型宽带业务和监控的应用。该标准支持大于 IEEE Std. 802.22 – 2011 支持的最大数据速率的汇总数据速率。该标准定义了新类型的 802.22 设备来解决这些应用，并支持网络中的 512 个以上的设备。本标准还规定了加强设备间通信的技术，并对认知、安全和参数以及连接管理条款作了必要的修改。本修正案支持在同一频段内与其他 802 系统共存的机制。

IEEE P1451.2^{TM}——用于传感器和执行器的智能传感器接口的 IEEE 标准草案——串行点对点接口（IEEE P1451.2^{TM} – IEEE Draft Standard for a Smart Transducer Interface for Sensors and Actuators – Serial Point – to – Point Interface）

说明：定义了一个将传感器连接到微处理器的数字接口。描述了传感器电子数据表 TEDS 及其数据格式。定义了电子接口，读写逻辑功能以访问 TEDS 和各种换能器。本标准没有规定信号调节、信号转换或 TEDS 数据在应用中的使用方式。

IEEE P1451.4a^{TM}——用于传感器和执行器的智能传感器接口的 IEEE 标准草案——混合模式通信协议和传感器电子数据表（TEDS）格式——修正案

(IEEE P1451.4a^{TM} – IEEE Draft Standard for a Smart Transducer Interface for Sensors and Actuators – Mixed – Mode Communication Protocols and Transducer Electronic Data Sheet (TEDS) Formats – Amendment)

说明：修正案反映了行业的需要，纠正了现有标准中的错误。拟变更的范围包括：①更正现有标准的编辑和技术方面的错误；②在传感器电子数据表(TEDS)、TEDS模板和钩子中创建新参数，使得其他工业用户更容易应用和使用该标准；③提供与IEEE 1451标准的接口，使用户能够通过网络访问IEEE 1451.4传感器；④考虑提供全球传感器标识。

IEEE P1547.7^{TM}——分布式资源互连对分布影响研究的IEEE指南草案（IEEE P1547.7^{TM} – IEEE Draft Guide to Conducting Distribution Impact Studies for Distributed Resource Interconnection）

说明：IEEE Std 1547.7（TM）是IEEE 1547（TM）系列标准的一部分。尽管IEEE Std 1547（TM）–2003为分布式资源（DR）与电力系统（EPS）的互连提供了强制性要求，但本指南并不假定互连符合IEEE 1547（TM）标准。此外，本指南不解释IEEE 1547（TM）系列中的IEEE Std 1547（TM）或其他标准，本指南不提供与其他IEEE 1547（TM）文件相关的附加要求或推荐实践。然而，分布式资源（DR）互连可能导致所产生的条件超过通常计划和建立在分配系统中的条件。本指南提供了替代方法和良好实践，用于工程研究与电力分配系统互连的DR或聚合DR的潜在影响。本指南介绍了这些标准的范围和工程研究的范围。研究范围和标准范围被描述为DR、EPS和互连的可识别特征的功能。其目标包括促进影响研究的一致性，同时帮助确定那些应该从技术上透明的DR互连标准进行的研究。

IEEE P1547.8^{TM}——IEEE推荐实践草案——为扩展使用IEEE 1547标准的实施策略提供补充支持的建立方法和过程（IEEE P1547.8^{TM} – IEEE Draft Recommended Practice for Establishing Methods and Procedures that Provide Supplemental Support for Implementation Strategies for Expanded Use of IEEE Standard 1547.）

说明：本推荐实践中提供的方法和过程的目的是提供更大的灵活性，为分布式资源与电力系统互连的实施策略和设计流程提供灵活性。此外，根据IEEE Std 1547的要求，这一推荐实践的目的也是为了更好地利用系统互连及其应用提供知识库、经验和机会。这个推荐实践适用于IEEE Std 1547中所提出的要求，并提供了可以通过识别创新的设计、过程和操作程序来扩展IEEE Std 1547的有效性和利用率的推荐方法。

IEEE P1609.0^{TM}——车载环境无线接入（WAVE）IEEE指南草案——体系结构（IEEE P1609.0^{TM} – IEEE Draft Guide for Wireless Access in Vehicular Envi-

ronments（WAVE） – Architecture）

说明：本指南介绍了 WAVE 设备与移动车载环境进行通信所需的车载环境（WAVE）的体系结构和无线接入服务。从发布之日起，它将与 IEEE 1609 标准系列一起使用。这些标准包括用于应用和管理消息的 IEEE 安全服务的 IEEE Std 1609.2TM 标准，IEEE Std 1609.3 网络服务标准，IEEE Std 1609.4 多信道操作标准，IEEE Std 1609.11 用于智能交通系统（ITS）的空中电子支付数据交换协议标准，IEEE Std 1609.12 标识符分配标准和 IEEE Std 802.11 基本服务集环境外操作标准。

IEEE P1609.5™——车载环境无线接入（WAVE）IEEE 标准——通信管理（IEEE P1609.5™ – IEEE Draft Standard for Wireless Access in Vehicular Environments（WAVE） – Communication Manager）

说明：无

IEEE P1704™——实用工业终端设备通信模块的 IEEE 标准草案（IEEE P1704™ – IEEE Draft Standard for Utility Industry End Device Communications Module）

说明：无

IEEE P1705™——公用工业计量通信协议标准符合性测试 IEEE 标准草案（IEEE P1705™ – IEEE Draft Standard for Compliance Testing to Utility Industry Metering Communications Protocol Standards）

说明：无

IEEE P1828™——具有虚拟组件系统的 IEEE 标准草案（IEEE P1828™ – IEEE Draft Standard for Systems with Virtual Components）

说明：无

IEEE P1856™——电子系统预测与健康管理的 IEEE 标准草案框架（IEEE P1856™ – IEEE Draft Standard Framework for Prognostics and Health Management of Electronic Systems）

说明：本标准的目的是对电子系统的预测和健康管理所涉及的概念进行分类和定义，并提供一个标准框架，协助从业人员在商业应用开发的电子系统预测和实施过程中选择方案、方法、算法、状态监测设备以及策略。本标准涵盖了电子系统预测和健康管理的各个方面，包括定义、方法、算法、传感器和传感器选择、数据收集、存储和分析、异常检测、诊断、度量标准、生命周期实施成本以及投资回报和文档。本标准描述了分类 PHM 的能力和规划系统以及 PHM 产品开发的规范框架。整个行业不需要使用这个标准。本标准提供信息以帮助从业人员选择 PHM 策略和方法来满足他们的需求。

IEEE P1888.1™——无处不在社区网络的 IEEE 标准草案：控制和管理（IEEE

P1888.1^{TM} – IEEE Draft Standard for a Ubiquitous Community Network：Control and Management)

说明：本标准描述了网关的访问、控制和管理；指定了控制和管理要求；定义了系统架构、通信序列和 IEEE 1888^{TM}"无处不在的绿色社区控制网络协议"中定义协议的增强功能；并根据需求扩展协议和接口。本标准为受控制和管理的网络网关提供增强的协议、工作流程和消息格式，如注册、访问、控制、事件处理、配置和状态查询等。

IEEE P1888.2^{TM}——无处不在绿色社区控制网络 IEEE 标准草案：异构网络融合和可扩展性（IEEE P1888.2^{TM} – IEEE Draft Standard for Ubiquitous Green Community Control Network：Heterogeneous Networks Convergence and Scalability)

说明：该标准描述了异构网络的融合和可扩展性，规定了网络融合的要求，扩展了 IEEE Std 1888（TM），无处不在绿色社区控制网络协议 IEEE 标准中定义的系统架构，并增加了两个新的 IEEE 1888（TM）组件，即可重构分辨率服务器（RRS）和智能应用解析器（IAR），并概括了 IEEE 1888 系统中原始数据类型表达和精确的现场总线数据类型管理。该标准使 IEEE 1888 系统能够有效地与异构网络进行互操作访问，并提高 IEEE 1888 系统的效率、灵活性、可扩展性和可管理性。

IEEE P1888.3^{TM}——无处不在绿色社区控制网络的 IEEE 标准草案：安全性（IEEE P1888.3^{TM} – IEEE Draft Standard for Ubiquitous Green Community Control Network：Security)

说明：本标准描述了 IEEE 1888（TM）"无处不在绿色社区控制网络协议"中定义的协议的增强型安全管理功能。规定了安全要求、系统安全体系结构定义、认证和授权的标准化描述以及安全程序和协议。该标准有助于避免对公众的非故意数据泄露和对资源的未经授权的访问，同时在无处不在的绿色社区控制网络中提供传输数据的完整性和机密性。

IEEE P1900.7^{TM}——支持固定和移动操作的空白空间动态频谱无线接入接口 IEEE 标准草案（IEEE P1900.7^{TM} – IEEE Draft Standard for Radio Interface for White Space Dynamic Spectrum Access Radio Systems Supporting Fixed and Mobile Operation)

说明：该标准能够开发具有成本效益的多厂商空间动态频谱无线接入系统，能够在无干扰的基础上在空白空间频段内与这些频段的现有用户进行互操作。该标准促进了各种应用，包括能够支持高移动性、低功耗和高功率、短距离、中等距离和长距离以及各种网络拓扑的应用。该标准是这一系列其他标准的基准标准，这些标准将集中在特定的应用程序和监管领域等。本标准规定了包括介质访

问控制（MAC）层和物理（PHY）层的无线接口，在空白空间频段内支持固定和移动操作的空白空间动态频谱接入，同时避免在这些频段对现有用户造成有害干扰。该标准提供了支持 P1900. 4a 用于空白空间管理的方法，以及用于获获取和交换感测相关信息（频谱感测和地理位置信息）的 P1900. 6 的方法。

IEEE P1901. 2™——用于智能电网应用的低频（小于500kHz）窄带电力线通信的 IEEE 标准草案（IEEE P1901. 2™ – IEEE Draft Standard for Low Frequency (Less Than 500 kHz) Narrow Band Power Line Communications for Smart Grid Applications）

说明：描述了一个通过使用500kHz 以下频率的交流、直流和非附属电力线的窄带电力线通信（PLC）的全球标准。支持高达500kbit/s 的数据速率。使用领域包括智能电网应用，其他 PLC 技术可以在500kHz 以下使用的共存机制也包括在内。这些共存机制可以与标准的其余部分分开使用。

IEEE P1904. 1™——一致性 01——以太网无源光网络中服务互操作性的一致性测试程序 IEEE 标准草案，IEEE Std 1904. 1 包 A——一致性 01——IEEE 以太网无源光网络中服务互操作性一致性测试程序标准草案，IEEE Std 1904. 1 包 A（IEEE P1904. 1™ – Conformance 01 – IEEE Draft Standard for Conformance Test Procedures for Service Interoperability in Ethernet Passive Optical Networks, IEEE Std 1904. 1 Package A – Conformance 01 – IEEE Draft Standard for Conformance Test Procedures for Service Interoperability in Ethernet Passive Optical Networks, IEEE Std 1904. 1 Package A）

说明：该标准规定了一套符合 IEEE 1904. 1 包 A 中定义的以太网无源光网络（EPON）设备的系统级要求的一致性测试。

IEEE P1904. 1™——一致性 02——以太网无源光网络中服务互操作性一致性测试程序 IEEE 标准草案，IEEE Std 1904. 1 包 B（IEEE P1904. 1™ – Conformance 02 – IEEE Draft Standard for Conformance Test Procedures for Service Interoperability in Ethernet Passive Optical Networks, IEEE Std 1904. 1 Package B）

说明：本标准规定了一套符合 IEEE 1904. 1 包 B 规定的以太网无源光网络（EPON）设备的系统级要求的一致性测试。

IEEE P1904. 1™——一致性 03——以太网无源光网络中服务互操作性一致性测试程序的 IEEE 标准草案，IEEE Std 1904. 1 包 C（IEEE P1904. 1™ – Conformance 03 – IEEE Draft Standard for Conformance Test Procedures for Service Interoperability in Ethernet Passive Optical Networks, IEEE Std 1904. 1 Package C）

说明：该标准规定了一套符合 IEEE 802. 3. 1 包 C 中定义的以太网无源光网

络（EPON）设备的系统级要求的一致性测试。

IEEE P1907.1™——用于实时移动视频通信的网络自适应质量体验（QoE）管理方案IEEE标准草案（IEEE P1907.1™ – IEEE Draft Standard for Network – Adaptive Quality of Experience（QoE）Management Scheme for Real – Time Mobile Video Communications）

说明：此标准的目的是使网络运营商、应用程序开发商、服务/内容提供商和终端用户能够开发、部署和使用在任何移动设备中采用实时双向和多方视频连接的移动浏览器、应用程序、游戏、设备或服务平台提供协同服务。本标准为实时视频通信系统定义了端到端的体验质量（E2E QoE）管理方案，其中包括在资源不同环境中运行的系统。该方案利用主观和客观相关性对比 E2E QoE 与接收到的实时视频数据（媒体流头和/或视频信号），应用服务质量（QoS）测量以及网络 QoS 测量的相关性。该标准定义了基于人类视觉感知的 E2E QoE 度量标准，以及将此度量标准与实时视频数据、应用程序/网络级 QoS 测量、用户设备功能和主观用户因素相关联的测试方法。它还定义了主观观察测试程序，以促进实时视频测试序列数据库和用于实时移动视频通信的 QoE/QoS 报告数据库的基准测试和共享。该标准定义了网络自适应视频编码和解码算法，该算法利用基于设备的端到端 QoE 驱动反馈以及基于网络的端到端 QoE 驱动反馈，以实现根据可用设备和/或网络资源进行实时自适应。该标准定义了基于实时设备和基于网络的反馈控制机制，可用于通过以下一项或多项来调节 E2E QoE：应用级客观测量和实际接收的实时视频信号质量报告；网络级客观测量和在线实时视频信号质量报告；设备和/或网络资源的应用级测量和报告以及 QoS 性能；设备和/或网络资源以及 QoS 性能的网络级测量和报告。

IEEE P2030.1™——电气化交通基础设施 IEEE 指南草案（IEEE P2030.1™ – IEEE Draft Guide for Electric – Sourced Transportation Infrastructure）

说明：本指南提供的方法，可以应用于公用事业公司、制造商、运输供应商、基础设施开发商以及电力车辆和相关基础设施的最终用户，用以开发和支持能够提高电力运输的利用率的系统。过渡到替代燃料汽车是不可避免的，包括那些使用电力的车辆。为目前运行的有限数量的电动车辆提供服务，可以通过现有的发电和配电能力所吸收。然而，这些数十万辆的车的存在只是长期发展趋势的第一步。由于新的和升级的支持基础设施，无论是充电站、发电能力还是增强的输电系统，都需要时间来进行部署，因此准备电动汽车的快速增长是必要的。为减少所需新一代发电并更好地利用现有发电，本文件中概述了基于端到端系统的电力能源传输的能源效率方法。本文件指出了正在执行的标准和正在进行的研究。在这个文件中也指出了需要新标准的地方。本文档支持公用事业公司规划最经济的生产方法，以支持日益增加的运输负荷。该文件使制造商能够了解标准化要求，并在支持系统和方法得到发展和标准化的情况下使产品成为现实。该文件允许终端用户了解可以针对其能源传输需求实施的技术。本文件建议分阶段实施，基于对现有技术和正在开发的技术的经济考虑。虽然区域政治和监管问题可能会改变这些方法，但本文件并不考虑可用的广泛的区域差异。本指南的使用者有责任了解这些因素可能对其具体计划要求所产生的财务差异。本文件不考虑非道路运输形式。本文件提供了公用事业、制造商、运输供应商、基础设施开发商以及电力车辆的最终用户和相关支持基础设施在处理基于公路的个人和公共交通应用时可以使用的指南。本指南提供了解决此类运输的术语、方法、设备和规划要求以及其对商业和工业系统（包括例如发电、输电和配电系统）的影响的知识库。本指南为用户规划短期、中期和长期系统提供了路线图。

IEEE P2301™——云计算可移植性和互操作性配置文件（CPIP）IEEE 指南草案（IEEE P2301™ – IEEE Draft Guide for Cloud Portability and Interoperability Profiles (CPIP)）

说明：本指南的目的是帮助云计算供应商和用户开发、构建和使用基于标准的云计算产品和服务，从而提高云计算的可移植性、通用性和互操作性。云计算系统包含许多不同的元素。每个元素通常有多个选项，每个选项都有不同的外部可见接口、文件格式和操作约定。在许多情况下，这些可见的接口、格式和约定具有不同的语义。本指南列举了各种选项，这些选项以逻辑方式分组，称为“配置文件”，用于接口、格式和约定的各种来源的定义。通过这种方式，云生态系统的参与者将更倾向于可移植性、通用性和互操作性，全面提高云计算采用率。本指南建议云计算生态系统参与者（云供应商、服务提供商和用户）在应用程序接口、可移植接口、管理接口、互操作性接口、文件格式和操作约定等方面基于标准的选择。本指南将这些选项分组到多个逻辑配置文件中，这些配置文件组织起来以解决不同的云特性。

IEEE P2302™——云间互操作性和联盟（SIIF）IEEE 标准草案（IEEE P2302™ – IEEE Draft Standard for Intercloud Interoperability and Federation (SIIF)）

说明：此标准在云提供商中创建了一个对用户和应用程序透明的经济模式，提供了可支持不断演变的业务模式的动态基础架构。除了技术问题之外，还必须有适当的经济审计和结算基础设施。该标准定义了云到云间的互操作性和联合的拓扑、功能和治理。拓扑要素包括云、根、交流（云间管理）和网关（调解云之间的数据交换）。功能元素包括名称空间、状态、消息传递、资源本体（包括标准测量单位）和信任基础设施。治理要素包括注册、地理独立性、信任锚、以及潜在的合规和审计。该标准不涉及云内（在云内）操作，因为这是云实施特定的，也不涉及专有的混合云实施。

IEEE P3333.1™——基于人为因素的三维（3D）显示、三维内容和三维设备质量评估标准草案（IEEE P3333.1™ - IEEE Draft Standard for the Quality Assessment of Three Dimensional（3D）Displays，3D Contents and 3D Devices based on Human Factors）

说明：无

IEEE P3333.2™——使用未处理的3D医学数据的三维模型创建的IEEE标准草案（IEEE P3333.2™ - IEEE Draft Standard for Three - Dimensional Model Creation Using Unprocessed 3D Medical Data）

说明：无

IEEE P11073 - 10423™——卫生信息IEEE标准草案——个人健康设备通信——设备专业化——睡眠监视器（IEEE P11073 - 10423™ - IEEE Draft Standard for Health Informatics - Personal Health Device Communication - Device Specialization - Sleep Monitor）

说明：该标准针对控制与个人健康设备（代理商）和管理者（例如手机、个人计算机、个人健康设备和机顶盒）之间的信息交换的需求的公开定义的独立标准。互操作性是增加这些设备潜在市场的关键，并使人们能够更好地了解他们的健康管理参与者。在用于设备通信的ISO / IEEE 11073系列标准的范围内，该标准建立了个人健康睡眠质量监测设备和管理者（例如手机、个人计算机、个人健康设备和机顶盒）的互操作性方式规范定义，以便能够实现即插即用。它利用现有标准的适当部分，包括ISO/IEEE 11073术语、信息模型、应用程序概况标准和传输标准。它规定了远程医疗环境中特定术语代码、格式和行为的使用，限制了基本框架中的选择性，有利于互操作性。该标准定义了个人健康睡眠监测设备通信的通用核心功能。在这种情况下，睡眠监视器设备被定义为成功记录夜间睡眠唤醒周期（或者可能是睡眠阶段和REM）以及其他定量和定量睡眠的设备。

IEEE P11073 - 10424™——卫生信息IEEE标准草案——个人健康设备通信——设备专业化——睡眠呼吸暂停呼吸治疗设备（IEEE P11073 - 10424™ - IEEE Draft Standard for Health informatics - Personal Health Device Communication - Device Specialization - Sleep Apnea Breathing Therapy Equipment）

说明：该标准针对个人健康设备（代理商）和管理者（例如手机、个人计算机、个人健康设备和机顶盒）之间的控制信息交换的需求定义的开放独立标准。互操作性是增加这些设备潜在市场的关键，并使人们能够更好地了解和参与他们的健康管理。在用于设备通信的ISO/IEEE 11073系列标准的范围内，该标准建立了睡眠呼吸暂停呼吸治疗设备与管理者（例如手机、个人计算机，个人健康设备和机顶盒）之间的通信的规范性定义，以便实现即插即用的互操作性。

它利用现有标准的适当部分，包括 ISO/IEEE 11073 的术语、信息模型、应用程序概况标准和传输标准。它规定了远程医疗环境中特定术语代码、格式和行为的使用，限制了基本框架中的选择性，有利于互操作性。该标准定义了用于睡眠呼吸暂停呼吸治疗设备的通信的通用核心功能。在这种情况下，睡眠呼吸暂停呼吸治疗设备被定义为旨在通过向患者提供治疗性呼吸压力来减轻患有睡眠呼吸暂停患者症状的设备。睡眠呼吸暂停呼吸治疗设备主要用于家庭医疗保健环境，由专业操作人员直接进行专业监督。

IEEE P11073 - 10419™——卫生信息 IEEE 标准草案——个人健康设备通信——设备专业化——胰岛素泵（IEEE P11073 - 10419™ - IEEE Draft Standard for Health Informatics - Personal Health Device Communication - Device Specialization - Insulin Pump）

说明：在用于设备通信的 ISO / IEEE 11073 系列标准的范围内，建立了个人远程医疗胰岛素泵设备与计算引擎（例如，手机、个人计算机、个人健康设备和机顶盒）之间的通信的规范性定义，以便能够实现即插即用的互操作。利用现有标准的适当部分，包括 ISO / IEEE 11073 术语、信息模型、应用程序标准和传输标准。在远程医疗环境中使用特定的术语代码、格式和行为来限制基本框架中的选择性，以支持互操作性。定义了个人远程医疗胰岛素泵设备通信的核心功能。

IEEE P21451 - 001™——应用于智能传感器信号处理的 IEEE 推荐实践草案（IEEE P21451 - 001™ - IEEE Draft Recommended Practice for Signal Treatment Applied to Smart Transducers）

说明：本推荐实践草案的目的是定义一个标准化的通用框架，使智能传感器能够提取生成和测量信号的特征。随着这些实践的定义，原始数据可以转化为信息，然后再转化为知识。在这种情况下，知识意味着理解传感器信号的本质。这种理解可以与系统和其他传感器共享，以形成传感器知识融合的平台。这个推荐的实践定义了信号处理算法和数据结构，以便共享和推断仪器或控制系统的信号和状态信息。这些算法是基于自己的信号，也是连接到系统的传感器。推荐的实践还定义了用于请求信息和形状分析算法的命令和应答，如指数、正弦、脉冲噪声、噪声和趋势。

IEEE P21451 - 1™——传感器和执行器智能传感器接口 IEEE 标准草案——通用网络服务（IEEE P21451 - 1™ - IEEE Draft Standard for Smart Transducer Interface for Sensors and Actuators - Common Network Services）

说明：在 IEEE 1451 系列标准中，没有为 IEEE 1451 智能传感器定义的通用网络服务，以便将传感器数据和信息传送到容纳各种网络服务的网络中，如超文本传输协议（HTTP）服务，互联网协议（IP）服务，Web 服务和可扩展消息传送和呈现协议（XMPP）服务。本标准的目的是为智能传感器定义一套通用的网络服务。该标准为智能传感器提供了互操作性的手段。该标准定义了一组用于与IEEE 1451 智能传感器通信的公共网络服务，这些传感器调用 IEEE 1451 传感器服务。

IEEE P21451 - 1 - 4™——传感器、执行器和设备的智能传感器接口 IEEE 标准草案——用于网络设备通信的可扩展消息传送和呈现协议（XMPP）（IEEE P21451 - 1 - 4™ - IEEE Draft Standard for a Smart Transducer Interface for Sensors, Actuators, and Devices - eXtensible Messaging and Presence Protocol (XMPP) for Networked Device Communication)

说明：本标准的目的是为传感器、执行器和设备提供会话发起和协议传输。该标准解决了安全性、可伸缩性和互操作性问题。该标准可以显著节约成本，并降低复杂性，充分利用工业中现有的仪器和设备。该标准定义了使用可扩展消息传送和呈现协议（XMPP）通过网络传输 IEEE 1451 消息的方法，以使用基于IEEE 1451 传感器电子数据表的设备元识别信息在网络客户端和服务器设备之间的会话发起、安全通信和特征标识。

IEEE P62704 - 4™——确定人体无线通信设备在 30MHz - 6GHz 的峰值空间平均比吸收率（SAR）IEEE 标准草案：使用有限元方法（FEM）计算 SAR 的一般要求和车载天线与个人无线设备建模的具体要求（IEEE P62704 - 4™ - IEEE Draft Standard for Determining the Peak Spatial - Average Specific Absorption Rate (SAR) in the Human Body from Wireless Communications Devices, 30MHz - 6GHz: General Requirements for Using the Finite Element Method (FEM) for SAR Calculations and Specific Requirements for Modeling Vehicle - Mounted Antennas and Personal Wireless Devices)

说明：文档不包含目的条款。本标准描述确定用于揭示无线通信设备的标准化结构模型中的空间峰值比吸收率（SAR）的有限元方法的概念、技术、模型、验证程序、不确定性和局限性。无线通信设备包括车载天线和个人无线设备，如手持移动电话。提供了模拟此类设备和基准数据的指导；定义了结构模型的模型内容、结网和测试位置。本文件不推荐具体的 SAR 值，因为这些文件可以在其他文件中找到，例如 IEEE C95.1 - 2005（关于人体暴露于射频 3kHz ~ 300GHz 电磁场的安全等级的 IEEE 标准）。

附录 B　物联网相关词汇及注释

802.11 Standard，802.11 标准：是用于无线网络的一系列协议和标准的通用名称，这些标准定义了通信规则。

802.11i Standard，802.11i 标准：对 802.11 标准的修改；802.11i 使用 Wi－Fi 保护访问（WPA）和高级加密标准（AES）替代 RC4 加密算法。

Access control，访问控制：是一种安全技术，可用于规范在计算环境中查看或使用资源的人员或资源。

Actuators，执行器：是一种负责运动或控制一个系统或机制的电机。

Advanced persistent threats，高级持续攻击：是一组秘密的和持续的计算机黑客攻击过程，通常由人针对特定实体进行策划；通常针对商业组织和/或国家政治动机。

Advanced RISC machines，先进的 RISC 机器：是由英国 ARM 控股公司开发的用于各种环境计算机处理器的一系列精简指令集计算（RISC）体系结构。

Adversary，对手（敌手）：通常被认为是反对或攻击的人、团体或武力；是一个恶意的实体，其目的是阻止计算机系统用户实现其目标（机密性、保密性、完整性和可用性）。

Adware，恶意广告软件：恶意软件，目的是劫持一个系统来显示广告，有时是为了可疑的服务，而这些服务本身就是恶意的。

Algorithm，算法：解决问题的过程或公式。

Archetype，原型：域概念的正式可重用模型。

Artificial intelligence，人工智能：计算机展示的智能。

Assurance，保障：对信息系统和网络的安全特性和体系结构进行正确保护并对这些系统和网络实施安全策略的信心度量。请参阅信息保障。

Asymmetric encryption，非对称加密：一种加密算法，需要两个不同的密钥进行加密和解密；这些密钥通常被称为公钥和私钥；非对称算法比对称算法加密速度慢，加密速度可能与解密速度不同；非对称算法用于交换对称加密的会话密钥或用于消息的数字签名。RSA 和 ECC 是非对称算法的例子。

Attacker（also see Hackers），攻击者（也可见“黑客”词汇）：试图破坏信息系统的人或其他实体，如计算机程序。

Authentication，身份认证：通常基于用户名和密码的个人身份识别过程。

Authenticity，真实性：保证声称身份的实体拥有使用权。

Authorization，授权：指明与信息安全和计算机安全有关的资源的访问权限，特别是访问控制的功能。

Automatic control（also see Automation），自动控制（也参见“自动化”词汇）：利用各种类型的控制系统和方案来完成基本或复杂的电气、机械或其他任务，而不需要人为干预。

Automation（also see Automatic Control），自动化（也参见“自动控制”词汇）：利用各种类型的控制系统和方案来完成基本或复杂的电气、机械或其他任务，而不需要人为干预。

Availability，可用性：保证信息或服务在所有条件下都可用或可访问。

Big Data，大数据：对传统数据处理应用程序不适用的大型或复杂数据集的广义术语。面临的挑战包括分析、采集、数据管理、查询、共享、存储、传输、可视化和信息隐私权。

Bluetooth，蓝牙：一种无线技术标准，用于在固定和移动设备上短距离交换数据（使用2.4至2.485GHz的非授权ISM频段中的短波超高频UHF无线电波），并构建个人区域网络（PAN）。1994年由电信供应商爱立信公司发明，它最初被认为是RS-232数据电缆的无线替代品。它可以连接多个设备，克服同步问题。

Bring your own device，自带设备：是指允许员工将个人拥有的移动设备（笔记本电脑、平板电脑和智能手机）带到工作场所，并使用这些设备访问特许公司信息和应用程序的政策。

C2，命令和控制服务：参见命令和控制服务器词汇解释。

Central processing unit，中央处理单元：通过执行指令所规定的基本算术、逻辑、控制和输入/输出（I/O）操作来执行计算机程序指令的计算机内的电子线路。

Certificate authority，证书颁发机构：颁发数字证书的实体。

Certificate revocation lists，证书吊销列表：使用公钥基础设施维护网络中服务器访问的两种常用方法之一。

Cloud computing，云计算：一种方便的计算机资源使用模式，按需网络访问可配置的计算资源（例如，网络、服务器、存储、应用程序和服务）共享池，可以快速配置和发布以最少的管理工作或服务供应商的互动；可以分为以下三类：基础设施即服务（IaaS）、平台即服务（PaaS）和软件即服务（SaaS）。

Cloud-of-Things，云物联网（物联云）：云计算与物联网架构环境的融合。

Cluster head，簇头：用于无线传感器网络，从各个集群的节点收集数据，然后将聚合数据转发到无线基站。

Command-and-control server，命令与控制服务器：一种配置为集中管理和控制许多其他服务器（即“C2”服务器）的活动的服务器；黑客通常使用C2服务器来远程控制僵尸电脑管理僵尸网络的活动。

Common industrial protocol，通用工业协议：是NetLinx开放网络体系结构中的一个主要组件，它为用户提供了四个共同的特性：通用控制服务——为用户提供了NetLinx体系结构中所有三个网络的标准消息服务。

Confidentiality：保密性：保证只有具有必要权利的实体才能访问或阅读信息。

CONOPS，作战概念：从用户的角度表达所提议的系统的特征；还从集成系统的角度描述了用户的组织、使命和目标。

Constrained Application Protocol，约束应用协议：一种旨在用于非常简单的电子设备中的软件协议，允许它们通过互联网进行交互式通信；特别是针对需要通过标准互联网网络进行远程控制或监控的小型低功率传感器、开关、阀门和类似组件。

Constrained IP network，受限 IP 网络： 数据包大小有限，可能会出现高度的数据包丢失，并且可能有大量设备可能在任何时间点关机，但会在短时间内定期开始运行。

Constrained RESTful Environments，宁静环境约束： 针对最受限制的节点（例如，8 位微控制器具有有限内存）和网络（例如，低功耗无线个人区域网络（6LoWPAN）上的 IPv6），实现最合适的形式约束节点的表示态传输体系结构；针对的是机器对机器（M2M）的应用，如智能能源和楼宇自动化。

Control system，控制系统： 管理，命令，引导或调节其他设备或系统行为的装置或一组设备。工业控制系统用于工业生产、控制设备或机器。

Cookie，小量信息： 访问网站后留下的小文件形式的数字“面包屑”这些文件有时对用户有益，存储用户名或密码以便稍后访问更快，但有时可以“电话回访”，跟踪用户的互联网活动以进行广告、数据挖掘或其他用途。

Crypto domain - specific language，密码领域专用语言： 从密码算法的发展中设计出来的一种语言。

Crypto engine for key management，用于密钥管理的密码引擎： 用于在支持自定义加密处理器的系统中支持密钥管理功能。

Cryptographic Message Syntax，加密消息语法： IETF 加密保护消息的标准；可用于数字签名、消息摘要、认证或加密任何形式的数字数据。

Cryptographic processor，加密处理器： 为支持高性能加密算法而设计的处理器。

Cryptography，密码学： 存在第三方（如对手）的情况下进行安全通信的技术研究与实践。

Cyber - assurance，网络保障： 是一种合理的信心，即使存在网络攻击、故障、事故和意外事件的情况下，网络系统也能够充分满足业务需求。

Cyber - attack，网络攻击： 个人或整个组织使用的任何类型的攻击性机动，通过各种恶意行为手段攻击计算机信息系统、基础设施、计算机网络和/或个人计算机设备，这些恶意行为通常来源于为窃取、更改或通过侵入易感系统来摧毁指定目标的匿名消息。

Cyber - physical system，网络物理系统： 使用嵌入式计算机、网络监控和控制物理过程的计算、网络和物理过程的集成，物理过程影响计算的反馈循环，反之亦然。

Cyberspace，网络空间： 通过计算机网络进行通信的概念性环境。

Cyber - security，网络安全： 专注于保护计算机、网络、程序和数据免受意外或未经授权的访问、更改或破坏。

Cyclomatic，圈复杂度： 用来表示一个程序的复杂性的软件度量（测量）。它是通过程序的源代码对线性独立路径的数量进行定量的度量。

Data - at - rest，静态数据： 指以任何数字形式（例如，数据库、数据仓库、电子表格、文档、磁带、异地备份、移动设备）物理存储的非活动数据的术语。

Datagram transport layer security，数据报传输层安全性： 为数据报协议提供通信安全性；允许基于数据报的应用程序以防止窃听、篡改或消息伪造的安全方式进行通信。

Data - in - transit，传输中的数据： 在公共或不可信网络（如互联网）上流动的信息，以及在企业或企业局域网（LAN）等专用网络范围内流动的数据。

Defense - in - depth，纵深防御： 一种信息保障概念，在信息技术系统中设置多层安全控制（防御）以防止入侵或恶意行为。

Denial of service，拒绝服务： 试图使使用机器或网络资源对其预定用户不可用，例如暂时或无限期的中断或暂停连接到互联网的主机的服务。

Dependability，可靠性： 被定义为计算机系统的特性，使得信赖可以合理地放置在它提供的服务上。

Digital certificate，数字证书： 证明指定的证书主体对公钥具有所有权。

Direct digital control，直接数字控制： 通过数字设备（计算机）自动控制某一条件或过程的过程。

Eavesdropping，窃听： 在未经他人同意的情况下偷偷聆听他人的私人谈话。

Elliptic Curve Diffie - Hellman，椭圆曲线 Diffie - Hellman 秘钥协议： 匿名密钥协商协议，允许双方各有一个椭圆曲线公钥 - 私钥对，在不安全的信道上建立一个共享的秘密。

Elliptic Curve Menezes - Qu - Vanstone，椭圆曲线 Menezes - Qu - Vanstone 秘钥协议： 使用椭圆曲线而不是传统整数执行的关键协议；经过身份验证，因此不会遭受中间人（MitM）攻击。

Embedded computing system，嵌入式计算系统： 在较大的机械或电气系统中具有专用功能的计算机系统，通常具有实时计算限制。它作为一个完整的设备的一部分被嵌入到系统中，通常包括硬件和机械部件。

Embedded system security，嵌入式系统安全： 减少漏洞并防止嵌入式设备上运行的软件受到威胁。

Extensible Authentication Protocol，可扩展认证协议： 无线网络和点到点连接中经常使用的认证框架；在 RFC 3748 中定义，使 RFC 2284 过时，并由 RFC 5247 更新。

eXtensible Markup Language，可扩展标记语言 XML： 一种标记语言，它定义了一组规则，用于以人类可读和机器可读的格式对文档进行编码。

Extranet，外联网： 允许对合作伙伴、卖方和供应商或授权的一组客户进行受控制的访问的网站——通常是从组织的内联网访问信息的子集。

Extremely low frequency，极低频：国际电信联盟指定的电磁辐射（无线电波），频率从 3 到 30 赫兹，相应波长从 100000 到 10000 公里。

Federal Information Processing Standard 180 – 4，Secure Hash Standard，联邦信息处理标准 180 – 4，安全散列标准：由美国国家标准与技术研究院（NIST）规定的一组密码安全散列算法；SHS 标准的现行版本的文档 NIST FIPS 180 – 4，指定了七种安全散列算法：SHA – 1，SHA – 224，SHA – 256，SHA – 384，SHA – 512，SHA – 512/224 和 SHA – 512/256。

Federal Information Processing Standard 186 – 4，Digital Signature Standard，联邦信息处理标准 186 – 4，数字签名标准：联邦信息处理标准数字签名。它由美国国家标准与技术研究所（NIST）于 1991 年 8 月提出用于自己的数字签名（DSS）标准，并于 1993 年作为 FIPS 186 采用；初始规范的四个修订版已经发布：1996 年的 FIPS 186 – 1，2000 年的 FIPS 186 – 2，2009 年的 FIPS 186 – 3 和 2013 年的 FIPS 186 – 4。

Field – programmable gate array，现场可编程门阵列：一种集成电路，设计成由客户或设计者在制造后配置使用。

Firewall，防火墙：一种程序，使用一组权限过滤计算机网络中的传入和传出通信的流量；允许的流量可以自由通过防火墙，而受限制的流量则无法进出系统。

Fortification，防御：在 ICD 设备中应用自动嵌入网络保护技术，在网络攻击期间保护物联网设备和网络。

Graphical user interface，图形用户界面：用于查看和/或操作计算机信息的软件表示。

Hacker，黑客：Hacker：在计算机系统或计算机网络中寻找和利用系统弱点的人，可能是出于许多原因，例如获取利益、抗议、挑战、享受或者是评价这些弱点以帮助消除这些弱点。

Hardware – Assisted Flow Integrity eXtension，硬件辅助流完整性扩展：防止利用后向边（返回）的代码重用攻击；提供细粒度和实用的保护，并作为未来控制流完整性实例化的支持技术。

Hashed，哈希签名：指将离散算法应用于一串信息的方法。产生的唯一“散列”值被附加到该信息串并与该信息一起发送到远端；接收器将该算法应用于该串信息并比较散列值；如果它们相同，则接收方有理由确保该消息在传输过程中未被篡改；这种技术通常用于保持信息的完整性。

Heating，ventilating，and air conditioning，加热、通风和空调：室内和车辆环境舒适性技术。其目标是提供热舒适性和可接受的室内空气质量。HVAC 暖通空调系统设计是以热力学、流体力学和传热学原理为基础的机械工程的一门子学科。制冷有时加入为暖通空调制冷或制冷空调领域，缩写为 HVAC&R 或 HVACR，或者像 HACR 中那样通风降低（例如指定 HACR 额定断路器）。

High frequency，高频：国际电信联盟指定的无线电射频电磁波（无线电波）范围在 3 到 30 兆赫之间。

Hub，集线器：一种提供物理通信的设备，它允许多台计算机和设备相互通信；集线器不具有路由器的智能，它读取寻址和转发数据给所需的接收者；当信号由集线器接收时，它被广播到连接到集线器的所有系统。

Human－computer interaction，人机交互：20 世纪 80 年代初出现的一个研究和实践领域，最初是计算机科学的一个特殊领域，包括认知科学和人因工程学。

Hypertext Transfer Protocol，超文本传输协议：分布式协作超媒体信息系统的应用协议；是万维网数据通信的基础。

Information assurance，信息保障：保证信息和管理与有关信息、数据的使用、处理、储存和传输相关的风险和用于这些目的的系统和过程的做法。

Information technology，信息技术：计算机或电信设备在商业或其他企业环境中存储、检索、传输和操作数据的应用。

Infrastructure－as－a－service，基础设施即服务：提供给消费者的是租用处理能力、存储、网络和其它的基础计算资源，用户能够部署和运行任意软件，包括操作系统和应用程序；计算资源包括基础元素，如存储、操作系统实例，网络和身份管理，开发平台和应用可以分层。

Integrity，完整性：保证只有拥有权限的实体才能创建、修改和删除信息。

International Telecommunications Union，国际电信联盟 ITU：协调全球电信通信的国际组织。它是联合国的一部分。原来是在法国被称为 CCITT（国际电报电话咨询委员会），这是一个它仍然广为人知的缩写。它力求在制定和遵守数据电信国际标准方面取得一致意见。

Internet，互联网（因特网）：全球通信网络，允许全球几乎所有计算机都能连接和交换信息。

Internet－connected devices，互联网连接设备：可以感知、通信、计算和潜在驱动的设备，可以具有智能，多模式接口，物理/虚拟身份和属性；可以是传感器、射频识别、社交媒体、点击流、商业交易、执行机构（例如安装传感器并用于采矿、石油勘探或制造业务的机器/设备）、实验室仪器（例如高能物理同步加速器）和智能家电（电视，电话等）。

Internet Engineering Task Force，互联网工程任务组：开发和推广自愿互联网标准，特别是互联网标准协议簇（TCP / IP）；这是一个开放的标准组织，所有参与者和管理者都没有正式的会员资格或成员资格要求，尽管他们的工作通常由雇主或赞助商提供资金。

Internet Protocol，网络互联协议：互联网协议簇中的主要通信协议，用于跨网络边界的中继数据报服务，也是一种实现网络互联的路由服务功能。

Internet Protocol version 4，网络互联协议 IPv4： 网络互联协议（IP）开发中的第四个版本。它是互联网中基于标准的互联网络方法的核心协议之一，并且是1983 年在 ARPANET 中部署的第一个用于实际网络的版本。

Internet Protocol version 6，网络互联协议 IPv6： 最新版本的网络互联协议（IP），即为网络上的计算机提供识别和定位系统并通过互联网路由流量的通信协议。

Internet of Things，物联网： 包括数十亿个互联网连接设备（ICD）或“事物”，每个设备都可以感知、通信、计算和潜在驱动，并且可以拥有智能、多通道接口、物理/虚拟身份和属性。

Intranet，内联网： 使用 Internet 协议技术在组织内共享信息、操作系统或计算服务的计算机网络；指组织内的网络（或企业内部网）。

Key management，密钥管理： 协调人员、进程和技术，跟踪加密密钥以确保加密数据的可用性。

Legacy system，传统系统： 指与计算机系统或应用程序有关的旧的方法，技术，或是以前的过时的计算机系统；通常是一个贬义词，引用系统作为“遗产”往往意味着系统过时或需要更换。

Local area networks，局域网： 在局部区域连接在一起的一组计算机，用于彼此通信并共享打印机等资源。

Low - power and lossy networks，低功耗和有损网络： 由许多具有有限功率、内存和处理资源的嵌入式设备组成；通过各种链路互连，例如 IEEE 802.15.4、蓝牙、低功率 Wi - Fi、有线网络或其他低功率电力线通信（PLC）链路；正在转型为端到端的基于 IP 的解决方案，以避免由协议转换网关和代理互连的不可互操作网络的问题。

MAC address，MAC 地址（物理地址）： 提供给特定设备的识别码，用于识别本地网络上的设备。

Machine - to - machine，机器对机器： 指允许无线和有线系统与相同类型的其他设备通信的技术。M2M 是一个宽泛的术语，因为它没有指出具体的无线或有线网络、信息和通信技术。

Malware，恶意软件： 一个涵盖性术语，指用于各种形式的恶意软件或入侵软件，包括计算机病毒、蠕虫、特洛伊木马、勒索软件、间谍软件、广告软件、恐吓软件和其他可执行代码、脚本、活动内容和其他软件。

Media access control，介质访问控制： 七层 OSI 模型的数据链路层（2 层）的较低子层；MAC 子层提供寻址和信道接入控制机制，使得多个终端或网络节点可以在包含共享介质（例如以太网）的多址网络中进行通信。

Microcontroller（sometimes abbreviated μC，uC or MCU），微控制器（有时缩写为 μC，uC 或 MCU）： 包含处理器内核、存储器和可编程输入/输出外设的在

单个集成电路上的小型计算机。

Morris worm，莫里斯蠕虫病毒：1988 年 11 月 2 日发布的第一个通过互联网传播的计算机病毒。

National Institute of Standards and Technology，美国国家标准与技术研究院：美国商务部的一个单位；以前被称为国家标准局，它推行和维持计量标准；也有积极的计划来鼓励和协助工业和科学开发和使用这些标准。

Next - generation network，下一代网络：电信网络中核心和接入网络中的一系列关键体系结构的变化。下一代网络的总体思想是，一个网络通过将这些信息和服务封装到数据包中来传输所有的信息和服务（语音，数据和各种媒体，如视频），类似于因特网上使用的包。下一代网络通常建立在因特网协议（IP）的基础上，因此“全 IP”一词有时也用于描述以前以电话为中心的网络向下一代网络的转变。

Non - repudiation，不可抵赖性：保证一项行动可以无可辩驳地绑定到一个负责任的实体。

Open authorization，开放授权：一种开放的授权标准，它为客户机应用程序代表资源所有者提供对服务器资源的安全授权访问；指定资源所有者在不共享其授权凭证的情况下授权对其服务器资源进行第三方访问的过程。

Packet，分组（数据包）：在互联网或任何其他分组交换网络上的始发和目的地之间路由的数据单位。

Personal area networks，个人区域网络（个域网）：用于在计算机、电话和个人数字助理等设备之间进行数据传输的计算机网络。

Personally identifiable information，个人识别信息：任何可能识别某一特定个体的数据；可以用来区分一个人与另一个人的任何信息。

Physical objects，物理对象：有形和可见的实体。

Platform - as - a - service (PaaS)，平台即服务（PaaS）：提供了通过额外的抽象层提供租用应用程序开发环境的能力，而不是提供虚拟化基础架构，其中系统运行在软件平台上。

Pre - shared key，预共享密钥：一种共享秘密，在双方需要使用秘钥之前，使用一些安全通道共享秘钥。

Programmable logic controller，可编程逻辑控制器：典型的工业机电过程自动化的数字计算机，例如工厂流水线、游乐设施或灯具上的机械控制；在许多机器和工业中使用。

Protocol，协议：一组确定数据在电信和计算机网络中传输的规则和规定。

Public key，公开密钥（公钥）：属于主体的密钥，被公开给每个人；为了让每个人相信公钥真正属于主体，公钥被嵌入到数字证书中；公钥用于加密发送给主体的消息，以及验证主体的签名。

Public key certificates，公钥证书：是用于证明公钥的所有权的电子文档；该证书包括关于密钥的信息，关于其所有者身份的信息以及一个实体验证证书内容是正确的数字签名的；如果签名是有效的，并且检查证书的人信任签名者，那么他们知道他们可以使用该密钥与其所有者进行通信。

Public key cryptography:，公开密钥密码学（公钥密码）：一种加密算法，使用分离的密钥对，允许用户保留私有秘钥，同时允许其他人使用公开秘钥识别该用户。

Quality of service，服务质量（QoS）：传输速率、差错率和其他特性可以被测量、改进并且在一定程度上预先得到保证的理念。

Radio frequency identification，射频识别：由一个小芯片和一个天线组成的小型电子设备，通常能够携带2000字节或更少的数据，并且必须进行扫描以检索识别信息。

Random - access memory，随机访问存储器：计算机系统的暂时存储器。

Recognition，识别：包括识别正在进行的网络攻击，从而在获得物联网网络和系统访问权之前强化智能ICD防御。

Re - establishment，重建：在网络攻击后通过重新映射到不同的网络路由将ICD恢复到其运行状态的方法。

Remote terminal units，远程终端单元：一种微处理器控制的电子设备，它通过将遥测数据传送到主系统，并利用主监控系统的信息来控制连接对象，将物理世界中的对象与分布式控制系统或SCADA（监控和数据采集）系统相连接。

Representational state transfer，代表性状态转移：万维网的软件体系结构风格，它给分布式超媒体系统中的组件设计提供了一组协调的约束，从而可以实现更高的性能和更易于维护的体系结构。

Return - oriented programming，面向返回的编程：一种计算机安全漏洞利用技术，允许攻击者在存在安全防御的情况下执行代码，例如不可执行内存和代码签名。

Risk，风险：一个实体受到潜在环境或事件威胁程度的度量，通常是以下情况的一个函数：①当情况或事件发生时产生的不利影响；②发生的可能性。

Sandbox environment，沙箱环境：通过本地编程语言实施访问控制，以便于小程序只能访问有限的资源；为防止意外或恶意破坏或滥用本地资源提供了出色的保护，但未解决身份认证、授权、保密、完整性和不可否认性相关的安全问题。

Secret key，密钥：对称密码算法用来加密和解密数据的密钥。

Secure Hash Algorithm，安全哈希算法：一种消息摘要算法，它将任意大小的消息摘要分解为160位。

Secure packet mechanism，安全数据包机制：如果在ICD传感器代理中的明文和密文中发现恶意活动，则启动反制措施来限制数据并停止处理。

Secure sockets layer，安全套接字层：用于在 Web 服务器和浏览器之间建立加密链接的标准安全技术；确保 Web 服务器和浏览器之间传递的所有数据保持私有且不可分割。

Security control processor，安全控制处理器：确保密码处理器和输入/输出（I/O）处理器以在流经 ICD 传感器代理的活动信道之间提供信道分离的方式执行。

Sensor，传感器：一种用于检测某些内容然后通过采取特定操作进行响应的工具；用于探测、测量或记录物理现象（如辐射、热量或血压）的各种装置，并通过发送信息、启动变化或操作控制来响应。

Smart device，智能设备：一种电子设备，通常通过蓝牙、Wi－Fi 和 3G 等不同的网络和协议连接到其他设备或网络，可以在一定程度上以交互方式和自主方式运行。

Smart grid，智能电网：包括智能电表、智能家电、可再生能源和能源效率资源等各种运营和能源措施的系统；电力调节和电力生产和配电控制是智能电网的重要方面。

Smart TV，智能电视：具有集成互联网和 Web 2.0 功能的电视机或机顶盒，是计算机与电视机和机顶盒之间技术融合的一个例子。

Software－as－a－service，软件即服务：使用由供应商开发的安全模型，为用户提供可定制的有限的网络访问应用程序。

Spoofing attack，欺骗攻击：一个人或程序通过伪造数据成功伪装成另一个人或程序，从而获得非法优势的情况。

Steady state：稳定状态：信息系统的正常运行状态。

Stop and wait automatic repeat request，停止等待自动重传请求：也可以称为交替比特协议；是电信中用于在两个连接的设备之间发送信息的方法；确保不会由于丢弃的数据包而丢失信息，并且以正确的顺序接收数据包。

Stuxnet worm，振网蠕虫病毒：一种针对工业控制系统的计算机蠕虫病毒，该系统用于监测和控制大型工业设施，如发电厂、水坝、废物处理系统和类似的系统；它允许攻击者在没有运营商知道的情况下控制这些系统。

Supervisory control and data acquisition，监督控制和数据采集（SCDA）：系统通过通信通道上的编码信号进行操作，以便控制远程设备（每个远程站通常使用一个通信通道）。

Survivability，生存能力：一个实体即使在网络攻击、内部故障或事故发生的情况下仍能继续执行任务的能力。

Symmetric algorithm，对称密码算法：一种使用相同密钥进行加密和解密的密码算法。

Telematic，远程信息处理：一个跨学科的研究领域，涵盖电信、车辆技术、道路交通、道路安全、电气工程（传感器、仪器仪表、无线通信等），计算机科学（多媒体、互联网等）。

Thing，事物（也参见互联网连接设备）： 嵌入了电子设备、软件、传感器和网络连接的物理对象网络，使得这些对象能够收集和交换数据。

Threat，威胁： 有可能通过未经授权的访问对信息系统产生不利影响的事件。

Token，令牌： 代表其他事物的对象，例如另一个对象（物理的或虚拟的）。安全令牌是一种物理设备，例如特殊的智能卡，它与用户知道的某些信息（如PIN）一起，可以授权访问计算机系统或网络。

Transmission Control Protocol，传输控制协议 TCP： 互联网协议簇的核心协议，它起源于最初的网络实现，补充了网络互连协议（IP）。

Transport layer security，传输层安全： 一种确保 Internet 上通信应用程序和用户之间隐私的协议；确保没有第三方可以窃听或篡改任何消息；是安全套接字层的后继者。

Trust boundaries，信任边界： 计算机科学和安全领域的术语，用于描述程序数据或执行改变其“信任”级别的术语，这个术语指的是系统信任所有子系统（包括数据）的任何明显的边界。

Ubiquitous computing，无处不在的计算： 软件工程和计算机科学中的一个概念，计算随时随地出现。与桌面计算相比，无处不在的计算可以使用任何设备、任何位置和任何格式进行。

Ultra-high frequency，超高频： 国际电信联盟 ITU 指定的 300MHz 至 3GHz 范围内的无线电频率，也称为分米波段，波长范围从 1 米到 1 分米。

Vcc，电源： 正电压电源，双极晶体管的集电极端连接到 Vcc 电源或连接到 Vcc 的负载。

Virtual machine，虚拟机： 安装的一种模拟专用硬件的操作系统（OS）或应用程序环境的软件。

Virtual private network，虚拟专用网 VPN： 通过公共网络（如 Internet）扩展专用网络。它使用户能够通过共享或公共网络发送和接收数据，就好像他们的计算设备直接连接到专用网络一样，因此受益于专用网络的功能、安全性和管理策略；通过使用专用连接，虚拟隧道协议或流量加密建立虚拟点对点连接来实现。

Virtual world，虚拟世界： 一个基于计算机的在线社区环境，由个人设计和共享，以便他们可以在定制的模拟世界中进行互动。

Virtualization，虚拟化： 在网络环境中使用虚拟机，通常作为创建软件更新的安全测试环境的一种方法，或者在异地云存储中使用。参见虚拟机。

Virus，计算机病毒： 一般通俗的讲就是任何恶意代码的术语，包括 rootkit，木马和蠕虫。病毒程序是专门设计为通过侵入其他文件或程序进行自我复制的恶意软件的子集，类似于病毒。

Voice over Internet Protocol，互联网语音协议（IP 电话）：一种数字电话的形式，现场音频编码并通过互联网传递，就像传统的电话信号一样。

Vulnerability，脆弱性：信息基础设施中的一个可利用的缺陷或弱点。

Wearable Technology，可穿戴技术：包含有计算机和先进电子技术的服装和配件；是物理对象或嵌入了电子、软件、传感器的物联网网络的一部分，以使对象能够与制造商，运营商和/或其他连接的设备交换数据，而无需人为干预。

Websocket，Web 套接字：通过单个 TCP 连接提供全双工通信信道的协议；在 2011 年由 IETF 标准化为 RFC 6455，W3C 标准化 Web IDL 中的 WebSocket API。

Wireless，无线电：用无线电波、微波等（相对于电线或电缆）来传送信号。

Wireless frequency，无线频率：使用 IEEE 802.11 协议的一组合法的无线局域网通道集合，主要以商标 Wi－Fi 出售；当前的 802.11 工作组文档规定使用的五个不同频率范围为：2.4GHz，3.6GHz，4.9GHz，5GHz 和 5.9GHz 频段。

Wireless intrusion detection，无线入侵检测：监视无线电频谱是否存在未授权的非法接入点以及使用无线攻击工具；该系统监视无线局域网所使用的无线电频谱，一旦发现非法接入点，立即通知系统管理员。传统的做法是通过比较参与的无线设备的 MAC 地址来实现。

Wireless intrusion prevention systems，无线入侵防御系统：监视无线频谱是否存在未经授权的访问点（入侵检测）的网络设备，并可自动采取对策（入侵防御）。

Wireless local area network，无线局域网：一种无线计算机网络，它在一个有限的区域（如家庭、学校、计算机实验室或办公大楼内）使用无线信道分配方法（通常是扩频或无线 OFDM）连接两个或多个设备。

Wireless sensor network，无线传感器网络：空间分布的自主传感器，用于监测物理或环境条件，如温度、声音和压力，并通过网络将数据通过网络传送到主要位置。

World Wide Web，万维网：通过统一资源定位器识别文件和其他网络资源的信息空间，通过超文本链接相互链接，并可通过互联网访问。

Zero－day，零日漏洞：（也称为零小时或零日漏洞）是一个未披露且未修正的计算机应用程序漏洞，可能被利用来对计算机程序、数据、其他计算机或网络造成不利影响；也被称为“零日”，因为一旦知道缺陷，程序员或开发人员就可以在零天（在披露之前）修复它。

ZigBee，ZigBee 通信：基于 IEEE 802.15.4 的一套高级通信协议规范，用于使用小型低功率数字无线电创建个人区域网络。

Z－Wave，Z 波通信：一种无线通信规范，旨在使家庭设备（例如照明、门禁系统，娱乐系统和家用电器）能够相互通信，实现家庭自动化。

附录 C　CSBD 温控器报告

1　命令理论

Built: 19 August 2015
Parent Theories: list

1.1　数据类型

```
command = PR privcmd | NP npriv

npriv = Status

privcmd = Set num | EU | DU
```

1.2　定义

[npriv_CASE]

$\vdash \forall x\ v_0.\ (\textbf{case}\ x\ \textbf{of}\ \texttt{Status} \Rightarrow v_0) = (\lambda m.\ v_0)\ (\texttt{npriv2num}\ x)$

1.3　定理

[command_distinct_thm]

$\vdash \forall a'\ a.\ \texttt{PR}\ a \neq \texttt{NP}\ a'$

[command_nchotomy_thm]

$\vdash \forall cc.\ (\exists p.\ cc = \texttt{PR}\ p) \lor \exists n.\ cc = \texttt{NP}\ n$

[npriv_nchotomy_thm]

$\vdash \forall a.\ a = \texttt{Status}$

[privcmd_distinct_thm]

$\vdash (\forall a.\ \texttt{Set}\ a \neq \texttt{EU}) \land (\forall a.\ \texttt{Set}\ a \neq \texttt{DU}) \land \texttt{EU} \neq \texttt{DU}$

[privcmd_nchotomy_thm]

$\vdash \forall pp.\ (\exists n.\ pp = \texttt{Set}\ n) \lor (pp = \texttt{EU}) \lor (pp = \texttt{DU})$

[set_command_11]

$\vdash (\forall a\ a'.\ (\texttt{PR}\ a = \texttt{PR}\ a') \iff (a = a')) \land$
$\quad \forall a\ a'.\ (\texttt{NP}\ a = \texttt{NP}\ a') \iff (a = a')$

[set_privcmd_11]

$\vdash \forall a\ a'.\ (\texttt{Set}\ a = \texttt{Set}\ a') \iff (a = a')$

2　主体理论

Built: 19 August 2015
Parent Theories: cipher

2.1 数据类型

keyPrinc = CA | Server | Utility num

principal =
    Role keyPrinc
  | Key (keyPrinc pKey)
  | Keyboard
  | Owner num
  | Account num num

3 选择理论

Built: 21 May 2015

Parent Theories: one, sum, normalForms

3.1 数据类型

option = NONE | SOME 'a

3.2 定义

[IS_NONE_DEF]

⊢ (∀x. IS_NONE (SOME x) ⇔ F) ∧ (IS_NONE NONE ⇔ T)

[IS_SOME_DEF]

⊢ (∀x. IS_SOME (SOME x) ⇔ T) ∧ (IS_SOME NONE ⇔ F)

[NONE_DEF]

⊢ NONE = option_ABS (INR ())

[OPTION_APPLY_def]

⊢ (∀x. NONE <*> x = NONE) ∧ ∀f x. SOME f <*> x = OPTION_MAP f x

[OPTION_BIND_def]

⊢ (∀f. OPTION_BIND NONE f = NONE) ∧
  ∀x f. OPTION_BIND (SOME x) f = f x

[OPTION_CHOICE_def]

⊢ (∀m_2. OPTION_CHOICE NONE m_2 = m_2) ∧
  ∀x m_2. OPTION_CHOICE (SOME x) m_2 = SOME x

[OPTION_GUARD_def]

⊢ (OPTION_GUARD T = SOME ()) ∧ (OPTION_GUARD F = NONE)

[OPTION_IGNORE_BIND_def]

$\vdash \forall m_1\ m_2.$ OPTION_IGNORE_BIND $m_1\ m_2$ = OPTION_BIND m_1 (K m_2)

[OPTION_JOIN_DEF]

$\vdash$ (OPTION_JOIN NONE = NONE) $\wedge\ \forall x.$ OPTION_JOIN (SOME x) = x

[OPTION_MAP2_DEF]

$\vdash \forall f\ x\ y.$
    OPTION_MAP2 $f\ x\ y$ =
    if IS_SOME $x\ \wedge$ IS_SOME y **then** SOME (f (THE x) (THE y))
    else NONE

[OPTION_MAP_DEF]

$\vdash (\forall f\ x.$ OPTION_MAP f (SOME x) = SOME ($f\ x$)) $\wedge$
  $\forall f.$ OPTION_MAP f NONE = NONE

[option_REP_ABS_DEF]

$\vdash (\forall a.$ option_ABS (option_REP a) = a) $\wedge$
  $\forall r.\ (\lambda x.$ T) $r \iff$ (option_REP (option_ABS r) = r)

[OPTREL_def]

$\vdash \forall R\ x\ y.$
    OPTREL $R\ x\ y \iff$
    (x = NONE) $\wedge$ (y = NONE) $\vee$
    $\exists x_0\ y_0.$ (x = SOME x_0) $\wedge$ (y = SOME y_0) $\wedge\ R\ x_0\ y_0$

[some_def]

$\vdash \forall P.$ (some) P = **if** $\exists x.\ P\ x$ **then** SOME ($\varepsilon x.\ P\ x$) **else** NONE

[SOME_DEF]

$\vdash \forall x.$ SOME x = option_ABS (INL x)

[THE_DEF]

$\vdash \forall x.$ THE (SOME x) = x

3.3 定理

[EXISTS_OPTION]

$\vdash (\exists opt.\ P\ opt) \iff P$ NONE $\vee\ \exists x.\ P$ (SOME x)

[FORALL_OPTION]

$\vdash (\forall opt.\ P\ opt) \iff P$ NONE $\wedge\ \forall x.\ P$ (SOME x)

[IF_EQUALS_OPTION]

$\vdash$ (((if P then SOME x else NONE) = NONE) $\iff \neg P$) $\wedge$
(((if P then NONE else SOME x) = NONE) $\iff P$) $\wedge$
(((if P then SOME x else NONE) = SOME y) $\iff P \wedge (x = y)$) $\wedge$
(((if P then NONE else SOME x) = SOME y) $\iff \neg P \wedge (x = y)$)

[IF_NONE_EQUALS_OPTION]

$\vdash$ (((if P then X else NONE) = NONE) $\iff P \Rightarrow$ IS_NONE X) $\wedge$
(((if P then NONE else X) = NONE) $\iff$ IS_SOME $X \Rightarrow P$) $\wedge$
(((if P then X else NONE) = SOME x) $\iff P \wedge (X$ = SOME x)) $\wedge$
(((if P then NONE else X) = SOME x) $\iff \neg P \wedge (X$ = SOME x))

[IS_NONE_EQ_NONE]

$\vdash \forall x$. IS_NONE $x \iff$ (x = NONE)

[NOT_IS_SOME_EQ_NONE]

$\vdash \forall x$. $\neg$IS_SOME $x \iff$ (x = NONE)

[NOT_NONE_SOME]

$\vdash \forall x$. NONE $\neq$ SOME x

[NOT_SOME_NONE]

$\vdash \forall x$. SOME $x \neq$ NONE

[OPTION_APPLY_MAP2]

$\vdash$ OPTION_MAP f x <*> y = OPTION_MAP2 f x y

[OPTION_APPLY_o]

$\vdash$ SOME (o) <*> f <*> g <*> x = f <*> (g <*> x)

[OPTION_BIND_cong]

$\vdash \forall o_1\ o_2\ f_1\ f_2$.
($o_1 = o_2$) $\wedge$ ($\forall x$. (o_2 = SOME x) $\Rightarrow$ ($f_1\ x = f_2\ x$)) $\Rightarrow$
(OPTION_BIND o_1 f_1 = OPTION_BIND o_2 f_2)

[OPTION_BIND_EQUALS_OPTION]

$\vdash$ ((OPTION_BIND p f = NONE) $\iff$
(p = NONE) $\vee \exists x$. (p = SOME x) $\wedge$ (f x = NONE)) $\wedge$
((OPTION_BIND p f = SOME y) $\iff$
$\exists x$. (p = SOME x) $\wedge$ (f x = SOME y))

[option_case_compute]

$\vdash$ option_CASE x e f = if IS_SOME x then f (THE x) else e

[option_case_ID]

$\vdash \forall x$. option_CASE x NONE SOME = x

[option_case_SOME_ID]

⊢ ∀x. option_CASE x x SOME = x

[OPTION_CHOICE_EQ_NONE]

⊢ (OPTION_CHOICE m_1 m_2 = NONE) ⟺ (m_1 = NONE) ∧ (m_2 = NONE)

[option_CLAUSES]

⊢ (∀x y. (SOME x = SOME y) ⟺ (x = y)) ∧
  (∀x. THE (SOME x) = x) ∧ (∀x. NONE ≠ SOME x) ∧
  (∀x. SOME x ≠ NONE) ∧ (∀x. IS_SOME (SOME x) ⟺ T) ∧
  (IS_SOME NONE ⟺ F) ∧ (∀x. IS_NONE x ⟺ (x = NONE)) ∧
  (∀x. ¬IS_SOME x ⟺ (x = NONE)) ∧
  (∀x. IS_SOME x ⇒ (SOME (THE x) = x)) ∧
  (∀x. option_CASE x NONE SOME = x) ∧
  (∀x. option_CASE x x SOME = x) ∧
  (∀x. IS_NONE x ⇒ (option_CASE x e f = e)) ∧
  (∀x. IS_SOME x ⇒ (option_CASE x e f = f (THE x))) ∧
  (∀x. IS_SOME x ⇒ (option_CASE x e SOME = x)) ∧
  (∀v f. option_CASE NONE v f = v) ∧
  (∀x v f. option_CASE (SOME x) v f = f x) ∧
  (∀f x. OPTION_MAP f (SOME x) = SOME (f x)) ∧
  (∀f. OPTION_MAP f NONE = NONE) ∧ (OPTION_JOIN NONE = NONE) ∧
  ∀x. OPTION_JOIN (SOME x) = x

[OPTION_GUARD_COND]

⊢ OPTION_GUARD b = **if** b **then** SOME () **else** NONE

[OPTION_GUARD_EQ_THM]

⊢ ((OPTION_GUARD b = SOME ()) ⟺ b) ∧
  ((OPTION_GUARD b = NONE) ⟺ ¬b)

[OPTION_IGNORE_BIND_thm]

⊢ (OPTION_IGNORE_BIND NONE m = NONE) ∧
  (OPTION_IGNORE_BIND (SOME v) m = m)

[OPTION_JOIN_EQ_SOME]

⊢ ∀x y. (OPTION_JOIN x = SOME y) ⟺ (x = SOME (SOME y))

[OPTION_MAP2_cong]

⊢ ∀x_1 x_2 y_1 y_2 f_1 f_2.
    (x_1 = x_2) ∧ (y_1 = y_2) ∧
    (∀x y. (x_2 = SOME x) ∧ (y_2 = SOME y) ⇒ (f_1 x y = f_2 x y)) ⇒
    (OPTION_MAP2 f_1 x_1 y_1 = OPTION_MAP2 f_2 x_2 y_2)

[OPTION_MAP2_NONE]

⊢ (OPTION_MAP2 f o_1 o_2 = NONE) ⟺ (o_1 = NONE) ∨ (o_2 = NONE)

[OPTION_MAP2_SOME]

$\vdash$ (OPTION_MAP2 f o_1 o_2 = SOME v) $\iff$
$\exists x_1\ x_2.\ (o_1 = \text{SOME}\ x_1) \wedge (o_2 = \text{SOME}\ x_2) \wedge (v = f\ x_1\ x_2)$

[OPTION_MAP2_THM]

$\vdash$ (OPTION_MAP2 f (SOME x) (SOME y) = SOME (f x y)) $\wedge$
(OPTION_MAP2 f (SOME x) NONE = NONE) $\wedge$
(OPTION_MAP2 f NONE (SOME y) = NONE) $\wedge$
(OPTION_MAP2 f NONE NONE = NONE)

[OPTION_MAP_COMPOSE]

$\vdash$ OPTION_MAP f (OPTION_MAP g x) = OPTION_MAP ($f \circ g$) x

[OPTION_MAP_CONG]

$\vdash \forall opt_1\ opt_2\ f_1\ f_2.$
$(opt_1 = opt_2) \wedge (\forall x.\ (opt_2 = \text{SOME}\ x) \Rightarrow (f_1\ x = f_2\ x)) \Rightarrow$
(OPTION_MAP f_1 opt_1 = OPTION_MAP f_2 opt_2)

[OPTION_MAP_EQ_NONE]

$\vdash \forall f\ x.$ (OPTION_MAP f x = NONE) $\iff$ (x = NONE)

[OPTION_MAP_EQ_NONE_both_ways]

$\vdash$ ((OPTION_MAP f x = NONE) $\iff$ (x = NONE)) $\wedge$
((NONE = OPTION_MAP f x) $\iff$ (x = NONE))

[OPTION_MAP_EQ_SOME]

$\vdash \forall f\ x\ y.$
(OPTION_MAP f x = SOME y) $\iff \exists z.\ (x = \text{SOME}\ z) \wedge (y = f\ z)$

[OPTREL_MONO]

$\vdash (\forall x\ y.\ P\ x\ y \Rightarrow Q\ x\ y) \Rightarrow$ OPTREL P x y $\Rightarrow$ OPTREL Q x y

[OPTREL_refl]

$\vdash (\forall x.\ R\ x\ x) \Rightarrow \forall x.$ OPTREL R x x

[SOME_11]

$\vdash \forall x\ y.$ (SOME x = SOME y) $\iff$ ($x = y$)

[SOME_APPLY_PERMUTE]

$\vdash f$ <*> SOME x = SOME ($\lambda f.\ f\ x$) <*> f

[some_elim]

$\vdash Q$ ((some) P) $\Rightarrow (\exists x.\ P\ x \wedge Q$ (SOME x)) $\vee (\forall x.\ \neg P\ x) \wedge Q$ NONE

[some_EQ]

$\vdash$ ((some x. $x = y$) = SOME y) $\wedge$ ((some x. $y = x$) = SOME y)

[some_F]

$\vdash$ (some x. F) = NONE

[some_intro]

$\vdash (\forall x.\ P\ x \Rightarrow Q$ (SOME x)) $\wedge$ (($\forall x.\ \neg P\ x) \Rightarrow Q$ NONE) $\Rightarrow Q$ ((some) P)

[SOME_SOME_APPLY]

$\vdash$ SOME f <*> SOME x = SOME (f x)

4 密码理论

Built: 19 August 2015
Parent Theories: list

4.1 数据类型

```
asymMsg = Ea ('princ pKey) ('message option)

digest = hash ('message option)

pKey = pubK 'princ | privK 'princ

symKey = sym num

symMsg = Es symKey ('message option)
```

4.2 定义

[deciphP_def]

```
⊢ (deciphP key (Ea (privK P) (SOME x)) =
    if key = pubK P then SOME x else NONE) ∧
   (deciphP key (Ea (pubK P) (SOME x)) =
    if key = privK P then SOME x else NONE) ∧
   (deciphP k1 (Ea k2 NONE) = NONE)
```

[deciphS_def]

```
⊢ (deciphS k1 (Es k2 (SOME x)) =
    if k1 = k2 then SOME x else NONE) ∧
   (deciphS k1 (Es k2 NONE) = NONE)
```

[sign_def]

```
⊢ ∀pubKey dgst. sign pubKey dgst = Ea pubKey (SOME dgst)
```

[signVerify_def]

```
⊢ ∀pubKey signature msgContents.
     signVerify pubKey signature msgContents ⇔
     (SOME (hash msgContents) = deciphP pubKey signature)
```

4.3 定理

[asymMsg_one_one]

```
⊢ ∀a0 a1 a0' a1'.
     (Ea a0 a1 = Ea a0' a1') ⇔ (a0 = a0') ∧ (a1 = a1')
```

[deciphP_clauses]

```
⊢ (∀P text.
      (deciphP (pubK P) (Ea (privK P) (SOME text)) =
       SOME text) ∧
      (deciphP (privK P) (Ea (pubK P) (SOME text)) =
       SOME text)) ∧
   (∀k P text.
      (deciphP k (Ea (privK P) (SOME text)) = SOME text) ⟺
      (k = pubK P)) ∧
   (∀k P text.
      (deciphP k (Ea (pubK P) (SOME text)) = SOME text) ⟺
      (k = privK P)) ∧
   (∀x k2 k1 P2 P1.
      (deciphP (pubK P1) (Ea (pubK P2) (SOME x)) = NONE) ∧
      (deciphP k1 (Ea k2 NONE) = NONE)) ∧
   ∀x P2 P1. deciphP (privK P1) (Ea (privK P2) (SOME x)) = NONE
```

[deciphP_one_one]

```
⊢ (∀P1 P2 text1 text2.
      (deciphP (pubK P1) (Ea (privK P2) (SOME text2)) =
       SOME text1) ⟺ (P1 = P2) ∧ (text1 = text2)) ∧
   (∀P1 P2 text1 text2.
      (deciphP (privK P1) (Ea (pubK P2) (SOME text2)) =
       SOME text1) ⟺ (P1 = P2) ∧ (text1 = text2)) ∧
   (∀p c P msg.
      (deciphP (pubK P) (Ea p c) = SOME msg) ⟺
      (p = privK P) ∧ (c = SOME msg)) ∧
   (∀enMsg P msg.
      (deciphP (pubK P) enMsg = SOME msg) ⟺
      (enMsg = Ea (privK P) (SOME msg))) ∧
   (∀p c P msg.
      (deciphP (privK P) (Ea p c) = SOME msg) ⟺
      (p = pubK P) ∧ (c = SOME msg)) ∧
   ∀enMsg P msg.
     (deciphP (privK P) enMsg = SOME msg) ⟺
     (enMsg = Ea (pubK P) (SOME msg))
```

[deciphS_clauses]

```
⊢ (∀k text. deciphS k (Es k (SOME text)) = SOME text) ∧
   (∀k1 k2 text.
      (deciphS k1 (Es k2 (SOME text)) = SOME text) ⟺
      (k1 = k2)) ∧
   (∀k1 k2 text.
      (deciphS k1 (Es k2 (SOME text)) = NONE) ⟺ k1 ≠ k2) ∧
   ∀k1 k2. deciphS k1 (Es k2 NONE) = NONE
```

[deciphS_one_one]

$\vdash (\forall k_1\ k_2\ text_1\ text_2.$
$\quad (\texttt{deciphS}\ k_1\ (\texttt{Es}\ k_2\ (\texttt{SOME}\ text_2)) = \texttt{SOME}\ text_1) \iff$
$\quad (k_1 = k_2) \land (text_1 = text_2)) \land$
$\forall enMsg\ text\ key.$
$\quad (\texttt{deciphS}\ key\ enMsg = \texttt{SOME}\ text) \iff$
$\quad (enMsg = \texttt{Es}\ key\ (\texttt{SOME}\ text))$

[digest_one_one]

$\vdash \forall a\ a'.\ (\texttt{hash}\ a = \texttt{hash}\ a') \iff (a = a')$

[option_distinct]

$\vdash \forall x.\ \texttt{NONE} \neq \texttt{SOME}\ x$

[option_one_one]

$\vdash \forall x\ y.\ (\texttt{SOME}\ x = \texttt{SOME}\ y) \iff (x = y)$

[pKey_distinct_clauses]

$\vdash (\forall a'\ a.\ \texttt{pubK}\ a \neq \texttt{privK}\ a') \land \forall a'\ a.\ \texttt{privK}\ a' \neq \texttt{pubK}\ a$

[pKey_one_one]

$\vdash (\forall a\ a'.\ (\texttt{pubK}\ a = \texttt{pubK}\ a') \iff (a = a')) \land$
$\forall a\ a'.\ (\texttt{privK}\ a = \texttt{privK}\ a') \iff (a = a')$

[sign_one_one]

$\vdash \forall pubKey_1\ pubKey_2\ m_1\ m_2.$
$\quad (\texttt{sign}\ pubKey_1\ (\texttt{hash}\ m_1) = \texttt{sign}\ pubKey_2\ (\texttt{hash}\ m_2)) \iff$
$\quad (pubKey_1 = pubKey_2) \land (m_1 = m_2)$

[signVerify_one_one]

$\vdash (\forall P\ m_1\ m_2.$
$\quad \texttt{signVerify}\ (\texttt{pubK}\ P)\ (\texttt{Ea}\ (\texttt{privK}\ P)\ (\texttt{SOME}\ (\texttt{hash}\ (\texttt{SOME}\ m_1))))$
$\quad\quad (\texttt{SOME}\ m_2) \iff (m_1 = m_2)) \land$
$(\forall signature\ P\ text.$
$\quad \texttt{signVerify}\ (\texttt{pubK}\ P)\ signature\ (\texttt{SOME}\ text) \iff$
$\quad (signature = \texttt{sign}\ (\texttt{privK}\ P)\ (\texttt{hash}\ (\texttt{SOME}\ text)))) \land$
$\forall text_2\ text_1\ P_2\ P_1.$
$\quad \texttt{signVerify}\ (\texttt{pubK}\ P_1)\ (\texttt{sign}\ (\texttt{privK}\ P_2)\ (\texttt{hash}\ (\texttt{SOME}\ text_2)))$
$\quad\quad (\texttt{SOME}\ text_1) \iff (P_1 = P_2) \land (text_1 = text_2)$

[signVerifyOK]

$\vdash \forall P\ msg.$
$\quad \texttt{signVerify}\ (\texttt{pubK}\ P)\ (\texttt{sign}\ (\texttt{privK}\ P)\ (\texttt{hash}\ (\texttt{SOME}\ msg)))$
$\quad\quad (\texttt{SOME}\ msg)$

[symKey_one_one]

$\vdash \forall a\ a'.\ (\texttt{sym}\ a = \texttt{sym}\ a') \iff (a = a')$

[symMsg_one_one]

$\vdash \forall a_0\ a_1\ a_0'\ a_1'.$
$\quad (\texttt{Es}\ a_0\ a_1 = \texttt{Es}\ a_0'\ a_1') \iff (a_0 = a_0') \land (a_1 = a_1')$

5 satList 理论

Built: 28 January 2016
Parent Theories: aclDrules

5.1 定义

[satList_def]

```
⊢ ∀M Oi Os formList.
    (M,Oi,Os) satList formList ⟺
    FOLDR (λx y. x ∧ y) T (MAP (λf. (M,Oi,Os) sat f) formList)
```

5.2 定理

[satList_conj]

```
⊢ ∀l1 l2 M Oi Os.
    (M,Oi,Os) satList l1 ∧ (M,Oi,Os) satList l2 ⟺
    (M,Oi,Os) satList (l1 ++ l2)
```

[satList_CONS]

```
⊢ ∀h t M Oi Os.
    (M,Oi,Os) satList (h::t) ⟺
    (M,Oi,Os) sat h ∧ (M,Oi,Os) satList t
```

[satList_nil]

```
⊢ (M,Oi,Os) satList []
```

6 vmla 理论

Built: 28 January 2016
Parent Theories: satList

6.1 数据类型

```
configuration =
    CFG (('command inst, 'principal, 'd, 'e) Form -> bool)
        ('state -> ('command inst, 'principal, 'd, 'e) Form)
        (('command inst, 'principal, 'd, 'e) Form list)
        (('command inst, 'principal, 'd, 'e) Form list) 'state
        ('output list)
```

```
inst = CMD 'command | TRAP
```

```
trType = discard | trap 'inst | exec 'inst
```

6.2 定义

[CFGInterpret_def]

```
⊢ CFGInterpret (M,Oi,Os)
    (CFG inputTest stateInterp context (x::ins) state
      outStream) ⟺
  (M,Oi,Os) satList context ∧ (M,Oi,Os) sat x ∧
  (M,Oi,Os) sat stateInterp state
```

[TR_def]

```
⊢ TR =
  (λa0 a1 a2 a3.
     ∀TR'.
       (∀a0 a1 a2 a3.
          (∃inputTest P NS M Oi Os Out s certs stateInterp cmd
             ins outs.
             (a0 = (M,Oi,Os)) ∧ (a1 = exec (CMD cmd)) ∧
             (a2 =
              CFG inputTest stateInterp certs
                (P says prop (CMD cmd)::ins) s outs) ∧
             (a3 =
              CFG inputTest stateInterp certs ins
                (NS s (exec (CMD cmd)))
                (Out s (exec (CMD cmd))::outs)) ∧
             inputTest (P says prop (CMD cmd)) ∧
             CFGInterpret (M,Oi,Os)
               (CFG inputTest stateInterp certs
                  (P says prop (CMD cmd)::ins) s outs)) ∨
          (∃inputTest P NS M Oi Os Out s certs stateInterp cmd
             ins outs.
             (a0 = (M,Oi,Os)) ∧ (a1 = trap (CMD cmd)) ∧
             (a2 =
              CFG inputTest stateInterp certs
                (P says prop (CMD cmd)::ins) s outs) ∧
             (a3 =
              CFG inputTest stateInterp certs ins
                (NS s (trap (CMD cmd)))
                (Out s (trap (CMD cmd))::outs)) ∧
             inputTest (P says prop (CMD cmd)) ∧
             CFGInterpret (M,Oi,Os)
               (CFG inputTest stateInterp certs
                  (P says prop (CMD cmd)::ins) s outs)) ∨
          (∃inputTest NS M Oi Os Out s certs stateInterp cmd x
             ins outs.
             (a0 = (M,Oi,Os)) ∧ (a1 = discard) ∧
             (a2 =
              CFG inputTest stateInterp certs (x::ins) s
                outs) ∧
             (a3 =
```

```
      CFG inputTest stateInterp certs ins
        (NS s discard) (Out s discard::outs)) ∧
     ¬inputTest x) ⇒
   TR' a0 a1 a2 a3) ⇒
TR' a0 a1 a2 a3)
```

6.3 定理

[configuration_one_one]

```
⊢ ∀a0 a1 a2 a3 a4 a5 a0' a1' a2' a3' a4' a5'.
    (CFG a0 a1 a2 a3 a4 a5 = CFG a0' a1' a2' a3' a4' a5') ⟺
    (a0 = a0') ∧ (a1 = a1') ∧ (a2 = a2') ∧ (a3 = a3') ∧
    (a4 = a4') ∧ (a5 = a5')
```

[inst_distinct_clauses]

```
⊢ (∀a. CMD a ≠ TRAP) ∧ ∀a. TRAP ≠ CMD a
```

[TR_cases]

```
⊢ ∀a0 a1 a2 a3.
    TR a0 a1 a2 a3 ⟺
    (∃inputTest P NS M Oi Os Out s certs stateInterp cmd ins
       outs.
      (a0 = (M,Oi,Os)) ∧ (a1 = exec (CMD cmd)) ∧
      (a2 =
       CFG inputTest stateInterp certs
         (P says prop (CMD cmd)::ins) s outs) ∧
      (a3 =
       CFG inputTest stateInterp certs ins
         (NS s (exec (CMD cmd)))
         (Out s (exec (CMD cmd))::outs)) ∧
      inputTest (P says prop (CMD cmd)) ∧
      CFGInterpret (M,Oi,Os)
        (CFG inputTest stateInterp certs
           (P says prop (CMD cmd)::ins) s outs)) ∨
    (∃inputTest P NS M Oi Os Out s certs stateInterp cmd ins
       outs.
      (a0 = (M,Oi,Os)) ∧ (a1 = trap (CMD cmd)) ∧
      (a2 =
       CFG inputTest stateInterp certs
         (P says prop (CMD cmd)::ins) s outs) ∧
      (a3 =
       CFG inputTest stateInterp certs ins
         (NS s (trap (CMD cmd)))
         (Out s (trap (CMD cmd))::outs)) ∧
      inputTest (P says prop (CMD cmd)) ∧
      CFGInterpret (M,Oi,Os)
        (CFG inputTest stateInterp certs
           (P says prop (CMD cmd)::ins) s outs)) ∨
```

```
∃inputTest NS M Oi Os Out s certs stateInterp cmd x ins
   outs.
  (a0 = (M,Oi,Os)) ∧ (a1 = discard) ∧
  (a2 = CFG inputTest stateInterp certs (x::ins) s outs) ∧
  (a3 =
   CFG inputTest stateInterp certs ins (NS s discard)
     (Out s discard::outs)) ∧ ¬inputTest x
```

[TR_discard_cmd_rule]

```
⊢ TR (M,Oi,Os) discard
    (CFG inputTest stateInterp certs (x::ins) s outs)
    (CFG inputTest stateInterp certs ins (NS s discard)
       (Out s discard::outs)) ⟺ ¬inputTest x
```

[TR_EQ_rules_thm]

```
⊢ (TR (M,Oi,Os) (exec (CMD cmd))
     (CFG inputTest stateInterp certs
        (P says prop (CMD cmd)::ins) s outs)
     (CFG inputTest stateInterp certs ins
        (NS s (exec (CMD cmd)))
        (Out s (exec (CMD cmd))::outs)) ⟺
   inputTest (P says prop (CMD cmd)) ∧
   CFGInterpret (M,Oi,Os)
     (CFG inputTest stateInterp certs
        (P says prop (CMD cmd)::ins) s outs)) ∧
  (TR (M,Oi,Os) (trap (CMD cmd))
     (CFG inputTest stateInterp certs
        (P says prop (CMD cmd)::ins) s outs)
     (CFG inputTest stateInterp certs ins
        (NS s (trap (CMD cmd)))
        (Out s (trap (CMD cmd))::outs)) ⟺
   inputTest (P says prop (CMD cmd)) ∧
   CFGInterpret (M,Oi,Os)
     (CFG inputTest stateInterp certs
        (P says prop (CMD cmd)::ins) s outs)) ∧
  (TR (M,Oi,Os) discard
     (CFG inputTest stateInterp certs (x::ins) s outs)
     (CFG inputTest stateInterp certs ins (NS s discard)
        (Out s discard::outs)) ⟺ ¬inputTest x)
```

[TR_exec_cmd_rule]

```
⊢ ∀inputTest certs stateInterp P cmd ins s outs.
    (∀M Oi Os.
       CFGInterpret (M,Oi,Os)
         (CFG inputTest stateInterp certs
            (P says prop (CMD cmd)::ins) s outs) ⇒
       (M,Oi,Os) sat prop (CMD cmd)) ⇒
    ∀NS Out M Oi Os.
```

```
   TR (M,Oi,Os) (exec (CMD cmd))
     (CFG inputTest stateInterp certs
        (P says prop (CMD cmd)::ins) s outs)
     (CFG inputTest stateInterp certs ins
        (NS s (exec (CMD cmd)))
        (Out s (exec (CMD cmd))::outs)) ⟺
   inputTest (P says prop (CMD cmd)) ∧
   CFGInterpret (M,Oi,Os)
     (CFG inputTest stateInterp certs
        (P says prop (CMD cmd)::ins) s outs) ∧
   (M,Oi,Os) sat prop (CMD cmd)

[TR_ind]
 ⊢ ∀TR'.
     (∀inputTest P NS M Oi Os Out s certs stateInterp cmd ins
        outs.
        inputTest (P says prop (CMD cmd)) ∧
        CFGInterpret (M,Oi,Os)
          (CFG inputTest stateInterp certs
             (P says prop (CMD cmd)::ins) s outs) ⇒
        TR' (M,Oi,Os) (exec (CMD cmd))
          (CFG inputTest stateInterp certs
             (P says prop (CMD cmd)::ins) s outs)
          (CFG inputTest stateInterp certs ins
             (NS s (exec (CMD cmd)))
             (Out s (exec (CMD cmd))::outs))) ∧
     (∀inputTest P NS M Oi Os Out s certs stateInterp cmd ins
        outs.
        inputTest (P says prop (CMD cmd)) ∧
        CFGInterpret (M,Oi,Os)
          (CFG inputTest stateInterp certs
             (P says prop (CMD cmd)::ins) s outs) ⇒
        TR' (M,Oi,Os) (trap (CMD cmd))
          (CFG inputTest stateInterp certs
             (P says prop (CMD cmd)::ins) s outs)
          (CFG inputTest stateInterp certs ins
             (NS s (trap (CMD cmd)))
             (Out s (trap (CMD cmd))::outs))) ∧
     (∀inputTest NS M Oi Os Out s certs stateInterp cmd x ins
        outs.
        ¬inputTest x ⇒
        TR' (M,Oi,Os) discard
          (CFG inputTest stateInterp certs (x::ins) s outs)
          (CFG inputTest stateInterp certs ins (NS s discard)
             (Out s discard::outs))) ⇒
     ∀a0 a1 a2 a3. TR a0 a1 a2 a3 ⇒ TR' a0 a1 a2 a3

[TR_rules]
 ⊢ (∀inputTest P NS M Oi Os Out s certs stateInterp cmd ins
      outs.
```

```
    inputTest (P says prop (CMD cmd)) ∧
    CFGInterpret (M,Oi,Os)
      (CFG inputTest stateInterp certs
         (P says prop (CMD cmd)::ins) s outs) ⇒
    TR (M,Oi,Os) (exec (CMD cmd))
      (CFG inputTest stateInterp certs
         (P says prop (CMD cmd)::ins) s outs)
      (CFG inputTest stateInterp certs ins
         (NS s (exec (CMD cmd)))
         (Out s (exec (CMD cmd))::outs))) ∧
  (∀inputTest P NS M Oi Os Out s certs stateInterp cmd ins
     outs.
    inputTest (P says prop (CMD cmd)) ∧
    CFGInterpret (M,Oi,Os)
      (CFG inputTest stateInterp certs
         (P says prop (CMD cmd)::ins) s outs) ⇒
    TR (M,Oi,Os) (trap (CMD cmd))
      (CFG inputTest stateInterp certs
         (P says prop (CMD cmd)::ins) s outs)
      (CFG inputTest stateInterp certs ins
         (NS s (trap (CMD cmd)))
         (Out s (trap (CMD cmd))::outs))) ∧
  ∀inputTest NS M Oi Os Out s certs stateInterp cmd x ins outs.
    ¬inputTest x ⇒
    TR (M,Oi,Os) discard
      (CFG inputTest stateInterp certs (x::ins) s outs)
      (CFG inputTest stateInterp certs ins (NS s discard)
         (Out s discard::outs))
```

[TR_strongind]

```
⊢ ∀TR'.
    (∀inputTest P NS M Oi Os Out s certs stateInterp cmd ins
       outs.
      inputTest (P says prop (CMD cmd)) ∧
      CFGInterpret (M,Oi,Os)
        (CFG inputTest stateInterp certs
           (P says prop (CMD cmd)::ins) s outs) ⇒
      TR' (M,Oi,Os) (exec (CMD cmd))
        (CFG inputTest stateInterp certs
           (P says prop (CMD cmd)::ins) s outs)
        (CFG inputTest stateInterp certs ins
           (NS s (exec (CMD cmd)))
           (Out s (exec (CMD cmd))::outs))) ∧
    (∀inputTest P NS M Oi Os Out s certs stateInterp cmd ins
       outs.
      inputTest (P says prop (CMD cmd)) ∧
      CFGInterpret (M,Oi,Os)
        (CFG inputTest stateInterp certs
           (P says prop (CMD cmd)::ins) s outs) ⇒
```

```
      TR' (M,Oi,Os) (trap (CMD cmd))
        (CFG inputTest stateInterp certs
           (P says prop (CMD cmd)::ins) s outs)
        (CFG inputTest stateInterp certs ins
           (NS s (trap (CMD cmd)))
           (Out s (trap (CMD cmd))::outs))) ∧
   (∀inputTest NS M Oi Os Out s certs stateInterp x ins outs.
      ¬inputTest x ⇒
      TR' (M,Oi,Os) discard
        (CFG inputTest stateInterp certs (x::ins) s outs)
        (CFG inputTest stateInterp certs ins (NS s discard)
           (Out s discard::outs))) ⇒
   ∀a0 a1 a2 a3. TR a0 a1 a2 a3 ⇒ TR' a0 a1 a2 a3
```

[TR_trap_cmd_rule]

```
 ⊢ ∀inputTest stateInterp certs P cmd ins s outs.
     (∀M Oi Os.
        CFGInterpret (M,Oi,Os)
          (CFG inputTest stateInterp certs
             (P says prop (CMD cmd)::ins) s outs) ⇒
        (M,Oi,Os) sat prop TRAP) ⇒
     ∀NS Out M Oi Os.
       TR (M,Oi,Os) (trap (CMD cmd))
         (CFG inputTest stateInterp certs
            (P says prop (CMD cmd)::ins) s outs)
         (CFG inputTest stateInterp certs ins
            (NS s (trap (CMD cmd)))
            (Out s (trap (CMD cmd))::outs)) ⟺
       inputTest (P says prop (CMD cmd)) ∧
       CFGInterpret (M,Oi,Os)
         (CFG inputTest stateInterp certs
            (P says prop (CMD cmd)::ins) s outs) ∧
       (M,Oi,Os) sat prop TRAP
```

[TRrule0]

```
 ⊢ TR (M,Oi,Os) (exec (CMD cmd))
     (CFG inputTest stateInterp certs
        (P says prop (CMD cmd)::ins) s outs)
     (CFG inputTest stateInterp certs ins
        (NS s (exec (CMD cmd)))
        (Out s (exec (CMD cmd))::outs)) ⟺
   inputTest (P says prop (CMD cmd)) ∧
   CFGInterpret (M,Oi,Os)
     (CFG inputTest stateInterp certs
        (P says prop (CMD cmd)::ins) s outs)
```

[TRrule1]

```
 ⊢ TR (M,Oi,Os) (trap (CMD cmd))
     (CFG inputTest stateInterp certs
```

```
        (P says prop (CMD cmd)::ins) s outs)
      (CFG inputTest stateInterp certs ins
        (NS s (trap (CMD cmd)))
        (Out s (trap (CMD cmd))::outs)) ⇔
    inputTest (P says prop (CMD cmd)) ∧
    CFGInterpret (M,Oi,Os)
      (CFG inputTest stateInterp certs
        (P says prop (CMD cmd)::ins) s outs)
```

[trType_distinct_clauses]

```
⊢ (∀a. discard ≠ trap a) ∧ (∀a. discard ≠ exec a) ∧
  (∀a′ a. trap a ≠ exec a′) ∧ (∀a. trap a ≠ discard) ∧
  (∀a. exec a ≠ discard) ∧ ∀a′ a. exec a′ ≠ trap a
```

7　vm2a 理论

Built: 28 January 2016

Parent Theories: vm1a

7.1　数据类型

```
configuration2 =
    CFG2 ('input -> ('command inst, 'principal, 'd, 'e) Form)
         ('cert -> ('command inst, 'principal, 'd, 'e) Form)
         (('command inst, 'principal, 'd, 'e) Form -> bool)
         ('cert list)
         ('state -> ('command inst, 'principal, 'd, 'e) Form)
         ('input list) 'state ('output list)
```

7.2　定义

[CFG2Interpret_def]

```
⊢ CFG2Interpret (M,Oi,Os)
    (CFG2 inputInterpret certInterpret inputTest certs
       stateInterpret (x::ins) state outStream) ⇔
  (M,Oi,Os) satList MAP certInterpret certs ∧
  (M,Oi,Os) sat inputInterpret x ∧
  (M,Oi,Os) sat stateInterpret state
```

[TR2_def]

```
⊢ TR2 =
  (λa0 a1 a2 a3.
     ∀TR2′.
       (∀a0 a1 a2 a3.
          (∃inputInterpret certInterpret inputTest x NS M Oi Os
             Out state certs stateInterpret cmd ins outStream.
             (a0 = (M,Oi,Os)) ∧ (a1 = exec (CMD cmd)) ∧
```

```
      (a2 =
       CFG2 inputInterpret certInterpret inputTest certs
         stateInterpret (x::ins) state outStream) ∧
      (a3 =
       CFG2 inputInterpret certInterpret inputTest certs
         stateInterpret ins (NS state (exec (CMD cmd)))
         (Out state (exec (CMD cmd))::outStream)) ∧
      inputTest (inputInterpret x) ∧
      CFG2Interpret (M,Oi,Os)
        (CFG2 inputInterpret certInterpret inputTest
           certs stateInterpret (x::ins) state
           outStream)) ∨
   (∃inputInterpret certInterpret inputTest x NS M Oi Os
       Out state certs stateInterpret cmd ins outStream.
      (a0 = (M,Oi,Os)) ∧ (a1 = trap (CMD cmd)) ∧
      (a2 =
       CFG2 inputInterpret certInterpret inputTest certs
         stateInterpret (x::ins) state outStream) ∧
      (a3 =
       CFG2 inputInterpret certInterpret inputTest certs
         stateInterpret ins (NS state (trap (CMD cmd)))
         (Out state (trap (CMD cmd))::outStream)) ∧
      inputTest (inputInterpret x) ∧
      CFG2Interpret (M,Oi,Os)
        (CFG2 inputInterpret certInterpret inputTest
           certs stateInterpret (x::ins) state
           outStream)) ∨
   (∃inputInterpret certInterpret inputTest x NS M Oi Os
       Out state certs stateInterpret cmd ins outStream.
      (a0 = (M,Oi,Os)) ∧ (a1 = discard) ∧
      (a2 =
       CFG2 inputInterpret certInterpret inputTest certs
         stateInterpret (x::ins) state outStream) ∧
      (a3 =
       CFG2 inputInterpret certInterpret inputTest certs
         stateInterpret ins (NS state discard)
         (Out state discard::outStream)) ∧
      ¬inputTest (inputInterpret x)) ⇒
   TR2' a0 a1 a2 a3) ⇒
TR2' a0 a1 a2 a3)
```

7.3 定理

```
[TR2_cases]
 ⊢ ∀a0 a1 a2 a3.
     TR2 a0 a1 a2 a3 ⇔
     (∃inputInterpret certInterpret inputTest x NS M Oi Os Out
         state certs stateInterpret cmd ins outStream.
        (a0 = (M,Oi,Os)) ∧ (a1 = exec (CMD cmd)) ∧
```

```
      (a2 =
       CFG2 inputInterpret certInterpret inputTest certs
         stateInterpret (x::ins) state outStream) ∧
      (a3 =
       CFG2 inputInterpret certInterpret inputTest certs
         stateInterpret ins (NS state (exec (CMD cmd)))
         (Out state (exec (CMD cmd))::outStream)) ∧
      inputTest (inputInterpret x) ∧
      CFG2Interpret (M,Oi,Os)
        (CFG2 inputInterpret certInterpret inputTest certs
           stateInterpret (x::ins) state outStream)) ∨
   (∃inputInterpret certInterpret inputTest x NS M Oi Os Out
      state certs stateInterpret cmd ins outStream.
      (a0 = (M,Oi,Os)) ∧ (a1 = trap (CMD cmd)) ∧
      (a2 =
       CFG2 inputInterpret certInterpret inputTest certs
         stateInterpret (x::ins) state outStream) ∧
      (a3 =
       CFG2 inputInterpret certInterpret inputTest certs
         stateInterpret ins (NS state (trap (CMD cmd)))
         (Out state (trap (CMD cmd))::outStream)) ∧
      inputTest (inputInterpret x) ∧
      CFG2Interpret (M,Oi,Os)
        (CFG2 inputInterpret certInterpret inputTest certs
           stateInterpret (x::ins) state outStream)) ∨
   ∃inputInterpret certInterpret inputTest x NS M Oi Os Out
     state certs stateInterpret cmd ins outStream.
     (a0 = (M,Oi,Os)) ∧ (a1 = discard) ∧
     (a2 =
      CFG2 inputInterpret certInterpret inputTest certs
        stateInterpret (x::ins) state outStream) ∧
     (a3 =
      CFG2 inputInterpret certInterpret inputTest certs
        stateInterpret ins (NS state discard)
        (Out state discard::outStream)) ∧
     ¬inputTest (inputInterpret x)
```

[TR2_discard_cmd_rule]

```
 ⊢ TR2 (M,Oi,Os) discard
     (CFG2 inputInterpret certInterpret inputTest certs
        stateInterpret (x::ins) state outStream)
     (CFG2 inputInterpret certInterpret inputTest certs
        stateInterpret ins (NS state discard)
        (Out state discard::outStream)) ⟺
   ¬inputTest (inputInterpret x)
```

[TR2_EQ_rules_thm]

```
 ⊢ (TR2 (M,Oi,Os) (exec (CMD cmd))
      (CFG2 inputInterpret certInterpret inputTest certs
```

```
          stateInterpret (x::ins) state outStream)
        (CFG2 inputInterpret certInterpret inputTest certs
          stateInterpret ins (NS state (exec (CMD cmd)))
          (Out state (exec (CMD cmd))::outStream)) ⟺
      inputTest (inputInterpret x) ∧
      CFG2Interpret (M,Oi,Os)
        (CFG2 inputInterpret certInterpret inputTest certs
          stateInterpret (x::ins) state outStream)) ∧
    (TR2 (M,Oi,Os) (trap (CMD cmd))
        (CFG2 inputInterpret certInterpret inputTest certs
          stateInterpret (x::ins) state outStream)
        (CFG2 inputInterpret certInterpret inputTest certs
          stateInterpret ins (NS state (trap (CMD cmd)))
          (Out state (trap (CMD cmd))::outStream)) ⟺
      inputTest (inputInterpret x) ∧
      CFG2Interpret (M,Oi,Os)
        (CFG2 inputInterpret certInterpret inputTest certs
          stateInterpret (x::ins) state outStream)) ∧
    (TR2 (M,Oi,Os) discard
        (CFG2 inputInterpret certInterpret inputTest certs
          stateInterpret (x::ins) state outStream)
        (CFG2 inputInterpret certInterpret inputTest certs
          stateInterpret ins (NS state discard)
          (Out state discard::outStream)) ⟺
      ¬inputTest (inputInterpret x))

[TR2_exec_cmd_rule]
 ⊢ ∀inputInterpret certInterpret inputTest certs stateInterpret
      x cmd ins state outStream.
     (∀M Oi Os.
        CFG2Interpret (M,Oi,Os)
          (CFG2 inputInterpret certInterpret inputTest certs
             stateInterpret (x::ins) state outStream) ⇒
        (M,Oi,Os) sat prop (CMD cmd)) ⇒
     ∀NS Out M Oi Os.
       TR2 (M,Oi,Os) (exec (CMD cmd))
         (CFG2 inputInterpret certInterpret inputTest certs
            stateInterpret (x::ins) state outStream)
         (CFG2 inputInterpret certInterpret inputTest certs
            stateInterpret ins (NS state (exec (CMD cmd)))
            (Out state (exec (CMD cmd))::outStream)) ⟺
       inputTest (inputInterpret x) ∧
       CFG2Interpret (M,Oi,Os)
         (CFG2 inputInterpret certInterpret inputTest certs
            stateInterpret (x::ins) state outStream) ∧
       (M,Oi,Os) sat prop (CMD cmd)

[TR2_iff_TR_discard_thm]
 ⊢ ∀NS Out outStream state certs certs2 ins ins2 stateInterpret
      inputInterpret certInterpret inputTest.
```

```
TR2 (M,Oi,Os) discard
  (CFG2 inputInterpret certInterpret inputTest certs2
     stateInterpret (x::ins2) state outStream)
  (CFG2 inputInterpret certInterpret inputTest certs2
     stateInterpret ins2 (NS state discard)
     (Out state discard::outStream)) ⇔
TR (M,Oi,Os) discard
  (CFG inputTest stateInterpret certs
     (inputInterpret x::ins) state outStream)
  (CFG inputTest stateInterpret certs ins
     (NS state discard) (Out state discard::outStream))
```

[TR2_ind]

```
⊢ ∀TR2'.
    (∀inputInterpret certInterpret inputTest x NS M Oi Os Out
        state certs stateInterpret cmd ins outStream.
      inputTest (inputInterpret x) ∧
      CFG2Interpret (M,Oi,Os)
        (CFG2 inputInterpret certInterpret inputTest certs
           stateInterpret (x::ins) state outStream) ⇒
      TR2' (M,Oi,Os) (exec (CMD cmd))
        (CFG2 inputInterpret certInterpret inputTest certs
           stateInterpret (x::ins) state outStream)
        (CFG2 inputInterpret certInterpret inputTest certs
           stateInterpret ins (NS state (exec (CMD cmd)))
           (Out state (exec (CMD cmd))::outStream))) ∧
    (∀inputInterpret certInterpret inputTest x NS M Oi Os Out
        state certs stateInterpret cmd ins outStream.
      inputTest (inputInterpret x) ∧
      CFG2Interpret (M,Oi,Os)
        (CFG2 inputInterpret certInterpret inputTest certs
           stateInterpret (x::ins) state outStream) ⇒
      TR2' (M,Oi,Os) (trap (CMD cmd))
        (CFG2 inputInterpret certInterpret inputTest certs
           stateInterpret (x::ins) state outStream)
        (CFG2 inputInterpret certInterpret inputTest certs
           stateInterpret ins (NS state (trap (CMD cmd)))
           (Out state (trap (CMD cmd))::outStream))) ∧
    (∀inputInterpret certInterpret inputTest x NS M Oi Os Out
        state certs stateInterpret cmd ins outStream.
      ¬inputTest (inputInterpret x) ⇒
      TR2' (M,Oi,Os) discard
        (CFG2 inputInterpret certInterpret inputTest certs
           stateInterpret (x::ins) state outStream)
        (CFG2 inputInterpret certInterpret inputTest certs
           stateInterpret ins (NS state discard)
           (Out state discard::outStream))) ⇒
    ∀a0 a1 a2 a3. TR2 a0 a1 a2 a3 ⇒ TR2' a0 a1 a2 a3
```

```
[TR2_rules]
 ⊢ (∀inputInterpret certInterpret inputTest x NS M Oi Os Out
       state certs stateInterpret cmd ins outStream.
      inputTest (inputInterpret x) ∧
      CFG2Interpret (M,Oi,Os)
        (CFG2 inputInterpret certInterpret inputTest certs
           stateInterpret (x::ins) state outStream) ⇒
      TR2 (M,Oi,Os) (exec (CMD cmd))
        (CFG2 inputInterpret certInterpret inputTest certs
           stateInterpret (x::ins) state outStream)
        (CFG2 inputInterpret certInterpret inputTest certs
           stateInterpret ins (NS state (exec (CMD cmd)))
           (Out state (exec (CMD cmd))::outStream))) ∧
   (∀inputInterpret certInterpret inputTest x NS M Oi Os Out
       state certs stateInterpret cmd ins outStream.
      inputTest (inputInterpret x) ∧
      CFG2Interpret (M,Oi,Os)
        (CFG2 inputInterpret certInterpret inputTest certs
           stateInterpret (x::ins) state outStream) ⇒
      TR2 (M,Oi,Os) (trap (CMD cmd))
        (CFG2 inputInterpret certInterpret inputTest certs
           stateInterpret (x::ins) state outStream)
        (CFG2 inputInterpret certInterpret inputTest certs
           stateInterpret ins (NS state (trap (CMD cmd)))
           (Out state (trap (CMD cmd))::outStream))) ∧
   ∀inputInterpret certInterpret inputTest x NS M Oi Os Out
      state certs stateInterpret cmd ins outStream.
     ¬inputTest (inputInterpret x) ⇒
     TR2 (M,Oi,Os) discard
       (CFG2 inputInterpret certInterpret inputTest certs
          stateInterpret (x::ins) state outStream)
       (CFG2 inputInterpret certInterpret inputTest certs
          stateInterpret ins (NS state discard)
          (Out state discard::outStream))

[TR2_strongind]
 ⊢ ∀TR2'.
     (∀inputInterpret certInterpret inputTest x NS M Oi Os Out
         state certs stateInterpret cmd ins outStream.
        inputTest (inputInterpret x) ∧
        CFG2Interpret (M,Oi,Os)
          (CFG2 inputInterpret certInterpret inputTest certs
             stateInterpret (x::ins) state outStream) ⇒
        TR2' (M,Oi,Os) (exec (CMD cmd))
          (CFG2 inputInterpret certInterpret inputTest certs
             stateInterpret (x::ins) state outStream)
          (CFG2 inputInterpret certInterpret inputTest certs
             stateInterpret ins (NS state (exec (CMD cmd)))
             (Out state (exec (CMD cmd))::outStream))) ∧
```

```
(∀inputInterpret certInterpret inputTest x NS M Oi Os Out
    state certs stateInterpret cmd ins outStream.
   inputTest (inputInterpret x) ∧
   CFG2Interpret (M,Oi,Os)
     (CFG2 inputInterpret certInterpret inputTest certs
        stateInterpret (x::ins) state outStream) ⇒
   TR2' (M,Oi,Os) (trap (CMD cmd))
     (CFG2 inputInterpret certInterpret inputTest certs
        stateInterpret (x::ins) state outStream)
     (CFG2 inputInterpret certInterpret inputTest certs
        stateInterpret ins (NS state (trap (CMD cmd)))
        (Out state (trap (CMD cmd))::outStream))) ∧
(∀inputInterpret certInterpret inputTest x NS M Oi Os Out
    state certs stateInterpret ins outStream.
   ¬inputTest (inputInterpret x) ⇒
   TR2' (M,Oi,Os) discard
     (CFG2 inputInterpret certInterpret inputTest certs
        stateInterpret (x::ins) state outStream)
     (CFG2 inputInterpret certInterpret inputTest certs
        stateInterpret ins (NS state discard)
        (Out state discard::outStream))) ⇒
∀a0 a1 a2 a3. TR2 a0 a1 a2 a3 ⇒ TR2' a0 a1 a2 a3
```

[TR2_trap_cmd_rule]

```
⊢ ∀inputInterpret certInterpret inputTest certs stateInterpret
     x cmd ins state outStream.
   (∀M Oi Os.
      CFG2Interpret (M,Oi,Os)
        (CFG2 inputInterpret certInterpret inputTest certs
           stateInterpret (x::ins) state outStream) ⇒
      (M,Oi,Os) sat prop TRAP) ⇒
   ∀NS Out M Oi Os.
     TR2 (M,Oi,Os) (trap (CMD cmd))
       (CFG2 inputInterpret certInterpret inputTest certs
          stateInterpret (x::ins) state outStream)
       (CFG2 inputInterpret certInterpret inputTest certs
          stateInterpret ins (NS state (trap (CMD cmd)))
          (Out state (trap (CMD cmd))::outStream)) ⇔
     inputTest (inputInterpret x) ∧
     CFG2Interpret (M,Oi,Os)
       (CFG2 inputInterpret certInterpret inputTest certs
          stateInterpret (x::ins) state outStream) ∧
     (M,Oi,Os) sat prop TRAP
```

[TR2rule0]

```
⊢ TR2 (M,Oi,Os) (exec (CMD cmd))
    (CFG2 inputInterpret certInterpret inputTest certs
       stateInterpret (x::ins) state outStream)
    (CFG2 inputInterpret certInterpret inputTest certs
```

```
        stateInterpret ins (NS state (exec (CMD cmd)))
        (Out state (exec (CMD cmd))::outStream)) ⟺
    inputTest (inputInterpret x) ∧
    CFG2Interpret (M,Oi,Os)
      (CFG2 inputInterpret certInterpret inputTest certs
        stateInterpret (x::ins) state outStream)
```

[TR2rule1]

```
⊢ TR2 (M,Oi,Os) (trap (CMD cmd))
    (CFG2 inputInterpret certInterpret inputTest certs
      stateInterpret (x::ins) state outStream)
    (CFG2 inputInterpret certInterpret inputTest certs
      stateInterpret ins (NS state (trap (CMD cmd)))
      (Out state (trap (CMD cmd))::outStream)) ⟺
  inputTest (inputInterpret x) ∧
  CFG2Interpret (M,Oi,Os)
    (CFG2 inputInterpret certInterpret inputTest certs
      stateInterpret (x::ins) state outStream)
```

8 thermo1 理论

Built: 28 January 2016

Parent Theories: vm1a, principal, command

8.1 数据类型

```
mode = enabled | disabled

output = report state | flag command | null

state = State mode num
```

8.2 定义

[isAuthenticated_def]

```
⊢ (isAuthenticated
     (Name Keyboard quoting Name (Owner ownerID) says
      prop (CMD cmd)) ⟺ T) ∧
  (isAuthenticated
     (Name (Key (pubK Server)) quoting
      Name (Owner ownerID) says prop (CMD cmd)) ⟺ T) ∧
  (isAuthenticated
     (Name (Key (pubK Server)) quoting
      Name (Role (Utility utilityID)) says prop (CMD cmd)) ⟺
   T) ∧ (isAuthenticated TT ⟺ F) ∧ (isAuthenticated FF ⟺ F) ∧
  (isAuthenticated (prop v) ⟺ F) ∧
  (isAuthenticated (notf v1) ⟺ F) ∧
```

```
(isAuthenticated (v2 andf v3) <=> F) ∧
(isAuthenticated (v4 orf v5) <=> F) ∧
(isAuthenticated (v6 impf v7) <=> F) ∧
(isAuthenticated (v8 eqf v9) <=> F) ∧
(isAuthenticated (v10 says TT) <=> F) ∧
(isAuthenticated (v10 says FF) <=> F) ∧
(isAuthenticated (Name v132 says prop v66) <=> F) ∧
(isAuthenticated (v133 meet v134 says prop v66) <=> F) ∧
(isAuthenticated
   (Name (Role v174) quoting Name (Role v164) says
    prop (CMD v142)) <=> F) ∧
(isAuthenticated
   (Name (Key v175) quoting Name (Role CA) says
    prop (CMD v142)) <=> F) ∧
(isAuthenticated
   (Name (Key v175) quoting Name (Role Server) says
    prop (CMD v142)) <=> F) ∧
(isAuthenticated
   (Name (Key (pubK CA)) quoting
    Name (Role (Utility v184)) says prop (CMD v142)) <=> F) ∧
(isAuthenticated
   (Name (Key (pubK (Utility v190))) quoting
    Name (Role (Utility v184)) says prop (CMD v142)) <=> F) ∧
(isAuthenticated
   (Name (Key (privK v187)) quoting
    Name (Role (Utility v184)) says prop (CMD v142)) <=> F) ∧
(isAuthenticated
   (Name Keyboard quoting Name (Role v164) says
    prop (CMD v142)) <=> F) ∧
(isAuthenticated
   (Name (Owner v176) quoting Name (Role v164) says
    prop (CMD v142)) <=> F) ∧
(isAuthenticated
   (Name (Account v177 v178) quoting Name (Role v164) says
    prop (CMD v142)) <=> F) ∧
(isAuthenticated
   (Name v154 quoting Name (Key v165) says
    prop (CMD v142)) <=> F) ∧
(isAuthenticated
   (Name v154 quoting Name Keyboard says prop (CMD v142)) <=>
 F) ∧
(isAuthenticated
   (Name (Role v192) quoting Name (Owner v166) says
    prop (CMD v142)) <=> F) ∧
(isAuthenticated
   (Name (Key (pubK CA)) quoting Name (Owner v166) says
    prop (CMD v142)) <=> F) ∧
(isAuthenticated
   (Name (Key (pubK (Utility v206))) quoting
```

```
   Name (Owner v166) says prop (CMD v142)) ⟺ F) ∧
(isAuthenticated
   (Name (Key (privK v203)) quoting Name (Owner v166) says
   prop (CMD v142)) ⟺ F) ∧
(isAuthenticated
   (Name (Owner v194) quoting Name (Owner v166) says
   prop (CMD v142)) ⟺ F) ∧
(isAuthenticated
   (Name (Account v195 v196) quoting Name (Owner v166) says
   prop (CMD v142)) ⟺ F) ∧
(isAuthenticated
   (Name v154 quoting Name (Account v167 v168) says
   prop (CMD v142)) ⟺ F) ∧
(isAuthenticated
  (v155 meet v156 quoting Name v144 says prop (CMD v142)) ⟺
 F) ∧
(isAuthenticated
  ((v157 quoting v158) quoting Name v144 says
   prop (CMD v142)) ⟺ F) ∧
(isAuthenticated
  (v135 quoting v145 meet v146 says prop (CMD v142)) ⟺ F) ∧
(isAuthenticated
  (v135 quoting v147 quoting v148 says prop (CMD v142)) ⟺
 F) ∧
(isAuthenticated (v135 quoting v136 says prop TRAP) ⟺ F) ∧
(isAuthenticated (v10 says notf v67) ⟺ F) ∧
(isAuthenticated (v10 says (v68 andf v69)) ⟺ F) ∧
(isAuthenticated (v10 says (v70 orf v71)) ⟺ F) ∧
(isAuthenticated (v10 says (v72 impf v73)) ⟺ F) ∧
(isAuthenticated (v10 says (v74 eqf v75)) ⟺ F) ∧
(isAuthenticated (v10 says v76 says v77) ⟺ F) ∧
(isAuthenticated (v10 says v78 speaks_for v79) ⟺ F) ∧
(isAuthenticated (v10 says v80 controls v81) ⟺ F) ∧
(isAuthenticated (v10 says reps v82 v83 v84) ⟺ F) ∧
(isAuthenticated (v10 says v85 domi v86) ⟺ F) ∧
(isAuthenticated (v10 says v87 eqi v88) ⟺ F) ∧
(isAuthenticated (v10 says v89 doms v90) ⟺ F) ∧
(isAuthenticated (v10 says v91 eqs v92) ⟺ F) ∧
(isAuthenticated (v10 says v93 eqn v94) ⟺ F) ∧
(isAuthenticated (v10 says v95 lte v96) ⟺ F) ∧
(isAuthenticated (v10 says v97 lt v98) ⟺ F) ∧
(isAuthenticated (v12 speaks_for v13) ⟺ F) ∧
(isAuthenticated (v14 controls v15) ⟺ F) ∧
(isAuthenticated (reps v16 v17 v18) ⟺ F) ∧
(isAuthenticated (v19 domi v20) ⟺ F) ∧
(isAuthenticated (v21 eqi v22) ⟺ F) ∧
(isAuthenticated (v23 doms v24) ⟺ F) ∧
(isAuthenticated (v25 eqs v26) ⟺ F) ∧
(isAuthenticated (v27 eqn v28) ⟺ F) ∧
```

```
  (isAuthenticated (v29 lte v30) ⟺ F) ∧
  (isAuthenticated (v31 lt v32) ⟺ F)
```

[mode_CASE]

```
⊢ ∀x v0 v1.
    (case x of enabled ⇒ v0 | disabled ⇒ v1) =
    (λm. if m = 0 then v0 else v1) (mode2num x)
```

[thermo1NS_def]

```
⊢ (thermo1NS (State opMode temp) discard = State opMode temp) ∧
  (thermo1NS (State opMode temp)
     (exec (CMD (PR (Set newTemp)))) =
   State opMode newTemp) ∧
  (thermo1NS (State opMode temp) (exec (CMD (PR EU))) =
   State enabled temp) ∧
  (thermo1NS (State opMode temp) (exec (CMD (PR DU))) =
   State disabled temp) ∧
  (thermo1NS (State opMode temp) (exec (CMD (NP Status))) =
   State opMode temp) ∧
  (thermo1NS (State opMode temp)
     (trap (CMD (PR (Set newTemp)))) =
   State opMode temp) ∧
  (thermo1NS (State opMode temp) (trap (CMD (PR EU))) =
   State opMode temp) ∧
  (thermo1NS (State opMode temp) (trap (CMD (PR DU))) =
   State opMode temp)
```

[thermo1Out_def]

```
⊢ (thermo1Out (State enabled temp)
     (exec (CMD (PR (Set newTemp)))) =
   report (State enabled newTemp)) ∧
  (thermo1Out (State disabled temp)
     (exec (CMD (PR (Set newTemp)))) =
   report (State disabled newTemp)) ∧
  (thermo1Out (State enabled temp) (exec (CMD (PR EU))) =
   report (State enabled temp)) ∧
  (thermo1Out (State disabled temp) (exec (CMD (PR EU))) =
   report (State enabled temp)) ∧
  (thermo1Out (State enabled temp) (exec (CMD (PR DU))) =
   report (State disabled temp)) ∧
  (thermo1Out (State disabled temp) (exec (CMD (PR DU))) =
   report (State disabled temp)) ∧
  (thermo1Out (State enabled temp) (exec (CMD (NP Status))) =
   report (State enabled temp)) ∧
  (thermo1Out (State disabled temp) (exec (CMD (NP Status))) =
   report (State disabled temp)) ∧
  (thermo1Out (State enabled temp)
     (trap (CMD (PR (Set newTemp)))) =
```

```
 flag (PR (Set newTemp))) ∧
(thermo1Out (State disabled temp)
  (trap (CMD (PR (Set newTemp)))) =
 flag (PR (Set newTemp))) ∧
(thermo1Out (State enabled temp) (trap (CMD (PR EU))) =
 flag (PR EU)) ∧
(thermo1Out (State disabled temp) (trap (CMD (PR EU))) =
 flag (PR EU)) ∧
(thermo1Out (State enabled temp) (trap (CMD (PR DU))) =
 flag (PR DU)) ∧
(thermo1Out (State disabled temp) (trap (CMD (PR DU))) =
 flag (PR DU)) ∧
(thermo1Out (State enabled temp) discard = null) ∧
(thermo1Out (State disabled temp) discard = null)
```

[thermoStateInterp_def]

```
⊢ (thermoStateInterp utilityID privcmd (State enabled temp) =
   Name (Role (Utility utilityID)) controls
   prop (CMD (PR privcmd))) ∧
  (thermoStateInterp utilityID privcmd (State disabled temp) =
   Name (Role (Utility utilityID)) says
   prop (CMD (PR privcmd)) impf prop TRAP)
```

8.3 定理

[npriv_Safe]

```
⊢ ∀npriv state. thermo1NS state (exec (CMD (NP npriv))) = state
```

[output_one_one]

```
⊢ (∀a a'. (report a = report a') ⇔ (a = a')) ∧
  ∀a a'. (flag a = flag a') ⇔ (a = a')
```

[privcmd_Security_Sensitive]

```
⊢ ∀privcmd.
    ∃state. thermo1NS state (exec (CMD (PR privcmd))) ≠ state
```

[state_one_one]

```
⊢ ∀a0 a1 a0' a1'.
    (State a0 a1 = State a0' a1') ⇔ (a0 = a0') ∧ (a1 = a1')
```

[trap_safe_flag]

```
⊢ ∀privcmd state.
    (thermo1NS state (trap (CMD (PR privcmd))) = state) ∧
    (thermo1Out state (trap (CMD (PR privcmd))) =
     flag (PR privcmd))
```

9 thermo1 Certs 理论

Built: 28 January 2016
Parent Theories: thermo1

9.1 定义

[certs_def]

```
⊢ ∀ownerID utilityID cmd npriv privcmd.
    certs ownerID utilityID cmd npriv privcmd =
    [Name (Owner ownerID) controls prop (CMD cmd);
     reps (Name Keyboard) (Name (Owner ownerID))
       (prop (CMD cmd));
     reps (Name (Role Server)) (Name (Owner ownerID))
       (prop (CMD cmd));
     Name (Role CA) controls
     Name (Key (pubK Server)) speaks_for Name (Role Server);
     Name (Key (pubK CA)) speaks_for Name (Role CA);
     Name (Key (pubK CA)) says
     Name (Key (pubK Server)) speaks_for Name (Role Server);
     reps (Name (Role Server))
       (Name (Role (Utility utilityID)))
       (prop (CMD (NP npriv)));
     reps (Name (Role Server))
       (Name (Role (Utility utilityID)))
       (prop (CMD (PR privcmd)));
     Name (Role (Utility utilityID)) controls
     prop (CMD (NP npriv))]
```

9.2 定理

[CA_Server_key_lemma]

```
⊢ (M,Oi,Os) sat
  Name (Role CA) controls
  Name (Key (pubK Server)) speaks_for Name (Role Server) ⇒
  (M,Oi,Os) sat
  Name (Key (pubK CA)) speaks_for Name (Role CA) ⇒
  (M,Oi,Os) sat
  Name (Key (pubK CA)) says
  Name (Key (pubK Server)) speaks_for Name (Role Server) ⇒
  (M,Oi,Os) sat
  Name (Key (pubK Server)) speaks_for Name (Role Server)
```

[CFGInterpret_exec_Keyboard_Owner_cmd]

```
⊢ ∀NS Out outs s ins npriv privcmd cmd ownerID utilityID M Oi
      Os.
    CFGInterpret (M,Oi,Os)
```

```
      (CFG isAuthenticated
         (thermoStateInterp utilityID privcmd)
         (certs ownerID utilityID cmd npriv privcmd)
         (Name Keyboard quoting Name (Owner ownerID) says
          prop (CMD cmd)::ins) s outs) ⇒
    TR (M,Oi,Os) (exec (CMD cmd))
      (CFG isAuthenticated
         (thermoStateInterp utilityID privcmd)
         (certs ownerID utilityID cmd npriv privcmd)
         (Name Keyboard quoting Name (Owner ownerID) says
          prop (CMD cmd)::ins) s outs)
      (CFG isAuthenticated
         (thermoStateInterp utilityID privcmd)
         (certs ownerID utilityID cmd npriv privcmd) ins
         (NS s (exec (CMD cmd)))
         (Out s (exec (CMD cmd))::outs)) ∧
    (M,Oi,Os) sat prop (CMD cmd)
```

[CFGInterpret_exec_KServer_Owner_cmd]

```
 ⊢ ∀NS Out outs s ins npriv privcmd cmd ownerID utilityID M Oi
      Os.
    CFGInterpret (M,Oi,Os)
      (CFG isAuthenticated
         (thermoStateInterp utilityID privcmd)
         (certs ownerID utilityID cmd npriv privcmd)
         (Name (Key (pubK Server)) quoting
          Name (Owner ownerID) says prop (CMD cmd)::ins) s
         outs) ⇒
    TR (M,Oi,Os) (exec (CMD cmd))
      (CFG isAuthenticated
         (thermoStateInterp utilityID privcmd)
         (certs ownerID utilityID cmd npriv privcmd)
         (Name (Key (pubK Server)) quoting
          Name (Owner ownerID) says prop (CMD cmd)::ins) s
         outs)
      (CFG isAuthenticated
         (thermoStateInterp utilityID privcmd)
         (certs ownerID utilityID cmd npriv privcmd) ins
         (NS s (exec (CMD cmd)))
         (Out s (exec (CMD cmd))::outs)) ∧
    (M,Oi,Os) sat prop (CMD cmd)
```

[CFGInterpret_exec_KServer_Utility_npriv]

```
 ⊢ ∀NS Out outs s ins npriv privcmd cmd ownerID utilityID M Oi
      Os.
    CFGInterpret (M,Oi,Os)
      (CFG isAuthenticated
         (thermoStateInterp utilityID privcmd)
         (certs ownerID utilityID cmd npriv privcmd)
```

```
        (Name (Key (pubK Server)) quoting
         Name (Role (Utility utilityID)) says
         prop (CMD (NP npriv))::ins) s outs) ⇒
    TR (M,Oi,Os) (exec (CMD (NP npriv)))
      (CFG isAuthenticated
        (thermoStateInterp utilityID privcmd)
        (certs ownerID utilityID cmd npriv privcmd)
        (Name (Key (pubK Server)) quoting
         Name (Role (Utility utilityID)) says
         prop (CMD (NP npriv))::ins) s outs)
      (CFG isAuthenticated
        (thermoStateInterp utilityID privcmd)
        (certs ownerID utilityID cmd npriv privcmd) ins
        (NS s (exec (CMD (NP npriv))))
        (Out s (exec (CMD (NP npriv)))::outs)) ∧
    (M,Oi,Os) sat prop (CMD (NP npriv))
```

[CFGInterpret_exec_KServer_Utility_privcmd]

```
 ⊢ ∀NS Out outs temperature ins npriv privcmd cmd ownerID
     utilityID M Oi Os.
    CFGInterpret (M,Oi,Os)
      (CFG isAuthenticated
        (thermoStateInterp utilityID privcmd)
        (certs ownerID utilityID cmd npriv privcmd)
        (Name (Key (pubK Server)) quoting
         Name (Role (Utility utilityID)) says
         prop (CMD (PR privcmd))::ins)
        (State enabled temperature) outs) ⇒
    TR (M,Oi,Os) (exec (CMD (PR privcmd)))
      (CFG isAuthenticated
        (thermoStateInterp utilityID privcmd)
        (certs ownerID utilityID cmd npriv privcmd)
        (Name (Key (pubK Server)) quoting
         Name (Role (Utility utilityID)) says
         prop (CMD (PR privcmd))::ins)
        (State enabled temperature) outs)
      (CFG isAuthenticated
        (thermoStateInterp utilityID privcmd)
        (certs ownerID utilityID cmd npriv privcmd) ins
        (NS (State enabled temperature)
           (exec (CMD (PR privcmd))))
        (Out (State enabled temperature)
           (exec (CMD (PR privcmd)))::outs)) ∧
    (M,Oi,Os) sat prop (CMD (PR privcmd))
```

[CFGInterpret_Owner_Keyboard_thm]

```
 ⊢ ∀M Oi Os.
    CFGInterpret (M,Oi,Os)
      (CFG isAuthenticated
```

```
        (thermoStateInterp utilityID privcmd)
        (certs ownerID utilityID cmd npriv privcmd)
        (Name Keyboard quoting Name (Owner ownerID) says
         prop (CMD cmd)::ins) s outs) ⇒
    (M,Oi,Os) sat prop (CMD cmd)
```

[CFGInterpret_Owner_KServer_thm]

```
 ⊢ ∀M Oi Os.
    CFGInterpret (M,Oi,Os)
      (CFG isAuthenticated
        (thermoStateInterp utilityID privcmd)
        (certs ownerID utilityID cmd npriv privcmd)
        (Name (Key (pubK Server)) quoting
         Name (Owner ownerID) says prop (CMD cmd)::ins) s
        outs) ⇒
    (M,Oi,Os) sat prop (CMD cmd)
```

[CFGInterpret_trap_KServer_Utility_privcmd]

```
 ⊢ ∀NS Out outs temperature ins npriv privcmd cmd ownerID
      utilityID M Oi Os.
    CFGInterpret (M,Oi,Os)
      (CFG isAuthenticated
        (thermoStateInterp utilityID privcmd)
        (certs ownerID utilityID cmd npriv privcmd)
        (Name (Key (pubK Server)) quoting
         Name (Role (Utility utilityID)) says
         prop (CMD (PR privcmd))::ins)
        (State disabled temperature) outs) ⇒
    TR (M,Oi,Os) (trap (CMD (PR privcmd)))
      (CFG isAuthenticated
        (thermoStateInterp utilityID privcmd)
        (certs ownerID utilityID cmd npriv privcmd)
        (Name (Key (pubK Server)) quoting
         Name (Role (Utility utilityID)) says
         prop (CMD (PR privcmd))::ins)
        (State disabled temperature) outs)
      (CFG isAuthenticated
        (thermoStateInterp utilityID privcmd)
        (certs ownerID utilityID cmd npriv privcmd) ins
        (NS (State disabled temperature)
           (trap (CMD (PR privcmd))))
        (Out (State disabled temperature)
           (trap (CMD (PR privcmd)))::outs)) ∧
    (M,Oi,Os) sat prop TRAP
```

[CFGInterpret_Utility_KServer_npriv_thm]

```
 ⊢ ∀M Oi Os.
    CFGInterpret (M,Oi,Os)
```

```
    (CFG isAuthenticated
       (thermoStateInterp utilityID privcmd)
       (certs ownerID utilityID cmd npriv privcmd)
       (Name (Key (pubK Server)) quoting
        Name (Role (Utility utilityID)) says
        prop (CMD (NP npriv))::ins) s outs) ⇒
  (M,Oi,Os) sat prop (CMD (NP npriv))
```

[CFGInterpret_Utility_KServer_privcmd_thm]

```
⊢ ∀M Oi Os.
    CFGInterpret (M,Oi,Os)
     (CFG isAuthenticated
        (thermoStateInterp utilityID privcmd)
        (certs ownerID utilityID cmd npriv privcmd)
        (Name (Key (pubK Server)) quoting
         Name (Role (Utility utilityID)) says
         prop (CMD (PR privcmd))::ins)
        (State enabled temperature) outs) ⇒
    (M,Oi,Os) sat prop (CMD (PR privcmd))
```

[CFGInterpret_Utility_KServer_trap_thm]

```
⊢ ∀M Oi Os.
    CFGInterpret (M,Oi,Os)
     (CFG isAuthenticated
        (thermoStateInterp utilityID privcmd)
        (certs ownerID utilityID cmd npriv privcmd)
        (Name (Key (pubK Server)) quoting
         Name (Role (Utility utilityID)) says
         prop (CMD (PR privcmd))::ins)
        (State disabled temperature) outs) ⇒
    (M,Oi,Os) sat prop TRAP
```

[delegates_thm]

```
⊢ (M,Oi,Os) sat delegate quoting owner says cmd ⇒
  (M,Oi,Os) sat owner controls cmd ⇒
  (M,Oi,Os) sat reps delegate owner cmd ⇒
  (M,Oi,Os) sat cmd
```

[exec_Keyboard_Owner_cmd_Justified]

```
⊢ ∀NS Out outs s ins npriv privcmd cmd ownerID utilityID M Oi
     Os.
    TR (M,Oi,Os) (exec (CMD cmd))
     (CFG isAuthenticated
        (thermoStateInterp utilityID privcmd)
        (certs ownerID utilityID cmd npriv privcmd)
        (Name Keyboard quoting Name (Owner ownerID) says
         prop (CMD cmd)::ins) s outs)
     (CFG isAuthenticated
```

```
        (thermoStateInterp utilityID privcmd)
        (certs ownerID utilityID cmd npriv privcmd) ins
        (NS s (exec (CMD cmd)))
        (Out s (exec (CMD cmd))::outs)) ⇒
    (M,Oi,Os) sat prop (CMD cmd)
```

[exec_Keyboard_Owner_cmd_thm]

```
⊢ ∀NS Out M Oi Os.
    TR (M,Oi,Os) (exec (CMD cmd))
      (CFG isAuthenticated
        (thermoStateInterp utilityID privcmd)
        (certs ownerID utilityID cmd npriv privcmd)
        (Name Keyboard quoting Name (Owner ownerID) says
         prop (CMD cmd)::ins) s outs)
      (CFG isAuthenticated
        (thermoStateInterp utilityID privcmd)
        (certs ownerID utilityID cmd npriv privcmd) ins
        (NS s (exec (CMD cmd)))
        (Out s (exec (CMD cmd))::outs)) ⇔
    CFGInterpret (M,Oi,Os)
      (CFG isAuthenticated
        (thermoStateInterp utilityID privcmd)
        (certs ownerID utilityID cmd npriv privcmd)
        (Name Keyboard quoting Name (Owner ownerID) says
         prop (CMD cmd)::ins) s outs) ∧
    (M,Oi,Os) sat prop (CMD cmd)
```

[exec_KServer_Owner_cmd_Justified]

```
⊢ ∀NS Out outs s ins npriv privcmd cmd ownerID utilityID M Oi
      Os.
    TR (M,Oi,Os) (exec (CMD cmd))
      (CFG isAuthenticated
        (thermoStateInterp utilityID privcmd)
        (certs ownerID utilityID cmd npriv privcmd)
        (Name (Key (pubK Server)) quoting
         Name (Owner ownerID) says prop (CMD cmd)::ins) s
        outs)
      (CFG isAuthenticated
        (thermoStateInterp utilityID privcmd)
        (certs ownerID utilityID cmd npriv privcmd) ins
        (NS s (exec (CMD cmd)))
        (Out s (exec (CMD cmd))::outs)) ⇒
    (M,Oi,Os) sat prop (CMD cmd)
```

[exec_KServer_Owner_cmd_thm]

```
⊢ ∀NS Out M Oi Os.
    TR (M,Oi,Os) (exec (CMD cmd))
      (CFG isAuthenticated
```

```
      (thermoStateInterp utilityID privcmd)
      (certs ownerID utilityID cmd npriv privcmd)
      (Name (Key (pubK Server)) quoting
       Name (Owner ownerID) says prop (CMD cmd)::ins) s
      outs)
    (CFG isAuthenticated
      (thermoStateInterp utilityID privcmd)
      (certs ownerID utilityID cmd npriv privcmd) ins
      (NS s (exec (CMD cmd)))
      (Out s (exec (CMD cmd))::outs)) ⟺
  CFGInterpret (M,Oi,Os)
    (CFG isAuthenticated
      (thermoStateInterp utilityID privcmd)
      (certs ownerID utilityID cmd npriv privcmd)
      (Name (Key (pubK Server)) quoting
       Name (Owner ownerID) says prop (CMD cmd)::ins) s
      outs) ∧ (M,Oi,Os) sat prop (CMD cmd)
```

[exec_KServer_Utility_npriv_Justified]

```
⊢ ∀NS Out outs s ins npriv privcmd cmd ownerID utilityID M Oi
    Os.
  TR (M,Oi,Os) (exec (CMD (NP npriv)))
    (CFG isAuthenticated
      (thermoStateInterp utilityID privcmd)
      (certs ownerID utilityID cmd npriv privcmd)
      (Name (Key (pubK Server)) quoting
       Name (Role (Utility utilityID)) says
       prop (CMD (NP npriv))::ins) s outs)
    (CFG isAuthenticated
      (thermoStateInterp utilityID privcmd)
      (certs ownerID utilityID cmd npriv privcmd) ins
      (NS s (exec (CMD (NP npriv))))
      (Out s (exec (CMD (NP npriv)))::outs)) ⇒
  (M,Oi,Os) sat prop (CMD (NP npriv))
```

[exec_KServer_Utility_npriv_thm]

```
⊢ ∀NS Out M Oi Os.
  TR (M,Oi,Os) (exec (CMD (NP npriv)))
    (CFG isAuthenticated
      (thermoStateInterp utilityID privcmd)
      (certs ownerID utilityID cmd npriv privcmd)
      (Name (Key (pubK Server)) quoting
       Name (Role (Utility utilityID)) says
       prop (CMD (NP npriv))::ins) s outs)
    (CFG isAuthenticated
      (thermoStateInterp utilityID privcmd)
      (certs ownerID utilityID cmd npriv privcmd) ins
      (NS s (exec (CMD (NP npriv))))
      (Out s (exec (CMD (NP npriv)))::outs)) ⟺
```

```
    CFGInterpret (M,Oi,Os)
      (CFG isAuthenticated
         (thermoStateInterp utilityID privcmd)
         (certs ownerID utilityID cmd npriv privcmd)
         (Name (Key (pubK Server)) quoting
          Name (Role (Utility utilityID)) says
          prop (CMD (NP npriv))::ins) s outs) ∧
    (M,Oi,Os) sat prop (CMD (NP npriv))
```

[exec_KServer_Utility_privcmd_Justified]

```
 ⊢ ∀NS Out outs temperature ins npriv privcmd cmd ownerID
     utilityID M Oi Os.
    TR (M,Oi,Os) (exec (CMD (PR privcmd)))
      (CFG isAuthenticated
         (thermoStateInterp utilityID privcmd)
         (certs ownerID utilityID cmd npriv privcmd)
         (Name (Key (pubK Server)) quoting
          Name (Role (Utility utilityID)) says
          prop (CMD (PR privcmd))::ins)
         (State enabled temperature) outs)
      (CFG isAuthenticated
         (thermoStateInterp utilityID privcmd)
         (certs ownerID utilityID cmd npriv privcmd) ins
         (NS (State enabled temperature)
            (exec (CMD (PR privcmd))))
         (Out (State enabled temperature)
            (exec (CMD (PR privcmd)))::outs)) ⇒
    (M,Oi,Os) sat prop (CMD (PR privcmd))
```

[exec_KServer_Utility_privcmd_thm]

```
 ⊢ ∀NS Out M Oi Os.
    TR (M,Oi,Os) (exec (CMD (PR privcmd)))
      (CFG isAuthenticated
         (thermoStateInterp utilityID privcmd)
         (certs ownerID utilityID cmd npriv privcmd)
         (Name (Key (pubK Server)) quoting
          Name (Role (Utility utilityID)) says
          prop (CMD (PR privcmd))::ins)
         (State enabled temperature) outs)
      (CFG isAuthenticated
         (thermoStateInterp utilityID privcmd)
         (certs ownerID utilityID cmd npriv privcmd) ins
         (NS (State enabled temperature)
            (exec (CMD (PR privcmd))))
         (Out (State enabled temperature)
            (exec (CMD (PR privcmd)))::outs)) ⟺
    CFGInterpret (M,Oi,Os)
      (CFG isAuthenticated
         (thermoStateInterp utilityID privcmd)
```

```
        (certs ownerID utilityID cmd npriv privcmd)
        (Name (Key (pubK Server)) quoting
         Name (Role (Utility utilityID)) says
         prop (CMD (PR privcmd))::ins)
        (State enabled temperature) outs) ∧
    (M,Oi,Os) sat prop (CMD (PR privcmd))
```

[isAuthenticated_clauses]

```
 ⊢ isAuthenticated
     (Name Keyboard quoting Name (Owner ownerID) says
      prop (CMD cmd)) ∧
   isAuthenticated
     (Name (Key (pubK Server)) quoting Name (Owner ownerID) says
      prop (CMD cmd)) ∧
   isAuthenticated
     (Name (Key (pubK Server)) quoting
      Name (Role (Utility utilityID)) says prop (CMD cmd)) ∧
   ¬isAuthenticated TT ∧ ¬isAuthenticated FF ∧
   ¬isAuthenticated (prop v) ∧ ¬isAuthenticated (notf v1) ∧
   ¬isAuthenticated (v2 andf v3) ∧
   ¬isAuthenticated (v4 orf v5) ∧
   ¬isAuthenticated (v6 impf v7) ∧
   ¬isAuthenticated (v8 eqf v9) ∧
   ¬isAuthenticated (v10 says TT) ∧
   ¬isAuthenticated (v10 says FF) ∧
   ¬isAuthenticated (Name v132 says prop v66) ∧
   ¬isAuthenticated (v133 meet v134 says prop v66) ∧
   ¬isAuthenticated
      (Name (Role v174) quoting Name (Role v164) says
       prop (CMD v142)) ∧
   ¬isAuthenticated
      (Name (Key v175) quoting Name (Role CA) says
       prop (CMD v142)) ∧
   ¬isAuthenticated
      (Name (Key v175) quoting Name (Role Server) says
       prop (CMD v142)) ∧
   ¬isAuthenticated
      (Name (Key (pubK CA)) quoting
       Name (Role (Utility v184)) says prop (CMD v142)) ∧
   ¬isAuthenticated
      (Name (Key (pubK (Utility v190))) quoting
       Name (Role (Utility v184)) says prop (CMD v142)) ∧
   ¬isAuthenticated
      (Name (Key (privK v187)) quoting
       Name (Role (Utility v184)) says prop (CMD v142)) ∧
   ¬isAuthenticated
      (Name Keyboard quoting Name (Role v164) says
       prop (CMD v142)) ∧
   ¬isAuthenticated
```

```
   (Name (Owner v176) quoting Name (Role v164) says
    prop (CMD v142)) ∧
¬isAuthenticated
   (Name (Account v177 v178) quoting Name (Role v164) says
    prop (CMD v142)) ∧
¬isAuthenticated
   (Name v154 quoting Name (Key v165) says prop (CMD v142)) ∧
¬isAuthenticated
   (Name v154 quoting Name Keyboard says prop (CMD v142)) ∧
¬isAuthenticated
   (Name (Role v192) quoting Name (Owner v166) says
    prop (CMD v142)) ∧
¬isAuthenticated
   (Name (Key (pubK CA)) quoting Name (Owner v166) says
    prop (CMD v142)) ∧
¬isAuthenticated
   (Name (Key (pubK (Utility v206))) quoting
    Name (Owner v166) says prop (CMD v142)) ∧
¬isAuthenticated
   (Name (Key (privK v203)) quoting Name (Owner v166) says
    prop (CMD v142)) ∧
¬isAuthenticated
   (Name (Owner v194) quoting Name (Owner v166) says
    prop (CMD v142)) ∧
¬isAuthenticated
   (Name (Account v195 v196) quoting Name (Owner v166) says
    prop (CMD v142)) ∧
¬isAuthenticated
   (Name v154 quoting Name (Account v167 v168) says
    prop (CMD v142)) ∧
¬isAuthenticated
   (v155 meet v156 quoting Name v144 says prop (CMD v142)) ∧
¬isAuthenticated
   ((v157 quoting v158) quoting Name v144 says
    prop (CMD v142)) ∧
¬isAuthenticated
   (v135 quoting v145 meet v146 says prop (CMD v142)) ∧
¬isAuthenticated
   (v135 quoting v147 quoting v148 says prop (CMD v142)) ∧
¬isAuthenticated (v135 quoting v136 says prop TRAP) ∧
¬isAuthenticated (v10 says notf v67) ∧
¬isAuthenticated (v10 says (v68 andf v69)) ∧
¬isAuthenticated (v10 says (v70 orf v71)) ∧
¬isAuthenticated (v10 says (v72 impf v73)) ∧
¬isAuthenticated (v10 says (v74 eqf v75)) ∧
¬isAuthenticated (v10 says v76 says v77) ∧
¬isAuthenticated (v10 says v78 speaks_for v79) ∧
¬isAuthenticated (v10 says v80 controls v81) ∧
¬isAuthenticated (v10 says reps v82 v83 v84) ∧
```

¬isAuthenticated (v_{10} says v_{85} domi v_{86}) ∧
¬isAuthenticated (v_{10} says v_{87} eqi v_{88}) ∧
¬isAuthenticated (v_{10} says v_{89} doms v_{90}) ∧
¬isAuthenticated (v_{10} says v_{91} eqs v_{92}) ∧
¬isAuthenticated (v_{10} says v_{93} eqn v_{94}) ∧
¬isAuthenticated (v_{10} says v_{95} lte v_{96}) ∧
¬isAuthenticated (v_{10} says v_{97} lt v_{98}) ∧
¬isAuthenticated (v_{12} speaks_for v_{13}) ∧
¬isAuthenticated (v_{14} controls v_{15}) ∧
¬isAuthenticated (reps v_{16} v_{17} v_{18}) ∧
¬isAuthenticated (v_{19} domi v_{20}) ∧
¬isAuthenticated (v_{21} eqi v_{22}) ∧
¬isAuthenticated (v_{23} doms v_{24}) ∧
¬isAuthenticated (v_{25} eqs v_{26}) ∧
¬isAuthenticated (v_{27} eqn v_{28}) ∧
¬isAuthenticated (v_{29} lte v_{30}) ∧
¬isAuthenticated (v_{31} lt v_{32})

[isAuthenticated_Owner_Keyboard_thm]

⊢ isAuthenticated
(Name Keyboard quoting Name (Owner *ownerID*) says
prop (CMD *cmd*))

[isAuthenticated_Owner_KServer_thm]

⊢ isAuthenticated
(Name (Key (pubK Server)) quoting Name (Owner *ownerID*) says
prop (CMD *cmd*))

[isAuthenticated_Utility_KServer_npriv_thm]

⊢ isAuthenticated
(Name (Key (pubK Server)) quoting
Name (Role (Utility *utilityID*)) says
prop (CMD (NP *npriv*)))

[isAuthenticated_Utility_KServer_privcmd_thm]

⊢ isAuthenticated
(Name (Key (pubK Server)) quoting
Name (Role (Utility *utilityID*)) says
prop (CMD (PR *privcmd*)))

[Ks_Owner_lemma]

⊢ (M,Oi,Os) sat
Name (Key (pubK Server)) quoting Name (Owner *ownerID*) says
prop (CMD *cmd*) ⇒
(M,Oi,Os) sat Name (Owner *ownerID*) controls prop (CMD *cmd*) ⇒
(M,Oi,Os) sat
reps (Name (Role Server)) (Name (Owner *ownerID*))
(prop (CMD *cmd*)) ⇒

```
  (M,Oi,Os) sat
  Name (Role CA) controls
  Name (Key (pubK Server)) speaks_for Name (Role Server) ⇒
  (M,Oi,Os) sat
  Name (Key (pubK CA)) speaks_for Name (Role CA) ⇒
  (M,Oi,Os) sat
  Name (Key (pubK CA)) says
  Name (Key (pubK Server)) speaks_for Name (Role Server) ⇒
  (M,Oi,Os) sat prop (CMD cmd)
```

[ks_owner_lemma]

```
⊢ (M,Oi,Os) sat ks quoting owner says prop (CMD cmd) ⇒
  (M,Oi,Os) sat owner controls prop (CMD cmd) ⇒
  (M,Oi,Os) sat reps server owner (prop (CMD cmd)) ⇒
  (M,Oi,Os) sat ca controls ks speaks_for server ⇒
  (M,Oi,Os) sat kca speaks_for ca ⇒
  (M,Oi,Os) sat kca says ks speaks_for server ⇒
  (M,Oi,Os) sat prop (CMD cmd)
```

[ManualOperationA_lemma]

```
⊢ (M,Oi,Os) sat
  Name Keyboard quoting Name (Owner ownerID) says
  prop (CMD cmd) ⇒
  (M,Oi,Os) sat Name (Owner ownerID) controls prop (CMD cmd) ⇒
  (M,Oi,Os) sat
  reps (Name Keyboard) (Name (Owner ownerID))
    (prop (CMD cmd)) ⇒
  (M,Oi,Os) sat
  reps (Name (Role Server)) (Name (Owner ownerID))
    (prop (CMD cmd)) ⇒
  (M,Oi,Os) sat
  Name (Role CA) controls
  Name (Key (pubK Server)) speaks_for Name (Role Server) ⇒
  (M,Oi,Os) sat
  Name (Key (pubK CA)) speaks_for Name (Role CA) ⇒
  (M,Oi,Os) sat
  Name (Key (pubK CA)) says
  Name (Key (pubK Server)) speaks_for Name (Role Server) ⇒
  (M,Oi,Os) sat
  reps (Name (Role Server)) (Name (Role (Utility utilityID)))
    (prop (CMD (NP npriv))) ⇒
  (M,Oi,Os) sat
  reps (Name (Role Server)) (Name (Role (Utility utilityID)))
    (prop (CMD (PR privcmd))) ⇒
  (M,Oi,Os) sat
  Name (Role (Utility utilityID)) controls
  prop (CMD (NP npriv)) ⇒
  (M,Oi,Os) sat
  Name (Role (Utility utilityID)) controls
```

```
  prop (CMD (PR privcmd)) ⇒
  (M,Oi,Os) sat prop (CMD cmd)
```

[ManualOperationB_lemma]

```
⊢ (M,Oi,Os) sat
  Name Keyboard quoting Name (Owner ownerID) says
  prop (CMD cmd) ⇒
  (M,Oi,Os) sat Name (Owner ownerID) controls prop (CMD cmd) ⇒
  (M,Oi,Os) sat
  reps (Name Keyboard) (Name (Owner ownerID))
    (prop (CMD cmd)) ⇒
  (M,Oi,Os) sat
  reps (Name (Role Server)) (Name (Owner ownerID))
    (prop (CMD cmd)) ⇒
  (M,Oi,Os) sat
  Name (Role CA) controls
  Name (Key (pubK Server)) speaks_for Name (Role Server) ⇒
  (M,Oi,Os) sat
  Name (Key (pubK CA)) speaks_for Name (Role CA) ⇒
  (M,Oi,Os) sat
  Name (Key (pubK CA)) says
  Name (Key (pubK Server)) speaks_for Name (Role Server) ⇒
  (M,Oi,Os) sat
  reps (Name (Role Server)) (Name (Role (Utility utilityID)))
    (prop (CMD (NP npriv))) ⇒
  (M,Oi,Os) sat
  reps (Name (Role Server)) (Name (Role (Utility utilityID)))
    (prop (CMD (PR privcmd))) ⇒
  (M,Oi,Os) sat
  Name (Role (Utility utilityID)) controls
  prop (CMD (NP npriv)) ⇒
  (M,Oi,Os) sat
  Name (Role (Utility utilityID)) says
  prop (CMD (PR privcmd)) impf prop TRAP ⇒
  (M,Oi,Os) sat prop (CMD cmd)
```

[owner_Keyboard_lemma]

```
⊢ (M,Oi,Os) sat
  Name Keyboard quoting Name (Owner ownerID) says
  prop (CMD cmd) ⇒
  (M,Oi,Os) sat Name (Owner ownerID) controls prop (CMD cmd) ⇒
  (M,Oi,Os) sat
  reps (Name Keyboard) (Name (Owner ownerID))
    (prop (CMD cmd)) ⇒
  (M,Oi,Os) sat prop (CMD cmd)
```

[OwnerServerOperationA_lemma]

```
⊢ (M,Oi,Os) sat
  Name (Key (pubK Server)) quoting Name (Owner ownerID) says
```

```
prop (CMD cmd) ⇒
(M,Oi,Os) sat Name (Owner ownerID) controls prop (CMD cmd) ⇒
(M,Oi,Os) sat
reps (Name Keyboard) (Name (Owner ownerID))
  (prop (CMD cmd)) ⇒
(M,Oi,Os) sat
reps (Name (Role Server)) (Name (Owner ownerID))
  (prop (CMD cmd)) ⇒
(M,Oi,Os) sat
Name (Role CA) controls
Name (Key (pubK Server)) speaks_for Name (Role Server) ⇒
(M,Oi,Os) sat
Name (Key (pubK CA)) speaks_for Name (Role CA) ⇒
(M,Oi,Os) sat
Name (Key (pubK CA)) says
Name (Key (pubK Server)) speaks_for Name (Role Server) ⇒
(M,Oi,Os) sat
reps (Name (Role Server)) (Name (Role (Utility utilityID)))
  (prop (CMD (NP npriv))) ⇒
(M,Oi,Os) sat
reps (Name (Role Server)) (Name (Role (Utility utilityID)))
  (prop (CMD (PR privcmd))) ⇒
(M,Oi,Os) sat
Name (Role (Utility utilityID)) controls
prop (CMD (NP npriv)) ⇒
(M,Oi,Os) sat
Name (Role (Utility utilityID)) controls
prop (CMD (PR privcmd)) ⇒
(M,Oi,Os) sat prop (CMD cmd)
```

[OwnerServerOperationB_lemma]

```
⊢ (M,Oi,Os) sat
  Name (Key (pubK Server)) quoting Name (Owner ownerID) says
  prop (CMD cmd) ⇒
  (M,Oi,Os) sat Name (Owner ownerID) controls prop (CMD cmd) ⇒
  (M,Oi,Os) sat
  reps (Name Keyboard) (Name (Owner ownerID))
    (prop (CMD cmd)) ⇒
  (M,Oi,Os) sat
  reps (Name (Role Server)) (Name (Owner ownerID))
    (prop (CMD cmd)) ⇒
  (M,Oi,Os) sat
  Name (Role CA) controls
  Name (Key (pubK Server)) speaks_for Name (Role Server) ⇒
  (M,Oi,Os) sat
  Name (Key (pubK CA)) speaks_for Name (Role CA) ⇒
  (M,Oi,Os) sat
  Name (Key (pubK CA)) says
  Name (Key (pubK Server)) speaks_for Name (Role Server) ⇒
```

```
  (M,Oi,Os) sat
  reps (Name (Role Server)) (Name (Role (Utility utilityID)))
    (prop (CMD (NP npriv))) ⇒
  (M,Oi,Os) sat
  reps (Name (Role Server)) (Name (Role (Utility utilityID)))
    (prop (CMD (PR privcmd))) ⇒
  (M,Oi,Os) sat
  Name (Role (Utility utilityID)) controls
  prop (CMD (NP npriv)) ⇒
  (M,Oi,Os) sat
  Name (Role (Utility utilityID)) says
  prop (CMD (PR privcmd)) impf prop TRAP ⇒
  (M,Oi,Os) sat prop (CMD cmd)
```

[quoting_speaks_for_lemma]

```
⊢ (M,Oi,Os) sat kp quoting Q says cmd ⇒
  (M,Oi,Os) sat kp speaks_for P ⇒
  (M,Oi,Os) sat P quoting Q says cmd
```

[root_ca_key_cert_thm]

```
⊢ (M,Oi,Os) sat ca controls ks speaks_for server ⇒
  (M,Oi,Os) sat kca speaks_for ca ⇒
  (M,Oi,Os) sat kca says ks speaks_for server ⇒
  (M,Oi,Os) sat ks speaks_for server
```

[TR_exec_Keyboard_Owner_cmd_lemma]

```
⊢ (∀M Oi Os.
     CFGInterpret (M,Oi,Os)
       (CFG isAuthenticated
          (thermoStateInterp utilityID privcmd)
          (certs ownerID utilityID cmd npriv privcmd)
          (Name Keyboard quoting Name (Owner ownerID) says
           prop (CMD cmd)::ins) s outs) ⇒
     (M,Oi,Os) sat prop (CMD cmd)) ⇒
  ∀NS Out M Oi Os.
    TR (M,Oi,Os) (exec (CMD cmd))
      (CFG isAuthenticated
         (thermoStateInterp utilityID privcmd)
         (certs ownerID utilityID cmd npriv privcmd)
         (Name Keyboard quoting Name (Owner ownerID) says
          prop (CMD cmd)::ins) s outs)
      (CFG isAuthenticated
         (thermoStateInterp utilityID privcmd)
         (certs ownerID utilityID cmd npriv privcmd) ins
         (NS s (exec (CMD cmd)))
         (Out s (exec (CMD cmd))::outs)) ⇔
    isAuthenticated
      (Name Keyboard quoting Name (Owner ownerID) says
```

```
      prop (CMD cmd)) ∧
    CFGInterpret (M,Oi,Os)
      (CFG isAuthenticated
        (thermoStateInterp utilityID privcmd)
        (certs ownerID utilityID cmd npriv privcmd)
        (Name Keyboard quoting Name (Owner ownerID) says
         prop (CMD cmd)::ins) s outs) ∧
    (M,Oi,Os) sat prop (CMD cmd)
```

[TR_exec_KServer_Owner_cmd_lemma]

```
⊢ (∀M Oi Os.
     CFGInterpret (M,Oi,Os)
       (CFG isAuthenticated
          (thermoStateInterp utilityID privcmd)
          (certs ownerID utilityID cmd npriv privcmd)
          (Name (Key (pubK Server)) quoting
           Name (Owner ownerID) says prop (CMD cmd)::ins) s
          outs) ⇒
     (M,Oi,Os) sat prop (CMD cmd)) ⇒
  ∀NS Out M Oi Os.
    TR (M,Oi,Os) (exec (CMD cmd))
      (CFG isAuthenticated
         (thermoStateInterp utilityID privcmd)
         (certs ownerID utilityID cmd npriv privcmd)
         (Name (Key (pubK Server)) quoting
          Name (Owner ownerID) says prop (CMD cmd)::ins) s
         outs)
      (CFG isAuthenticated
         (thermoStateInterp utilityID privcmd)
         (certs ownerID utilityID cmd npriv privcmd) ins
         (NS s (exec (CMD cmd)))
         (Out s (exec (CMD cmd))::outs)) ⟺
    isAuthenticated
      (Name (Key (pubK Server)) quoting
       Name (Owner ownerID) says prop (CMD cmd)) ∧
    CFGInterpret (M,Oi,Os)
      (CFG isAuthenticated
         (thermoStateInterp utilityID privcmd)
         (certs ownerID utilityID cmd npriv privcmd)
         (Name (Key (pubK Server)) quoting
          Name (Owner ownerID) says prop (CMD cmd)::ins) s
         outs) ∧ (M,Oi,Os) sat prop (CMD cmd)
```

[TR_exec_KServer_Utility_cmd_lemma]

```
⊢ (∀M Oi Os.
     CFGInterpret (M,Oi,Os)
       (CFG isAuthenticated
          (thermoStateInterp utilityID privcmd)
          (certs ownerID utilityID cmd npriv privcmd)
```

```
        (Name (Key (pubK Server)) quoting
         Name (Role (Utility utilityID)) says
         prop (CMD (NP npriv))::ins) s outs) ⇒
      (M,Oi,Os) sat prop (CMD (NP npriv))) ⇒
   ∀NS Out M Oi Os.
     TR (M,Oi,Os) (exec (CMD (NP npriv)))
       (CFG isAuthenticated
          (thermoStateInterp utilityID privcmd)
          (certs ownerID utilityID cmd npriv privcmd)
          (Name (Key (pubK Server)) quoting
           Name (Role (Utility utilityID)) says
           prop (CMD (NP npriv))::ins) s outs)
       (CFG isAuthenticated
          (thermoStateInterp utilityID privcmd)
          (certs ownerID utilityID cmd npriv privcmd) ins
          (NS s (exec (CMD (NP npriv))))
          (Out s (exec (CMD (NP npriv)))::outs)) ⟺
     isAuthenticated
       (Name (Key (pubK Server)) quoting
        Name (Role (Utility utilityID)) says
        prop (CMD (NP npriv))) ∧
     CFGInterpret (M,Oi,Os)
       (CFG isAuthenticated
          (thermoStateInterp utilityID privcmd)
          (certs ownerID utilityID cmd npriv privcmd)
          (Name (Key (pubK Server)) quoting
           Name (Role (Utility utilityID)) says
           prop (CMD (NP npriv))::ins) s outs) ∧
     (M,Oi,Os) sat prop (CMD (NP npriv))
```

[TR_exec_KServer_Utility_privcmd_lemma]

```
 ⊢ (∀M Oi Os.
      CFGInterpret (M,Oi,Os)
        (CFG isAuthenticated
           (thermoStateInterp utilityID privcmd)
           (certs ownerID utilityID cmd npriv privcmd)
           (Name (Key (pubK Server)) quoting
            Name (Role (Utility utilityID)) says
            prop (CMD (PR privcmd))::ins)
           (State enabled temperature) outs) ⇒
      (M,Oi,Os) sat prop (CMD (PR privcmd))) ⇒
   ∀NS Out M Oi Os.
     TR (M,Oi,Os) (exec (CMD (PR privcmd)))
       (CFG isAuthenticated
          (thermoStateInterp utilityID privcmd)
          (certs ownerID utilityID cmd npriv privcmd)
          (Name (Key (pubK Server)) quoting
           Name (Role (Utility utilityID)) says
           prop (CMD (PR privcmd))::ins)
```

```
        (State enabled temperature) outs)
      (CFG isAuthenticated
        (thermoStateInterp utilityID privcmd)
        (certs ownerID utilityID cmd npriv privcmd) ins
        (NS (State enabled temperature)
           (exec (CMD (PR privcmd))))
        (Out (State enabled temperature)
           (exec (CMD (PR privcmd)))::outs)) ⟺
    isAuthenticated
      (Name (Key (pubK Server)) quoting
       Name (Role (Utility utilityID)) says
       prop (CMD (PR privcmd))) ∧
    CFGInterpret (M,Oi,Os)
      (CFG isAuthenticated
        (thermoStateInterp utilityID privcmd)
        (certs ownerID utilityID cmd npriv privcmd)
        (Name (Key (pubK Server)) quoting
         Name (Role (Utility utilityID)) says
         prop (CMD (PR privcmd))::ins)
        (State enabled temperature) outs) ∧
    (M,Oi,Os) sat prop (CMD (PR privcmd))
```

[TR_trap_KServer_Utility_privcmd_lemma]

```
 ⊢ (∀M Oi Os.
      CFGInterpret (M,Oi,Os)
        (CFG isAuthenticated
           (thermoStateInterp utilityID privcmd)
           (certs ownerID utilityID cmd npriv privcmd)
           (Name (Key (pubK Server)) quoting
            Name (Role (Utility utilityID)) says
            prop (CMD (PR privcmd))::ins)
           (State disabled temperature) outs) ⇒
      (M,Oi,Os) sat prop TRAP) ⇒
   ∀NS Out M Oi Os.
     TR (M,Oi,Os) (trap (CMD (PR privcmd)))
       (CFG isAuthenticated
          (thermoStateInterp utilityID privcmd)
          (certs ownerID utilityID cmd npriv privcmd)
          (Name (Key (pubK Server)) quoting
           Name (Role (Utility utilityID)) says
           prop (CMD (PR privcmd))::ins)
          (State disabled temperature) outs)
       (CFG isAuthenticated
          (thermoStateInterp utilityID privcmd)
          (certs ownerID utilityID cmd npriv privcmd) ins
          (NS (State disabled temperature)
             (trap (CMD (PR privcmd))))
          (Out (State disabled temperature)
             (trap (CMD (PR privcmd)))::outs)) ⟺
```

```
    isAuthenticated
      (Name (Key (pubK Server)) quoting
       Name (Role (Utility utilityID)) says
       prop (CMD (PR privcmd))) ∧
    CFGInterpret (M,Oi,Os)
      (CFG isAuthenticated
         (thermoStateInterp utilityID privcmd)
         (certs ownerID utilityID cmd npriv privcmd)
         (Name (Key (pubK Server)) quoting
          Name (Role (Utility utilityID)) says
          prop (CMD (PR privcmd))::ins)
         (State disabled temperature) outs) ∧
    (M,Oi,Os) sat prop TRAP
```

[trap_KServer_Utility_privcmd_Justified]

```
 ⊢ ∀NS Out outs temperature ins npriv privcmd cmd ownerID
      utilityID M Oi Os.
    TR (M,Oi,Os) (trap (CMD (PR privcmd)))
      (CFG isAuthenticated
         (thermoStateInterp utilityID privcmd)
         (certs ownerID utilityID cmd npriv privcmd)
         (Name (Key (pubK Server)) quoting
          Name (Role (Utility utilityID)) says
          prop (CMD (PR privcmd))::ins)
         (State disabled temperature) outs)
      (CFG isAuthenticated
         (thermoStateInterp utilityID privcmd)
         (certs ownerID utilityID cmd npriv privcmd) ins
         (NS (State disabled temperature)
            (trap (CMD (PR privcmd))))
         (Out (State disabled temperature)
            (trap (CMD (PR privcmd)))::outs)) ⇒
    (M,Oi,Os) sat prop TRAP
```

[trap_KServer_Utility_privcmd_thm]

```
 ⊢ ∀NS Out M Oi Os.
    TR (M,Oi,Os) (trap (CMD (PR privcmd)))
      (CFG isAuthenticated
         (thermoStateInterp utilityID privcmd)
         (certs ownerID utilityID cmd npriv privcmd)
         (Name (Key (pubK Server)) quoting
          Name (Role (Utility utilityID)) says
          prop (CMD (PR privcmd))::ins)
         (State disabled temperature) outs)
      (CFG isAuthenticated
         (thermoStateInterp utilityID privcmd)
         (certs ownerID utilityID cmd npriv privcmd) ins
         (NS (State disabled temperature)
            (trap (CMD (PR privcmd))))
```

```
        (Out (State disabled temperature)
          (trap (CMD (PR privcmd)))::outs)) ⟺
    CFGInterpret (M,Oi,Os)
      (CFG isAuthenticated
        (thermoStateInterp utilityID privcmd)
        (certs ownerID utilityID cmd npriv privcmd)
        (Name (Key (pubK Server)) quoting
         Name (Role (Utility utilityID)) says
         prop (CMD (PR privcmd))::ins)
        (State disabled temperature) outs) ∧
    (M,Oi,Os) sat prop TRAP
```

[Unauthenticated_cmd_discarded]

```
 ⊢ ∀NS Out outs s ins npriv privcmd cmd ownerID utilityID M Oi
     Os.
    TR (M,Oi,Os) discard
      (CFG isAuthenticated
        (thermoStateInterp utilityID privcmd)
        (certs ownerID utilityID cmd npriv privcmd)
        (prop (CMD cmd)::ins) s outs)
      (CFG isAuthenticated
        (thermoStateInterp utilityID privcmd)
        (certs ownerID utilityID cmd npriv privcmd) ins
        (NS s discard) (Out s discard::outs))
```

[Utility_npriv_Authorized_lemma]

```
 ⊢ (M,Oi,Os) sat
   Name (Key (pubK Server)) quoting
   Name (Role (Utility utilityID)) says prop (CMD (NP npriv)) ⇒
   (M,Oi,Os) sat
   Name (Role CA) controls
   Name (Key (pubK Server)) speaks_for Name (Role Server) ⇒
   (M,Oi,Os) sat
   Name (Key (pubK CA)) speaks_for Name (Role CA) ⇒
   (M,Oi,Os) sat
   Name (Key (pubK CA)) says
   Name (Key (pubK Server)) speaks_for Name (Role Server) ⇒
   (M,Oi,Os) sat
   reps (Name (Role Server)) (Name (Role (Utility utilityID)))
     (prop (CMD (NP npriv))) ⇒
   (M,Oi,Os) sat
   Name (Role (Utility utilityID)) controls
   prop (CMD (NP npriv)) ⇒
   (M,Oi,Os) sat prop (CMD (NP npriv))
```

[utility_npriv_authorized_lemma]

```
 ⊢ (M,Oi,Os) sat ks quoting utility says prop (CMD (NP npriv)) ⇒
   (M,Oi,Os) sat ca controls ks speaks_for server ⇒
```

```
(M,Oi,Os) sat kca speaks_for ca ⇒
(M,Oi,Os) sat kca says ks speaks_for server ⇒
(M,Oi,Os) sat reps server utility (prop (CMD (NP npriv))) ⇒
(M,Oi,Os) sat utility controls prop (CMD (NP npriv)) ⇒
(M,Oi,Os) sat prop (CMD (NP npriv))
```

[Utility_privcmd_Authorized_lemma]

```
⊢ (M,Oi,Os) sat
  Name (Key (pubK Server)) quoting
  Name (Role (Utility utilityID)) says
  prop (CMD (PR privcmd)) ⇒
  (M,Oi,Os) sat
  Name (Role CA) controls
  Name (Key (pubK Server)) speaks_for Name (Role Server) ⇒
  (M,Oi,Os) sat
  Name (Key (pubK CA)) speaks_for Name (Role CA) ⇒
  (M,Oi,Os) sat
  Name (Key (pubK CA)) says
  Name (Key (pubK Server)) speaks_for Name (Role Server) ⇒
  (M,Oi,Os) sat
  reps (Name (Role Server)) (Name (Role (Utility utilityID)))
    (prop (CMD (PR privcmd))) ⇒
  (M,Oi,Os) sat
  Name (Role (Utility utilityID)) controls
  prop (CMD (PR privcmd)) ⇒
  (M,Oi,Os) sat prop (CMD (PR privcmd))
```

[utility_privcmd_authorized_lemma]

```
⊢ (M,Oi,Os) sat
  ks quoting utility says prop (CMD (PR privcmd)) ⇒
  (M,Oi,Os) sat ca controls ks speaks_for server ⇒
  (M,Oi,Os) sat kca speaks_for ca ⇒
  (M,Oi,Os) sat kca says ks speaks_for server ⇒
  (M,Oi,Os) sat reps server utility (prop (CMD (PR privcmd))) ⇒
  (M,Oi,Os) sat utility controls prop (CMD (PR privcmd)) ⇒
  (M,Oi,Os) sat prop (CMD (PR privcmd))
```

[Utility_privcmd_Trapped_lemma]

```
⊢ (M,Oi,Os) sat
  Name (Key (pubK Server)) quoting
  Name (Role (Utility utilityID)) says
  prop (CMD (PR privcmd)) ⇒
  (M,Oi,Os) sat
  Name (Role CA) controls
  Name (Key (pubK Server)) speaks_for Name (Role Server) ⇒
  (M,Oi,Os) sat
  Name (Key (pubK CA)) speaks_for Name (Role CA) ⇒
  (M,Oi,Os) sat
```

```
Name (Key (pubK CA)) says
Name (Key (pubK Server)) speaks_for Name (Role Server) ⇒
(M,Oi,Os) sat
reps (Name (Role Server)) (Name (Role (Utility utilityID)))
  (prop (CMD (PR privcmd))) ⇒
(M,Oi,Os) sat
Name (Role (Utility utilityID)) says
prop (CMD (PR privcmd)) impf prop TRAP ⇒
(M,Oi,Os) sat prop TRAP
```

[utility_privcmd_trapped_lemma]

```
⊢ (M,Oi,Os) sat
  ks quoting utility says prop (CMD (PR privcmd)) ⇒
  (M,Oi,Os) sat ca controls ks speaks_for server ⇒
  (M,Oi,Os) sat kca speaks_for ca ⇒
  (M,Oi,Os) sat kca says ks speaks_for server ⇒
  (M,Oi,Os) sat reps server utility (prop (CMD (PR privcmd))) ⇒
  (M,Oi,Os) sat
  utility says prop (CMD (PR privcmd)) impf prop TRAP ⇒
  (M,Oi,Os) sat prop TRAP
```

[UtilityServerNonPrivA_lemma]

```
⊢ (M,Oi,Os) sat
  Name (Key (pubK Server)) quoting
  Name (Role (Utility utilityID)) says prop (CMD (NP npriv)) ⇒
  (M,Oi,Os) sat Name (Owner ownerID) controls prop (CMD cmd) ⇒
  (M,Oi,Os) sat
  reps (Name Keyboard) (Name (Owner ownerID))
    (prop (CMD cmd)) ⇒
  (M,Oi,Os) sat
  reps (Name (Role Server)) (Name (Owner ownerID))
    (prop (CMD cmd)) ⇒
  (M,Oi,Os) sat
  Name (Role CA) controls
  Name (Key (pubK Server)) speaks_for Name (Role Server) ⇒
  (M,Oi,Os) sat
  Name (Key (pubK CA)) speaks_for Name (Role CA) ⇒
  (M,Oi,Os) sat
  Name (Key (pubK CA)) says
  Name (Key (pubK Server)) speaks_for Name (Role Server) ⇒
  (M,Oi,Os) sat
  reps (Name (Role Server)) (Name (Role (Utility utilityID)))
    (prop (CMD (NP npriv))) ⇒
  (M,Oi,Os) sat
  reps (Name (Role Server)) (Name (Role (Utility utilityID)))
    (prop (CMD (PR privcmd))) ⇒
  (M,Oi,Os) sat
  Name (Role (Utility utilityID)) controls
  prop (CMD (NP npriv)) ⇒
```

```
(M,Oi,Os) sat
Name (Role (Utility utilityID)) controls
prop (CMD (PR privcmd)) ⇒
(M,Oi,Os) sat prop (CMD (NP npriv))
```

[UtilityServerNonPrivB_lemma]

```
⊢ (M,Oi,Os) sat
  Name (Key (pubK Server)) quoting
  Name (Role (Utility utilityID)) says prop (CMD (NP npriv)) ⇒
  (M,Oi,Os) sat Name (Owner ownerID) controls prop (CMD cmd) ⇒
  (M,Oi,Os) sat
  reps (Name Keyboard) (Name (Owner ownerID))
    (prop (CMD cmd)) ⇒
  (M,Oi,Os) sat
  reps (Name (Role Server)) (Name (Owner ownerID))
    (prop (CMD cmd)) ⇒
  (M,Oi,Os) sat
  Name (Role CA) controls
  Name (Key (pubK Server)) speaks_for Name (Role Server) ⇒
  (M,Oi,Os) sat
  Name (Key (pubK CA)) speaks_for Name (Role CA) ⇒
  (M,Oi,Os) sat
  Name (Key (pubK CA)) says
  Name (Key (pubK Server)) speaks_for Name (Role Server) ⇒
  (M,Oi,Os) sat
  reps (Name (Role Server)) (Name (Role (Utility utilityID)))
    (prop (CMD (NP npriv))) ⇒
  (M,Oi,Os) sat
  reps (Name (Role Server)) (Name (Role (Utility utilityID)))
    (prop (CMD (PR privcmd))) ⇒
  (M,Oi,Os) sat
  Name (Role (Utility utilityID)) controls
  prop (CMD (NP npriv)) ⇒
  (M,Oi,Os) sat
  Name (Role (Utility utilityID)) says
  prop (CMD (PR privcmd)) impf prop TRAP ⇒
  (M,Oi,Os) sat prop (CMD (NP npriv))
```

[UtilityServerPrivA_lemma]

```
⊢ (M,Oi,Os) sat
  Name (Key (pubK Server)) quoting
  Name (Role (Utility utilityID)) says
  prop (CMD (PR privcmd)) ⇒
  (M,Oi,Os) sat Name (Owner ownerID) controls prop (CMD cmd) ⇒
  (M,Oi,Os) sat
  reps (Name Keyboard) (Name (Owner ownerID))
    (prop (CMD cmd)) ⇒
  (M,Oi,Os) sat
  reps (Name (Role Server)) (Name (Owner ownerID))
```

```
  (prop (CMD cmd)) ⇒
 (M,Oi,Os) sat
 Name (Role CA) controls
 Name (Key (pubK Server)) speaks_for Name (Role Server) ⇒
 (M,Oi,Os) sat
 Name (Key (pubK CA)) speaks_for Name (Role CA) ⇒
 (M,Oi,Os) sat
 Name (Key (pubK CA)) says
 Name (Key (pubK Server)) speaks_for Name (Role Server) ⇒
 (M,Oi,Os) sat
 reps (Name (Role Server)) (Name (Role (Utility utilityID)))
   (prop (CMD (NP npriv))) ⇒
 (M,Oi,Os) sat
 reps (Name (Role Server)) (Name (Role (Utility utilityID)))
   (prop (CMD (PR privcmd))) ⇒
 (M,Oi,Os) sat
 Name (Role (Utility utilityID)) controls
 prop (CMD (NP npriv)) ⇒
 (M,Oi,Os) sat
 Name (Role (Utility utilityID)) controls
 prop (CMD (PR privcmd)) ⇒
 (M,Oi,Os) sat prop (CMD (PR privcmd))
```

[UtilityServerPrivB_lemma]

```
⊢ (M,Oi,Os) sat
  Name (Key (pubK Server)) quoting
  Name (Role (Utility utilityID)) says
  prop (CMD (PR privcmd)) ⇒
  (M,Oi,Os) sat Name (Owner ownerID) controls prop (CMD cmd) ⇒
  (M,Oi,Os) sat
  reps (Name Keyboard) (Name (Owner ownerID))
    (prop (CMD cmd)) ⇒
  (M,Oi,Os) sat
  reps (Name (Role Server)) (Name (Owner ownerID))
    (prop (CMD cmd)) ⇒
  (M,Oi,Os) sat
  Name (Role CA) controls
  Name (Key (pubK Server)) speaks_for Name (Role Server) ⇒
  (M,Oi,Os) sat
  Name (Key (pubK CA)) speaks_for Name (Role CA) ⇒
  (M,Oi,Os) sat
  Name (Key (pubK CA)) says
  Name (Key (pubK Server)) speaks_for Name (Role Server) ⇒
  (M,Oi,Os) sat
  reps (Name (Role Server)) (Name (Role (Utility utilityID)))
    (prop (CMD (NP npriv))) ⇒
  (M,Oi,Os) sat
  reps (Name (Role Server)) (Name (Role (Utility utilityID)))
    (prop (CMD (PR privcmd))) ⇒
```

```
(M,Oi,Os) sat
Name (Role (Utility utilityID)) controls
prop (CMD (NP npriv)) ⇒
(M,Oi,Os) sat
Name (Role (Utility utilityID)) says
prop (CMD (PR privcmd)) impf prop TRAP ⇒
(M,Oi,Os) sat prop TRAP
```

10 inMsgA 理论

Built: 28 January 2016

Parent Theories: vm1a, principal, command

10.1 数据类型

```
msg =
    KB num command
  | MSG keyPrinc principal order
        ((order digest, keyPrinc) asymMsg)

order = ORD keyPrinc principal command
```

10.2 定义

```
[checkmsg_def]
 ⊢ (checkmsg
      (MSG sender recipient (ORD originator role cmd)
         signature) ⇔
    signVerify (pubK sender) signature
      (SOME (ORD originator role cmd)) ∧
    (sender = originator)) ∧ (checkmsg (KB ownerID cmd) ⇔ T)

[msgInterpret_def]
 ⊢ (msgInterpret
      (MSG sender recipient (ORD originator role cmd)
         signature) =
    if
      checkmsg
        (MSG sender recipient (ORD originator role cmd)
           signature)
    then
      Name (Key (pubK sender)) quoting Name role says
      prop (CMD cmd)
    else TT) ∧
   (msgInterpret (KB ownerID cmd) =
    if checkmsg (KB ownerID cmd) then
      Name Keyboard quoting Name (Owner ownerID) says
      prop (CMD cmd)
    else TT)
```

10.3 定理

[checkKB_OK]

```
⊢ ∀ownerID cmd. checkmsg (KB ownerID cmd)
```

[checkMSG_OK]

```
⊢ (∀ownerID sender recipient originator role cmd.
      (sender = originator) ⇒
      checkmsg
        (MSG sender recipient (ORD originator role cmd)
           (sign (privK sender)
              (hash (SOME (ORD originator role cmd)))))) ∧
   ∀ownerID sender recipient originator role cmd.
     sender ≠ originator ⇒
     ¬checkmsg
        (MSG sender recipient (ORD originator role cmd)
           (sign (privK sender)
              (hash (SOME (ORD originator role cmd)))))
```

[checkmsg_OK]

```
⊢ ((∀ownerID sender recipient originator role cmd.
       (sender = originator) ⇒
       checkmsg
         (MSG sender recipient (ORD originator role cmd)
            (sign (privK sender)
               (hash (SOME (ORD originator role cmd)))))) ∧
    ∀ownerID sender recipient originator role cmd.
      sender ≠ originator ⇒
      ¬checkmsg
        (MSG sender recipient (ORD originator role cmd)
           (sign (privK sender)
              (hash (SOME (ORD originator role cmd)))))) ∧
   ∀ownerID cmd. checkmsg (KB ownerID cmd)
```

[msg_distinct_thm]

$$\vdash \forall a_3\ a_2\ a_1'\ a_1\ a_0'\ a_0.\ \texttt{KB}\ a_0\ a_1 \neq \texttt{MSG}\ a_0'\ a_1'\ a_2\ a_3$$

[msg_one_one]

$$\vdash (\forall a_0\ a_1\ a_0'\ a_1'.\ (\texttt{KB}\ a_0\ a_1 = \texttt{KB}\ a_0'\ a_1') \iff (a_0 = a_0') \land (a_1 = a_1')) \land$$
$$\forall a_0\ a_1\ a_2\ a_3\ a_0'\ a_1'\ a_2'\ a_3'.\ (\texttt{MSG}\ a_0\ a_1\ a_2\ a_3 = \texttt{MSG}\ a_0'\ a_1'\ a_2'\ a_3') \iff$$
$$(a_0 = a_0') \land (a_1 = a_1') \land (a_2 = a_2') \land (a_3 = a_3')$$

[msgInterpretKB]

```
⊢ (M,Oi,Os) sat msgInterpret (KB ownerID cmd) ⟺
  (M,Oi,Os) sat
  Name Keyboard quoting Name (Owner ownerID) says
  prop (CMD cmd)
```

[msgInterpretMSG_denied]

```
⊢ sender ≠ originator ⇒
   (msgInterpret
      (MSG sender recipient (ORD originator role cmd)
         (sign (privK sender)
            (hash (SOME (ORD originator role cmd))))) =
    TT)
```

[msgInterpretMSG_sender_originator_match]

```
⊢ msgInterpret
     (MSG sender recipient (ORD sender role cmd)
        (sign (privK sender)
           (hash (SOME (ORD sender role cmd))))) =
  Name (Key (pubK sender)) quoting Name role says
  prop (CMD cmd)
```

[order_one_one]

```
⊢ ∀a0 a1 a2 a0' a1' a2'.
     (ORD a0 a1 a2 = ORD a0' a1' a2') ⇔
     (a0 = a0') ∧ (a1 = a1') ∧ (a2 = a2')
```

11　certA 理论

Built: 28 January 2016

Parent Theories: inMsgA, thermo1Certs

11.1　数据类型

```
cert2 =
    RCtrCert principal command
  | RRepsCert principal principal command
  | RCtrKCert keyPrinc keyPrinc keyPrinc
  | RKeyCert keyPrinc keyPrinc
  | KeyCert keyPrinc keyPrinc (keyPrinc pKey)
            (((keyPrinc × keyPrinc pKey) digest, keyPrinc)
             asymMsg)
```

11.2　定义

[cert2Interpret_def]

```
⊢ (cert2Interpret (RCtrCert P cmd) =
   if checkcert2 (RCtrCert P cmd) then
     Name P controls prop (CMD cmd)
   else TT) ∧
  (cert2Interpret (RRepsCert P Q cmd) =
   if checkcert2 (RRepsCert P Q cmd) then
```

```
    reps (Name P) (Name Q) (prop (CMD cmd))
  else TT) ∧
 (cert2Interpret (RCtrKCert ca keyKpr keyPpr) =
  if checkcert2 (RCtrKCert ca keyKpr keyPpr) then
    Name (Role ca) controls
    Name (Key (pubK keyKpr)) speaks_for Name (Role keyPpr)
  else TT) ∧
 (cert2Interpret (RKeyCert kppr ca) =
  if checkcert2 (RKeyCert kppr ca) then
    Name (Key (pubK kppr)) speaks_for Name (Role ca)
  else TT) ∧
 (cert2Interpret (KeyCert ca keyPpr (pubK keyRpr) signature) =
  if
    checkcert2 (KeyCert ca keyPpr (pubK keyRpr) signature)
  then
    Name (Key (pubK ca)) says
    Name (Key (pubK keyRpr)) speaks_for Name (Role keyPpr)
  else TT)
```

[certs2_def]

```
⊢ ∀ownerID utilityID cmd npriv privcmd.
    certs2 ownerID utilityID cmd npriv privcmd =
    [RCtrCert (Owner ownerID) cmd;
     RRepsCert Keyboard (Owner ownerID) cmd;
     RRepsCert (Role Server) (Owner ownerID) cmd;
     RCtrKCert CA Server Server; RKeyCert CA CA;
     KeyCert CA Server (pubK Server)
       (sign (privK CA) (hash (SOME (Server,pubK Server))));
     RRepsCert (Role Server) (Role (Utility utilityID))
       (NP npriv);
     RRepsCert (Role Server) (Role (Utility utilityID))
       (PR privcmd);
     RCtrCert (Role (Utility utilityID)) (NP npriv)]
```

[checkcert2_def]

```
⊢ (checkcert2 (RCtrCert P cmd) ⟺ T) ∧
  (checkcert2 (RRepsCert P Q cmd) ⟺ T) ∧
  (checkcert2 (RCtrKCert keyPpr Kq keyQpr) ⟺ T) ∧
  (checkcert2 (RKeyCert kp keyPpr) ⟺ T) ∧
  (checkcert2 (KeyCert CApr Ppr (pubK Rpr) signature) ⟺
   signVerify (pubK CApr) signature (SOME (Ppr,pubK Rpr)))
```

11.3 定理

[cert2_distinct_thm]

```
⊢ (∀a2 a1' a1 a0' a0. RCtrCert a0 a1 ≠ RRepsCert a0' a1' a2) ∧
  (∀a2 a1' a1 a0' a0. RCtrCert a0 a1 ≠ RCtrKCert a0' a1' a2) ∧
  (∀a1' a1 a0' a0. RCtrCert a0 a1 ≠ RKeyCert a0' a1') ∧
```

$$
\begin{array}{l}
\quad (\forall a_3\ a_2\ a_1'\ a_1\ a_0'\ a_0.\\
\qquad \texttt{RCtrCert}\ a_0\ a_1 \neq \texttt{KeyCert}\ a_0'\ a_1'\ a_2\ a_3) \land\\
\quad (\forall a_2'\ a_2\ a_1'\ a_1\ a_0'\ a_0.\\
\qquad \texttt{RRepsCert}\ a_0\ a_1\ a_2 \neq \texttt{RCtrKCert}\ a_0'\ a_1'\ a_2') \land\\
\quad (\forall a_2\ a_1'\ a_1\ a_0'\ a_0.\ \texttt{RRepsCert}\ a_0\ a_1\ a_2 \neq \texttt{RKeyCert}\ a_0'\ a_1') \land\\
\quad (\forall a_3\ a_2'\ a_2\ a_1'\ a_1\ a_0'\ a_0.\\
\qquad \texttt{RRepsCert}\ a_0\ a_1\ a_2 \neq \texttt{KeyCert}\ a_0'\ a_1'\ a_2'\ a_3) \land\\
\quad (\forall a_2\ a_1'\ a_1\ a_0'\ a_0.\ \texttt{RCtrKCert}\ a_0\ a_1\ a_2 \neq \texttt{RKeyCert}\ a_0'\ a_1') \land\\
\quad (\forall a_3\ a_2'\ a_2\ a_1'\ a_1\ a_0'\ a_0.\\
\qquad \texttt{RCtrKCert}\ a_0\ a_1\ a_2 \neq \texttt{KeyCert}\ a_0'\ a_1'\ a_2'\ a_3) \land\\
\quad \forall a_3\ a_2\ a_1'\ a_1\ a_0'\ a_0.\ \texttt{RKeyCert}\ a_0\ a_1 \neq \texttt{KeyCert}\ a_0'\ a_1'\ a_2\ a_3
\end{array}
$$

[cert2_one_one]

$$
\begin{array}{l}
\vdash (\forall a_0\ a_1\ a_0'\ a_1'.\\
\qquad (\texttt{RCtrCert}\ a_0\ a_1 = \texttt{RCtrCert}\ a_0'\ a_1') \iff\\
\qquad (a_0 = a_0') \land (a_1 = a_1')) \land\\
\quad (\forall a_0\ a_1\ a_2\ a_0'\ a_1'\ a_2'.\\
\qquad (\texttt{RRepsCert}\ a_0\ a_1\ a_2 = \texttt{RRepsCert}\ a_0'\ a_1'\ a_2') \iff\\
\qquad (a_0 = a_0') \land (a_1 = a_1') \land (a_2 = a_2')) \land\\
\quad (\forall a_0\ a_1\ a_2\ a_0'\ a_1'\ a_2'.\\
\qquad (\texttt{RCtrKCert}\ a_0\ a_1\ a_2 = \texttt{RCtrKCert}\ a_0'\ a_1'\ a_2') \iff\\
\qquad (a_0 = a_0') \land (a_1 = a_1') \land (a_2 = a_2')) \land\\
\quad (\forall a_0\ a_1\ a_0'\ a_1'.\\
\qquad (\texttt{RKeyCert}\ a_0\ a_1 = \texttt{RKeyCert}\ a_0'\ a_1') \iff\\
\qquad (a_0 = a_0') \land (a_1 = a_1')) \land\\
\quad \forall a_0\ a_1\ a_2\ a_3\ a_0'\ a_1'\ a_2'\ a_3'.\\
\qquad (\texttt{KeyCert}\ a_0\ a_1\ a_2\ a_3 = \texttt{KeyCert}\ a_0'\ a_1'\ a_2'\ a_3') \iff\\
\qquad (a_0 = a_0') \land (a_1 = a_1') \land (a_2 = a_2') \land (a_3 = a_3')
\end{array}
$$

[cert2A_lemma]

$$
\begin{array}{l}
\vdash (M, Oi, Os)\ \texttt{sat}\\
\quad \texttt{cert2Interpret (RCtrCert (Owner}\ ownerID\texttt{)}\ cmd\texttt{)} \iff\\
\quad (M, Oi, Os)\ \texttt{sat Name (Owner}\ ownerID\texttt{) controls prop (CMD}\ cmd\texttt{)}
\end{array}
$$

[cert2B_lemma]

$$
\begin{array}{l}
\vdash (M, Oi, Os)\ \texttt{sat}\\
\quad \texttt{cert2Interpret (RRepsCert Keyboard (Owner}\ ownerID\texttt{)}\ cmd\texttt{)} \iff\\
\quad (M, Oi, Os)\ \texttt{sat}\\
\quad \texttt{reps (Name Keyboard) (Name (Owner}\ ownerID\texttt{)) (prop (CMD}\ cmd\texttt{))}
\end{array}
$$

[cert2C_lemma]

$$
\begin{array}{l}
\vdash (M, Oi, Os)\ \texttt{sat}\\
\quad \texttt{cert2Interpret}\\
\qquad \texttt{(RRepsCert (Role Server) (Owner}\ ownerID\texttt{)}\ cmd\texttt{)} \iff\\
\quad (M, Oi, Os)\ \texttt{sat}\\
\quad \texttt{reps (Name (Role Server)) (Name (Owner}\ ownerID\texttt{))}\\
\qquad \texttt{(prop (CMD}\ cmd\texttt{))}
\end{array}
$$

```
[cert2D_lemma]

⊢ (M,Oi,Os) sat cert2Interpret (RCtrKCert CA Server Server) ⟺
  (M,Oi,Os) sat
  Name (Role CA) controls
  Name (Key (pubK Server)) speaks_for Name (Role Server)

[cert2E_lemma]

⊢ (M,Oi,Os) sat cert2Interpret (RKeyCert CA CA) ⟺
  (M,Oi,Os) sat Name (Key (pubK CA)) speaks_for Name (Role CA)

[cert2F_lemma]

⊢ (M,Oi,Os) sat
  cert2Interpret
    (KeyCert CA Server (pubK Server)
       (sign (privK CA) (hash (SOME (Server,pubK Server))))) ⟺
  (M,Oi,Os) sat
  Name (Key (pubK CA)) says
  Name (Key (pubK Server)) speaks_for Name (Role Server)

[cert2G_lemma]

⊢ (M,Oi,Os) sat
  cert2Interpret
    (RRepsCert (Role Server) (Role (Utility utilityID))
       (NP npriv)) ⟺
  (M,Oi,Os) sat
  reps (Name (Role Server)) (Name (Role (Utility utilityID)))
    (prop (CMD (NP npriv)))

[cert2H_lemma]

⊢ (M,Oi,Os) sat
  cert2Interpret
    (RRepsCert (Role Server) (Role (Utility utilityID))
       (PR privcmd)) ⟺
  (M,Oi,Os) sat
  reps (Name (Role Server)) (Name (Role (Utility utilityID)))
    (prop (CMD (PR privcmd)))

[cert2I_lemma]

⊢ (M,Oi,Os) sat
  cert2Interpret
    (RCtrCert (Role (Utility utilityID)) (NP npriv)) ⟺
  (M,Oi,Os) sat
  Name (Role (Utility utilityID)) controls
  prop (CMD (NP npriv))
```

[cert2InterpretKeyCert]

```
⊢ (M,Oi,Os) sat
  cert2Interpret
    (KeyCert ca P (pubK P)
       (sign (privK ca) (hash (SOME (P,pubK P))))) ⇔
  (M,Oi,Os) sat
  Name (Key (pubK ca)) says
  Name (Key (pubK P)) speaks_for Name (Role P)
```

[cert2InterpretRCtrCert]

```
⊢ (M,Oi,Os) sat cert2Interpret (RCtrCert (Role P) cmd) ⇔
  (M,Oi,Os) sat Name (Role P) controls prop (CMD cmd)
```

[cert2InterpretRCtrKCert]

```
⊢ (M,Oi,Os) sat cert2Interpret (RCtrKCert P Q Q) ⇔
  (M,Oi,Os) sat
  Name (Role P) controls
  Name (Key (pubK Q)) speaks_for Name (Role Q)
```

[cert2InterpretRKeyCert]

```
⊢ (M,Oi,Os) sat cert2Interpret (RKeyCert P P) ⇔
  (M,Oi,Os) sat Name (Key (pubK P)) speaks_for Name (Role P)
```

[cert2InterpretRRepsCert]

```
⊢ (M,Oi,Os) sat
  cert2Interpret (RRepsCert (Role P) (Role Q) cmd) ⇔
  (M,Oi,Os) sat
  reps (Name (Role P)) (Name (Role Q)) (prop (CMD cmd))
```

12 thermo2 理论

Built: 28 January 2016

Parent Theories: certA, vm2a

12.1 定理

[CFG2Interpret_exec_Keyboard_Owner_cmd]

```
⊢ ∀NS Out outStream state ins npriv privcmd cmd ownerID
     utilityID M Oi Os.
    CFG2Interpret (M,Oi,Os)
      (CFG2 msgInterpret cert2Interpret isAuthenticated
         (certs2 ownerID utilityID cmd npriv privcmd)
         (thermoStateInterp utilityID privcmd)
         (KB ownerID cmd::ins) state outStream) ⇒
    TR2 (M,Oi,Os) (exec (CMD cmd))
      (CFG2 msgInterpret cert2Interpret isAuthenticated
```

```
            (certs2 ownerID utilityID cmd npriv privcmd)
            (thermoStateInterp utilityID privcmd)
            (KB ownerID cmd::ins) state outStream)
         (CFG2 msgInterpret cert2Interpret isAuthenticated
            (certs2 ownerID utilityID cmd npriv privcmd)
            (thermoStateInterp utilityID privcmd) ins
            (NS state (exec (CMD cmd)))
            (Out state (exec (CMD cmd))::outStream)) ∧
      (M,Oi,Os) sat prop (CMD cmd)
```

[CFG2Interpret_exec_KServer_Owner_cmd]

```
 ⊢ ∀NS Out M Oi Os outStream state ins privcmd npriv cmd
      utilityID ownerID.
      CFG2Interpret (M,Oi,Os)
         (CFG2 msgInterpret cert2Interpret isAuthenticated
            (certs2 ownerID utilityID cmd npriv privcmd)
            (thermoStateInterp utilityID privcmd)
            (MSG Server (Owner ownerID)
               (ORD Server (Owner ownerID) cmd)
               (sign (privK Server)
                  (hash
                     (SOME (ORD Server (Owner ownerID) cmd)))))::
               ins) state outStream) ⇒
      TR2 (M,Oi,Os) (exec (CMD cmd))
         (CFG2 msgInterpret cert2Interpret isAuthenticated
            (certs2 ownerID utilityID cmd npriv privcmd)
            (thermoStateInterp utilityID privcmd)
            (MSG Server (Owner ownerID)
               (ORD Server (Owner ownerID) cmd)
               (sign (privK Server)
                  (hash
                     (SOME (ORD Server (Owner ownerID) cmd)))))::
               ins) state outStream)
         (CFG2 msgInterpret cert2Interpret isAuthenticated
            (certs2 ownerID utilityID cmd npriv privcmd)
            (thermoStateInterp utilityID privcmd) ins
            (NS state (exec (CMD cmd)))
            (Out state (exec (CMD cmd))::outStream)) ∧
      (M,Oi,Os) sat prop (CMD cmd)
```

[CFG2Interpret_exec_KServer_Utility_npriv]

```
 ⊢ ∀NS Out M Oi Os outStream state ins privcmd npriv cmd
      utilityID ownerID.
      CFG2Interpret (M,Oi,Os)
         (CFG2 msgInterpret cert2Interpret isAuthenticated
            (certs2 ownerID utilityID cmd npriv privcmd)
            (thermoStateInterp utilityID privcmd)
            (MSG Server (Role (Utility utilityID))
               (ORD Server (Role (Utility utilityID)) (NP npriv))
```

```
          (sign (privK Server)
            (hash
              (SOME
                (ORD Server (Role (Utility utilityID))
                  (NP npriv)))))::ins) state outStream) ⇒
    TR2 (M,Oi,Os) (exec (CMD (NP npriv)))
      (CFG2 msgInterpret cert2Interpret isAuthenticated
        (certs2 ownerID utilityID cmd npriv privcmd)
        (thermoStateInterp utilityID privcmd)
        (MSG Server (Role (Utility utilityID))
          (ORD Server (Role (Utility utilityID)) (NP npriv))
          (sign (privK Server)
            (hash
              (SOME
                (ORD Server (Role (Utility utilityID))
                  (NP npriv)))))::ins) state outStream)
      (CFG2 msgInterpret cert2Interpret isAuthenticated
        (certs2 ownerID utilityID cmd npriv privcmd)
        (thermoStateInterp utilityID privcmd) ins
        (NS state (exec (CMD (NP npriv))))
        (Out state (exec (CMD (NP npriv)))::outStream)) ∧
    (M,Oi,Os) sat prop (CMD (NP npriv))
```

[CFG2Interpret_exec_KServer_Utility_privcmd]

```
 ⊢ ∀NS Out outStream temperature ins npriv privcmd cmd ownerID
     utilityID M Oi Os.
    CFG2Interpret (M,Oi,Os)
      (CFG2 msgInterpret cert2Interpret isAuthenticated
        (certs2 ownerID utilityID cmd npriv privcmd)
        (thermoStateInterp utilityID privcmd)
        (MSG Server (Role (Utility utilityID))
          (ORD Server (Role (Utility utilityID))
            (PR privcmd))
          (sign (privK Server)
            (hash
              (SOME
                (ORD Server (Role (Utility utilityID))
                  (PR privcmd)))))::ins)
        (State enabled temperature) outStream) ⇒
    TR2 (M,Oi,Os) (exec (CMD (PR privcmd)))
      (CFG2 msgInterpret cert2Interpret isAuthenticated
        (certs2 ownerID utilityID cmd npriv privcmd)
        (thermoStateInterp utilityID privcmd)
        (MSG Server (Role (Utility utilityID))
          (ORD Server (Role (Utility utilityID))
            (PR privcmd))
          (sign (privK Server)
            (hash
              (SOME
```

```
                    (ORD Server (Role (Utility utilityID))
                         (PR privcmd))))::ins)
         (State enabled temperature) outStream)
      (CFG2 msgInterpret cert2Interpret isAuthenticated
         (certs2 ownerID utilityID cmd npriv privcmd)
         (thermoStateInterp utilityID privcmd) ins
         (NS (State enabled temperature)
            (exec (CMD (PR privcmd))))
         (Out (State enabled temperature)
            (exec (CMD (PR privcmd)))::outStream)) ∧
   (M,Oi,Os) sat prop (CMD (PR privcmd))
```

[CFG2Interpret_iff_CFGInterpret_Keyboard_Owner_cmd_lemma]

```
⊢ CFG2Interpret (M,Oi,Os)
    (CFG2 msgInterpret cert2Interpret isAuthenticated
       (certs2 ownerID utilityID cmd npriv privcmd)
       (thermoStateInterp utilityID privcmd)
       (KB ownerID cmd::ins2) state outStream) ⟺
  CFGInterpret (M,Oi,Os)
    (CFG isAuthenticated (thermoStateInterp utilityID privcmd)
       (certs ownerID utilityID cmd npriv privcmd)
       (Name Keyboard quoting Name (Owner ownerID) says
        prop (CMD cmd)::ins) state outStream)
```

[CFG2Interpret_iff_CFGInterpret_KServer_Owner_cmd_lemma]

```
⊢ CFG2Interpret (M,Oi,Os)
    (CFG2 msgInterpret cert2Interpret isAuthenticated
       (certs2 ownerID utilityID cmd npriv privcmd)
       (thermoStateInterp utilityID privcmd)
       (MSG Server (Owner ownerID)
          (ORD Server (Owner ownerID) cmd)
          (sign (privK Server)
             (hash (SOME (ORD Server (Owner ownerID) cmd))))::
           ins2) state outStream) ⟺
  CFGInterpret (M,Oi,Os)
    (CFG isAuthenticated (thermoStateInterp utilityID privcmd)
       (certs ownerID utilityID cmd npriv privcmd)
       (Name (Key (pubK Server)) quoting
        Name (Owner ownerID) says prop (CMD cmd)::ins) state
       outStream)
```

[CFG2Interpret_iff_CFGInterpret_KServer_Utility_npriv_lemma]

```
⊢ CFG2Interpret (M,Oi,Os)
    (CFG2 msgInterpret cert2Interpret isAuthenticated
       (certs2 ownerID utilityID cmd npriv privcmd)
       (thermoStateInterp utilityID privcmd)
       (MSG Server (Role (Utility utilityID))
          (ORD Server (Role (Utility utilityID)) (NP npriv))
```

```
          (sign (privK Server)
             (hash
                (SOME
                   (ORD Server (Role (Utility utilityID))
                      (NP npriv))))):: ins_3) state outStream) ⇔
  CFGInterpret (M,Oi,Os)
    (CFG isAuthenticated (thermoStateInterp utilityID privcmd)
       (certs ownerID utilityID cmd npriv privcmd)
       (Name (Key (pubK Server)) quoting
        Name (Role (Utility utilityID)) says
        prop (CMD (NP npriv))::ins) state outStream)
```

[CFG2Interpret_iff_CFGInterpret_KServer_Utility_trap_lemma]

```
⊢ CFG2Interpret (M,Oi,Os)
    (CFG2 msgInterpret cert2Interpret isAuthenticated
       (certs2 ownerID utilityID cmd npriv privcmd)
       (thermoStateInterp utilityID privcmd)
       (MSG Server (Role (Utility utilityID))
          (ORD Server (Role (Utility utilityID)) (PR privcmd))
          (sign (privK Server)
             (hash
                (SOME
                   (ORD Server (Role (Utility utilityID))
                      (PR privcmd))))):: ins_2)
       (State disabled temperature) outStream) ⇔
  CFGInterpret (M,Oi,Os)
    (CFG isAuthenticated (thermoStateInterp utilityID privcmd)
       (certs ownerID utilityID cmd npriv privcmd)
       (Name (Key (pubK Server)) quoting
        Name (Role (Utility utilityID)) says
        prop (CMD (PR privcmd))::ins)
       (State disabled temperature) outStream)
```

[CFG2Interpret_Owner_Keyboard_thm]

```
⊢ ∀M Oi Os.
    CFG2Interpret (M,Oi,Os)
      (CFG2 msgInterpret cert2Interpret isAuthenticated
         (certs2 ownerID utilityID cmd npriv privcmd)
         (thermoStateInterp utilityID privcmd)
         (KB ownerID cmd::ins) state outStream) ⇒
    (M,Oi,Os) sat prop (CMD cmd)
```

[CFG2Interpret_Owner_KServer_thm]

```
⊢ ∀M Oi Os.
    CFG2Interpret (M,Oi,Os)
      (CFG2 msgInterpret cert2Interpret isAuthenticated
         (certs2 ownerID utilityID cmd npriv privcmd)
         (thermoStateInterp utilityID privcmd)
```

```
        (MSG Server (Owner ownerID)
           (ORD Server (Owner ownerID) cmd)
           (sign (privK Server)
              (hash
                 (SOME (ORD Server (Owner ownerID) cmd))))::
           ins) state outStream) ⇒
     (M,Oi,Os) sat prop (CMD cmd)
```

[CFG2Interpret_trap_KServer_Utility_privcmd]

```
 ⊢ ∀NS Out outStream temperature ins npriv privcmd cmd ownerID
      utilityID M Oi Os.
     CFG2Interpret (M,Oi,Os)
       (CFG2 msgInterpret cert2Interpret isAuthenticated
          (certs2 ownerID utilityID cmd npriv privcmd)
          (thermoStateInterp utilityID privcmd)
          (MSG Server (Role (Utility utilityID))
             (ORD Server (Role (Utility utilityID))
                (PR privcmd))
             (sign (privK Server)
                (hash
                   (SOME
                      (ORD Server (Role (Utility utilityID))
                         (PR privcmd))))))::ins)
          (State disabled temperature) outStream) ⇒
     TR2 (M,Oi,Os) (trap (CMD (PR privcmd)))
       (CFG2 msgInterpret cert2Interpret isAuthenticated
          (certs2 ownerID utilityID cmd npriv privcmd)
          (thermoStateInterp utilityID privcmd)
          (MSG Server (Role (Utility utilityID))
             (ORD Server (Role (Utility utilityID))
                (PR privcmd))
             (sign (privK Server)
                (hash
                   (SOME
                      (ORD Server (Role (Utility utilityID))
                         (PR privcmd))))))::ins)
          (State disabled temperature) outStream)
       (CFG2 msgInterpret cert2Interpret isAuthenticated
          (certs2 ownerID utilityID cmd npriv privcmd)
          (thermoStateInterp utilityID privcmd) ins
          (NS (State disabled temperature)
             (trap (CMD (PR privcmd))))
          (Out (State disabled temperature)
             (trap (CMD (PR privcmd)))::outStream)) ∧
     (M,Oi,Os) sat prop TRAP
```

[CFG2Interpret_Utility_KServer_npriv_thm]

```
 ⊢ ∀M Oi Os.
     CFG2Interpret (M,Oi,Os)
```

```
    (CFG2 msgInterpret cert2Interpret isAuthenticated
      (certs2 ownerID utilityID cmd npriv privcmd)
      (thermoStateInterp utilityID privcmd)
      (MSG Server (Role (Utility utilityID))
        (ORD Server (Role (Utility utilityID)) (NP npriv))
        (sign (privK Server)
          (hash
            (SOME
              (ORD Server (Role (Utility utilityID))
                (NP npriv)))))::ins) state outStream) ⇒
   (M,Oi,Os) sat prop (CMD (NP npriv))
```

[CFG2Interpret_Utility_KServer_privcmd_thm]

```
⊢ ∀M Oi Os.
   CFG2Interpret (M,Oi,Os)
    (CFG2 msgInterpret cert2Interpret isAuthenticated
      (certs2 ownerID utilityID cmd npriv privcmd)
      (thermoStateInterp utilityID privcmd)
      (MSG Server (Role (Utility utilityID))
        (ORD Server (Role (Utility utilityID))
          (PR privcmd))
        (sign (privK Server)
          (hash
            (SOME
              (ORD Server (Role (Utility utilityID))
                (PR privcmd)))))::ins)
      (State enabled temperature) outStream) ⇒
   (M,Oi,Os) sat prop (CMD (PR privcmd))
```

[CFG2Interpret_Utility_KServer_trap_thm]

```
⊢ ∀M Oi Os.
   CFG2Interpret (M,Oi,Os)
    (CFG2 msgInterpret cert2Interpret isAuthenticated
      (certs2 ownerID utilityID cmd npriv privcmd)
      (thermoStateInterp utilityID privcmd)
      (MSG Server (Role (Utility utilityID))
        (ORD Server (Role (Utility utilityID))
          (PR privcmd))
        (sign (privK Server)
          (hash
            (SOME
              (ORD Server (Role (Utility utilityID))
                (PR privcmd)))))::ins)
      (State disabled temperature) outStream) ⇒
   (M,Oi,Os) sat prop TRAP
```

[exec2_Keyboard_Owner_cmd_Justified]

```
⊢ ∀NS Out M Oi Os.
   TR2 (M,Oi,Os) (exec (CMD cmd))
```

```
    (CFG2 msgInterpret cert2Interpret isAuthenticated
       (certs2 ownerID utilityID cmd npriv privcmd)
       (thermoStateInterp utilityID privcmd)
       (KB ownerID cmd::ins) state outStream)
    (CFG2 msgInterpret cert2Interpret isAuthenticated
       (certs2 ownerID utilityID cmd npriv privcmd)
       (thermoStateInterp utilityID privcmd) ins
       (NS state (exec (CMD cmd)))
       (Out state (exec (CMD cmd))::outStream)) ⇒
  (M,Oi,Os) sat prop (CMD cmd)
```

[exec2_Keyboard_Owner_cmd_thm]

```
⊢ ∀NS Out M Oi Os.
  TR2 (M,Oi,Os) (exec (CMD cmd))
    (CFG2 msgInterpret cert2Interpret isAuthenticated
       (certs2 ownerID utilityID cmd npriv privcmd)
       (thermoStateInterp utilityID privcmd)
       (KB ownerID cmd::ins) state outStream)
    (CFG2 msgInterpret cert2Interpret isAuthenticated
       (certs2 ownerID utilityID cmd npriv privcmd)
       (thermoStateInterp utilityID privcmd) ins
       (NS state (exec (CMD cmd)))
       (Out state (exec (CMD cmd))::outStream)) ⇔
  CFG2Interpret (M,Oi,Os)
    (CFG2 msgInterpret cert2Interpret isAuthenticated
       (certs2 ownerID utilityID cmd npriv privcmd)
       (thermoStateInterp utilityID privcmd)
       (KB ownerID cmd::ins) state outStream) ∧
  (M,Oi,Os) sat prop (CMD cmd)
```

[exec2_KServer_Owner_cmd_Justified]

```
⊢ ∀NS Out M Oi Os.
  TR2 (M,Oi,Os) (exec (CMD cmd))
    (CFG2 msgInterpret cert2Interpret isAuthenticated
       (certs2 ownerID utilityID cmd npriv privcmd)
       (thermoStateInterp utilityID privcmd)
       (MSG Server (Owner ownerID)
          (ORD Server (Owner ownerID) cmd)
          (sign (privK Server)
             (hash
                (SOME (ORD Server (Owner ownerID) cmd)))))::
          ins) state outStream)
    (CFG2 msgInterpret cert2Interpret isAuthenticated
       (certs2 ownerID utilityID cmd npriv privcmd)
       (thermoStateInterp utilityID privcmd) ins
       (NS state (exec (CMD cmd)))
       (Out state (exec (CMD cmd))::outStream)) ⇒
  (M,Oi,Os) sat prop (CMD cmd)
```

```
[exec2_KServer_Owner_cmd_thm]
 ⊢ ∀NS Out M Oi Os.
     TR2 (M,Oi,Os) (exec (CMD cmd))
       (CFG2 msgInterpret cert2Interpret isAuthenticated
          (certs2 ownerID utilityID cmd npriv privcmd)
          (thermoStateInterp utilityID privcmd)
          (MSG Server (Owner ownerID)
             (ORD Server (Owner ownerID) cmd)
             (sign (privK Server)
                (hash
                   (SOME (ORD Server (Owner ownerID) cmd)))))::
            ins) state outStream)
       (CFG2 msgInterpret cert2Interpret isAuthenticated
          (certs2 ownerID utilityID cmd npriv privcmd)
          (thermoStateInterp utilityID privcmd) ins
          (NS state (exec (CMD cmd)))
          (Out state (exec (CMD cmd))::outStream)) ⟺
     CFG2Interpret (M,Oi,Os)
       (CFG2 msgInterpret cert2Interpret isAuthenticated
          (certs2 ownerID utilityID cmd npriv privcmd)
          (thermoStateInterp utilityID privcmd)
          (MSG Server (Owner ownerID)
             (ORD Server (Owner ownerID) cmd)
             (sign (privK Server)
                (hash
                   (SOME (ORD Server (Owner ownerID) cmd)))))::
            ins) state outStream) ∧
     (M,Oi,Os) sat prop (CMD cmd)

[exec2_KServer_Utility_npriv_Justified]
 ⊢ ∀NS Out outStream state ins npriv privcmd cmd ownerID
       utilityID M Oi Os.
     TR2 (M,Oi,Os) (exec (CMD (NP npriv)))
       (CFG2 msgInterpret cert2Interpret isAuthenticated
          (certs2 ownerID utilityID cmd npriv privcmd)
          (thermoStateInterp utilityID privcmd)
          (MSG Server (Role (Utility utilityID))
             (ORD Server (Role (Utility utilityID)) (NP npriv))
             (sign (privK Server)
                (hash
                   (SOME
                      (ORD Server (Role (Utility utilityID))
                         (NP npriv)))))::ins) state outStream)
       (CFG2 msgInterpret cert2Interpret isAuthenticated
          (certs2 ownerID utilityID cmd npriv privcmd)
          (thermoStateInterp utilityID privcmd) ins
          (NS state (exec (CMD (NP npriv))))
          (Out state (exec (CMD (NP npriv)))::outStream)) ⇒
       (M,Oi,Os) sat prop (CMD (NP npriv))
```

```
[exec2_KServer_Utility_npriv_thm]
⊢ ∀NS Out M Oi Os.
    TR2 (M,Oi,Os) (exec (CMD (NP npriv)))
      (CFG2 msgInterpret cert2Interpret isAuthenticated
         (certs2 ownerID utilityID cmd npriv privcmd)
         (thermoStateInterp utilityID privcmd)
         (MSG Server (Role (Utility utilityID))
            (ORD Server (Role (Utility utilityID)) (NP npriv))
            (sign (privK Server)
               (hash
                  (SOME
                     (ORD Server (Role (Utility utilityID))
                        (NP npriv))))))::ins) state outStream)
      (CFG2 msgInterpret cert2Interpret isAuthenticated
         (certs2 ownerID utilityID cmd npriv privcmd)
         (thermoStateInterp utilityID privcmd) ins
         (NS state (exec (CMD (NP npriv))))
         (Out state (exec (CMD (NP npriv)))::outStream)) ⟺
    CFG2Interpret (M,Oi,Os)
      (CFG2 msgInterpret cert2Interpret isAuthenticated
         (certs2 ownerID utilityID cmd npriv privcmd)
         (thermoStateInterp utilityID privcmd)
         (MSG Server (Role (Utility utilityID))
            (ORD Server (Role (Utility utilityID)) (NP npriv))
            (sign (privK Server)
               (hash
                  (SOME
                     (ORD Server (Role (Utility utilityID))
                        (NP npriv))))))::ins) state outStream) ∧
    (M,Oi,Os) sat prop (CMD (NP npriv))

[exec2_KServer_Utility_privcmd_Justified]
⊢ ∀NS Out outStream temperature ins npriv privcmd cmd ownerID
      utilityID M Oi Os.
    TR2 (M,Oi,Os) (exec (CMD (PR privcmd)))
      (CFG2 msgInterpret cert2Interpret isAuthenticated
         (certs2 ownerID utilityID cmd npriv privcmd)
         (thermoStateInterp utilityID privcmd)
         (MSG Server (Role (Utility utilityID))
            (ORD Server (Role (Utility utilityID))
               (PR privcmd))
            (sign (privK Server)
               (hash
                  (SOME
                     (ORD Server (Role (Utility utilityID))
                        (PR privcmd))))))::ins)
         (State enabled temperature) outStream)
      (CFG2 msgInterpret cert2Interpret isAuthenticated
         (certs2 ownerID utilityID cmd npriv privcmd)
```

```
      (thermoStateInterp utilityID privcmd) ins
      (NS (State enabled temperature)
         (exec (CMD (PR privcmd))))
      (Out (State enabled temperature)
         (exec (CMD (PR privcmd)))::outStream)) ⇒
  (M,Oi,Os) sat prop (CMD (PR privcmd))
```

[exec2_KServer_Utility_privcmd_thm]

```
⊢ ∀NS Out M Oi Os.
    TR2 (M,Oi,Os) (exec (CMD (PR privcmd)))
      (CFG2 msgInterpret cert2Interpret isAuthenticated
         (certs2 ownerID utilityID cmd npriv privcmd)
         (thermoStateInterp utilityID privcmd)
         (MSG Server (Role (Utility utilityID))
            (ORD Server (Role (Utility utilityID))
               (PR privcmd))
            (sign (privK Server)
               (hash
                  (SOME
                     (ORD Server (Role (Utility utilityID))
                        (PR privcmd)))))::ins)
         (State enabled temperature) outStream)
      (CFG2 msgInterpret cert2Interpret isAuthenticated
         (certs2 ownerID utilityID cmd npriv privcmd)
         (thermoStateInterp utilityID privcmd) ins
         (NS (State enabled temperature)
            (exec (CMD (PR privcmd))))
         (Out (State enabled temperature)
            (exec (CMD (PR privcmd)))::outStream)) ⇔
    CFG2Interpret (M,Oi,Os)
      (CFG2 msgInterpret cert2Interpret isAuthenticated
         (certs2 ownerID utilityID cmd npriv privcmd)
         (thermoStateInterp utilityID privcmd)
         (MSG Server (Role (Utility utilityID))
            (ORD Server (Role (Utility utilityID))
               (PR privcmd))
            (sign (privK Server)
               (hash
                  (SOME
                     (ORD Server (Role (Utility utilityID))
                        (PR privcmd)))))::ins)
         (State enabled temperature) outStream) ∧
    (M,Oi,Os) sat prop (CMD (PR privcmd))
```

[isAuthenticated2_Owner_Keyboard_thm]

```
⊢ isAuthenticated (msgInterpret (KB ownerID cmd))
```

[isAuthenticated2_Owner_KServer_thm]

```
⊢ isAuthenticated
    (msgInterpret
      (MSG Server (Owner ownerID)
        (ORD Server (Owner ownerID) cmd)
        (sign (privK Server)
          (hash (SOME (ORD Server (Owner ownerID) cmd))))))
```

[isAuthenticated2_Utility_KServer_npriv_thm]

```
⊢ isAuthenticated
    (msgInterpret
      (MSG Server (Role (Utility utilityID))
        (ORD Server (Role (Utility utilityID)) (NP npriv))
        (sign (privK Server)
          (hash
            (SOME
              (ORD Server (Role (Utility utilityID))
                (NP npriv)))))))
```

[isAuthenticated2_Utility_KServer_privcmd_thm]

```
⊢ isAuthenticated
    (msgInterpret
      (MSG Server (Role (Utility utilityID))
        (ORD Server (Role (Utility utilityID)) (PR privcmd))
        (sign (privK Server)
          (hash
            (SOME
              (ORD Server (Role (Utility utilityID))
                (PR privcmd)))))))
```

[TR2_exec_Keyboard_Owner_cmd_lemma]

```
⊢ (∀M Oi Os.
     CFG2Interpret (M,Oi,Os)
       (CFG2 msgInterpret cert2Interpret isAuthenticated
          (certs2 ownerID utilityID cmd npriv privcmd)
          (thermoStateInterp utilityID privcmd)
          (KB ownerID cmd::ins) state outStream) ⇒
     (M,Oi,Os) sat prop (CMD cmd)) ⇒
  ∀NS Out M Oi Os.
    TR2 (M,Oi,Os) (exec (CMD cmd))
      (CFG2 msgInterpret cert2Interpret isAuthenticated
         (certs2 ownerID utilityID cmd npriv privcmd)
         (thermoStateInterp utilityID privcmd)
         (KB ownerID cmd::ins) state outStream)
      (CFG2 msgInterpret cert2Interpret isAuthenticated
         (certs2 ownerID utilityID cmd npriv privcmd)
         (thermoStateInterp utilityID privcmd) ins
         (NS state (exec (CMD cmd)))
         (Out state (exec (CMD cmd))::outStream)) ⇔
```

```
    isAuthenticated (msgInterpret (KB ownerID cmd)) ∧
    CFG2Interpret (M,Oi,Os)
      (CFG2 msgInterpret cert2Interpret isAuthenticated
         (certs2 ownerID utilityID cmd npriv privcmd)
         (thermoStateInterp utilityID privcmd)
         (KB ownerID cmd::ins) state outStream) ∧
    (M,Oi,Os) sat prop (CMD cmd)
```

[TR2_exec_KServer_Owner_cmd_lemma]

```
⊢ (∀M Oi Os.
     CFG2Interpret (M,Oi,Os)
       (CFG2 msgInterpret cert2Interpret isAuthenticated
          (certs2 ownerID utilityID cmd npriv privcmd)
          (thermoStateInterp utilityID privcmd)
          (MSG Server (Owner ownerID)
             (ORD Server (Owner ownerID) cmd)
             (sign (privK Server)
                (hash
                   (SOME (ORD Server (Owner ownerID) cmd))))::
            ins) state outStream) ⇒
     (M,Oi,Os) sat prop (CMD cmd)) ⇒
  ∀NS Out M Oi Os.
    TR2 (M,Oi,Os) (exec (CMD cmd))
      (CFG2 msgInterpret cert2Interpret isAuthenticated
         (certs2 ownerID utilityID cmd npriv privcmd)
         (thermoStateInterp utilityID privcmd)
         (MSG Server (Owner ownerID)
            (ORD Server (Owner ownerID) cmd)
            (sign (privK Server)
               (hash
                  (SOME (ORD Server (Owner ownerID) cmd))))::
           ins) state outStream)
      (CFG2 msgInterpret cert2Interpret isAuthenticated
         (certs2 ownerID utilityID cmd npriv privcmd)
         (thermoStateInterp utilityID privcmd) ins
         (NS state (exec (CMD cmd)))
         (Out state (exec (CMD cmd))::outStream)) ⟺
    isAuthenticated
      (msgInterpret
         (MSG Server (Owner ownerID)
            (ORD Server (Owner ownerID) cmd)
            (sign (privK Server)
               (hash
                  (SOME (ORD Server (Owner ownerID) cmd)))))) ∧
    CFG2Interpret (M,Oi,Os)
      (CFG2 msgInterpret cert2Interpret isAuthenticated
         (certs2 ownerID utilityID cmd npriv privcmd)
         (thermoStateInterp utilityID privcmd)
         (MSG Server (Owner ownerID)
```

```
        (ORD Server (Owner ownerID) cmd)
        (sign (privK Server)
          (hash
            (SOME (ORD Server (Owner ownerID) cmd)))))::
        ins) state outStream) ∧
   (M,Oi,Os) sat prop (CMD cmd)
```

[TR2_exec_KServer_Utility_cmd_lemma]

```
⊢ (∀M Oi Os.
    CFG2Interpret (M,Oi,Os)
      (CFG2 msgInterpret cert2Interpret isAuthenticated
        (certs2 ownerID utilityID cmd npriv privcmd)
        (thermoStateInterp utilityID privcmd)
        (MSG Server (Role (Utility utilityID))
          (ORD Server (Role (Utility utilityID)) (NP npriv))
          (sign (privK Server)
            (hash
              (SOME
                (ORD Server (Role (Utility utilityID))
                  (NP npriv))))))::ins) state
        outStream) ⇒
    (M,Oi,Os) sat prop (CMD (NP npriv))) ⇒
  ∀NS Out M Oi Os.
   TR2 (M,Oi,Os) (exec (CMD (NP npriv)))
     (CFG2 msgInterpret cert2Interpret isAuthenticated
       (certs2 ownerID utilityID cmd npriv privcmd)
       (thermoStateInterp utilityID privcmd)
       (MSG Server (Role (Utility utilityID))
         (ORD Server (Role (Utility utilityID)) (NP npriv))
         (sign (privK Server)
           (hash
             (SOME
               (ORD Server (Role (Utility utilityID))
                 (NP npriv))))))::ins) state outStream)
     (CFG2 msgInterpret cert2Interpret isAuthenticated
       (certs2 ownerID utilityID cmd npriv privcmd)
       (thermoStateInterp utilityID privcmd) ins
       (NS state (exec (CMD (NP npriv))))
       (Out state (exec (CMD (NP npriv)))::outStream)) ⇔
   isAuthenticated
     (msgInterpret
       (MSG Server (Role (Utility utilityID))
         (ORD Server (Role (Utility utilityID)) (NP npriv))
         (sign (privK Server)
           (hash
             (SOME
               (ORD Server (Role (Utility utilityID))
                 (NP npriv))))))) ∧
   CFG2Interpret (M,Oi,Os)
```

```
    (CFG2 msgInterpret cert2Interpret isAuthenticated
      (certs2 ownerID utilityID cmd npriv privcmd)
      (thermoStateInterp utilityID privcmd)
      (MSG Server (Role (Utility utilityID))
        (ORD Server (Role (Utility utilityID)) (NP npriv))
        (sign (privK Server)
          (hash
            (SOME
              (ORD Server (Role (Utility utilityID))
                (NP npriv))))):ins) state outStream) ∧
  (M,Oi,Os) sat prop (CMD (NP npriv))
```

[TR2_exec_KServer_Utility_privcmd_lemma]

```
⊢ (∀M Oi Os.
    CFG2Interpret (M,Oi,Os)
      (CFG2 msgInterpret cert2Interpret isAuthenticated
        (certs2 ownerID utilityID cmd npriv privcmd)
        (thermoStateInterp utilityID privcmd)
        (MSG Server (Role (Utility utilityID))
          (ORD Server (Role (Utility utilityID))
            (PR privcmd))
          (sign (privK Server)
            (hash
              (SOME
                (ORD Server (Role (Utility utilityID))
                  (PR privcmd))))):ins)
        (State enabled temperature) outStream) ⇒
    (M,Oi,Os) sat prop (CMD (PR privcmd))) ⇒
  ∀NS Out M Oi Os.
    TR2 (M,Oi,Os) (exec (CMD (PR privcmd)))
      (CFG2 msgInterpret cert2Interpret isAuthenticated
        (certs2 ownerID utilityID cmd npriv privcmd)
        (thermoStateInterp utilityID privcmd)
        (MSG Server (Role (Utility utilityID))
          (ORD Server (Role (Utility utilityID))
            (PR privcmd))
          (sign (privK Server)
            (hash
              (SOME
                (ORD Server (Role (Utility utilityID))
                  (PR privcmd))))):ins)
        (State enabled temperature) outStream)
      (CFG2 msgInterpret cert2Interpret isAuthenticated
        (certs2 ownerID utilityID cmd npriv privcmd)
        (thermoStateInterp utilityID privcmd) ins
        (NS (State enabled temperature)
          (exec (CMD (PR privcmd))))
        (Out (State enabled temperature)
          (exec (CMD (PR privcmd)))::outStream)) ⟺
```

```
    isAuthenticated
      (msgInterpret
        (MSG Server (Role (Utility utilityID))
          (ORD Server (Role (Utility utilityID))
            (PR privcmd))
          (sign (privK Server)
            (hash
              (SOME
                (ORD Server (Role (Utility utilityID))
                  (PR privcmd))))))) ∧
    CFG2Interpret (M,Oi,Os)
      (CFG2 msgInterpret cert2Interpret isAuthenticated
        (certs2 ownerID utilityID cmd npriv privcmd)
        (thermoStateInterp utilityID privcmd)
        (MSG Server (Role (Utility utilityID))
          (ORD Server (Role (Utility utilityID))
            (PR privcmd))
          (sign (privK Server)
            (hash
              (SOME
                (ORD Server (Role (Utility utilityID))
                  (PR privcmd)))))::ins)
        (State enabled temperature) outStream) ∧
    (M,Oi,Os) sat prop (CMD (PR privcmd))

[TR2_iff_TR_Keyboard_Owner_cmd]
 ⊢ ∀M Oi Os ownerID utilityID ins ins2 outStream NS Out state
     npriv privcmd cmd.
    TR2 (M,Oi,Os) (exec (CMD cmd))
      (CFG2 msgInterpret cert2Interpret isAuthenticated
        (certs2 ownerID utilityID cmd npriv privcmd)
        (thermoStateInterp utilityID privcmd)
        (KB ownerID cmd::ins2) state outStream)
      (CFG2 msgInterpret cert2Interpret isAuthenticated
        (certs2 ownerID utilityID cmd npriv privcmd)
        (thermoStateInterp utilityID privcmd) ins2
        (NS state (exec (CMD cmd)))
        (Out state (exec (CMD cmd))::outStream)) ⟺
    TR (M,Oi,Os) (exec (CMD cmd))
      (CFG isAuthenticated
        (thermoStateInterp utilityID privcmd)
        (certs ownerID utilityID cmd npriv privcmd)
        (Name Keyboard quoting Name (Owner ownerID) says
         prop (CMD cmd)::ins) state outStream)
      (CFG isAuthenticated
        (thermoStateInterp utilityID privcmd)
        (certs ownerID utilityID cmd npriv privcmd) ins
        (NS state (exec (CMD cmd)))
        (Out state (exec (CMD cmd))::outStream))
```

```
[TR2_iff_TR_KServer_Owner_cmd]
 ⊢ ∀M Oi Os ownerID utilityID ins ins2 outStream NS Out state
      npriv privcmd cmd.
     TR2 (M,Oi,Os) (exec (CMD cmd))
       (CFG2 msgInterpret cert2Interpret isAuthenticated
          (certs2 ownerID utilityID cmd npriv privcmd)
          (thermoStateInterp utilityID privcmd)
          (MSG Server (Owner ownerID)
             (ORD Server (Owner ownerID) cmd)
             (sign (privK Server)
                (hash
                   (SOME (ORD Server (Owner ownerID) cmd)))))::
            ins2) state outStream)
       (CFG2 msgInterpret cert2Interpret isAuthenticated
          (certs2 ownerID utilityID cmd npriv privcmd)
          (thermoStateInterp utilityID privcmd) ins2
          (NS state (exec (CMD cmd)))
          (Out state (exec (CMD cmd))::outStream)) ⟺
     TR (M,Oi,Os) (exec (CMD cmd))
       (CFG isAuthenticated
          (thermoStateInterp utilityID privcmd)
          (certs ownerID utilityID cmd npriv privcmd)
          (Name (Key (pubK Server)) quoting
           Name (Owner ownerID) says prop (CMD cmd)::ins) state
          outStream)
       (CFG isAuthenticated
          (thermoStateInterp utilityID privcmd)
          (certs ownerID utilityID cmd npriv privcmd) ins
          (NS state (exec (CMD cmd)))
          (Out state (exec (CMD cmd))::outStream))
```

```
[TR2_iff_TR_KServer_Utility_npriv]
 ⊢ ∀M Oi Os ownerID utilityID ins ins2 outStream NS Out state
      npriv privcmd cmd.
     TR2 (M,Oi,Os) (exec (CMD (NP npriv)))
       (CFG2 msgInterpret cert2Interpret isAuthenticated
          (certs2 ownerID utilityID cmd npriv privcmd)
          (thermoStateInterp utilityID privcmd)
          (MSG Server (Role (Utility utilityID))
             (ORD Server (Role (Utility utilityID)) (NP npriv))
             (sign (privK Server)
                (hash
                   (SOME
                      (ORD Server (Role (Utility utilityID))
                         (NP npriv)))))::ins2) state outStream)
       (CFG2 msgInterpret cert2Interpret isAuthenticated
          (certs2 ownerID utilityID cmd npriv privcmd)
          (thermoStateInterp utilityID privcmd) ins2
          (NS state (exec (CMD (NP npriv))))
```

```
    (Out state (exec (CMD (NP npriv)))::outStream)) ⟺
  TR (M,Oi,Os) (exec (CMD (NP npriv)))
   (CFG isAuthenticated
    (thermoStateInterp utilityID privcmd)
    (certs ownerID utilityID cmd npriv privcmd)
    (Name (Key (pubK Server)) quoting
     Name (Role (Utility utilityID)) says
     prop (CMD (NP npriv))::ins) state outStream)
   (CFG isAuthenticated
    (thermoStateInterp utilityID privcmd)
    (certs ownerID utilityID cmd npriv privcmd) ins
    (NS state (exec (CMD (NP npriv))))
    (Out state (exec (CMD (NP npriv)))::outStream))
```

[TR2_iff_TR_KServer_Utility_privcmd]

```
⊢ ∀M Oi Os ownerID utilityID ins ins2 temperature outStream NS
    Out npriv privcmd cmd.
  TR2 (M,Oi,Os) (exec (CMD (PR privcmd)))
   (CFG2 msgInterpret cert2Interpret isAuthenticated
    (certs2 ownerID utilityID cmd npriv privcmd)
    (thermoStateInterp utilityID privcmd)
    (MSG Server (Role (Utility utilityID))
     (ORD Server (Role (Utility utilityID))
      (PR privcmd))
     (sign (privK Server)
      (hash
       (SOME
        (ORD Server (Role (Utility utilityID))
         (PR privcmd)))))::ins2)
    (State enabled temperature) outStream)
   (CFG2 msgInterpret cert2Interpret isAuthenticated
    (certs2 ownerID utilityID cmd npriv privcmd)
    (thermoStateInterp utilityID privcmd) ins2
    (NS (State enabled temperature)
     (exec (CMD (PR privcmd))))
    (Out (State enabled temperature)
     (exec (CMD (PR privcmd)))::outStream)) ⟺
  TR (M,Oi,Os) (exec (CMD (PR privcmd)))
   (CFG isAuthenticated
    (thermoStateInterp utilityID privcmd)
    (certs ownerID utilityID cmd npriv privcmd)
    (Name (Key (pubK Server)) quoting
     Name (Role (Utility utilityID)) says
     prop (CMD (PR privcmd))::ins)
    (State enabled temperature) outStream)
   (CFG isAuthenticated
    (thermoStateInterp utilityID privcmd)
    (certs ownerID utilityID cmd npriv privcmd) ins
    (NS (State enabled temperature)
```

```
      (exec (CMD (PR privcmd))))
    (Out (State enabled temperature)
      (exec (CMD (PR privcmd)))::outStream))
```

[TR2_iff_TR_KServer_Utility_trap]

```
⊢ ∀M Oi Os ownerID utilityID ins ins2 temperature outStream NS
    Out npriv privcmd cmd.
  TR2 (M,Oi,Os) (trap (CMD (PR privcmd)))
    (CFG2 msgInterpret cert2Interpret isAuthenticated
      (certs2 ownerID utilityID cmd npriv privcmd)
      (thermoStateInterp utilityID privcmd)
      (MSG Server (Role (Utility utilityID))
        (ORD Server (Role (Utility utilityID))
          (PR privcmd))
        (sign (privK Server)
          (hash
            (SOME
              (ORD Server (Role (Utility utilityID))
                (PR privcmd))))))::ins2)
      (State disabled temperature) outStream)
    (CFG2 msgInterpret cert2Interpret isAuthenticated
      (certs2 ownerID utilityID cmd npriv privcmd)
      (thermoStateInterp utilityID privcmd) ins2
      (NS (State disabled temperature)
        (trap (CMD (PR privcmd))))
      (Out (State disabled temperature)
        (trap (CMD (PR privcmd)))::outStream)) ⟺
  TR (M,Oi,Os) (trap (CMD (PR privcmd)))
    (CFG isAuthenticated
      (thermoStateInterp utilityID privcmd)
      (certs ownerID utilityID cmd npriv privcmd)
      (Name (Key (pubK Server)) quoting
       Name (Role (Utility utilityID)) says
       prop (CMD (PR privcmd))::ins)
      (State disabled temperature) outStream)
    (CFG isAuthenticated
      (thermoStateInterp utilityID privcmd)
      (certs ownerID utilityID cmd npriv privcmd) ins
      (NS (State disabled temperature)
        (trap (CMD (PR privcmd))))
      (Out (State disabled temperature)
        (trap (CMD (PR privcmd)))::outStream))
```

[TR2_trap_KServer_Utility_privcmd_lemma]

```
⊢ (∀M Oi Os.
    CFG2Interpret (M,Oi,Os)
      (CFG2 msgInterpret cert2Interpret isAuthenticated
        (certs2 ownerID utilityID cmd npriv privcmd)
        (thermoStateInterp utilityID privcmd)
```

```
        (MSG Server (Role (Utility utilityID))
           (ORD Server (Role (Utility utilityID))
              (PR privcmd))
           (sign (privK Server)
              (hash
                 (SOME
                    (ORD Server (Role (Utility utilityID))
                       (PR privcmd))))))::ins)
        (State disabled temperature) outStream) ⇒
   (M,Oi,Os) sat prop TRAP) ⇒
∀NS Out M Oi Os.
  TR2 (M,Oi,Os) (trap (CMD (PR privcmd)))
    (CFG2 msgInterpret cert2Interpret isAuthenticated
       (certs2 ownerID utilityID cmd npriv privcmd)
       (thermoStateInterp utilityID privcmd)
       (MSG Server (Role (Utility utilityID))
          (ORD Server (Role (Utility utilityID))
             (PR privcmd))
          (sign (privK Server)
             (hash
                (SOME
                   (ORD Server (Role (Utility utilityID))
                      (PR privcmd))))))::ins)
       (State disabled temperature) outStream)
    (CFG2 msgInterpret cert2Interpret isAuthenticated
       (certs2 ownerID utilityID cmd npriv privcmd)
       (thermoStateInterp utilityID privcmd) ins
       (NS (State disabled temperature)
          (trap (CMD (PR privcmd))))
       (Out (State disabled temperature)
          (trap (CMD (PR privcmd)))::outStream)) ⇔
  isAuthenticated
    (msgInterpret
       (MSG Server (Role (Utility utilityID))
          (ORD Server (Role (Utility utilityID))
             (PR privcmd))
          (sign (privK Server)
             (hash
                (SOME
                   (ORD Server (Role (Utility utilityID))
                      (PR privcmd))))))) ∧
  CFG2Interpret (M,Oi,Os)
    (CFG2 msgInterpret cert2Interpret isAuthenticated
       (certs2 ownerID utilityID cmd npriv privcmd)
       (thermoStateInterp utilityID privcmd)
       (MSG Server (Role (Utility utilityID))
          (ORD Server (Role (Utility utilityID))
             (PR privcmd))
          (sign (privK Server)
```

```
        (hash
          (SOME
            (ORD Server (Role (Utility utilityID))
              (PR privcmd))))::ins)
      (State disabled temperature) outStream) ∧
   (M,Oi,Os) sat prop TRAP
```

[trap2_KServer_Utility_privcmd_Justified]

```
⊢ ∀NS Out outStream temperature ins npriv privcmd cmd ownerID
      utilityID M Oi Os.
   TR2 (M,Oi,Os) (trap (CMD (PR privcmd)))
     (CFG2 msgInterpret cert2Interpret isAuthenticated
       (certs2 ownerID utilityID cmd npriv privcmd)
       (thermoStateInterp utilityID privcmd)
       (MSG Server (Role (Utility utilityID))
         (ORD Server (Role (Utility utilityID))
           (PR privcmd))
         (sign (privK Server)
           (hash
             (SOME
               (ORD Server (Role (Utility utilityID))
                 (PR privcmd))))))::ins)
       (State disabled temperature) outStream)
     (CFG2 msgInterpret cert2Interpret isAuthenticated
       (certs2 ownerID utilityID cmd npriv privcmd)
       (thermoStateInterp utilityID privcmd) ins
       (NS (State disabled temperature)
         (trap (CMD (PR privcmd))))
       (Out (State disabled temperature)
         (trap (CMD (PR privcmd)))::outStream)) ⇒
   (M,Oi,Os) sat prop TRAP
```

[trap2_KServer_Utility_privcmd_thm]

```
⊢ ∀NS Out M Oi Os.
   TR2 (M,Oi,Os) (trap (CMD (PR privcmd)))
     (CFG2 msgInterpret cert2Interpret isAuthenticated
       (certs2 ownerID utilityID cmd npriv privcmd)
       (thermoStateInterp utilityID privcmd)
       (MSG Server (Role (Utility utilityID))
         (ORD Server (Role (Utility utilityID))
           (PR privcmd))
         (sign (privK Server)
           (hash
             (SOME
               (ORD Server (Role (Utility utilityID))
                 (PR privcmd))))))::ins)
       (State disabled temperature) outStream)
     (CFG2 msgInterpret cert2Interpret isAuthenticated
       (certs2 ownerID utilityID cmd npriv privcmd)
```

```
    (thermoStateInterp utilityID privcmd) ins
    (NS (State disabled temperature)
       (trap (CMD (PR privcmd))))
    (Out (State disabled temperature)
       (trap (CMD (PR privcmd)))::outStream)) ⟺
CFG2Interpret (M,Oi,Os)
  (CFG2 msgInterpret cert2Interpret isAuthenticated
    (certs2 ownerID utilityID cmd npriv privcmd)
    (thermoStateInterp utilityID privcmd)
    (MSG Server (Role (Utility utilityID))
       (ORD Server (Role (Utility utilityID))
          (PR privcmd))
       (sign (privK Server)
          (hash
             (SOME
                (ORD Server (Role (Utility utilityID))
                   (PR privcmd))))))::ins)
    (State disabled temperature) outStream) ∧
(M,Oi,Os) sat prop TRAP
```

附录 D　CSBD 访问控制逻辑报告

1　aclfoundation 理论

Built: 14 August 2015

Parent Theories: list

1.1　数据类型

```
Form =
    TT
  | FF
  | prop 'aavar
  | notf (('aavar, 'apn, 'il, 'sl) Form)
  | (andf) (('aavar, 'apn, 'il, 'sl) Form)
          (('aavar, 'apn, 'il, 'sl) Form)
  | (orf) (('aavar, 'apn, 'il, 'sl) Form)
         (('aavar, 'apn, 'il, 'sl) Form)
  | (impf) (('aavar, 'apn, 'il, 'sl) Form)
          (('aavar, 'apn, 'il, 'sl) Form)
  | (eqf) (('aavar, 'apn, 'il, 'sl) Form)
         (('aavar, 'apn, 'il, 'sl) Form)
  | (says) ('apn Princ) (('aavar, 'apn, 'il, 'sl) Form)
  | (speaks_for) ('apn Princ) ('apn Princ)
  | (controls) ('apn Princ) (('aavar, 'apn, 'il, 'sl) Form)
  | reps ('apn Princ) ('apn Princ)
        (('aavar, 'apn, 'il, 'sl) Form)
  | (domi) (('apn, 'il) IntLevel) (('apn, 'il) IntLevel)
  | (eqi) (('apn, 'il) IntLevel) (('apn, 'il) IntLevel)
  | (doms) (('apn, 'sl) SecLevel) (('apn, 'sl) SecLevel)
  | (eqs) (('apn, 'sl) SecLevel) (('apn, 'sl) SecLevel)
  | (eqn) num num
  | (lte) num num
  | (lt) num num

Kripke =
    KS ('aavar -> 'aaworld -> bool)
       ('apn -> 'aaworld -> 'aaworld -> bool) ('apn -> 'il)
       ('apn -> 'sl)

Princ =
    Name 'apn
  | (meet) ('apn Princ) ('apn Princ)
  | (quoting) ('apn Princ) ('apn Princ) ;

IntLevel = iLab 'il | il 'apn ;

SecLevel = sLab 'sl | sl 'apn
```

1.2 定义

[imapKS_def]

⊢ ∀*Intp* *Jfn* *ilmap* *slmap*.
  imapKS (KS *Intp* *Jfn* *ilmap* *slmap*) = *ilmap*

[intpKS_def]

⊢ ∀*Intp* *Jfn* *ilmap* *slmap*.
  intpKS (KS *Intp* *Jfn* *ilmap* *slmap*) = *Intp*

[jKS_def]

⊢ ∀*Intp* *Jfn* *ilmap* *slmap*. jKS (KS *Intp* *Jfn* *ilmap* *slmap*) = *Jfn*

[O1_def]

⊢ O1 = PO one_weakorder

[one_weakorder_def]

⊢ ∀*x* *y*. one_weakorder *x* *y* ⟺ T

[po_TY_DEF]

⊢ ∃*rep*. TYPE_DEFINITION WeakOrder *rep*

[po_tybij]

⊢ (∀*a*. PO (repPO *a*) = *a*) ∧
  ∀*r*. WeakOrder *r* ⟺ (repPO (PO *r*) = *r*)

[prod_PO_def]

⊢ ∀PO_1 PO_2.
  prod_PO PO_1 PO_2 = PO (RPROD (repPO PO_1) (repPO PO_2))

[smapKS_def]

⊢ ∀*Intp* *Jfn* *ilmap* *slmap*.
  smapKS (KS *Intp* *Jfn* *ilmap* *slmap*) = *slmap*

[Subset_PO_def]

⊢ Subset_PO = PO (⊆)

1.3 定理

[abs_po11]

⊢ ∀*r* *r'*.
  WeakOrder *r* ⇒ WeakOrder *r'* ⇒ ((PO *r* = PO *r'*) ⟺ (*r* = *r'*))

[absPO_fn_onto]

⊢ ∀*a*. ∃*r*. (*a* = PO *r*) ∧ WeakOrder *r*

[antisym_prod_antisym]

$\vdash \forall r\ s.$
  antisymmetric r $\wedge$ antisymmetric s $\Rightarrow$
  antisymmetric (RPROD r s)

[EQ_WeakOrder]

$\vdash$ WeakOrder (=)

[KS_bij]

$\vdash \forall M.\ M$ = KS (intpKS M) (jKS M) (imapKS M) (smapKS M)

[one_weakorder_WO]

$\vdash$ WeakOrder one_weakorder

[onto_po]

$\vdash \forall r.$ WeakOrder r $\iff$ $\exists a.\ r$ = repPO a

[po_bij]

$\vdash$ ($\forall a.$ PO (repPO a) = a) $\wedge$
 $\forall r.$ WeakOrder r $\iff$ (repPO (PO r) = r)

[PO_repPO]

$\vdash \forall a.$ PO (repPO a) = a

[refl_prod_refl]

$\vdash \forall r\ s.$ reflexive r $\wedge$ reflexive s $\Rightarrow$ reflexive (RPROD r s)

[repPO_iPO_partial_order]

$\vdash$ ($\forall x.$ repPO iPO x x) $\wedge$
 ($\forall x\ y.$ repPO iPO x y $\wedge$ repPO iPO y x $\Rightarrow$ (x = y)) $\wedge$
 $\forall x\ y\ z.$ repPO iPO x y $\wedge$ repPO iPO y z $\Rightarrow$ repPO iPO x z

[repPO_O1]

$\vdash$ repPO O1 = one_weakorder

[repPO_prod_PO]

$\vdash \forall po_1\ po_2.$
  repPO (prod_PO po_1 po_2) = RPROD (repPO po_1) (repPO po_2)

[repPO_Subset_PO]

$\vdash$ repPO Subset_PO = ($\subseteq$)

[RPROD_THM]

$\vdash \forall r\ s\ a\ b.$
  RPROD r s a b $\iff$ r (FST a) (FST b) $\wedge$ s (SND a) (SND b)

[SUBSET_WO]

```
⊢ WeakOrder (⊆)
```

[trans_prod_trans]

```
⊢ ∀r s. transitive r ∧ transitive s ⇒ transitive (RPROD r s)
```

[WeakOrder_Exists]

```
⊢ ∃R. WeakOrder R
```

[WO_prod_WO]

```
⊢ ∀r s. WeakOrder r ∧ WeakOrder s ⇒ WeakOrder (RPROD r s)
```

[WO_repPO]

```
⊢ ∀r. WeakOrder r ⇔ (repPO (PO r) = r)
```

2 aclsemantics 理论

Built: 14 August 2015

Parent Theories: aclfoundation

2.1 定义

[Efn_def]

```
⊢ (∀Oi Os M. Efn Oi Os M TT = U(:'v)) ∧
  (∀Oi Os M. Efn Oi Os M FF = { }) ∧
  (∀Oi Os M p. Efn Oi Os M (prop p) = intpKS M p) ∧
  (∀Oi Os M f.
     Efn Oi Os M (notf f) = U(:'v) DIFF Efn Oi Os M f) ∧
  (∀Oi Os M f1 f2.
     Efn Oi Os M (f1 andf f2) =
     Efn Oi Os M f1 ∩ Efn Oi Os M f2) ∧
  (∀Oi Os M f1 f2.
     Efn Oi Os M (f1 orf f2) =
     Efn Oi Os M f1 ∪ Efn Oi Os M f2) ∧
  (∀Oi Os M f1 f2.
     Efn Oi Os M (f1 impf f2) =
     U(:'v) DIFF Efn Oi Os M f1 ∪ Efn Oi Os M f2) ∧
  (∀Oi Os M f1 f2.
     Efn Oi Os M (f1 eqf f2) =
     (U(:'v) DIFF Efn Oi Os M f1 ∪ Efn Oi Os M f2) ∩
     (U(:'v) DIFF Efn Oi Os M f2 ∪ Efn Oi Os M f1)) ∧
  (∀Oi Os M P f.
     Efn Oi Os M (P says f) =
     {w | Jext (jKS M) P w ⊆ Efn Oi Os M f}) ∧
  (∀Oi Os M P Q.
     Efn Oi Os M (P speaks_for Q) =
```

```
     if Jext (jKS M) Q RSUBSET Jext (jKS M) P then U(:'v)
     else {}) ∧
  (∀Oi Os M P f.
     Efn Oi Os M (P controls f) =
     U(:'v) DIFF {w | Jext (jKS M) P w ⊆ Efn Oi Os M f} ∪
     Efn Oi Os M f) ∧
  (∀Oi Os M P Q f.
     Efn Oi Os M (reps P Q f) =
     U(:'v) DIFF
     {w | Jext (jKS M) (P quoting Q) w ⊆ Efn Oi Os M f} ∪
     {w | Jext (jKS M) Q w ⊆ Efn Oi Os M f}) ∧
  (∀Oi Os M intl1 intl2.
     Efn Oi Os M (intl1 domi intl2) =
     if repPO Oi (Lifn M intl2) (Lifn M intl1) then U(:'v)
     else {}) ∧
  (∀Oi Os M intl2 intl1.
     Efn Oi Os M (intl2 eqi intl1) =
     (if repPO Oi (Lifn M intl2) (Lifn M intl1) then U(:'v)
      else {}) ∩
     if repPO Oi (Lifn M intl1) (Lifn M intl2) then U(:'v)
     else {}) ∧
  (∀Oi Os M secl1 secl2.
     Efn Oi Os M (secl1 doms secl2) =
     if repPO Os (Lsfn M secl2) (Lsfn M secl1) then U(:'v)
     else {}) ∧
  (∀Oi Os M secl2 secl1.
     Efn Oi Os M (secl2 eqs secl1) =
     (if repPO Os (Lsfn M secl2) (Lsfn M secl1) then U(:'v)
      else {}) ∩
     if repPO Os (Lsfn M secl1) (Lsfn M secl2) then U(:'v)
     else {}) ∧
  (∀Oi Os M numExp1 numExp2.
     Efn Oi Os M (numExp1 eqn numExp2) =
     if numExp1 = numExp2 then U(:'v) else {}) ∧
  (∀Oi Os M numExp1 numExp2.
     Efn Oi Os M (numExp1 lte numExp2) =
     if numExp1 ≤ numExp2 then U(:'v) else {}) ∧
  ∀Oi Os M numExp1 numExp2.
    Efn Oi Os M (numExp1 lt numExp2) =
    if numExp1 < numExp2 then U(:'v) else {}
```

```
[Jext_def]
 ⊢ (∀J s. Jext J (Name s) = J s) ∧
   (∀J P1 P2.
      Jext J (P1 meet P2) = Jext J P1 RUNION Jext J P2) ∧
   ∀J P1 P2. Jext J (P1 quoting P2) = Jext J P2 O Jext J P1
```

```
[Lifn_def]
 ⊢ (∀M l. Lifn M (iLab l) = l) ∧
   ∀M name. Lifn M (il name) = imapKS M name
```

[Lsfn_def]

```
⊢ (∀M l. Lsfn M (sLab l) = l) ∧
  ∀M name. Lsfn M (sl name) = smapKS M name
```

2.2 定理

[andf_def]

```
⊢ ∀Oi Os M f1 f2.
    Efn Oi Os M (f1 andf f2) = Efn Oi Os M f1 ∩ Efn Oi Os M f2
```

[controls_def]

```
⊢ ∀Oi Os M P f.
    Efn Oi Os M (P controls f) =
    U(:'v) DIFF {w | Jext (jKS M) P w ⊆ Efn Oi Os M f} ∪
    Efn Oi Os M f
```

[controls_says]

```
⊢ ∀M P f.
    Efn Oi Os M (P controls f) = Efn Oi Os M (P says f impf f)
```

[domi_def]

```
⊢ ∀Oi Os M intl1 intl2.
    Efn Oi Os M (intl1 domi intl2) =
    if repPO Oi (Lifn M intl2) (Lifn M intl1) then U(:'v)
    else { }
```

[doms_def]

```
⊢ ∀Oi Os M secl1 secl2.
    Efn Oi Os M (secl1 doms secl2) =
    if repPO Os (Lsfn M secl2) (Lsfn M secl1) then U(:'v)
    else { }
```

[eqf_def]

```
⊢ ∀Oi Os M f1 f2.
    Efn Oi Os M (f1 eqf f2) =
    (U(:'v) DIFF Efn Oi Os M f1 ∪ Efn Oi Os M f2) ∩
    (U(:'v) DIFF Efn Oi Os M f2 ∪ Efn Oi Os M f1)
```

[eqf_impf]

```
⊢ ∀M f1 f2.
    Efn Oi Os M (f1 eqf f2) =
    Efn Oi Os M ((f1 impf f2) andf (f2 impf f1))
```

[eqi_def]

```
⊢ ∀Oi Os M intl2 intl1.
    Efn Oi Os M (intl2 eqi intl1) =
    (if repPO Oi (Lifn M intl2) (Lifn M intl1) then U(:'v)
     else { }) ∩
    if repPO Oi (Lifn M intl1) (Lifn M intl2) then U(:'v)
    else { }
```

[eqi_domi]

```
⊢ ∀M intL1 intL2.
    Efn Oi Os M (intL1 eqi intL2) =
    Efn Oi Os M (intL2 domi intL1 andf intL1 domi intL2)
```

[eqn_def]

```
⊢ ∀Oi Os M numExp1 numExp2.
    Efn Oi Os M (numExp1 eqn numExp2) =
    if numExp1 = numExp2 then U(:'v) else { }
```

[eqs_def]

```
⊢ ∀Oi Os M secl2 secl1.
    Efn Oi Os M (secl2 eqs secl1) =
    (if repPO Os (Lsfn M secl2) (Lsfn M secl1) then U(:'v)
     else { }) ∩
    if repPO Os (Lsfn M secl1) (Lsfn M secl2) then U(:'v)
    else { }
```

[eqs_doms]

```
⊢ ∀M secL1 secL2.
    Efn Oi Os M (secL1 eqs secL2) =
    Efn Oi Os M (secL2 doms secL1 andf secL1 doms secL2)
```

[FF_def]

```
⊢ ∀Oi Os M. Efn Oi Os M FF = { }
```

[impf_def]

```
⊢ ∀Oi Os M f1 f2.
    Efn Oi Os M (f1 impf f2) =
    U(:'v) DIFF Efn Oi Os M f1 ∪ Efn Oi Os M f2
```

[lt_def]

```
⊢ ∀Oi Os M numExp1 numExp2.
    Efn Oi Os M (numExp1 lt numExp2) =
    if numExp1 < numExp2 then U(:'v) else { }
```

[lte_def]

```
⊢ ∀Oi Os M numExp1 numExp2.
    Efn Oi Os M (numExp1 lte numExp2) =
    if numExp1 ≤ numExp2 then U(:'v) else { }
```

[meet_def]

```
⊢ ∀J P₁ P₂. Jext J (P₁ meet P₂) = Jext J P₁ RUNION Jext J P₂
```

[name_def]

```
⊢ ∀J s. Jext J (Name s) = J s
```

[notf_def]

```
⊢ ∀Oi Os M f. Efn Oi Os M (notf f) = U(:'v) DIFF Efn Oi Os M f
```

[orf_def]

```
⊢ ∀Oi Os M f₁ f₂.
    Efn Oi Os M (f₁ orf f₂) = Efn Oi Os M f₁ ∪ Efn Oi Os M f₂
```

[prop_def]

```
⊢ ∀Oi Os M p. Efn Oi Os M (prop p) = intpKS M p
```

[quoting_def]

```
⊢ ∀J P₁ P₂. Jext J (P₁ quoting P₂) = Jext J P₂ O Jext J P₁
```

[reps_def]

```
⊢ ∀Oi Os M P Q f.
    Efn Oi Os M (reps P Q f) =
    U(:'v) DIFF
    {w | Jext (jKS M) (P quoting Q) w ⊆ Efn Oi Os M f} ∪
    {w | Jext (jKS M) Q w ⊆ Efn Oi Os M f}
```

[says_def]

```
⊢ ∀Oi Os M P f.
    Efn Oi Os M (P says f) =
    {w | Jext (jKS M) P w ⊆ Efn Oi Os M f}
```

[speaks_for_def]

```
⊢ ∀Oi Os M P Q.
    Efn Oi Os M (P speaks_for Q) =
    if Jext (jKS M) Q RSUBSET Jext (jKS M) P then U(:'v)
    else { }
```

[TT_def]

```
⊢ ∀Oi Os M. Efn Oi Os M TT = U(:'v)
```

3 aclrules 理论

Built: 30 November 2015

Parent Theories: aclsemantics

3.1　定义

[sat_def]

⊢ ∀M Oi Os f. (M,Oi,Os) sat f ⟺ (Efn Oi Os M f = 𝒰(:'world))

3.2　定理

[And_Says]

⊢ ∀M Oi Os P Q f.
　　(M,Oi,Os) sat P meet Q says f eqf P says f andf Q says f

[And_Says_Eq]

⊢ (M,Oi,Os) sat P meet Q says f ⟺
　(M,Oi,Os) sat P says f andf Q says f

[and_says_lemma]

⊢ ∀M Oi Os P Q f.
　　(M,Oi,Os) sat P meet Q says f impf P says f andf Q says f

[Controls_Eq]

⊢ ∀M Oi Os P f.
　　(M,Oi,Os) sat P controls f ⟺ (M,Oi,Os) sat P says f impf f

[DIFF_UNIV_SUBSET]

⊢ (𝒰(:'a) DIFF s ∪ t = 𝒰(:'a)) ⟺ s ⊆ t

[domi_antisymmetric]

⊢ ∀M Oi Os l_1 l_2.
　　(M,Oi,Os) sat l_1 domi l_2 ⇒
　　(M,Oi,Os) sat l_2 domi l_1 ⇒
　　(M,Oi,Os) sat l_1 eqi l_2

[domi_reflexive]

⊢ ∀M Oi Os l. (M,Oi,Os) sat l domi l

[domi_transitive]

⊢ ∀M Oi Os l_1 l_2 l_3.
　　(M,Oi,Os) sat l_1 domi l_2 ⇒
　　(M,Oi,Os) sat l_2 domi l_3 ⇒
　　(M,Oi,Os) sat l_1 domi l_3

[doms_antisymmetric]

⊢ ∀M Oi Os l_1 l_2.
　　(M,Oi,Os) sat l_1 doms l_2 ⇒
　　(M,Oi,Os) sat l_2 doms l_1 ⇒
　　(M,Oi,Os) sat l_1 eqs l_2

[doms_reflexive]

$\vdash \forall M\ Oi\ Os\ l.\ (M,Oi,Os)$ sat l doms l

[doms_transitive]

$\vdash \forall M\ Oi\ Os\ l_1\ l_2\ l_3.$
  (M,Oi,Os) sat l_1 doms $l_2 \Rightarrow$
  (M,Oi,Os) sat l_2 doms $l_3 \Rightarrow$
  (M,Oi,Os) sat l_1 doms l_3

[eqf_and_impf]

$\vdash \forall M\ Oi\ Os\ f_1\ f_2.$
  (M,Oi,Os) sat f_1 eqf $f_2 \iff$
  (M,Oi,Os) sat (f_1 impf f_2) andf (f_2 impf f_1)

[eqf_andf1]

$\vdash \forall M\ Oi\ Os\ f\ f'\ g.$
  (M,Oi,Os) sat f eqf $f' \Rightarrow$
  (M,Oi,Os) sat f andf $g \Rightarrow$
  (M,Oi,Os) sat f' andf g

[eqf_andf2]

$\vdash \forall M\ Oi\ Os\ f\ f'\ g.$
  (M,Oi,Os) sat f eqf $f' \Rightarrow$
  (M,Oi,Os) sat g andf $f \Rightarrow$
  (M,Oi,Os) sat g andf f'

[eqf_controls]

$\vdash \forall M\ Oi\ Os\ P\ f\ f'.$
  (M,Oi,Os) sat f eqf $f' \Rightarrow$
  (M,Oi,Os) sat P controls $f \Rightarrow$
  (M,Oi,Os) sat P controls f'

[eqf_eq]

$\vdash$ (Efn $Oi\ Os\ M$ (f_1 eqf f_2) = $\mathcal{U}$(:'b)) $\iff$
  (Efn $Oi\ Os\ M\ f_1$ = Efn $Oi\ Os\ M\ f_2$)

[eqf_eqf1]

$\vdash \forall M\ Oi\ Os\ f\ f'\ g.$
  (M,Oi,Os) sat f eqf $f' \Rightarrow$
  (M,Oi,Os) sat f eqf $g \Rightarrow$
  (M,Oi,Os) sat f' eqf g

[eqf_eqf2]

$\vdash \forall M\ Oi\ Os\ f\ f'\ g.$
  (M,Oi,Os) sat f eqf $f' \Rightarrow$
  (M,Oi,Os) sat g eqf $f \Rightarrow$
  (M,Oi,Os) sat g eqf f'

[eqf_impf1]

$\vdash \forall M\ Oi\ Os\ f\ f'\ g.$
(M,Oi,Os) sat f eqf $f' \Rightarrow$
(M,Oi,Os) sat f impf $g \Rightarrow$
(M,Oi,Os) sat f' impf g

[eqf_impf2]

$\vdash \forall M\ Oi\ Os\ f\ f'\ g.$
(M,Oi,Os) sat f eqf $f' \Rightarrow$
(M,Oi,Os) sat g impf $f \Rightarrow$
(M,Oi,Os) sat g impf f'

[eqf_notf]

$\vdash \forall M\ Oi\ Os\ f\ f'.$
(M,Oi,Os) sat f eqf $f' \Rightarrow$
(M,Oi,Os) sat notf $f \Rightarrow$
(M,Oi,Os) sat notf f'

[eqf_orf1]

$\vdash \forall M\ Oi\ Os\ f\ f'\ g.$
(M,Oi,Os) sat f eqf $f' \Rightarrow$
(M,Oi,Os) sat f orf $g \Rightarrow$
(M,Oi,Os) sat f' orf g

[eqf_orf2]

$\vdash \forall M\ Oi\ Os\ f\ f'\ g.$
(M,Oi,Os) sat f eqf $f' \Rightarrow$
(M,Oi,Os) sat g orf $f \Rightarrow$
(M,Oi,Os) sat g orf f'

[eqf_reps]

$\vdash \forall M\ Oi\ Os\ P\ Q\ f\ f'.$
(M,Oi,Os) sat f eqf $f' \Rightarrow$
(M,Oi,Os) sat reps $P\ Q\ f \Rightarrow$
(M,Oi,Os) sat reps $P\ Q\ f'$

[eqf_sat]

$\vdash \forall M\ Oi\ Os\ f_1\ f_2.$
(M,Oi,Os) sat f_1 eqf $f_2 \Rightarrow$
$((M,Oi,Os)$ sat $f_1 \iff (M,Oi,Os)$ sat $f_2)$

[eqf_says]

$\vdash \forall M\ Oi\ Os\ P\ f\ f'.$
(M,Oi,Os) sat f eqf $f' \Rightarrow$
(M,Oi,Os) sat P says $f \Rightarrow$
(M,Oi,Os) sat P says f'

[eqi_Eq]

$\vdash \forall M\ Oi\ Os\ l_1\ l_2.$
(M,Oi,Os) sat l_1 eqi l_2 $\iff$
(M,Oi,Os) sat l_2 domi l_1 andf l_1 domi l_2

[eqs_Eq]

$\vdash \forall M\ Oi\ Os\ l_1\ l_2.$
(M,Oi,Os) sat l_1 eqs l_2 $\iff$
(M,Oi,Os) sat l_2 doms l_1 andf l_1 doms l_2

[Idemp_Speaks_For]

$\vdash \forall M\ Oi\ Os\ P.\ (M,Oi,Os)$ sat P speaks_for P

[Image_cmp]

$\vdash \forall R_1\ R_2\ R_3\ u.\ (R_1 \circ R_2)\ u \subseteq R_3 \iff R_2\ u \subseteq \{y \mid R_1\ y \subseteq R_3\}$

[Image_SUBSET]

$\vdash \forall R_1\ R_2.\ R_2$ RSUBSET $R_1 \Rightarrow \forall w.\ R_2\ w \subseteq R_1\ w$

[Image_UNION]

$\vdash \forall R_1\ R_2\ w.\ (R_1$ RUNION $R_2)\ w = R_1\ w \cup R_2\ w$

[INTER_EQ_UNIV]

$\vdash (s \cap t = \mathcal{U}(:'a)) \iff (s = \mathcal{U}(:'a)) \land (t = \mathcal{U}(:'a))$

[Modus_Ponens]

$\vdash \forall M\ Oi\ Os\ f_1\ f_2.$
(M,Oi,Os) sat $f_1 \Rightarrow$
(M,Oi,Os) sat f_1 impf $f_2 \Rightarrow$
(M,Oi,Os) sat f_2

[Mono_speaks_for]

$\vdash \forall M\ Oi\ Os\ P\ P'\ Q\ Q'.$
(M,Oi,Os) sat P speaks_for $P' \Rightarrow$
(M,Oi,Os) sat Q speaks_for $Q' \Rightarrow$
(M,Oi,Os) sat P quoting Q speaks_for P' quoting Q'

[MP_Says]

$\vdash \forall M\ Oi\ Os\ P\ f_1\ f_2.$
(M,Oi,Os) sat
P says $(f_1$ impf $f_2)$ impf P says f_1 impf P says f_2

[Quoting]

$\vdash \forall M\ Oi\ Os\ P\ Q\ f.$
(M,Oi,Os) sat P quoting Q says f eqf P says Q says f

[Quoting_Eq]

$\vdash \forall M\ Oi\ Os\ P\ Q\ f.$
(M,Oi,Os) sat P quoting Q says $f \iff$
(M,Oi,Os) sat P says Q says f

[reps_def_lemma]

$\vdash \forall M\ Oi\ Os\ P\ Q\ f.$
Efn $Oi\ Os\ M$ (reps $P\ Q\ f$) =
Efn $Oi\ Os\ M$ (P quoting Q says f impf Q says f)

[Reps_Eq]

$\vdash \forall M\ Oi\ Os\ P\ Q\ f.$
(M,Oi,Os) sat reps $P\ Q\ f \iff$
(M,Oi,Os) sat P quoting Q says f impf Q says f

[sat_allworld]

$\vdash \forall M\ f.$ (M,Oi,Os) sat $f \iff \forall w.\ w \in$ Efn $Oi\ Os\ M\ f$

[sat_andf_eq_and_sat]

$\vdash$ (M,Oi,Os) sat f_1 andf $f_2 \iff$
(M,Oi,Os) sat $f_1 \land (M,Oi,Os)$ sat f_2

[sat_TT]

$\vdash$ (M,Oi,Os) sat TT

[Says]

$\vdash \forall M\ Oi\ Os\ P\ f.$ (M,Oi,Os) sat $f \Rightarrow (M,Oi,Os)$ sat P says f

[says_and_lemma]

$\vdash \forall M\ Oi\ Os\ P\ Q\ f.$
(M,Oi,Os) sat P says f andf Q says f impf P meet Q says f

[Speaks_For]

$\vdash \forall M\ Oi\ Os\ P\ Q\ f.$
(M,Oi,Os) sat P speaks_for Q impf P says f impf Q says f

[speaks_for_SUBSET]

$\vdash \forall R_3\ R_2\ R_1.$
R_2 RSUBSET $R_1 \Rightarrow \forall w.\ \{w \mid R_1\ w \subseteq R_3\} \subseteq \{w \mid R_2\ w \subseteq R_3\}$

[SUBSET_Image_SUBSET]

$\vdash \forall R_1\ R_2\ R_3.$
$(\forall w_1.\ R_2\ w_1 \subseteq R_1\ w_1) \Rightarrow$
$\forall w.\ \{w \mid R_1\ w \subseteq R_3\} \subseteq \{w \mid R_2\ w \subseteq R_3\}$

```
[Trans_Speaks_For]
 ⊢ ∀M Oi Os P Q R.
     (M,Oi,Os) sat P speaks_for Q ⇒
     (M,Oi,Os) sat Q speaks_for R ⇒
     (M,Oi,Os) sat P speaks_for R

[UNIV_DIFF_SUBSET]
 ⊢ ∀R1 R2. R1 ⊆ R2 ⇒ (U(:'a) DIFF R1 ∪ R2 = U(:'a))

[world_and]
 ⊢ ∀M Oi Os f1 f2 w.
     w ∈ Efn Oi Os M (f1 andf f2) ⟺
     w ∈ Efn Oi Os M f1 ∧ w ∈ Efn Oi Os M f2

[world_eq]
 ⊢ ∀M Oi Os f1 f2 w.
     w ∈ Efn Oi Os M (f1 eqf f2) ⟺
     (w ∈ Efn Oi Os M f1 ⟺ w ∈ Efn Oi Os M f2)

[world_eqn]
 ⊢ ∀M Oi Os n1 n2 w. w ∈ Efn Oi Os m (n1 eqn n2) ⟺ (n1 = n2)

[world_F]
 ⊢ ∀M Oi Os w. w ∉ Efn Oi Os M FF

[world_imp]
 ⊢ ∀M Oi Os f1 f2 w.
     w ∈ Efn Oi Os M (f1 impf f2) ⟺
     w ∈ Efn Oi Os M f1 ⇒ w ∈ Efn Oi Os M f2

[world_lt]
 ⊢ ∀M Oi Os n1 n2 w. w ∈ Efn Oi Os m (n1 lt n2) ⟺ n1 < n2

[world_lte]
 ⊢ ∀M Oi Os n1 n2 w. w ∈ Efn Oi Os m (n1 lte n2) ⟺ n1 ≤ n2

[world_not]
 ⊢ ∀M Oi Os f w. w ∈ Efn Oi Os M (notf f) ⟺ w ∉ Efn Oi Os M f

[world_or]
 ⊢ ∀M f1 f2 w.
     w ∈ Efn Oi Os M (f1 orf f2) ⟺
     w ∈ Efn Oi Os M f1 ∨ w ∈ Efn Oi Os M f2

[world_says]
 ⊢ ∀M Oi Os P f w.
     w ∈ Efn Oi Os M (P says f) ⟺
     ∀v. v ∈ Jext (jKS M) P w ⇒ v ∈ Efn Oi Os M f

[world_T]
 ⊢ ∀M Oi Os w. w ∈ Efn Oi Os M TT
```

4　aclDrules 理论

Built: 30 November 2015

Parent Theories: aclrules

4.1　定理

[Conjunction]

```
⊢ ∀M Oi Os f1 f2.
    (M,Oi,Os) sat f1 ⇒
    (M,Oi,Os) sat f2 ⇒
    (M,Oi,Os) sat f1 andf f2
```

[Controls]

```
⊢ ∀M Oi Os P f.
    (M,Oi,Os) sat P says f ⇒
    (M,Oi,Os) sat P controls f ⇒
    (M,Oi,Os) sat f
```

[Derived_Controls]

```
⊢ ∀M Oi Os P Q f.
    (M,Oi,Os) sat P speaks_for Q ⇒
    (M,Oi,Os) sat Q controls f ⇒
    (M,Oi,Os) sat P controls f
```

[Derived_Speaks_For]

```
⊢ ∀M Oi Os P Q f.
    (M,Oi,Os) sat P speaks_for Q ⇒
    (M,Oi,Os) sat P says f ⇒
    (M,Oi,Os) sat Q says f
```

[Disjunction1]

```
⊢ ∀M Oi Os f1 f2. (M,Oi,Os) sat f1 ⇒ (M,Oi,Os) sat f1 orf f2
```

[Disjunction2]

```
⊢ ∀M Oi Os f1 f2. (M,Oi,Os) sat f2 ⇒ (M,Oi,Os) sat f1 orf f2
```

[Disjunctive_Syllogism]

```
⊢ ∀M Oi Os f1 f2.
    (M,Oi,Os) sat f1 orf f2 ⇒
    (M,Oi,Os) sat notf f1 ⇒
    (M,Oi,Os) sat f2
```

[Double_Negation]

```
⊢ ∀M Oi Os f. (M,Oi,Os) sat notf (notf f) ⇒ (M,Oi,Os) sat f
```

[eqn_eqn]

$\vdash (M, Oi, Os)$ sat c_1 eqn $n_1 \Rightarrow$
(M, Oi, Os) sat c_2 eqn $n_2 \Rightarrow$
(M, Oi, Os) sat n_1 eqn $n_2 \Rightarrow$
(M, Oi, Os) sat c_1 eqn c_2

[eqn_lt]

$\vdash (M, Oi, Os)$ sat c_1 eqn $n_1 \Rightarrow$
(M, Oi, Os) sat c_2 eqn $n_2 \Rightarrow$
(M, Oi, Os) sat n_1 lt $n_2 \Rightarrow$
(M, Oi, Os) sat c_1 lt c_2

[eqn_lte]

$\vdash (M, Oi, Os)$ sat c_1 eqn $n_1 \Rightarrow$
(M, Oi, Os) sat c_2 eqn $n_2 \Rightarrow$
(M, Oi, Os) sat n_1 lte $n_2 \Rightarrow$
(M, Oi, Os) sat c_1 lte c_2

[Hypothetical_Syllogism]

$\vdash \forall M\ Oi\ Os\ f_1\ f_2\ f_3.$
(M, Oi, Os) sat f_1 impf $f_2 \Rightarrow$
(M, Oi, Os) sat f_2 impf $f_3 \Rightarrow$
(M, Oi, Os) sat f_1 impf f_3

[il_domi]

$\vdash \forall M\ Oi\ Os\ P\ Q\ l_1\ l_2.$
(M, Oi, Os) sat il P eqi $l_1 \Rightarrow$
(M, Oi, Os) sat il Q eqi $l_2 \Rightarrow$
(M, Oi, Os) sat l_2 domi $l_1 \Rightarrow$
(M, Oi, Os) sat il Q domi il P

[INTER_EQ_UNIV]

$\vdash \forall s_1\ s_2.\ (s_1 \cap s_2 = \mathcal{U}(:'a)) \iff (s_1 = \mathcal{U}(:'a)) \land (s_2 = \mathcal{U}(:'a))$

[Modus_Tollens]

$\vdash \forall M\ Oi\ Os\ f_1\ f_2.$
(M, Oi, Os) sat f_1 impf $f_2 \Rightarrow$
(M, Oi, Os) sat notf $f_2 \Rightarrow$
(M, Oi, Os) sat notf f_1

[Rep_Controls_Eq]

$\vdash \forall M\ Oi\ Os\ A\ B\ f.$
(M, Oi, Os) sat reps $A\ B\ f \iff$
(M, Oi, Os) sat A controls B says f

[Rep_Says]

$\vdash \forall M\ Oi\ Os\ P\ Q\ f.$
　(M,Oi,Os) sat reps $P\ Q\ f \Rightarrow$
　(M,Oi,Os) sat P quoting Q says $f \Rightarrow$
　(M,Oi,Os) sat Q says f

[Reps]

$\vdash \forall M\ Oi\ Os\ P\ Q\ f.$
　(M,Oi,Os) sat reps $P\ Q\ f \Rightarrow$
　(M,Oi,Os) sat P quoting Q says $f \Rightarrow$
　(M,Oi,Os) sat Q controls $f \Rightarrow$
　(M,Oi,Os) sat f

[Says_Simplification1]

$\vdash \forall M\ Oi\ Os\ P\ f_1\ f_2.$
　(M,Oi,Os) sat P says (f_1 andf f_2) $\Rightarrow$ (M,Oi,Os) sat P says f_1

[Says_Simplification2]

$\vdash \forall M\ Oi\ Os\ P\ f_1\ f_2.$
　(M,Oi,Os) sat P says (f_1 andf f_2) $\Rightarrow$ (M,Oi,Os) sat P says f_2

[Simplification1]

$\vdash \forall M\ Oi\ Os\ f_1\ f_2.$ (M,Oi,Os) sat f_1 andf f_2 $\Rightarrow$ (M,Oi,Os) sat f_1

[Simplification2]

$\vdash \forall M\ Oi\ Os\ f_1\ f_2.$ (M,Oi,Os) sat f_1 andf f_2 $\Rightarrow$ (M,Oi,Os) sat f_2

[sl_doms]

$\vdash \forall M\ Oi\ Os\ P\ Q\ l_1\ l_2.$
　(M,Oi,Os) sat sl P eqs $l_1 \Rightarrow$
　(M,Oi,Os) sat sl Q eqs $l_2 \Rightarrow$
　(M,Oi,Os) sat l_2 doms $l_1 \Rightarrow$
　(M,Oi,Os) sat sl Q doms sl P

北京市版权局著作权合同登记 图字：01 – 2017 – 4827 号。

图书在版编目（CIP）数据

物联网安全与网络保障/(美)泰森 · T. 布鲁克斯（Tyson T. Brooks）编著；李永忠等译. —北京：机械工业出版社，2018. 9
书名原文：Cyber – Assurance for the Internet of Things
ISBN 978-7-111-60726-7

Ⅰ. ①物… Ⅱ. ①泰…②李… Ⅲ. ①互联网络 – 应用 – 安全技术②智能技术 – 应用 – 安全技术 Ⅳ. ①TP393. 4②TP18

中国版本图书馆 CIP 数据核字（2018）第 192579 号

机械工业出版社（北京市百万庄大街 22 号 邮政编码 100037）
策划编辑：吕 潇 责任编辑：吕 潇
责任校对：郑 婕 封面设计：马精明
责任印制：张 博
北京华创印务有限公司印刷
2018 年 10 月第 1 版第 1 次印刷
169mm × 239mm · 25. 5 印张 · 495 千字
0 001—2 000 册
标准书号：ISBN 978-7-111-60726-7
定价：129. 00 元

凡购本书，如有缺页、倒页、脱页，由本社发行部调换

电话服务	网络服务
服务咨询热线：010 – 88361066	机 工 官 网：www. cmpbook. com
读者购书热线：010 – 68326294	机 工 官 博：weibo. com/cmp1952
010 – 88379203	金 书 网：www. golden – book. com
封面无防伪标均为盗版	教育服务网：www. cmpedu. com